《钢结构设计标准》

GB 50017—2017 应用指南

赵中南　王景文　主编

机 械 工 业 出 版 社

本书主要依据现行国家标准和行业标准，结合近年来钢结构的新发展和工程设计成果，按钢结构设计的实际需要整理汇编而成。

第1章将《钢结构设计标准》GB 50017 的 2017 版相较 2003 版的修订内容汇总列表，并指明增加、修改、删除的具体条目、公式、词句；第2章为基本规定，将钢结构设计的各种基本参数取值、限值、有关规定和要求汇总列出；第3章~第11章依次为钢构件连接、钢板剪力墙、钢与混凝土组合梁、钢管混凝土柱及节点、门式刚架轻型房屋钢结构、多层钢结构、高层房屋钢结构、楼（屋）盖结构及围护系统、钢结构防护，分别给出相应的计算公式及相关构造要求及图示。

本书可供土木工程房屋结构专业建设、设计、施工技术人员，以及高等院校土木工程专业师生学习、应用参考。

图书在版编目（CIP）数据

《钢结构设计标准》GB50017—2017 应用指南/赵中南，王景文主编．—北京：机械工业出版社，2019.8

ISBN 978-7-111-63316-7

Ⅰ.①钢… Ⅱ.①赵…②王… Ⅲ.①建筑结构—钢结构—设计规范—中国—指南 Ⅳ.①TU391.04-65

中国版本图书馆 CIP 数据核字（2019）第 153631 号

机械工业出版社（北京市百万庄大街22号 邮政编码100037）
策划编辑：关正美 责任编辑：关正美 于伟蓉
责任校对：李 杉 封面设计：陈 沛
责任印制：部 敏
河北鑫兆源印刷有限公司印刷
2020年1月第1版第1次印刷
184mm×260mm·24.5印张·562千字
标准书号：ISBN 978-7-111-63316-7
定价：99.00元

电话服务
客服电话：010-88361066
010-88379833
010-68326294

网络服务
机 工 官 网：www.cmpbook.com
机 工 官 网：weibo.com/cmp1952
机 工 官 博：www.golden-book.com
机工教育服务网：www.cmpedu.com

前　言

2018年7月1日实施的《钢结构设计标准》GB 50017—2017，体现了我国钢结构技术领域的重大进展，使钢结构规范从构件规范成为真正的结构标准，实现切实指导设计人员的钢结构设计，并为合理的钢结构规范体系的完善奠定基础的目的。其无论在设计理论的先进性以及内容体系的完整性上，都达到了与国际先进水平接轨的程度。

本次《钢结构设计标准》修订调整较大，增加了结构分析与稳定性设计、加劲钢板剪力墙、钢管混凝土柱及节点、钢结构抗震性能化设计等方面内容，引入了Q345GJ、Q460等钢材，补充完善了材料及材料选用、各种钢结构构件及节点的承载力极限设计方法、弯矩调幅设计法、钢结构防护等方面内容。

《钢结构设计标准》GB 50017—2017作为钢结构规范体系的基础，其第1.0.3条规定："钢结构设计除应符合本标准外，尚应符合国家现行有关标准的规定。"并在条文说明中指出："对有特殊设计要求（如抗震设防要求、防火设计要求等）和在特殊情况下的钢结构（如高耸结构、板壳结构、特殊构筑物以及受高温、高压或强烈侵蚀作用的结构）尚应符合国家现行有关专门规范和标准的规定。当进行构件的强度和稳定性及节点的强度计算时，除钢管连接节点外，由冷弯成型钢材制作的构件及其连接尚应符合相关标准规范的规定。"同时，还指出该标准与相关的标准规范间有一定的分工和衔接，执行时尚应符合相关标准规范的规定。

有鉴于此，为了促进该标准的宣贯执行，满足广大钢结构从业者学习、理解和应用《钢结构设计标准》GB 50017—2017的迫切需求，根据钢结构设计相关现行国家标准和行业标准的规定，结合近年来钢结构的新发展和工程设计成果，按钢结构设计工作的实际需要编写了本书。本书具有以下特点：

（1）利于读者学习。汇总列出《钢结构设计标准》GB 50017—2017的修订内容，解决读者急于了解该标准有哪些变化、有哪些内容的需求。

（2）利于读者理解。对钢板剪力墙、钢与混凝土组合梁、钢管混凝土柱及节点等"新增"章节予以侧重，分别给出相应的计算公式及相关构造要求及图示。对于术语、符号，最大限度地与规范保持一致。

（3）利于读者应用。将分散于相关标准规范的各种参数取值、限值汇总列出，并在书后汇总列出相关表格索引。

（4）利于读者思考。将《钢结构设计标准》GB 50017—2017中应商榷的问题予以列出，例如：式（8.3.2-1）中k_b应为K_b；式（10.3.4-3）中w_x应为W_x；图14.2.1-2及图14.2.2中的尺寸线标注；式（C.0.1-1）中ε_k应为ε_k^2；表C.0.2中"－0.66"应为

0.66；附录D轴心受压构件的稳定系数，表 D.0.1 ~ 表 D.0.4 中个别数值有别于 GB 50017—2003 中的相应数值。提醒读者应用时予以甄别。

本书由东北电力设计院有限公司高级工程师赵中南和王景文主编。此外，参编人员还有高升、贾小东、姜学成、齐兆武、王彬、王春武、王清海、王景怀、薛颖卓、张会宾、周丽丽、祝海龙、祝教纯。

限于对《钢结构设计标准》GB 50017—2017 的学习和理解的深度，以及实践经验和理论水平，书中不当甚或错漏之处在所难免，恳请广大读者批评指正。

编　者

目　　录

第 1 章
GB 50017—2017 修订内容

现行国家标准《钢结构设计标准》GB 50017—2017（以下简称 GB 50017—2017）相较于《钢结构设计规范》GB 50017—2003（以下简称 GB 50017—2003），修订调整幅度较大，增加了结构分析与稳定性设计、加劲钢板剪力墙、钢管混凝土柱及节点、钢结构抗震性能化设计等方面内容，引入了 Q345GJ、Q460 等钢材，补充完善了材料及材料选用、各种钢结构构件及节点的承载力极限设计方法、弯矩调幅设计法、钢结构防护等方面内容。本次修订力求实现房屋、铁路、公路、港口和水利水电工程钢结构共性技术问题、设计方法的统一。

GB 50017—2017 第 4.3.2、4.4.1、4.4.3、4.4.4、4.4.5、4.4.6、18.3.3 条为强制性条文，必须严格执行。

1.1 总则

GB 50017—2017 第 1.0.3 条的条文说明指出："对有特殊设计要求（如抗震设防要求、防火设计要求等）和在特殊情况下的钢结构（如高耸结构、板壳结构、特殊构筑物以及受高温、高压或强烈侵蚀作用的结构）尚应符合国家现行有关专门规范和标准的规定。当进行构件的强度和稳定性及节点的强度计算时，除钢管连接节点外，由冷弯成型钢材制作的构件及其连接尚应符合相关标准规范的规定。另外，本标准与相关的标准规范间有一定的分工和衔接，执行时尚应符合相关标准规范的规定。"

GB 50017—2003 第 1.0.1 条予以保留。

GB 50017—2003 第 1.0.2 条中关于"《冷弯薄壁型钢结构技术规范》GB 50018"的表述移到 GB 50017—2017 第 1.0.3 条的条文说明中，并改为"冷弯成型钢材制作的构件及其连接"。

GB 50017—2003 第 1.0.6 条中"对有特殊设计要求和在特殊情况下的钢结构设计"改为"钢结构设计除应符合本标准外"，并将相关表述在 GB 50017—2017 第 1.0.3 条的条文说明中详细说明：例如有特殊设计要求，一般指如抗震设防要求、防火设计要求等；在特殊情况下的钢结构，一般是指高耸结构、板壳结构、特殊构筑物以及受高温、高压或强烈侵蚀作用的结构。

GB 50017—2003 第 1.0.3 条修改调整后列为 GB 50017—2017 第 3.3.1 条。

GB 50017—2003 第 1.0.4 条修改调整后列为 GB 50017—2017 第 3.1.11 条。

GB 50017—2003 第 1.0.5 条修改调整后列为 GB 50017—2017 第 3.1.12 条和第

3.1.13 条。

1.2 术语和符号

1.2.1 术语

删除了 GB 50017—2003 中非钢结构专用术语及不推荐使用的结构术语，具体有：强度、承载能力、强度标准值、强度设计值、橡胶支座、弱支撑框架。

增加了部分常用的钢结构术语及与抗震相关的术语，具体有：直接分析设计法、框架-支撑结构、钢板剪力墙、支撑系统、消能梁段、中心支撑框架、偏心支撑框架、屈曲约束支撑、弯矩调幅设计、畸变屈曲、塑性耗能区、弹性区。

修改的术语有：组合构件，修改为焊接截面；通用高厚比，修改为正则化宽厚比，对于构件定义为正则化长细比。

1.2.2 符号

基本沿用了 GB 50017—2003 的符号，只列出常用的符号，并且对其中部分符号进行了修改，以求与国际通用符号保持一致。

增加了钢号修正系数 ε_k，其值为 Q235 与钢材牌号中屈服点数值的比值的平方根，即 $\varepsilon_k = \sqrt{\frac{235}{f_y}}$，各钢材牌号相应的钢号修正系数 ε_k 取值按表 1-1 采用。

表 1-1 钢号修正系数 ε_k 取值

钢材牌号	Q235	Q345	Q390	Q420	Q460
ε_k	1	0.825	0.776	0.748	0.715

1.3 基本设计规定

GB 50017—2017 第 3 章“基本设计规定”增加了截面板件宽厚比等级，“构造要求”（GB 50017—2003 第 8 章）中“大跨度屋盖结构”及“制作、运输及安装”的内容并入本章；GB 50017—2017 第 3 章修订内容，见表 1-2。

表 1-2 GB 50017—2017 第 3 章修订内容

条款编号	内容提要	修订内容	备注
3.1	一般规定		
3.1.1	钢结构设计的基本内容	补充有关钢结构设计的基本要求	包括结构方案、材料选用、内力分析、截面设计、连接构造、耐久性、施工要求、抗震设计等
3.1.2	钢结构设计方法	GB 50017—2003 第 3.1.1 条中“除疲劳计算外”改为“除疲劳计算和抗震设计外”	沿用概率论为基础的极限设计方法并以应力形式表达的分项系数设计表达式进行设计计算

（续）

条款编号	内容提要	修订内容	备注
3.1.3	除疲劳设计应采用容许应力法外，钢结构应按承载能力极限状态和正常使用极限状态进行设计	在 GB 50017—2003 第 3.1.2 条的基础上增加补充规定，增加“除疲劳设计应采用容许应力法外”“脆性断裂”，删除“包括混凝土裂缝”的表述	
3.1.4	钢结构的安全等级和设计使用年限	在 GB 50017—2003 第 3.1.3 条的基础上增加补充规定，给出应遵守的现行国家标准《建筑结构可靠度设计统一标准》GB 50068和《工程结构可靠性设计统一标准》GB 50153，并提出安全等级的调整规定	可以根据实际情况调整构件的安全等级；对破坏后将产生严重后果的重要构件和关键传力部位，宜适当提高其安全等级；对一般结构中的次要构件及可更换构件，可根据具体情况适当降低其重要性系数
3.1.5	荷载效应的组合原则	在 GB 50017—2003 第 3.1.4 条的基础上，删除“对钢与混凝土组合梁，尚应考虑准永久组合”的表述	
3.1.6	荷载设计值、荷载标准值的规定	仍沿用 GB 50017—2003 按弹性状态计算的容许应力幅的设计方法，采用荷载标准值进行计算 在 GB 50017—2003 第 3.1.5 条的基础上，删除“（荷载标准值乘以荷载分项系数）”的表述	钢结构的连接强度虽然统计数据有限，尚无法按可靠度进行分析，但已将其容许应力用校准的方法转化为以概率理论为基础的极限状态设计表达式（包括各种抗力分项系数），故采用荷载设计值进行计算
3.1.7	动力荷载设计值的规定	在 GB 50017—2003 第 3.1.6 条的基础上，将“吊车荷载”改为“起重机荷载”	直接承受动力荷载指直接承受冲击等，不包括风荷载和地震作用
3.1.8	预应力钢结构的设计要求	新增条文	为了确保结构安全，一般情况下均应对其进行从张拉开始到张拉成型后加载的全过程仿真分析
3.1.9	承载能力极限状态设计计算	新增条文 符号 S 在本条中，强度计算时，以应力形式表达；稳定计算时，以内力设计值与承载力比值的形式表达	适用于结构构件的承载力计算
3.1.10	防连续倒塌控制设计	新增条文 对倒塌可能引起严重后果的重要结构，增加了防连续倒塌的设计要求	
3.1.11	钢结构设计时，还应考虑制作、运输和安装的便利性和经济性	在 GB 50017—2003 第 1.0.4 条的基础上修改，删除“应从工程实际情况出发”的表述，将“宜优先采用通用的和标准化的结构和构件，减少制作、安装工作量”改为“宜采用通用和标准化构件，当考虑结构部分构件替换可能性时应提出相应的要求。钢结构的构造应便于制作、运输、安装、维护并使结构受力简单明确，减少应力集中，避免材料三向受拉”	除考虑合理选择结构体系外

（续）

条款编号	内容提要	修订内容	备注
3.1.12、3.1.13	在设计文件（如图纸和材料订货单等）中应注明的一些与保证工程质量密切相关的事项	在GB 50017—2003第1.0.5条的基础上修改 将“在钢结构设计文件中，应注明建筑结构的设计使用年限、钢材牌号、连接材料的型号（或钢号）和对钢材所要求的力学性能、化学成分及其他的附加保证项目”改为“钢结构设计文件应注明所采用的规范或标准、建筑结构设计使用年限、抗震设防烈度、钢材牌号、连接材料的型号（或钢号）和设计所需的附加保证项目”，作为GB 50017—2017第3.1.12条 将“此外，还应注明所要求的焊缝形式、焊缝质量等级、端面刨平顶紧部位及对施工的要求。”改为“钢结构设计文件应注明螺栓防松构造要求、端面刨平顶紧部位、钢结构最低防腐蚀设计年限和防护要求及措施、对施工的要求。对焊接连接，应注明焊缝质量等级及承受动荷载的特殊构造要求；对高强度螺栓连接，应注明预拉力、摩擦面处理和抗滑移系数；对抗震设防的钢结构，应注明焊缝及钢材的特殊要求。”作为GB 50017—2017第3.1.13条	其中钢材的牌号应与有关钢材的现行国家标准或其他技术标准相符；对钢材性能的要求，凡我国钢材标准中各牌号能基本保证的项目可不再列出，只提附加保证和协议要求的项目 设计文件中还应注明所选用焊缝或紧固件连接材料的型号、强度级别及其应符合的材料标准和检验、验收应符合的技术标准
3.1.14	钢结构抗震设计依据	对GB 50017—2003第1.0.3条一部分进行修改补充：将“在地震区的建筑物和构筑物，尚应符合现行国家标准《建筑抗震设计规范》GB 50011、《中国地震动参数区划图》GB 18306和《构筑物抗震设计规范》GB 50191的规定。”改为“抗震设防的钢结构构件和节点可按现行国家标准《建筑抗震设计规范》GB 50011或《构筑物抗震设计规范》GB 50191的规定设计，也可按本标准第17章的规定进行抗震性能化设计”	
3.2	结构体系		
3.2.1	选择钢结构体系时需要遵循的基本原则	新增条文	
3.2.2	建筑结构体系布置的一般原则	新增条文	也是钢结构体系布置时要遵循的基本原则

（续）

条款编号	内容提要	修订内容	备注
3.2.3	提出施工阶段验算的要求	新增条文	超高层钢结构的结构刚度与荷载，应采用能够反映结构实际内力分布的分析方法 大跨度和复杂空间钢结构，特别是非线性效应明显的索结构和预应力钢结构，不同的结构安装方式会导致结构刚度形成路径的不同，进而影响结构最终成形时的内力和变形。结构分析中，应充分考虑这些因素，必要时进行施工模拟分析
3.3	作用		
3.3.1	提出钢结构荷载相关的规定	在 GB 50017—2003 第 3.2.1 条的基础上修改补充 增加“地震作用应根据现行国家标准《建筑抗震设计规范》GB 50011 确定”以及“门式刚架轻型房屋的风荷载和雪荷载应符合现行国家标准《门式刚架轻型房屋钢结构技术规范》GB 51022 的规定”的表述 删除“结构的重要性系数 γ_0 应按现行国家标准《建筑结构可靠度设计统一标准》GB 50068 的规定采用，其中对设计使用年限为 25 年的结构构件，γ_0 不应小于 0.95”的表述 沿用 GB 50017—2003 第 3.2.1 条的规定，对支承轻屋面的构件或结构，当仅有一个可变荷载且受荷水平投影面积超过 $60m^2$ 时，屋面均布活荷载标准值可取为 $0.3kN/mm^2$	$0.3kN/mm^2$ 仅适用于只有一个可变荷载的情况，当有两个及以上可变荷载考虑荷载组合值系数参与组合时（如尚有积灰荷载），屋面活荷载仍应取 $0.5kN/mm^2$
3.3.2	起重机摆动引起的横向水平力表征和计算	在 GB 50017—2003 第 3.2.2 条的基础上修改个别文字，如“软钩吊车”改为“软钩起重机”，“抓斗或磁盘吊车”改为“抓斗或磁盘起重机”，“硬钩吊车”改为“硬钩起重机” 删除“注：现行国家标准《起重机设计规范》GB/T 3811 将吊车工作级别划分为 A1～A8 级。在一般情况下，本规范中的轻级工作制相当于 A1～A3 级；中级工作制相当于 A4、A5 级；重级工作制相当于 A6～A8 级，其中 A8 属于特重级”的表述 关于吊车横向水平荷载的增大系数 α 沿用 GB 50017—2003 的规定	GB 50017—2017 所指的工作制与现行国家标准《建筑结构荷载规范》GB 50009 中的荷载状态相同，即轻级工作制（轻级载荷状态）吊车相当于 A1～A3 级，中级工作制相当于 A4、A5 级，重级工作制相当于 A6～A8 级，其中 A8 为特重级 但设计人员在按工艺专业提供的起重机级别来确定吊车的工作制时，尚应根据起重机的具体操作情况及实践经验考虑，必要时可做适当调整

（续）

条款编号	内容提要	修订内容	备注
3.3.3	屋盖结构悬挂起重机和电动葫芦在同一跨间每条运行线路上的台数限值	在 GB 50017—2003 第 3.2.3 条的基础上，将“计算屋盖桁架考虑悬挂吊车和电动葫芦的荷载时”改为“屋盖结构考虑悬挂起重机和电动葫芦的荷载时”，“梁式吊车”改为“梁式起重机”	
3.3.4	设计车间的工作平台结构时，提出检修材料所产生的荷载的计算参数	在 GB 50017—2003 第 3.2.4 条的基础上，修改个别文字，将“柱（包括基础）”改为“柱及基础”	
3.3.5	温度区段长度值及伸缩缝设置	在 GB 50017—2003 第 8.1.5 条的基础上，增加了对于温度作用的原则性规定和围护构件为金属压型钢板房屋的温度区段规定	
3.4	结构或构件变形及舒适度的规定		
3.4.1	结构或构件变形的容许值的规定	在 GB 50017—2003 第 3.5.1 条的基础上修订，并对 GB 50017—2003 附录 A 修订补充为 GB 50017—2017 附录 B，增加内容较多	
3.4.2	计算结构或构件的变形时，均按毛截面计算	沿用 GB 50017—2003 第 3.5.2 条	可不考虑螺栓或铆钉孔引起的截面削弱
3.4.3	横向受力构件起拱值	在 GB 50017—2003 第 3.5.3 条的基础上修改，删除“为改善外观和使用条件”，将“起拱度”改为“起拱值”	
3.4.4、3.4.5	舒适度的规定	均为新增条文	
3.5	截面板件宽厚比等级		
3.5.1、3.5.2	汇总截面板件宽厚比等级及限值，将截面根据其板件宽厚比分为 5 个等级（S1、S2、S3、S4、S5）	GB 50017—2003 关于截面板件宽厚比的规定分散在受弯构件、压弯构件的计算及塑性设计各章节中	截面板件宽厚比是指截面板件平直段的宽度和厚度之比，受弯或压弯构件腹板平直段的高度与腹板厚度之比也可称为板件高厚比

1.4 材料

GB 50017—2003 的“材料选用”及“设计指标”内容在 GB 50017—2017 中合并移入第 4 章“材料”，引入了 Q345GJ、Q460 等钢材，其中第 4. 3. 2、4. 4. 1、4. 4. 3、4. 4. 4、4. 4. 5、4. 4. 6 条为强制性条文，必须严格执行。GB 50017—2017 第 4 章修订内容，见表 1-3。

表 1-3　GB 50017—2017 第 4 章修订内容

条款编号	内容提要	修订内容	备注
4. 1	钢材牌号及标准		
4. 1. 1	钢材选用	在 GB 50017—2003 第 3. 3. 1 条一部分的基础上，增列 Q460 钢及《建筑结构用钢板》GB/T 19879—2015 中的 GJ 系列钢材	
4. 1. 2	Z 向钢选用	沿用 GB 50017—2003 第 3. 3. 6 条，提出采用 Z 向钢的标准	
4. 1. 3	耐候结构钢选用	在 GB 50017—2003 第 3. 3. 7 条的基础上，提出 Q235NH、Q355NH 和 Q415NH 牌号的耐候结构钢，并更换国家标准为《耐候结构钢》GB/T 4171	
4. 1. 4	铸钢件的规定	在 GB 50017—2003 第 3. 3. 5 条的基础上，增加了应用于焊接结构的铸钢，并给出其应遵守的国家标准《焊接结构用铸钢件》GB/T 7659	
4. 1. 5	其他牌号钢材的要求	在 GB 50017—2003 第 3. 3. 1 条一部分的基础上，增列需遵守现行国家标准《建筑结构可靠度设计统一标准》GB 50068 的规定	按照现行国家标准《建筑结构可靠度设计统一标准》GB 50068 进行统计分析，研究确定其设计指标及适用范围
4. 2	连接材料型号及标准		
4. 2. 1	钢结构用焊接材料的规定	在 GB 50017—2003 第 3. 3. 8 条第 1 款、第 2 款的基础上，修改焊条适用的国家标准为《非合金钢及细晶粒钢焊条》GB/T 5117 补充了自动焊或半自动焊相关国家标准；增加了埋弧焊用焊丝及焊剂的相关标准	现行国家标准《熔化焊用钢丝》GB/T 14957、《气体保护电弧焊用碳钢、低合金钢焊丝》GB/T 8110、《非合金钢及细晶粒钢药芯焊丝》GB/T 10045、《热强钢药芯焊丝》GB/T 17493 以及《埋弧焊用非合金钢及细晶粒钢实心焊丝、药芯焊丝和焊丝 - 焊剂组合分类要求》GB/T 5293、《埋弧焊用热强钢实心焊丝、药芯焊丝和焊丝 - 焊剂组合分类要求》GB/T 12470

（续）

条款编号	内容提要	修订内容	备注
4.2.2	钢结构用紧固件材料的规定	在GB 50017—2003第3.3.8条第3款~第6款的基础上，新列入了螺栓球节点用的高强度螺栓 更换了普通螺栓、扭剪型高强度螺栓、圆柱头焊（栓）钉连接件相关国家标准 补充了连接用铆钉适用的行业标准	现行国家标准《钢网架螺栓球节点用高强度螺栓》GB/T 16939；《六角头螺栓 C级》GB/T 5780和《六角头螺栓》GB/T 5782；《钢结构用扭剪型高强度螺栓连接副》GB/T 3632；《电弧螺柱焊用圆柱头焊钉》GB/T 10433
4.3	材料选用		
4.3.1	提出了合理选用钢材应综合考虑的基本要素	在GB 50017—2003第3.3.1条一部分的基础上调整修改，"钢材牌号和材性"改为"钢材牌号和材性保证项目"	
4.3.2	承重结构的钢材应具有的力学性能和化学成分等合格保证的项目	在GB 50017—2003第3.3.3条的基础上，结合第3.3.4条中相关"冲击韧性保证"的表述调整为"对直接承受动力荷载或需验算疲劳的构件所用钢材尚应具有冲击韧性的合格保证。"并列为强制性条文 另外将"伸长率"改为"断后伸长率"，"碳含量"改为"碳当量"	强制性条文
4.3.3、4.3.4	钢材质量等级的选用	GB 50017—2003第3.3.4条仅对需要验算疲劳的结构钢材提出了冲击韧性的要求，本次修订将范围扩大，针对低温条件和钢板厚度做出更详细的规定	
4.3.5	T形、十字形、角形焊接连接节点的层状撕裂要求，以及钢板厚度方向承载性能等级影响因素	新增条文	
4.3.6	采用塑性设计的结构及进行弯矩调幅的构件的材质要求	新增条文	
4.3.7	对无加劲的直接焊接的相贯节点部位钢管提出材料使用上的注意点	新增条文	

（续）

条款编号	内容提要	修订内容	备注
4.3.8	连接材料的选用规定	在 GB 50017—2003 第 3.3.8 条第 1 款一部分及 GB 50017—2003 第 7.2.6 条的基础上补充焊条或焊丝的选用要求	
4.3.9	锚栓的选用	在 GB 50017—2003 第 3.3.8 条第 7 款的基础上，增加 Q390 或强度更高的钢材，补充其工作温度不高于 -20℃时的性能要求	GB 50017—2017 第 4.3.4 条
4.4	设计指标和设计参数		
4.4.1	钢材的设计用强度指标	在 GB 50017—2003 第 3.4.1 条的基础上新增了 Q460 钢材；钢材强度设计值按板厚或直径的分组，遵照现行钢材标准进行修改；对抗力分项系数做了较大的调整和补充	强制性条文
4.4.2	建筑结构用钢板的设计用强度指标	新增条文	
4.4.3	结构用无缝钢管的强度指标	新增条文	强制性条文
4.4.4	铸钢件的强度设计值	在 GB 50017—2003 表 3.4.1-2 的基础上，按“非焊接结构用铸钢件”及“焊接结构用铸钢件”分类修改补充较多内容	强制性条文
4.4.5	焊缝的强度指标及相关要求	在 GB 50017—2003 表 3.4.1-3 的基础上，对焊条型号、构件钢材牌号重新分类并修改了较多内容	强制性条文
4.4.6	螺栓连接的强度指标	在 GB 50017—2003 表 3.4.1-4 的基础上，增加了网架用高强度螺栓；增加了 Q390 钢作为锚栓；表中还增加了螺栓与 Q460 钢、Q345GJ 钢构件连接的承压强度设计值，为适应钢结构抗震性能化设计要求增加了高强度螺栓的抗拉强度最小值	强制性条文
4.4.7	铆钉连接的强度设计值及其折减应用	沿用 GB 50017—2003 表 3.4.1-5 的内容	
4.4.8	钢材和铸钢件的物理性能指标	沿用 GB 50017—2003 表 3.4.3 的内容	

1.5 结构分析与稳定性设计

GB 50017—2003 中关于结构计算的内容在 GB 50017—2017 中移入到第 5 章“结构分析及稳定性设计”，该章多为新增内容。GB 50017—2017 第 5 章修订内容，见表 1-4。

表 1-4 GB 50017—2017 第 5 章修订内容

条款编号	内容提要	修订内容	备注
5.1	一般规定		
5.1.1	建筑结构的内力和变形的分析方法	在 GB 50017—2003 第 3.2.6 条的基础上修订：一是将分析对象由“建筑结构的内力”扩展为“建筑结构的内力和变形”；二是将“采用弹性分析的结构中，构件截面允许有塑性变形发展”改为“采用弹性分析结果进行设计时，截面板件宽厚比等级为 S1 级、S2 级、S3 级的构件可有塑性变形发展”	规定结构分析时可根据分析方法相应地对材料采用弹性或者弹塑性假定
5.1.2	二阶效应	新增条文	
5.1.3	计算模型和基本假定的应用	在 GB 50017—2003 第 3.2.5 条的基础上，删除“尽量”一词	
5.1.4	框架结构的梁柱连接形式及应用要求	对 GB 50017—2003 第 3.2.7 条的一部分予以增减调整，增加“框架结构的梁柱连接宜采用刚接或铰接”的表述	
5.1.5	桁架杆件内力计算要求	在 GB 50017—2003 第 8.4.5 条、第 10.1.4 条的基础上，把结构分析时可以当成铰接节点的情况进行了集中说明	
5.1.6	对结构分析方法的选择进行了原则性的规定	新增条文	
5.1.7	采用直接分析时应考虑初始几何缺陷和残余应力的影响	新增条文	
5.1.8	在连续倒塌、抗火分析、极端荷载（作用）等涉及严重的材料非线性、内力需要重分布的情况下，应采用直接分析法以反映结构的真实响应	新增条文	
5.1.9	以整体受压或受拉为主的大跨度钢结构的稳定性分析应采用二阶 $P-\Delta$ 弹性分析或直接分析	新增条文	

（续）

条款编号	内容提要	修订内容	备注
5.2	初始缺陷		
5.2.1	对框架结构整体初始几何缺陷值给出了具体取值	新增条文	结构的初始缺陷包含结构整体的初始几何缺陷和构件的初始几何缺陷、残余应力及初偏心
5.2.2	提出构件的初始缺陷代表值计算公式，以及构件综合缺陷代表值	新增条文	
5.3	一阶弹性分析与设计		
5.3.1、5.3.2	对一阶弹性分析设计方法的适用条件和设计过程进行了说明	均为新增条文	
5.4	二阶 $P-\Delta$ 弹性分析与设计		
5.4.1	采用二阶 $P-\Delta$ 弹性分析设计方法时，要考虑结构在荷载作用下产生的变形（$P-\Delta$）、结构整体初始几何缺陷（$P-\Delta_0$）、节点刚度等对结构和构件变形和内力产生的影响	新增条文	
5.4.2	将二阶效应仅与框架受水平荷载相关联，不需要在楼层和屋顶标高设置虚拟水平支座和计算其反力，只需分别计算框架在竖向荷载和水平荷载下的一阶弹性内力，即可求得近似的二阶弹性弯矩	在 GB 50017—2003 第 3.2.8 条的基础上修订，公式形式及参数均有变化	
5.5	直接分析设计法		
5.5.1	直接分析设计法应采用考虑二阶 $P-\Delta$ 和 $P-\delta$ 效应，同时考虑结构和构件的初始缺陷、节点连接刚度和其他对结构稳定性有显著影响的因素	新增条文	
5.5.2	不考虑材料弹塑性发展时的直接分析规定	新增条文	
5.5.3、5.5.4、5.5.5	直接分析法按二阶弹塑性分析时，对构件和节点的延性、钢材物理力学性能及钢结构构件截面的要求	均为新增条文	
5.5.6、5.5.7	结构、构件采用直接分析设计法进行分析和设计时，宜考虑应变率、应力-应变关系的影响，以及构件截面承载力验算	均为新增条文	

（续）

条款编号	内容提要	修订内容	备注
5.5.8	对采用塑性铰法进行直接分析设计做了补充要求	新增条文	
5.5.9	采用塑性区法进行直接分析设计时，构件的初始几何缺陷要求	新增条文	
5.5.10	提出大跨度钢结构体系的结构整体初始几何缺陷，以及构件的初始缺陷要求	新增条文	

1.6 受弯构件

GB 50017—2003 第4章“受弯构件的计算”在 GB 50017—2017 中改为第6章“受弯构件”，增加了腹板开孔的内容，并将 GB 50017—2003 第8章“构造要求”中的“结构构件”里与梁设计相关的内容移入。GB 50017—2017 第6章修订内容，见表1-5。

表1-5 GB 50017—2017 第6章修订内容

条款编号	内容提要	修订内容	备注
6.1	受弯构件的强度		
6.1.1	实腹式构件受弯强度计算公式	在 GB 50017—2003 第4.1.1条的基础上，对 W_{nx}、W_{ny} 的取值引入不同的截面板件宽厚比等级	
6.1.2	提出截面塑性发展系数取值规定	在 GB 50017—2003 第4.1.1条的基础上，对不同的截面板件宽厚比等级，给出相应的截面塑性发展系数值	
6.1.3	主平面内受弯的实腹式构件受剪强度计算公式	沿用 GB 50017—2003 第4.1.2条的规定	
6.1.4	提出梁受集中荷载且该荷载处又未设置支承加劲肋时，其计算的相关规定	在 GB 50017—2003 第4.1.3条的基础上，增加 l_z 的计算公式——式（6.1.4-2）	
6.1.5	梁的腹板计算高度边缘处，若同时承受较大的正应力、剪应力和局部压应力，或同时承受较大的正应力和剪应力时，其折算应力计算	沿用 GB 50017—2003 第4.1.4条	同时受有较大的正应力和剪应力处，指连续梁中部支座处或梁的翼缘截面改变处等
6.2	受弯构件的整体稳定		
6.2.1	提出可不计算梁的整体稳定性的条件	在 GB 50017—2003 第4.2.1条第1款的基础上修改调整文字	

（续）

条款编号	内容提要	修订内容	备注
6.2.2	在最大刚度主平面内受弯的构件，其整体稳定性的计算	在 GB 50017—2003 第 4.2.2 条的基础上，增加不同截面板件宽厚比等级对应的按受压最大纤维确定的梁毛截面模量 W_x 取值规定	
6.2.3	在两个主平面受弯的 H 型钢截面或工字形截面构件，其整体稳定性的计算	沿用 GB 50017—2003 第 4.2.3 条	
6.2.4	可不计算箱形截面简支梁的整体稳定性的条件	在 GB 50017—2003 第 4.2.4 条的基础上，补充"l_1 为受压翼缘侧向支承点间的距离（梁的支座处视为有侧向支承）"的描述	
6.2.5	梁的支座处应采取防止梁端截面扭转构造措施。当对仅腹板连接的钢梁稳定性计算时，计算长度应放大	在 GB 50017—2003 第 4.2.5 条的基础上，补充"当简支梁仅腹板与相邻构件相连，钢梁稳定性计算时侧向支承点距离应取实际距离的 1.2 倍"的描述	
6.2.6	减小梁侧向计算长度的支撑，应设置在受压翼缘	沿用 GB 50017—2003 第 4.2.6 条	
6.2.7	支座承担负弯矩且梁顶有混凝土楼板时，框架梁下翼缘的稳定性计算	新增条文	
6.3	局部稳定		
6.3.1	对无局部压应力且承受静力荷载的工字形截面梁可利用腹板屈曲后强度，计算其受弯和受剪承载力	在 GB 50017—2003 第 4.3.1 条的基础上修订，保留了对轻、中级吊车轮压设计值允许乘以折减系数 0.9 的规定	
6.3.2	提出焊接截面梁腹板配置加劲肋的要求	在 GB 50017—2003 第 4.3.2 条的基础上修订，修订内容较多 将"但对无局部压应力（$\sigma_c=0$）的梁，可不配置加劲肋"改为"当局部压应力较小时，可不配置加劲肋" 增加"梁的支座处和上翼缘受有较大固定集中荷载处，宜设置支承加劲肋"的描述 另外细化了腹板的计算高度 h_0 的规定	
6.3.3	仅配置横向加劲肋的腹板，其各区格的局部稳定计算公式	基本保留了 GB 50017—2003 第 4.3.3 条的规定。由于腹板应力最大处翼缘应力也很大，后者对前者并不提供约束。将 GB 50017—2003 式（4.3.3-2e）分母的 153 改为 138	

（续）

条款编号	内容提要	修订内容	备注
6.3.4	同时用横向加劲肋和纵向加劲肋加强的腹板，其局部稳定性计算公式	沿用 GB 50017—2003 第 4.3.4 条	
6.3.5	在受压翼缘与纵向加劲肋之间设有短加劲肋的区格，其局部稳定性计算	沿用 GB 50017—2003 第 4.3.5 条	
6.3.6	提出加劲肋的设置要求	在 GB 50017—2003 第 4.3.6 条的基础上，增加第 8 款“焊接梁的横向加劲肋与翼缘板、腹板相接处应切角，当作为焊接工艺孔时，切角宜采用半径 $R = 30$mm 的 1/4 圆弧”的描述	本条第 8 款关于切角尺寸的规定仅适用于与受压翼缘相连接处
6.3.7	提出梁的支承加劲肋要求	沿用 GB 50017—2003 第 4.3.7 条，个别文字有改动	
6.4	焊接截面梁腹板考虑屈曲后强度的计算		本节条款暂不适用于吊车梁，原因是多次反复屈曲可能导致腹板边缘出现疲劳裂纹
6.4.1	腹板仅配置支承加劲肋且较大荷载处尚有中间横向加劲肋，同时考虑屈曲后强度的工字形焊接截面梁受弯和受剪承载能力验算	基本沿用 GB 50017—2003 第 4.4.1 条	工字形截面梁考虑腹板屈曲后强度，包括单纯受弯、单纯受剪和弯剪共同作用三种情况
6.4.2	加劲肋的设计要求	基本沿用 GB 50017—2003 第 4.4.2 条，部分文字有调整	
6.5	腹板开孔要求		
6.5.1	腹板开孔梁原则性的规定	新增条文	
6.5.2	梁腹板开洞时孔口及其位置的尺寸规定	新增条文	
6.6	梁的构造要求		
6.6.1	弧曲杆沿弧面受弯时宜设置加劲肋	新增条文	
6.6.2	指出焊接梁的翼缘推荐采用一层钢板，并提出采用两层钢板时的规定和计算要求	基本沿用 GB 50017—2003 第 8.4.9 条	

1.7 轴心受力构件

“轴心受力构件和拉弯、压弯构件的计算”（GB 50017—2003 第 5 章）改为“轴心受力构件”（GB 50017—2017 第 7 章）及“拉弯、压弯构件”（GB 50017—2017 第 8 章）两章，并将“构造要求”（GB 50017—2003 第 8 章）中与柱设计相关的内容移入上述两章。GB 50017—2017 第 7 章修订内容，见表 1-6。

表 1-6 GB 50017—2017 第 7 章修订内容

条款编号	内容提要	修订内容	备注
7.1	截面强度计算		
7.1.1	提出轴心受拉构件端部连接及中部拼接处组成截面的各板件都由连接件直接传力时，其截面强度计算公式	在 GB 50017—2003 第 5.1.1 条的基础上修订，将其条文说明中给出的以下两个公式作为正文公式：式（7.1.1-1）和式（7.1.1-2） 当前，屈强比高于 0.8 的 Q460 钢已开始采用，为此，用这两个公式取代了净截面屈服的计算公式	对于 Q235 和 Q345 钢，用这两个公式计算可以节约钢材
7.1.2	提出轴心受压构件端部连接及中部拼接处组成截面的各板件都由连接件直接传力时，其截面强度计算公式	新增	轴压构件孔洞有螺栓填充者，不必验算净截面强度
7.1.3	轴心受拉构件和轴心受压构件，当其组成板件在节点或拼接处并非全部直接传力时，其危险截面有效截面系数的应用规定	新增条文	有效截面系数是考虑了杆端非全部直接传力造成的剪切滞后和截面上正应力分布不均匀的影响
7.2	轴心受压构件的稳定性计算		
7.2.1	提出轴心受压构件的稳定性计算要求	对 GB 50017—2003 第 5.1.2 条的一部分进行修订，式（7.2.1）改用轴心压力设计值与构件承载力之比的表达式 对屈服强度达到和超过 345MPa 的 $b/h>0.8$ 的 H 型钢和等边角钢的稳定系数 φ 可提高一类采用 板件宽厚比超过 GB 50017—2017 第 7.3.1 条规定的实腹式构件应按式（7.3.3-1）计算轴心受压构件的稳定性	除可考虑屈服后强度的实腹式构件外

（续）

条款编号	内容提要	修订内容	备注
7.2.2	提出实腹式构件的长细比 λ 计算公式	对 GB 50017—2003 第5.1.2条的一部分进行了局部修改：删去了原公式（5.1.2-5）；增加了截面无对称轴构件弯扭屈曲换算长细比的计算公式［式（7.2.2-14）］和不等边单角钢的简化公式［式（7.2.2-20）、式（7.2.2-21）］	
7.2.3	提出格构式轴心受压构件，当绕虚轴弯曲时，换算长细比的公式	沿用 GB 50017—2003 第5.1.3条	
7.2.4、7.2.5	提出对格构式受压构件的分肢长细比的要求；并对对横隔的间距做了具体规定	在 GB 50017—2003 第5.1.4条的基础上修订补充	
7.2.6	对双角钢或双槽钢构件的填板间距、截面回转半径做了规定	基本沿用 GB 50017—2003 第5.1.5条	用普通螺栓和填板连接的构件，由于孔隙情况不同，容易造成两肢受力不等，连接变形达不到实腹构件的水平，影响杆件的承载力，因此需要按格构式计算
7.2.7	格构式轴心受压构件的剪力计算	沿用 GB 50017—2003 第5.1.6条	
7.2.8	两端铰支的梭形圆管或方管状截面轴心受压构件的稳定性计算公式、稳定系数 φ 的确定，换算长细比 λ_e 的计算	新增条文	
7.2.9	两端铰支的三肢钢管梭形格构柱整体稳定性计算公式、稳定系数 φ 的确定，换算长细比 λ_e 的计算	新增条文	空间多肢钢管梭形格构柱常用于轴心受压构件
7.3	实腹式轴心受压构件的局部稳定和屈曲后强度		
7.3.1	实腹轴心受压构件要求不出现局部失稳者，其板件宽厚比的规定	基本沿用 GB 50017—2003 第5.4.1条~第5.4.5条的内容，增加了等边角钢肢的宽厚比限值	不等边角钢没有对称轴，失稳时总是呈弯扭屈曲，稳定计算包含了肢件宽厚比影响
7.3.2	当轴心受压构件的压力小于稳定承载力时，其宽厚比限值计算	新增条文	构件实际压力低于其承载力时，相应的局部屈曲临界力可以降低，从而使宽厚比限值放宽

（续）

条款编号	内容提要	修订内容	备注
7.3.3	板件宽厚比超过限值时，可采用纵向加劲肋加强；当可考虑屈曲后强度时，轴心受压杆件的强度和稳定性计算	新增条文	
7.3.4	H形、工字形、箱形和单角钢截面轴心受压构件的有效截面系数 ρ 计算	修改 GB 50017—2003 第5.4.6条一部分	
7.3.5	对于H形、工字形和箱形截面轴心受压构件的腹板，提出其加劲肋配置要求	修改 GB 50017—2003 第5.4.6条一部分	
7.4	轴心受力构件的计算长度和容许长细比		
7.4.1	对桁架弦杆、单系腹杆、钢管桁架构件，提出各自的计算长度 l_0	沿用 GB 50017—2003 第5.3.1条的一部分，并补充了钢管桁架构件的计算长度系数	
7.4.2	桁架交叉腹杆的压杆在桁架平面外的计算长度，列出了四种情况的计算公式	沿用 GB 50017—2003 第5.3.2条	适用两杆长度和截面均相同的情况
7.4.3	桁架弦杆侧向支承点之间相邻两节间的压力不等时，弦杆在桁架平面外的计算长度	沿用 GB 50017—2003 第5.3.1条的一部分	桁架再分式腹杆体系的受压主斜杆及K形腹杆体系的竖杆等，在桁架平面外的计算长度也应按式（7.4.3）确定（受拉主斜杆仍取 l_1）
7.4.4	塔架的单角钢主杆，应按所在两个侧面的节点分布情况（三种），采用长细比确定稳定系数 φ	新增条文	
7.4.5	对于塔架单角钢人字形或V形主斜杆，提出其计算长度和长细比的规定	新增条文	
7.4.6、7.4.7	受压构件、受拉构件验算容许长细比	在 GB 50017—2003 第5.3.8条和第5.3.9条的基础上修订调整，增加了容许长细比为200的构件范围	
7.4.8	对于上端与梁或桁架铰接且不能侧向移动的轴心受压柱，提出其计算长度系数的取值	新增条文	

（续）

条款编号	内容提要	修订内容	备注
7.5	轴心受压构件的支撑		
7.5.1	对于用作减小轴心受压构件自由长度的支撑，其支撑力值的计算	除本条第4款、第5款外均沿用 GB 50017—2003 第5.1.7条	GB 50017—2003 第5.1.7条第4款规定有可能导致可靠度不足 新增了第5款以保证支撑能够起应有的作用
7.5.2	桁架受压弦杆的横向支撑系统中系杆和支承斜杆，其节点支撑力的计算	新增条文	式（7.5.2）相当于式（7.5.1-3）和式（7.5.1-4）的组合
7.5.3	塔架主杆与主斜杆之间的辅助杆，其节点支撑力的计算	新增条文	
7.6	单边连接的单角钢		
7.6.1	桁架的单角钢腹杆，当以一个肢连接于节点板时，其轴心受力构件的截面强度计算、受压构件的稳定性计算，以及节点板厚度的取值	基本沿用 GB 50017—2003 第3.4.2条的规定，增加第3款"当受压斜杆用节点板和桁架弦杆相连接时，节点板厚度不宜小于斜杆肢宽的1/8"的描述	
7.6.2	塔架单边连接单角钢交叉斜杆中的压杆，其稳定系数 φ 的确定	新增条文	
7.6.3	单边连接的单角钢压杆，当肢件宽厚比 w/t 大于 $14\varepsilon_k$ 时，其稳定承载力的折减	新增条文	

1.8 拉弯、压弯构件

"轴心受力构件和拉弯、压弯构件的计算"（GB 50017—2003 第5章）改为"轴心受力构件"（GB 50017—2017 第7章）及"拉弯、压弯构件"（GB 50017—2017 第8章）两章。GB 50017—2017 第8章修订内容，见表1-7。

表1-7　GB 50017—2017 第8章修订内容

条款编号	内容提要	修订内容	备注
8.1	截面强度计算		
8.1.1	弯矩作用在两个主平面内的拉弯构件和压弯构件，其截面强度计算规定	在 GB 50017—2003 第5.2.1条的基础上，补充了圆形截面拉弯构件和压弯构件的计算公式	
8.2	构件的稳定性计算		

（续）

条款编号	内容提要	修订内容	备注
8.2.1	弯矩作用在对称轴平面内的实腹式压弯构件以及单轴对称压弯构件，平面内稳定性、平面外稳定性计算	在 GB 50017—2003 第 5.2.2 条的基础上，对等效弯矩系数的规定进行了细化 改正了对采用二阶内力分析时 β_{mx} 系数的规定 在 GB 50017—2017 附录 C 中给出了工字形和 H 形截面 φ_b 系数的简化公式，用于压弯构件弯矩作用平面外的稳定计算	压弯构件的（整体）稳定，对实腹式构件来说，要进行弯矩作用平面内和弯矩作用平面外稳定计算 注意：式（8.2.1-2）中 N'_{Fx} 应为 N'_{Ex}
8.2.2	弯矩绕虚轴作用的格构式压弯构件整体稳定性计算	对 GB 50017—2003 第 5.2.3 条中的公式进行了修改，原公式是承载力的上限，尤其不适用 $\varphi_x \leqslant 0.8$ 的格构柱	弯矩绕虚轴作用的格构式压弯构件，其弯矩作用平面内稳定性的计算宜采用边缘屈服准则。弯矩作用平面外的整体稳定性不必计算，但要求计算分肢的稳定性
8.2.3	弯矩绕实轴作用的格构式压弯构件，其弯矩作用平面内和平面外的稳定性计算	沿用 GB 50017—2003 第 5.2.4 条	该类构件的稳定性计算与实腹式构件相同。但在计算弯矩作用平面外的整体稳定性时，长细比应取换算长细比，φ_x 应取 1.0
8.2.4	双向压弯圆管的整体稳定计算	新增相关计算公式	适合于计算柱段中没有很大横向力或集中弯矩的情况
8.2.5	弯矩作用在两个主平面内的双轴对称实腹式工字形和箱形截面的压弯构件，其稳定性计算	沿用 GB 50017—2003 第 5.2.5 条	双向弯矩的压弯构件，其稳定承载力极限值的计算，需要考虑几何非线性和物理非线性问题
8.2.6	弯矩作用在两个主平面内的双肢格构式压弯构件，其稳定性计算	沿用 GB 50017—2003 第 5.2.6 条	对于双肢格构式压弯构件，当弯矩作用在两个主平面内时，应分两次计算构件的稳定性
8.2.7	格构式压弯构件缀材计算时，其剪力值选取	沿用 GB 50017—2003 第 5.2.7 条	
8.2.8	压弯构件弯矩作用平面外的支撑，应将压弯构件的受压翼缘（对实腹式构件）或受压分肢（对格构式构件）视为轴心压杆计算各自的支撑力	在 GB 50017—2003 第 5.2.8 条的基础上修订，将“视为轴心压杆”改为“轴心受压构件”	支撑力按 GB 50017—2017 第 7.5 节的规定计算
8.3	框架柱的计算长度		

（续）

条款编号	内容提要	修订内容	备注
8.3.1	框架柱（无支撑框架、有支撑框架）的计算长度系数μ	综合了GB 50017—2003第5.3.3条、第5.3.6条的规定，增加了无支撑框架和有支撑框架μ系数的简化公式，即式（8.3.1-1）和式（8.3.1-7）；改进了强弱支撑框架的分界准则和强支撑框架柱稳定系数计算公式，考虑到不推荐采用弱支撑框架，因此取消了弱支撑框架柱稳定系数的计算公式	附有摇摆柱的框（刚）架柱，其计算长度应乘以增大系数η 多跨框架可以把一部分柱和梁组成框架体系来抵抗侧力，而把其余的柱做成两端铰接。这些不参与承受侧力的柱称为摇摆柱，它们的截面较小，连接构造简单，从而造价较低。不过这种上下均为铰接的摇摆柱承受荷载的倾覆作用必然由支持它的框（刚）架来抵抗，使框（刚）架柱的计算长度增大
8.3.2	单层厂房框架下端刚性固定的带牛腿等截面柱在框架平面内的计算长度	新增条文	带牛腿的常截面柱属于变轴力的压弯构件。过去设计这类构件，按照全柱都承受轴力计算其稳定性，偏于保守。式（8.3.2-1）考虑了压力变化的实际条件，经济而合理。式（8.3.2-1）并未考虑相邻柱的支撑作用（相邻柱的起重机压力较小）。同时柱脚实际上并非完全刚性，这一不利因素没有加以考虑。两个因素同时忽略的结果略偏安全 注意：式（8.3.2-1）中k_b应为K_b
8.3.3	单层厂房框架下端刚性固定的阶形柱，在框架平面内的计算长度	在GB 50017—2003第5.3.4条的基础上，增添上端有一定约束时μ_2系数的计算公式	GB 50017—2003的规定适用于重型厂房，框架横梁均为桁架 现在中型框架也采用单阶钢柱，但横梁为实腹钢梁，其线刚度不及桁架
8.3.4	计算框架的格构式柱和桁架式横梁的惯性矩时，应考虑柱或横梁截面高度变化和缀件（或腹杆）变形的影响	GB 50017—2003第5.3.5条	由于缀件或腹杆变形的影响，格构式柱和桁架式横梁的变形比具有相同截面惯性矩的实腹式构件大，因此计算框架的格构式柱和桁架式横梁的线刚度时，所用截面惯性矩要根据上述变形增大影响进行折减
8.3.5	框架柱在框架平面外的计算长度取值	对GB 50017—2003第5.3.7条进行了少量文字修改	
8.4	压弯构件的局部稳定和屈曲后强度		
8.4.1	实腹压弯构件要求不出现局部失稳者，其腹板高厚比、翼缘宽厚比的规定	新增条文	

（续）

条款编号	内容提要	修订内容	备注
8.4.2	工字形和箱形截面压弯构件的腹板高厚比设计规定	对 GB 50017—2003 第 5.4.6 条进行了修改和补充 增加了式（8.4.2-9）~式（8.4.2-11）	
8.5	承受次弯矩的桁架杆件		
8.5.1	杆件截面为 H 形或箱形的桁架节点刚性引起的弯矩计算 杆件端部截面的强度计算及杆件的稳定计算	新增条文	除 GB 50017—2017 第 5.1.5 条第 3 款规定的结构外
8.5.2	杆件截面为 H 形或箱形的桁架，其杆件次弯矩计算 给出拉杆和压杆截面强度计算公式	GB 50017—2003 第 8.4.5 条规定杆件为 H 形、箱形截面的桁架，当杆件较为短粗时，需要考虑节点刚性所引起的次弯矩，但如何考虑次弯矩的效应并未做出具体规定 GB 50017—2017 给出了具体规定	只有杆件细长的桁架，次弯矩值相对较小，才能忽略次弯矩效应。此外，忽略次弯矩效应只限于拉杆和不先行失稳的压杆。次弯矩对压杆稳定性的不利影响始终存在，即使是次应力相对较小，也不能忽视

1.9 加劲钢板剪力墙

GB 50017—2017 第 9 章"加劲钢板剪力墙"为新增内容，主要涉及加劲钢板剪力墙的计算和构造要求。本书第 4 章补充了非加劲钢板剪力墙、防屈曲钢板剪力墙、钢板组合剪力墙的计算和设计内容。GB 50017—2017 第 9 章的修订内容，见表 1-8。

表 1-8 GB 50017—2017 第 9 章修订内容

条款编号	内容提要	修订内容	备注
9.1	一般规定		
9.1.1	钢板剪力墙适用范围	新增条文	
9.1.2	减少恒荷载传递至剪力墙的措施	新增条文	竖向加劲肋宜优先采用闭口截面加劲肋
9.2	加劲钢板剪力墙的计算		
9.2.1	适用于不考虑屈曲后强度的钢板剪力墙	新增条文	
9.2.2	加劲肋采取不承担竖向应力的构造	新增条文	
9.2.3	剪力墙板区格的宽厚比 给出了加劲肋的间距要求	新增条文	式（9.2.3-2）适用于竖向加劲肋采用闭口截面的情况，即加劲肋采用槽形或类似截面，其翼缘的开口边与钢板墙焊接形成闭口截面的情况

（续）

条款编号	内容提要	修订内容	备注
9.2.4	加劲肋的刚度参数	新增条文	
9.2.5	设置加劲肋的钢板剪力墙，其稳定性计算规定	新增条文	在竖向应力作用下，加劲钢板剪力墙的屈曲与剪切应力作用下的完全不同，此时竖向加劲肋参与承受竖向荷载，并且还可能是钢板对加劲肋提供支承
9.3	构造要求		
9.3.1	加劲钢板墙加劲肋的设置要求	新增条文	
9.3.2	加劲钢板剪力墙与边缘构件的连接要求	新增条文	钢板剪力墙与柱的连接应满足等强要求
9.3.3	加劲钢板剪力墙在有洞口时的构造要求	新增条文	

1.10 塑性及弯矩调幅设计

"塑性设计"（GB 50017—2003 第 9 章）改为"塑性及弯矩调幅设计"（GB 50017—2017 第 10 章），此设计采用了利用钢结构塑性进行内力重分配的思路。GB 50017—2017 第 10 章修订内容，见表 1-9。

表 1-9　GB 50017—2017 第 10 章修订内容

条款编号	内容提要	修订内容	备注
10.1	一般规定		
10.1.1	规定了塑性设计及弯矩调幅设计的应用范围	在 GB 50017—2003 第 9.1.1 条的基础上，细化不直接承受动力荷载的结构或构件	如果当单层框架或采用塑性设计的多层框架的框架柱形成塑性铰，则框架柱需符合 GB 50017—2017 第 10.3.4 条的规定
10.1.2	塑性及弯矩调幅设计只适用于单向弯曲的构件	新增条文	
10.1.3	塑性设计承载力和使用极限状态验算时采用的荷载	在 GB 50017—2003 第 9.1.2 条的基础上，增加第 3 款"柱端弯矩及水平荷载产生的弯矩不得进行调幅。"	规定弯矩调幅的最大幅度为 20%，而等截面梁形成塑性机构相当于调幅 30%
10.1.4	塑性设计的结构及进行弯矩调幅的构件，采用的钢材应保证塑性变形能力	在 GB 50017—2003 第 9.1.3 条的基础上，增加弯矩调幅的构件钢材性能的规定	钢材性能应符合 GB 50017—2017 第 4.3.6 条的规定
10.1.5	塑性及弯矩调幅设计的结构构件，其截面板件宽厚比等级的规定	新增条文	对构件的宽厚比采用区别对待的原则，形成塑性铰、发生塑性转动的部位，宽厚比要求较严，不形成塑性铰的部位，宽厚比放宽要求

（续）

条款编号	内容提要	修订内容	备注
10.1.6	给出不得进行弯矩调幅设计的构件	新增条文	抗侧力系统的梁，承受较大的轴力，类似于柱子，不建议对其进行调幅
10.1.7	框架柱发生侧移失稳时，其计算长度系数的放大	新增条文	
10.2	弯矩调幅设计要点		
10.2.1	规定了框架－支撑结构，如果采用弯矩调幅设计框架梁，支撑架必须满足的条件	新增条文	框架柱计算长度系数可取为1.0
10.2.2	连续梁、框架梁和钢梁及钢—混凝土组合梁的调幅幅度限值及挠度和侧移增大系数	新增条文	弯矩调幅幅度不同，塑性开展的程度不一样，因此宽厚比的限值也不一样
10.3	构件的计算		
10.3.1	规定了塑性或弯矩调幅设计时，受弯构件的强度和稳定性计算方法	GB 50017—2003 塑性设计采用的截面塑性弯矩 M_p，本次修订为 $\gamma_x W_{nx} f$	
10.3.2	受弯构件的剪切强度要求	沿用GB 50017—2003 第9.2.2条	
10.3.3	压弯构件的强度和稳定性计算要求	新增条文	符合 GB 50017—2017 第8章的规定
10.3.4	塑性铰部位的强度计算	在GB 50017—2003 第9.2.3条、第9.2.4条的基础上，增加弯矩调幅设计相关公式，另外 $N/(A_n f)$ 限定条件由0.13改为0.15	同时承受压力和弯矩的塑性铰截面，塑性铰转动时，会发生弯矩-轴力极限曲面上的塑性流动，受力性能复杂化，因此形成塑性铰的截面，轴压比不宜过大 注意：式（10.3.4-3）中 w_x 应为 W_x
10.4	容许长细比和构造要求		
10.4.1	受压构件的长细比限值	沿用GB 50017—2003 第9.3.1条	
10.4.2	形成塑性铰的梁，其侧向支承点与其相邻支承点间构件的长细比计算	在GB 50017—2003 第9.3.2条的基础上修订	
10.4.3	工字钢梁受拉的上翼缘有楼板或刚性铺板与钢梁可靠连接时，形成塑性铰的截面应满足的要求	新增条文	

（续）

条款编号	内容提要	修订内容	备注
10.4.4	用作减少构件弯矩作用平面外计算长度的侧向支撑，其轴心力的要求	沿用 GB 50017—2003 第 9.3.3 条	轴心力按 GB 50017—2017 第 7.5.1 条确定
10.4.5	所有节点及其连接的刚度要求 构件拼接和构件间的连接能传递的弯矩限值	基本沿用 GB 50017—2003 第 9.3.4 条，个别文字有调整	
10.4.6	塑性铰部位焊接及栓接要求	沿用 GB 50017—2003 第 9.3.5 条	

1.11 连接

“连接计算”（GB 50017—2003 第 7 章）在 GB 50017—2017 中改为“连接”（第 11 章）及“节点”（第 12 章）两章，“构造要求”（GB 50017—2003 第 8 章）中有关焊接及螺栓连接的内容并入 GB 50017—2017 第 11 章。GB 50017—2017 第 11 章修订内容，见表 1-10。

表 1-10　GB 50017—2017 第 11 章修订内容

条款编号	内容提要	修订内容	备注
11.1	一般规定		
11.1.1	钢结构构件的连接方法选用因素	新增条文	一般工厂加工构件采用焊接，主要承重构件的现场连接或拼接采用高强度螺栓连接或焊接
11.1.2	螺栓连接的选用与技术措施	新增条文	摩擦型高强度螺栓连接刚度大，受静力荷载作用可考虑与焊缝协同工作，但仅限于在钢结构加固补强中采用栓焊并用连接
11.1.3	C 级螺栓可用于抗剪连接的情况	沿用 GB 50017—2003 第 8.3.5 条	C 级螺栓与孔壁间有较大空隙，故不宜用于重要的连接
11.1.4	铆钉的使用限制	沿用 GB 50017—2003 第 8.3.8 条	
11.1.5	钢结构焊接连接构造设计的基本要求	新增条文	参考《钢结构焊接规范》GB 50661—2011 的第 5.1.5 条

（续）

条款编号	内容提要	修订内容	备注
11.1.6	对焊缝质量等级的选用做了较具体的规定	在 GB 50017—2003 第 7.1.1 条、第 8.7.3 条的基础上修订 将“在需要进行疲劳计算的构件中，凡对接焊缝均应焊透”改为“在承受动荷载且需要进行疲劳验算的构件中，凡要求与母材等强连接的焊缝应焊透” 将“不要求焊透的T形接头采用的角焊缝或部分焊透的对接与角接组合焊缝”改为“部分焊透的对接焊缝、采用角焊缝或部分焊透的对接与角接组合焊缝的T形连接部位” 将“吊车起重量等于或大于50t的中级工作制吊车梁，焊缝的外观质量标准应符合二级”改为“吊车起重量等于或大于50t的中级工作制吊车梁以及梁柱、牛腿等重要节点不应低于二级” 另外多处“二级”改为“不应低于二级”	详见《钢结构焊接规范》GB 50661—2011 第5.1.5条
11.1.7	首次采用的新钢种应进行焊接性试验，合格后进行焊接工艺评定	新增条文	焊接性试验是指评定母材金属的试验，钢材的焊接性是指钢材对焊接加工的适应性，是用以衡量钢材在一定工艺条件下获得优质接头的难易程度和该接头能否在使用条件下可靠运行的具体技术指标
11.1.8	钢结构的安装连接构造应兼顾可靠性、施工方便性	新增条文	除特殊情况外，一般不采用铆钉连接
11.2	焊缝连接计算		
11.2.1	全熔透对接焊缝或对接与角接组合焊缝的强度计算	在 GB 50017—2003 第 7.1.2 条的基础上，删除其原文中“注 1 当承受轴心力的板件用斜焊缝对接，焊缝与作用力间的夹角 θ 符合 $\tan\theta \leq 1.5$ 时，其强度可不计算。2 当对接焊缝和T形对接与角接组合焊缝无法采用引弧板和引出板施焊时，每条焊缝的长度计算时应各减去 $2t$”的表述	当承受轴心力的板件用斜焊缝对接，焊缝与作用力间的夹角 θ 符合 $\tan\theta \leq 1.5$ 时，其强度可不计算

（续）

条款编号	内容提要	修订内容	备注
11.2.2	直角角焊缝强度计算	沿用 GB 50017—2003 第 7.1.3 条	角焊缝两焊脚边夹角为直角的称为直角角焊缝，两焊脚边夹角为锐角或钝角的称为斜角角焊缝。角焊缝的有效面积应为焊缝计算长度与计算厚度（h_e）的乘积。对任何方向的荷载，角焊缝上的应力应视为作用在这一有效面积上
11.2.3	T形连接的斜角角焊缝强度计算	GB 50017—2003 第 7.1.4 条规定锐角角焊缝 $\alpha \geqslant 60°$，钝角 $\alpha \leqslant 135°$。本次修订增加了当 $30° \leqslant \alpha \leqslant 60°$ 及 $\alpha < 30°$ 时，斜角焊缝计算厚度的计算取值规定	
11.2.4	部分熔透的对接焊缝和T形对接与角接组合焊缝的强度计算、计算厚度 h_e 取值	在 GB 50017—2003 第 7.1.5 条的基础上修改和补充	部分熔透对接焊缝及对接与角接组合焊缝，其焊缝计算厚度 h_e 应根据焊接方法、坡口形状及尺寸、焊接位置分别对坡口深度予以折减，其计算方法可按现行国家标准《钢结构焊接规范》GB 50661执行
11.2.5	圆形塞焊焊缝和圆孔或槽孔内角焊缝的强度计算	新增条文	塞焊焊缝、圆孔或槽孔内焊缝在抗剪连接和防止板件屈曲的约束连接中有较多应用
11.2.6	角焊缝的搭接焊缝连接中，焊缝计算长度超过 $60h_f$ 时，焊缝的承载力设计值折减的规定	新增条文	
11.2.7	焊接截面工字形梁翼缘与腹板的焊缝连接强度计算	在 GB 50017—2003 第 7.3.1 条基础上调整修改	
11.2.8	圆管与矩形管 T、Y、K 形相贯节点焊缝的构造与计算厚度取值	新增条文	符合现行国家标准《钢结构焊接规范》GB 50661 的相关规定
11.3	焊缝连接构造要求		

（续）

条款编号	内容提要	修订内容	备注
11.3.1	受力和构造焊缝可选用焊缝形式。熔透焊缝、部分熔透焊缝的选用	新增条文，GB 50017—2003 中对圆形塞焊焊缝、圆孔或槽孔内角焊缝没有做出规定	
11.3.2	对接焊缝的坡口形式选用	在 GB 50017—2003 第 8.2.3 条基础上修改，提出应遵守的现行国家标准《钢结构焊接规范》GB 50661	
11.3.3	不同厚度和宽度的材料对接规定	在 GB 50017—2003 第 8.2.4 条基础上修改 取消了 GB 50017—2003 图 8.2.4 图注"注：直接承受动力荷载且需要进行疲劳计算的结构斜角坡度不大于 1:4 的规定。" 增加"不同宽度或厚度钢板的拼接"示意图	
11.3.4	塞焊、槽焊、角焊、对接焊接头承受动荷载时的规定	新增条文	与现行国家标准《钢结构焊接规范》GB 50661 的规定保持一致
11.3.5	角焊缝的尺寸要求	在 GB 50017—2003 第 8.2.7 条的基础上修改和补充。变化内容较多，尤其增加了角焊缝最小焊脚尺寸表	与现行国家标准《钢结构焊接规范》GB 50661 的规定保持一致
11.3.6	搭接连接角焊缝的尺寸及布置要求	GB 50017—2003 第 8.2.10 条 ~ 第 8.2.13 条的修改和补充。增加了薄板搭接长度不得小于 25mm 的规定	与现行国家标准《钢结构焊接规范》GB 50661 的规定保持一致
11.3.7	对塞焊焊缝和槽焊焊缝的尺寸等细部构造做出了规定	新增条文	
11.3.8	次要构件或次要焊接连接中，断续角焊缝的选用要求	新增条文	断续角焊缝焊段的长度与现行国家标准《钢结构焊接规范》GB 50661 的规定保持一致
11.4	紧固件连接计算		
11.4.1	普通螺栓、锚栓或铆钉的连接承载力计算规定	沿用 GB 50017—2003 第 7.2.1 条的规定	

（续）

条款编号	内容提要	修订内容	备注
11.4.2	高强度螺栓摩擦型连接的计算	在 GB 50017—2003 第 7.2.2 条的基础上修订，补充内容较多。例如： 对当接触面处理为喷砂（丸）和喷砂（丸）后生赤锈时的 μ 值，予以取消 补充规定了对应不同接触面处理方法的抗滑移系数值 调整了抗滑移系数，使其最大值不超过 0.45 表 11.4.2-1 的抗滑移系数，增加了 Q460 钢的 μ 值 考虑螺栓材质的不均匀性，引进一折减系数 0.9	
11.4.3	高强度螺栓承压型连接的计算要求	在 GB 50017—2003 第 7.2.3 条的基础上修订	为了计算方便，GB 50017—2017 规定只要有外拉力作用，就将承压强度设计值除以 1.2 予以降低
11.4.4	螺栓或铆钉的数目应予增加的各种情况	在 GB 50017—2003 第 7.2.5 条的基础上修订	
11.4.5	螺栓（包括普通螺栓和高强度螺栓）或铆钉承载力设计值的折减规定	在 GB 50017—2003 第 7.2.4 条的基础上修订	
11.5	紧固件连接构造要求		
11.5.1	螺栓孔的孔径与孔型的规定	新增条文。对普通螺栓的孔径 d_0 做出补充规定，并提出高强度螺栓摩擦型连接可采用大圆孔和槽孔	只有采用标准孔时，高强度螺栓摩擦型连接的极限状态可转变为承压型连接，对于需要进行极限状态设计的连接节点尤其需要强调这一点
11.5.2	螺栓或钢钉的孔距、边距和端距容许值	在 GB 50017—2003 第 8.3.4 条的基础上，增加表下注“计算螺栓孔引起的截面削弱时可取 $d+4$mm 和 d_0 的较大者。”	
11.5.3	直接承受动力荷载构件的螺栓连接要求	在 GB 50017—2003 第 8.3.6 条的基础上，补充第 1 款“抗剪连接时应采用摩擦型高强度螺栓”的描述	
11.5.4	高强度螺栓连接设计要求	在 GB 50017—2003 第 7.2.3 条的一部分的基础上修订补充	

（续）

条款编号	内容提要	修订内容	备注
11.5.5	型钢构件拼接采用高强度螺栓连接时，其拼接件选材要求	沿用 GB 50017—2003 第 8.3.7 条	
11.5.6	螺栓连接设计要求	在 GB 50017—2003 第 8.3.1 条、第 8.3.9 条的基础上修订补充	
11.6	销轴连接		
11.6.1	销轴连接适用范围、材质、加工及工艺要求	新增条文	
11.6.2	销轴连接的构造规定	新增条文	
11.6.3	连接耳板的抗拉、抗剪强度计算	新增条文	
11.6.4	销轴的承压、抗剪与抗弯强度的计算	新增条文	
11.7	钢管法兰连接构造		
11.7.1	法兰板板材及设置加劲肋	新增条文	
11.7.2	法兰板上螺孔分布及螺栓强度等级要求	新增条文	
11.7.3	管端部法兰是否封闭的规定	新增条文	

1.12 节点

“连接计算”（GB 50017—2003 第 7 章）在 GB 50017—2017 中改为“连接”（第 11 章）及“节点”（第 12 章）两章，“构造要求”（GB 50017—2003 第 8 章）中有关柱脚内容并入 GB 50017—2017 第 12 章。GB 50017—2017 第 12 章修订内容，见表 1-11。

表 1-11 GB 50017—2017 第 12 章修订内容

条款编号	内容提要	修订内容	备注
12.1	一般规定		
12.1.1	钢结构节点设计原则	新增条文	
12.1.2	节点的安全性	新增条文	节点的安全性主要决定于其强度与刚度，应防止焊缝与螺栓等连接部位开裂引起节点失效，或节点变形过大造成结构内力重分配

（续）

条款编号	内容提要	修订内容	备注
12. 1. 3	节点构造设计原则	新增条文	应通过合理的节点构造设计，使结构受力与计算简图中的刚接、铰接等假定相一致，节点传力应顺畅，尽量做到相邻构件的轴线交汇于一点
12. 1. 4	构造复杂的重要节点承载力分析及试验验证	新增条文	由于对节点安全性的影响因素很多，经验往往不足，故新型节点宜通过试验验证其承载力。当采用有限元法计算节点的承载力时，一般节点允许局部进入塑性，但应严格控制节点板件、侧壁的变形量。重要节点应保持弹性
12. 1. 5、12. 1. 6	节点构造应考虑的因素	新增条文	节点设计应考虑加工制作、交通运输、现场安装的简单便捷，便于使用维护，防止积水、积尘，并采取有效的防腐、防火措施
12. 2	连接板节点		
12. 2. 1	连接节点处板件在拉、剪作用下的强度计算	基本沿用 GB 50017—2003 第 7. 5. 1 条	
12. 2. 2	桁架节点板的强度采用有效宽度法计算	基本沿用 GB 50017—2003 第 7. 5. 2 条，增加“孔径应取比螺栓（或铆钉）标称尺寸大 4mm” 修改了多排螺栓时应力扩散角的取值，将“可取 30°”改为“焊接及单排螺栓时可取 30°，多排螺栓时可取 22°”	桁架弦杆或腹杆为 T 型钢或双板焊接 T 形截面时，不适用
12. 2. 3	桁架节点板在斜腹杆压力作用下的稳定性计算方法	沿用 GB 50017—2003 第 7. 5. 3 条	
12. 2. 4	桁架节点板尺寸及杆件夹角的补充要求	在 GB 50017—2003 第 7. 5. 4 条的基础上，删除“否则应沿自由边设加劲肋予以加强”的表述	
12. 2. 5	T 形焊接接合的母材和焊缝均应根据有效宽度进行强度计算	新增条文	垂直于杆件轴向设置的连接板或梁的翼缘采用焊接方式与工字形、H 形或其他截面的未设水平加劲肋的杆件翼缘相连，形成 T 形接合

（续）

条款编号	内容提要	修订内容	备注
12.2.6	杆件与节点板的焊缝连接方法 节点处相邻焊缝之间的最小净距要求	沿用 GB 50017—2003 第 8.4.6 条、第 8.2.11 条，取消了角钢的 L 形围焊	在桁架节点处各相互杆件连接焊缝之间宜留有一定的净距，以利施焊且改善焊缝附近钢材的抗脆断性能 管结构相贯连接节点处的焊缝连接另有较详细的规定（GB 50017—2017 第 13.2 节），故不受此限制
12.2.7	节点板厚度及平面尺寸要求	基本沿用 GB 50017—2003 第 8.4.7 条，将“一般”改为“宜”	
12.3	梁柱连接节点		
12.3.1	梁柱节点的连接形式	新增条文	
12.3.2	刚性或半刚性梁柱节点的强度验算	新增条文	
12.3.3	刚性连接的节点域受剪正则化宽厚比 $\lambda_{n,s}$、承载力计算 H 形截面柱节点域的补强措施	在 GB 50017—2003 第 7.4.2 条的基础上修订补充，对节点域计算公式，未改变其形式，但有一些修正。例如： 增加节点域的受剪正则化宽厚比 $\lambda_{n,s}$ 计算公式 把节点域受剪承载力提高到 4/3 倍的上限宽厚比确定为 $\lambda_{n,s}=0.6$；而在 $0.6<\lambda_{n,s}\leqslant 0.8$ 的过渡段，节点域受剪承载力按 $\lambda_{n,s}$ 在 f_v 和 $4f_v/3$ 之间插值计算	$0.8<\lambda_{n,s}\leqslant 1.2$ 仅用于门式刚架轻型房屋等采用薄柔截面的单层和低层结构
12.3.4	梁柱刚性节点，未设置水平加劲肋时，柱翼缘和腹板厚度要求	在 GB 50017—2003 第 7.4.1 条的基础上修订，补充了 b_e 计算公式	
12.3.5	采用焊接连接或栓焊混合连接的梁柱刚接节点构造的规定	在 GB 50017—2003 第 7.4.3 条的基础上修订，补充内容较多	
12.3.6	端板连接的梁柱刚性节点的规定	新增条文	

（续）

条款编号	内容提要	修订内容	备注
12.3.7	端板连接节点的连接方式 高强度螺栓设计与施工方面的要求	新增条文	
12.4	铸钢节点		
12.4.1	铸钢节点的总要求、适用范围及连接形式	新增条文	
12.4.2	铸钢节点应力要求	新增条文	
12.4.3	铸钢节点受力分析及试验要求	新增条文	铸钢节点试验可根据需要进行验证性试验或破坏性试验。试件应采用与实际铸钢节点相同的加工制作参数。验证性试验的荷载值不应小于荷载设计值的1.3倍，根据破坏性试验确定的荷载设计值不应大于试验值的1/2
12.4.4	焊接结构用铸钢节点材料的碳当量及硫、磷含量要求	新增条文	符合现行国家标准《焊接结构用铸钢件》GB/T 7659的规定
12.4.5	铸钢节点外形、壁厚等几何尺寸方面的要求	新增条文	
12.4.6	铸钢节点铸造质量、热处理工艺与容许误差等方面的要求	新增条文	设计文件应注明铸钢件毛皮尺寸的容许偏差
12.5	预应力索节点		
12.5.1	预应力索张拉节点施工性能及受力分析要点	新增条文	
12.5.2	锚固节点计算分析要点、构造要求及施工性能的相关规定	新增条文	

（续）

条款编号	内容提要	修订内容	备注
12.5.3	预应力索转折节点构造要求	新增条文	不适用于大跨度空间结构环向索与径向索不允许滑动的索夹节点等情况
12.6	支座		
12.6.1	平板支座底板厚度、端面承压强度相关计算及构造要求	沿用 GB 50017—2003 第7.6.1条、第8.4.12条	
12.6.2	弧形支座支座反力 R 的要求	沿用 GB 50017—2003 第7.6.2条	
12.6.3	铰轴支座节点圆柱形枢轴的承压应力计算	基本沿用 GB 50017—2003 第7.6.3条，“铰轴式支座”改为“铰轴支座”	
12.6.4	板式橡胶支座的设计要求	在 GB 50017—2003 第7.6.5条的基础上，增加了相关5款具体规定	橡胶支座有板式和盆式两种
12.6.5	球形支座的设计要求	在 GB 50017—2003 第7.6.4条的基础上修改和补充	在地震区则可采用相应的抗震、减震支座，其减震效果可由计算得出，最多能降低地震力10倍以上
12.7	柱脚		
12.7.1	各类柱脚可采用的形式	新增条文	
12.7.2	柱脚的施工要求	新增条文	
12.7.3	柱脚连接的受力要求	基本沿用 GB 50017—2003 第7.6.6条	
12.7.4、12.7.5、12.7.6	外露式柱脚底板尺寸、厚度及锚栓受力、埋设深度要求	GB 50017—2017 第12.7.4条基本沿用 GB 50017—2003 第8.4.13条 GB 50017—2017 第12.7.5条为新增条文 GB 50017—2017 第12.7.6条在 GB 50017—2003 第8.4.14条的基础上修订	对于容易锈蚀的环境，锚栓应按计算面积为基准预留适当腐蚀量 非受力锚栓宜采用 Q235B 钢制成，锚栓在混凝土基础中的锚固长度不宜小于直径的20倍。当锚栓直径大于40mm时，锚栓端部宜焊锚板，其锚固长度不宜小于直径的12倍
12.7.7	外包式柱脚的计算与构造的规定	在 GB 50017—2003 第8.4.16条的基础上修订补充较多规定，并给出示意图	外包式柱脚的柱底钢板可根据计算确定，但其厚度不宜小于16mm；锚栓直径规格不宜小于M16，且应有足够的锚固深度

（续）

条款编号	内容提要	修订内容	备注
12.7.8	埋入式柱脚相关计算及构造要求	新增条文	将钢柱直接埋入混凝土构件（如地下室墙、基础梁等）中的柱脚称为埋入式柱脚；而将钢柱置于混凝土构件上又伸出钢筋，在钢柱四周外包一段钢筋混凝土者为外包式柱脚，亦称为非埋入式柱脚。这两种柱脚常用于多、高层钢结构建筑物
12.7.9	埋入式柱脚埋入钢筋混凝土深度 d 的要求	新增条文	柱脚边缘混凝土的承压应力主要依据钢柱侧面混凝土受压区的支承反力形成的抗力与钢柱的弯矩和剪力平衡
12.7.10	插入式柱脚插入混凝土基础杯口深度的计算	在 GB 50017—2003 第 8.4.15 条的基础上，增加了单层、多层、高层和单层厂房双肢格构柱插入基础深度的计算	插入式柱脚是指钢柱直接插入混凝土杯口基础内用二次浇灌层固定 双肢格构柱插入式钢柱脚构造简单、节约钢材、安全可靠，已在单层工业厂房和多高层房屋工程得到应用，效果很好
12.7.11	插入式柱脚设计规定	在 GB 50017—2003 第 8.4.15 条表下注的基础上补充其余 4 款规定	

1.13 钢管连接节点

“钢管结构”（GB 50017—2003 第 10 章）改为“钢管连接节点”（GB 50017—2017 第 13 章），并丰富了计算的节点连接形式，增加了节点刚度判别的内容。GB 50017—2017 第 13 章修订内容，见表 1-12。

表 1-12　GB 50017—2017 第 13 章修订内容

条款编号	内容提要	修订内容	备注
13.1	一般规定		
13.1.1	适用范围	在 GB 50017—2003 第 10.1.1 条的基础上，扩展适用范围为钢管桁架、拱架、塔架等结构	适用于被连接构件中至少有一根为圆钢管或方管、矩形管，不包含椭圆钢管与其他异形钢管，也不含用四块钢板焊接而成的箱形截面构件
13.1.2	钢管的径厚比或宽厚比的限制规定	基本沿用 GB 50017—2003 第 10.1.2 条	
13.1.3	无加劲直接焊接节点的钢管材料要求	在 GB 50017—2003 第 10.1.3 条的基础上修订	钢管材料要求详见 GB 50017—2017 第 4.3.7 条
13.1.4	无加劲直接焊接节点的钢管桁架节点偏心限制及受压主管的偏心弯矩计算	沿用 GB 50017—2003 第 10.1.5 条的一部分	

（续）

条款编号	内容提要	修订内容	备注
13.1.5	无斜腹杆的空腹桁架采用无加劲钢管直接焊接节点的要求	沿用GB 50017—2003第10.1.4条	
13.2	构造要求		
13.2.1	钢管直接焊接节点的构造规定	沿用GB 50017—2003第10.1.5条的一部分及第10.2.1条、第10.2.2条、第10.2.5条	各项构造规定是用于保证节点连接的施工质量，从而保证实现计算规定的各种性能
13.2.2	支管搭接型的直接焊接节点的构造补充要求	基本沿用GB 50017—2003第10.2.3条、第10.2.4条	
13.2.3	无加劲直接焊接时，在主管内设置横向加劲板的规定	新增条文	采取局部加强措施时，除能采用验证过的计算公式确定节点承载力或采用数值方法计算节点承载力外，应以所采取的措施能够保证节点承载力高于支管承载力为原则
13.2.4	钢管直接焊接节点的加强措施	新增条文	主管为圆管的表面贴加强板方式，适用于支管与主管的直径比β不超过0.7时，此时主管管壁塑性可能成为控制模式 主管为方矩形管时，如为提高与支管相连的主管表面的受弯承载力，可采用该连接表面贴加强板的方式；如主管侧壁承载力不足，则可采用主管侧表面贴加强板的方式
13.3	圆钢管直接焊接节点和局部加劲节点的计算		
13.3.1	圆钢管连接节点计算前提条件	沿用GB 50017—2003第10.3.3条的一部分	主管为圆钢管的节点，GB 50017—2017将其归为圆钢管节点；主管为方矩形钢管时，GB 50017—2017将其归为方钢管节点
13.3.2	无加劲直接焊接的平面节点，当支管按仅承受轴心力的构件设计时，支管在节点处的承载力设计值计算	第1款~第3款基本沿用GB 50017—2003第10.3.1条、第10.3.3条，但对K形节点考虑搭接影响予以补充 第4款~第8款为新增条款	
13.3.3	无加劲直接焊接的空间节点，当支管按仅承受轴力的构件设计时，支管在节点处的承载力设计值计算	在GB 50017—2003的基础上增加了部分规定 GB 50017—2003没有空间KT形圆管节点强度计算公式	

（续）

条款编号	内容提要	修订内容	备注
13.3.4	无加劲直接焊接的平面T、Y、X形节点，当支管承受弯矩作用时，节点承载力的计算	新增条文	
13.3.5	主管呈弯曲状的平面或空间圆管焊接节点的承载力计算	新增条文	
13.3.6	主管采用外贴加强板方式的节点，节点承载力设计值的确定	新增条文	
13.3.7	支管为方（矩）形管的平面T、X形节点，支管在节点处的承载力计算	新增条文	
13.3.8	节点焊接及焊缝承载力要求	在GB 50017—2003第10.3.2条一部分的基础上修改	
13.3.9	T（Y）、X或K形间隙节点及其他非搭接节点中，支管为圆管时的焊缝承载力计算	在GB 50017—2003第10.3.2条的基础上修改和补充	
13.4	矩形钢管直接焊接节点和局部加劲节点的计算		
13.4.1	直接焊接且主管为矩形管，支管为矩形管或圆管的平面节点承载力计算公式适用的节点几何参数范围	基本沿用GB 50017—2003第10.3.4条的相关规定	
13.4.2	无加劲直接焊接的平面节点，当支管按仅承受轴心力的构件设计时，支管在节点处的承载力设计值计算	GB 50017—2003第10.3.4条的修改和补充 KT形节点的计算是新增条文	
13.4.3	无加劲直接焊接的T形方管节点，当支管承受弯矩作用时，节点承载力计算	新增条文	
13.4.4	采用局部加强的方（矩）形管节点时，支管在节点加强处的承载力设计值计算	新增条文	当桁架中个别节点承载力不能满足要求时，进行节点加强是一个可行的方法。如果主管连接面塑性破坏模式起控制作用，可以采用主管与支管相连一侧采用加强板的方式加强节点，这通常发生在$\beta<0.85$的节点中。对于主管侧壁失稳起控制作用的节点，可采用侧板加强方式 主管连接面使用加强板加强的节点，当存在受拉的支管时，只考虑加强板的作用，而不考虑主管壁面

（续）

条款编号	内容提要	修订内容	备注
13.4.5	方（矩）形管节点，支管沿周边与主管相焊时，连接焊缝的承载力设计值及焊缝长度的计算	部分沿用 GB 50017—2003 第10.3.2 条第 2 款，其余为新增条文	根据已有 K 形间隙节点的研究成果，当支管与主管夹角大于60°时，支管根部的焊缝可以认为是无效的。在 50°～60°间根部焊缝从全部有效过渡到全部无效。尽管有些区域焊缝可能不是全部有效的，但从结构连续性以及产生较少其他影响角度考虑，建议沿支管四周采用同样强度的焊缝

1.14 钢与混凝土组合梁

“钢与混凝土组合梁”（GB 50017—2003 第 11 章，修订后为 GB 50017—2017 第 14 章），补充了纵向抗剪设计内容，删除了与弯筋连接件有关的内容。GB 50017—2017 第 14 章修订内容，见表 1-13。

表 1-13　GB 50017—2017 第 14 章修订内容

条款编号	内容提要	修订内容	备注
14.1	一般规定		
14.1.1	直接承受动力荷载组合梁的设计原则及组合梁的翼板的规定	在 GB 50017—2003 第 11.1.1 条的基础上修订补充	混凝土叠合板翼缘是由预制板和现浇层混凝土构成，预制板既作为模板，又作为楼板的一部分参与楼板和组合梁翼缘的受力
14.1.2	组合梁截面的承载能力验算时，跨中及中间支座处混凝土翼板的有效宽度 b_e 计算	在 GB 50017—2003 第 11.1.2 条的基础上修订，引入等效跨径 l_e 的相关规定	在进行结构整体内力和变形计算时，当组合梁和柱铰接或组合梁作为次梁时，仅承受竖向荷载，不参与结构整体抗侧。试验结果表明，混凝土翼板的有效宽度可统一按跨中截面的有效宽度取值
14.1.3	组合梁正常使用极限状态验算的规定	在 GB 50017—2003 第 11.1.3 条的基础上修订补充 GB 50017—2003 仅具体给出了组合梁的挠度计算方法，并提出要验算连续组合梁负弯矩区段裂缝宽度的要求。GB 50017—2017 明确了正常使用极限状态组合梁的验算内容以及需要考虑的因素，同时还对计算模型和各因素的考虑方法进行了具体说明，方便设计人员操作	在计算组合梁的挠度时，可假定钢和混凝土都是理想的弹塑性体，从而将混凝土翼板的有效截面除以钢与混凝土弹性模量的比值 α_E，换算为钢截面（为使混凝土翼板的形心位置不变，将翼板的有效宽度除以 α_E 即可），再求出整个梁截面的换算截面刚度 EI_{eq} 连续组合梁除需验算变形外，还应验算负弯矩区混凝土翼板的裂缝宽度 混凝土徐变会影响组合梁的长期性能，可采用有效弹性模量法进行计算

（续）

条款编号	内容提要	修订内容	备注
14.1.4	组合梁中钢梁的强度、稳定性和变形验算规定	在GB 50017—2003第11.1.4条的基础上修订补充了组合梁施工时应计算的相关规定	采用塑性调幅设计法，组合梁的承载力极限状态验算不必考虑施工方法和顺序的影响。而对于其他采用弹性设计方法的组合梁，其承载力极限状态验算需考虑施工方法和顺序的影响
14.1.5	组合梁可按部分抗剪连接进行设计的条件	在GB 50017—2003第11.1.5条的基础上修订精简	部分抗剪连接组合梁是指配置的抗剪连接件数量少于完全抗剪连接所需要的抗剪连接件数量，如压型钢板混凝土组合梁等，此时应按照部分抗剪连接计算其受弯承载力
14.1.6	塑性设计要求的板件宽厚比限值要求及可采用塑性方法进行设计时连接件应满足的条件	在GB 50017—2003第11.1.6条的基础上修订补充，GB 50017—2003规定的不超过15%的调幅系数上限，GB 50017—2017改为20%。GB 50017—2017还增加了不满足板件宽厚比限值仍可采用塑性调幅设计法的焊钉最大间距要求	负弯矩区可以利用混凝土板钢筋和钢梁共同抵抗弯矩，通过弯矩调幅后可使连续组合梁的结构高度进一步减小
14.1.7	组合梁承载能力按塑性分析方法进行计算时，可对弯矩进行调幅	在GB 50017—2003第11.1.6条一部分的基础上修订补充	
14.1.8	组合梁中混凝土翼板的纵向抗剪验算及组合梁的强度、挠度和裂缝计算原则	新增条文	组合梁的纵向抗剪验算
14.2	组合梁设计		
14.2.1	完全抗剪连接组合梁的受弯承载力计算	沿用GB 50017—2003第11.2.1条	完全抗剪连接组合梁是指混凝土翼板与钢梁之间抗剪连接件的数量足以充分发挥组合梁截面的抗弯能力
14.2.2	部分抗剪连接组合梁在正弯矩区段的受弯承载力计算	基本沿用GB 50017—2003第11.2.2条	当抗剪连接件的布置受构造等原因影响不足以承受组合梁剪跨区段内总的纵向水平剪力时，可采用部分抗剪连接设计法
14.2.3	组合梁的受剪强度计算	在GB 50017—2003第11.2.3条的基础上修订	

（续）

条款编号	内容提要	修订内容	备注
14.2.4	用弯矩调幅设计法计算组合梁强度时，考虑弯矩与剪力相互影响的规定	GB 50017—2003 第 11.2.4 条给出了不考虑弯矩和剪力相互影响的条件，GB 50017—2017 对于不满足此条件的情况如何考虑弯矩和剪力的相互影响给出相应设计方法	
14.3	抗剪连接件的计算		
14.3.1	抗剪连接件的受剪承载力设计值计算	在 GB 50017—2003 第 11.3.1 条的基础上修订补充 取消了 GB 50017—2003 弯筋连接件的相关条文内容 修改了圆柱头焊钉连接件受剪承载力设计值计算公式，将“圆柱头焊钉（栓钉）抗拉强度设计值 f”改为“圆柱头焊钉极限抗拉强度设计值 f_u”，同时取消了栓钉材料抗拉强度最小值与屈服强度之比 γ	GB 50017—2003 中给出的弯筋连接件施工不便，质量难以保证，不推荐使用
14.3.2	对于用压型钢板混凝土组合板做翼板的组合梁，其焊钉连接件的受剪承载力设计值折减的规定	沿用 GB 50017—2003 第 11.3.2 条	采用压型钢板混凝土组合板时，其抗剪连接件一般用圆柱头焊钉。由于焊钉需穿过压型钢板而焊接至钢梁上，且焊钉根部周围没有混凝土的约束，当压型钢板肋垂直于钢梁时，由压型钢板的波纹形成的混凝土肋是不连续的，故对焊钉的受剪承载力应予以折减
14.3.3	位于负弯矩区段的抗剪连接件，其受剪承载力设计值的折减	在 GB 50017—2003 第 11.3.3 条的基础上修订，取消受剪承载力设计值 N_v^c 应乘以折减系数 0.8（悬臂部分）的规定	当焊钉位于负弯矩区时，混凝土翼缘处于受拉状态，焊钉周围的混凝土对其约束程度不如位于正弯矩区的焊钉受到其周围混凝土的约束程度高，故位于负弯矩区的焊钉受剪承载力也应予以折减
14.3.4	柔性抗剪连接件计算时，抗剪连接件的剪跨区段划分及每个剪跨区段内钢梁与混凝土翼板交界面的纵向剪力 V_s 计算	在 GB 50017—2003 第 11.3.4 条的基础上修订，GB 50017—2003 以最大正、负弯矩截面以及零弯矩截面作为界限，把组合梁分为若干剪跨区段，然后在每个剪跨区段进行均匀布置，但这样划分对于连续组合梁仍然不太方便，同时也没有充分发挥柔性抗剪连接件良好的剪力重分布能力。GB 50017—2017 进一步合并剪跨区段，以最大弯矩点和支座为界限划分区段，并在每个区段内均匀布置连接件，引入计算公式（14.3.4-1）	计算时应注意在各区段内混凝土翼板隔离体的平衡

（续）

条款编号	内容提要	修订内容	备注
14. 4	挠度计算		
14. 4. 1	组合梁的挠度计算及仅受正弯矩作用的组合梁弯曲刚度的折减规定	基本沿用 GB 50017—2003 第 11. 4. 1 条	组合梁的挠度计算，需要分别计算在荷载标准组合及荷载准永久组合下的截面折减刚度并以此来计算组合梁的挠度
14. 4. 2	组合梁考虑滑移效应的折减刚度 B 的计算	沿用 GB 50017—2003 第 11. 4. 2 条	式（14. 4. 2）是考虑滑移效应的组合梁折减刚度的计算方法，它既适用于完全抗剪连接组合梁，也适用于部分抗剪连接组合梁和钢梁与压型钢板混凝土组合板构成的组合梁
14. 4. 3	刚度折减系数 ξ 计算	在 GB 50017—2003 第 11. 4. 3 条的基础上修订，删除原文中“注：当按荷载效应的准永久组合进行计算时，公式（11. 4. 3- 4）和（11. 4. 3-6）中的 a_E 应乘以 2。”	对于压型钢板混凝土组合板构成的组合梁，式（14. 4. 3-3）中抗剪连接件承载力应按第 14. 3. 2 条予以折减
14. 5	负弯矩区裂缝宽度计算		
14. 5. 1	组合梁负弯矩区段混凝土在正常使用极限状态下考虑长期作用影响的最大裂缝宽度计算及限值要求	在 GB 50017—2003 第 11. 1. 3 条一部分的基础上修订补充	采用现行国家标准《混凝土结构设计规范》GB 50010 的有关公式计算组合梁负弯矩区的最大裂缝宽度。在验算混凝土裂缝时，可仅按荷载的标准组合进行计算，因为在荷载标准组合下计算裂缝的公式中已考虑了荷载长期作用的影响
14. 5. 2	按荷载效应的标准组合计算的开裂截面纵向受拉钢筋的应力 σ_{sk} 计算	新增条文	标准荷载作用下截面负弯矩组合值 M_k 的计算需要考虑施工步骤的影响，但仅考虑形成组合截面之后施工阶段荷载及使用阶段续加荷载产生的弯矩值
14. 6	纵向抗剪计算		
14. 6. 1	组合梁板托及翼缘板纵向受剪承载力验算	新增条文	沿着一个既定的平面抗剪称为界面抗剪，组合梁的混凝土板（承托、翼板）在纵向水平剪力作用时属于界面抗剪。
14. 6. 2	单位纵向长度内受剪界面上的纵向剪力设计值计算	新增条文	组合梁单位纵向长度内受剪界面上的纵向剪力 v_{l1} 可以按实际受力状态计算，也可以按极限状态下的平衡关系计算 按实际受力状态计算时，采用弹性分析方法，计算较为烦琐；GB 50017—2017 建议采用塑性简化分析方法计算组合梁单位纵向长度内受剪界面上的纵向剪力

（续）

条款编号	内容提要	修订内容	备注
14.6.3	组合梁承托及翼缘板界面纵向受剪承载力计算	新增条文	组合梁混凝土翼板的横向钢筋中，除了板托中的横向钢筋 A_{bh} 外，其余的横向钢筋 A_t 和 A_b 可同时作为混凝土板的受力钢筋和构造钢筋使用，并应满足现行国家标准《混凝土结构设计规范》GB 50010 的有关构造要求
14.6.4	横向钢筋的最小配筋率要求	新增条文	组合梁横向钢筋最小配筋率要求是为了保证组合梁在达到承载力极限状态之前不发生纵向剪切破坏，并考虑到荷载长期效应和混凝土收缩等不利因素的影响
14.7	构造要求		
14.7.1	组合梁截面高度、混凝土板托高度的规定	在 GB 50017—2003 第 11.5.1 条的基础上修订 将“不宜超过钢梁截面高度的 2.5 倍”改为“不宜超过钢梁截面高度的 2 倍” 删除“板托的顶面宽度不宜小于钢梁上翼缘宽度与 $1.5h_{c2}$ 之和”的表述	
14.7.2	组合梁边梁混凝土翼板的构造规定	沿用 GB 50017—2003 第 11.5.2 条	
14.7.3	连续组合梁在中间支座负弯矩区的上部纵向钢筋及分布钢筋设置	沿用 GB 50017—2003 第 11.5.3 条	按现行国家标准《混凝土结构设计规范》GB 50010 的规定
14.7.4	抗剪连接件的构造要求	在 GB 50017—2003 第 11.5.4 条的基础上修订 将“栓钉连接件钉头下表面或槽钢连接件上翼缘下表面高出翼板底部钢筋顶面不宜小于 30mm”改为“圆柱头焊钉连接件钉头下表面或槽钢连接件上翼缘下表面与翼板底部钢筋顶面的距离 h_{e0} 不宜小于 30mm” 将“连接件沿梁跨度方向的最大间距不应大于混凝土翼板（包括板托）厚度的 4 倍，且不大于 400mm”改为“连接件沿梁跨度方向的最大间距不应大于混凝土翼板（包括板托）厚度的 3 倍，且不大于 300mm”	连接件沿梁跨度方向的最大间距规定，主要是为了防止在混凝土翼板与钢梁接触面间产生过大的裂缝，影响组合梁的整体工作性能和耐久性

（续）

条款编号	内容提要	修订内容	备注
14.7.5	圆柱头焊钉连接件的补充规定	基本沿用 GB 50017—2003 第 11.5.5 条，取消栓钉高度 $h_d \leq (h_e+75)$ 的限制	关于焊钉最小间距的规定，主要是为了保证焊钉的受剪承载力能充分发挥作用。从经济方面考虑，焊钉高度一般不大于 $h_e+75\text{mm}$
14.7.6	槽钢连接件要求	沿用 GB 50017—2003 第 11.5.7 条	
14.7.7	横向钢筋的构造要求	新增条文	板托中邻近钢梁上翼缘的部分混凝土受到抗剪连接件的局部压力作用，容易产生劈裂，需要配筋加强
14.7.8	承受负弯矩的箱形截面组合梁，设置抗剪连接件措施	新增条文	在梁端负弯矩区剪力较大的区域，为提高其受剪承载力和刚度，可在钢箱梁腹板内侧设置抗剪连接件并浇筑混凝土以充分发挥钢梁腹板和内填混凝土的组合抗剪作用

1.15 钢管混凝土柱及节点

GB 50017—2017 第 15 章“钢管混凝土柱及节点”为新增内容，适用于不直接承受动力荷载的钢管混凝土柱及节点的设计和计算，其主要修订内容，见表 1-14。

表 1-14 GB 50017—2017 第 15 章修订内容

条款编号	内容提要	修订内容	备注
15.1	一般规定		
15.1.1、15.1.2、15.1.3	钢管混凝土柱的适用范围	新增条文	钢管混凝土柱的设计和计算不适用于直接承受动力荷载的情况
15.1.4	钢管、混凝土要求	新增条文	混凝土的强度等级、力学性能和质量标准应分别符合现行国家标准《混凝土结构设计规范》GB 50010 和《混凝土强度检验评定标准》GB/T 50107 的规定 对钢管有腐蚀作用的外加剂，易造成构件强度的损伤，对结构安全带来隐患，不得使用
15.1.5	钢管混凝土柱和节点的计算	新增条文	
15.1.6	钢管混凝土柱使用阶段的承载力设计及施工阶段的承载力验算要求	新增条文	混凝土的湿密度可以参考现行国家标准《建筑结构荷载规范》GB 50009 给出的素混凝土自重 $22\sim24\text{kN/m}^3$
15.1.7	钢管内浇筑混凝土时，保证混凝土密实性的要求	新增条文	混凝土可采用自密实混凝土。浇筑方式可采用自下而上的压力泵送方式或者自上而下的自密实混凝土高抛工艺

（续）

条款编号	内容提要	修订内容	备注
15.1.8	混凝土徐变对稳定承载力的不利影响	新增条文	混凝土徐变主要发生在前3个月内，之后徐变放缓；徐变的产生会造成内力重分布现象，导致钢管和混凝土应力的改变，构件的稳定承载力下降
15.2	矩形钢管混凝土柱		
15.2.1	矩形钢管选用及焊接要求	新增条文	
15.2.2	矩形钢管混凝土柱尺寸的规定	新增条文	
15.2.3	矩形钢管混凝土柱的构造措施	新增条文	常用措施包括柱子内壁焊接栓钉、纵向加劲肋等
15.2.4	矩形钢管混凝土柱受压、受拉计算规定	新增条文	
15.3	圆形钢管混凝土柱		
15.3.1	圆钢管选用	新增条文	
15.3.2	圆形钢管混凝土柱尺寸的规定	新增条文	
15.3.3	圆形钢管混凝土柱的构造措施	新增条文	常用的方法包括管内设置钢筋笼、钢管内壁设置栓钉等
15.3.4	圆形钢管混凝土柱受力计算规定	新增条文	
15.4	钢管混凝土柱与钢梁连接节点		
15.4.1	矩形钢管混凝土柱与钢梁连接节点的形式	新增条文	
15.4.2	圆形钢管混凝土柱与钢梁连接节点的形式	新增条文	
15.4.3	柱内隔板上应设置混凝土浇筑孔和透气孔的规定	新增条文	
15.4.4	节点设置外环板或外加强环的要求	新增条文	

1.16 疲劳计算及防脆断设计

“疲劳计算”（GB 50017—2003 第6章）改为“疲劳计算及防脆断设计”（GB 50017—2017 第16章），增加了简便快速验算疲劳强度的方法；同时将“构造要求”（GB 50017—

2003第8章）中“对吊车梁和吊车桁架（或类似结构）的要求”及“提高寒冷地区结构抗脆断能力的要求”移入GB 50017—2017第16章，并增加了抗脆断设计的规定。GB 50017—2017第16章修订内容，见表1-15。

表1-15　GB 50017—2017第16章修订内容

条款编号	内容提要	修订内容	备注
16.1	一般规定		关于钢结构的疲劳计算，沿用过去传统的容许应力设计法，将过去以应力比概念为基础的疲劳设计改为以应力幅为准的疲劳强度设计
16.1.1	钢结构构件及其连接应进行疲劳计算的条件	基本沿用GB 50017—2003第6.1.1条	GB 50017—2017保留了GB 50017—2003对循环次数的规定，当钢结构承受的应力循环次数小于本条要求时，可不进行疲劳计算，且可按照不需要验算疲劳的要求选用钢材。直接承受动力荷载重复作用并需进行疲劳验算的钢结构，均应符合GB 50017—2017第16.3节规定的相关构造要求
16.1.2	不适用于疲劳计算的条件	沿用GB 50017—2003第6.1.2条	
16.1.3	疲劳计算方法	基本沿用GB 50017—2003第6.1.3条，但GB 50017—2017规定了仅在非焊接构件和连接的条件下，在应力循环中不出现拉应力的部位可不计算疲劳强度	
16.1.4	在低温下工作或制作安装的钢结构构件应进行防脆断设计	新增条文	所指的低温，通常指不高于-20℃；但对于厚板及高强度钢材，高于-20℃时，也宜考虑防脆断设计
16.1.5	需计算疲劳构件所用钢材的冲击韧性、质量等级的要求	新增条文	
16.2	疲劳计算		

（续）

条款编号	内容提要	修订内容	备注
16.2.1	常幅疲劳或变幅疲劳的最大应力幅计算	在 GB 50017—2003 第 6.2.1 条的基础上，增补了许多内容和说明，并将 GB 50017—2003 第 6.2.1 条一分为二，形成第 16.2.1 条、第 16.2.2 条两条 增加了少量针对构造细节受剪应力幅的疲劳强度计算；同时针对正应力幅的疲劳问题，引入板厚修正系数 γ_t 来考虑壁厚效应对横向受力焊缝疲劳强度的影响 将原来 8 个类别的 *S-N* 曲线增加到：针对正应力幅疲劳计算的，有 14 个类别，为 Z1 ~ Z14；针对剪应力幅疲劳计算的，有 3 个类别，为 J1 ~ J3 在保持 GB 50017—2003 规定的 19 个项次的构造细节的基础上，新增加了 23 个细节，构成共计 38 个项次	
16.2.2	正应力幅、剪应力幅的常幅疲劳计算	GB 50017—2003 第 6.2.1 条对常幅疲劳的计算，将 *S-N* 曲线的斜率 β_Z 保持不变，并且一直往下延伸；GB 50017—2017 则设置疲劳截止限	
16.2.3	正应力幅、剪应力幅的变幅疲劳计算	为 GB 50017—2003 第 6.2.2 条和第 6.2.3 条的综合补充说明	
16.2.4	适用于重级工作制吊车梁和重级、中级工作制吊车桁架的简化的疲劳计算公式	为 GB 50017—2003 第 6.2.3 条的补充说明	轻级工作制吊车梁和吊车桁架以及大多数中级工作制吊车梁，根据多年来使用的情况和设计经验，可不进行疲劳计算
16.2.5	直接承受动力荷载重复作用的高强度螺栓连接的疲劳计算原则	新增条文	
16.3	构造要求		
16.3.1	直接承受动力重复作用并需进行疲劳验算的焊接连接的补充构造要求	在 GB 50017—2003 第 8.2.4 条的一部分的基础上修订补充，提出严禁使用或采用的规定，共计 2 款	

（续）

条款编号	内容提要	修订内容	备注
16.3.2	需要验算疲劳的吊车梁、吊车桁架及类似结构的规定	基本沿用 GB 50017—2003 第 8.5 节，增加了直角式突变支座的相关规定	存在疲劳破坏可能性的中级工作制变截面吊车梁、高架道路变截面钢梁等皆宜采用直角式突变支座，而不宜采用圆弧式突变支座。无论直角式突变支座还是圆弧式突变支座都不宜用于重级工作制吊车梁
16.4	防脆断设计		
16.4.1、16.4.2	从结构及构件的形式、材料的选用、焊缝的布置和焊接施工方面，提出防脆断设计的定性要求	为 GB 50017—2003 第 8.7.1 条的补充	
16.4.3	从焊接结构的构造方面，提出防脆断的规定	沿用 GB 50017—2003 第 8.7.2 条	
16.4.4	从施工方面，提出结构设计及施工规定	在 GB 50017—2003 第 8.7.3 条的基础上修订补充 将“结构施工宜满足下列要求”改为“结构设计及施工应符合下列规定” 增加“受拉构件或受弯构件的拉应力区不宜使用角焊缝”的表述	
16.4.5	特别重要或特殊的结构构件和连接节点，进行抗脆断验算的规定	新增条文	

1.17 钢结构抗震性能化设计

近年来，随着国家经济形势的变化，钢结构的应用急剧增加，结构形式日益丰富。不同结构体系和截面特性的钢结构，彼此间结构延性差异较大，为贯彻国家提出的“鼓励用钢、合理用钢”的经济政策，根据现行国家标准《建筑抗震设计规范》GB 50011 及《构筑物抗震设计规范》GB 50191 规定的抗震设计原则，针对钢结构特点，GB 50017—2017 第 17 章增加了钢结构构件和节点的抗震性能化设计内容，见表 1-16。

表 1-16　GB 50017—2017 第 17 章修订内容

条款编号	内容提要	修订内容	备注
17.1	一般规定		
17.1.1	适用范围	新增条文	

（续）

条款编号	内容提要	修订内容	备注
17.1.2	钢结构建筑的抗震设防类别	新增条文	按现行国家标准《建筑工程抗震设防分类标准》GB 50223规定的原则，在其他要求一致的情况下，相对于标准设防类钢结构，重点设防类钢结构拟采用承载性能等级保持不变、延性等级提高一级或延性等级保持不变、承载性能等级提高一级的设计手法，特殊设防类钢结构采用承载性能等级保持不变、延性等级提高两级或延性等级保持不变、承载性能等级提高两级的设计手法，在延性等级保持不变的情况下，重点设防类钢结构承载力约提高25%，特殊设防类钢结构承载力约提高55%
17.1.3	钢结构构件的抗震性能化设计应考虑的影响因素；构件塑性耗能区的抗震承载性能等级和目标	新增条文	钢结构抗震设计思路是进行塑性机构控制，由于非塑性耗能区构件和节点的承载力设计要求取决于结构体系及构件塑性耗能区的性能，因此本条仅规定了构件塑性耗能区的抗震性能目标。对于框架结构，除单层和顶层框架外，塑性耗能区宜为框架梁端；对于支撑结构，塑性耗能区宜为成对设置的支撑；对于框架－中心支撑结构，塑性耗能区宜为成对设置的支撑、框架梁端；对于框架－偏心支撑结构，塑性耗能区宜为耗能梁段、框架梁端
17.1.4	钢结构构件的抗震性能化设计基本步骤和方法	新增条文	对标准设防类的建筑根据设防烈度和结构高度提出了构件塑性耗能区不同的抗震性能要求范围，由于地震的复杂性，表17.1.4-1仅作为参考，不需严格执行
17.1.5	钢结构构件的性能系数	新增条文	柱脚、多高层钢结构中低于1/3总高度的框架柱、伸臂结构竖向桁架的立柱、水平伸臂与竖向桁架交汇区杆件、直接传递转换构件内力的抗震构件等都应按关键构件处理。关键构件和节点的性能系数不宜小于0.55
17.1.6	对有抗震设防要求的钢结构的材料要求	新增条文	
17.1.7	钢结构布置规定	新增条文	
17.2	计算要点		
17.2.1	结构的分析模型及其参数的规定	新增条文	
17.2.2	钢结构构件的性能系数规定	新增条文	在《建筑抗震设计规范》GB 50011—2010第3.4节中，对建筑的规则性做了具体的规定，当结构布置不符合抗震规范规定的要求时，结构延性将受到不利影响，承载力要求必须提高
17.2.3	钢结构构件的承载力验算	新增条文	
17.2.4	框架梁的抗震承载力验算	新增条文	框架－中心支撑结构中非支撑系统的框架梁计算与框架结构的框架梁相同，此时可采用支撑屈曲后的计算模型

（续）

条款编号	内容提要	修订内容	备注
17.2.5	框架柱的抗震承载力验算	新增条文	
17.2.6	受拉构件或构件受拉区域的截面要求	新增条文	强调钢构件的延性要求，避免构件在净截面处断裂
17.2.7	偏心支撑结构中支撑的非塑性耗能区内力调整系数取值	新增条文	
17.2.8	消能梁段的受剪承载力计算	新增条文	
17.2.9	塑性耗能区的连接计算	新增条文	塑性耗能区最好不设拼接区，当无法避免时，应考虑剪应力集中于腹板中央区
17.2.10	当框架结构的梁柱采用刚性连接时，H形和箱形截面柱的节点域抗震承载力规定	新增条文	本条节点域验算是基于节点验算满足强柱弱梁要求。当不满足强柱弱梁验算时，梁端的受弯承载力替换为柱端的受弯承载力即可
17.2.11	支撑系统的节点计算	新增条文	
17.2.12	柱脚的承载力验算	新增条文	
17.3	基本抗震措施		
17.3.1	抗震设防的钢结构节点连接要求及多高层钢结构截面板件宽厚比等级规定	新增条文	由于地震作用的不确定性，而截面板件宽厚比为S5级的构件延性较差，因此对其使用范围做了一定的限制
17.3.2	构件塑性耗能区的规定	新增条文	
17.3.3	直接与支撑系统构件相连的刚接钢梁的设计规定	新增条文	在支撑系统之间直接与支撑系统构件相连的刚接钢梁可视为连梁。连梁可设计为塑性耗能区，此时连梁类似偏心支撑的消能梁段，当构造满足消能梁段的规定时，可按消能梁段确定承载力，否则按框架梁要求设计
17.3.4	框架梁的设计规定	新增条文	
17.3.5	框架柱长细比的规定	新增条文	
17.3.6	采用刚性连接时，H形和箱形截面柱的节点域受剪正则化宽厚比 $\lambda_{n,s}$ 限值	新增条文	

（续）

条款编号	内容提要	修订内容	备注
17.3.7	框架结构塑性耗能区延性等级为Ⅰ或Ⅱ级时，梁柱刚性节点的规定	新增条文	改进型过焊孔及常规型过焊孔具体规定见现行行业标准《高层民用建筑钢结构技术规程》JGJ 99
17.3.8	当梁柱刚性节点采用骨形节点的规定	新增条文	
17.3.9	梁柱节点采用梁端加强的规定	新增条文	
17.3.10	框架梁上覆混凝土楼板时，其楼板钢筋的处理	新增条文	
17.3.11	框架—中心支撑结构的框架部分，其抗震构造按框架结构采用	新增条文	
17.3.12	支撑长细比、截面板件宽厚比等级规定	新增条文	支撑的长细比与结构构件延性等级相关 GB 50017—2017将除普通钢结构外的支撑分为3个等级，长细比大的放在第2个等级，并且规定了使用条件。同样的支撑，框架-中心支撑结构和支撑结构相比较具有更好的延性，延性等级更高
17.3.13	中心支撑结构的规定	新增条文	
17.3.14	钢支撑连接节点的规定	新增条文	
17.3.15	当结构构件延性等级为Ⅰ级时，消能梁段的构造要求	新增条文	
17.3.16	实腹式柱脚采用外包式、埋入式及插入式柱脚的埋入深度要求	新增条文	

1.18 钢结构防护

“构造要求”（GB 50017—2003第8章）中“防护和隔热”移入“钢结构防护”（GB 50017—2017第18章）；GB 50017—2017第18.3.3条为强制性条文，必须严格执行。GB 50017—2017第18章修订内容，见表1-17。

表 1-17　GB 50017—2017 第 18 章修订内容

条款编号	内容提要	修订内容	备注
18. 1	抗火设计		
18. 1. 1	钢结构防火保护措施及其构造的确定	新增条文	常用的防火保护措施有：外包混凝土或砌筑砌体、涂覆防火涂料、包覆防火板、包覆柔性毡状隔热材料等
18. 1. 2	建筑钢构件的设计耐火极限	新增条文	
18. 1. 3	钢结构抗火保护设计及抗火性能验算的规定	新增条文	
18. 1. 4	钢结构抗火设计技术文件编制的要求	新增条文	防火保护材料的性能要求具体包括：防火保护材料的等效热传导系数或防火保护层的等效热阻、防火保护层的厚度、防火保护的构造、防火保护材料的使用年限等
18. 1. 5	高强度螺栓连接处的防火涂料涂层厚度规定	新增条文	
18. 2	防腐蚀设计		
18. 2. 1	钢结构防腐蚀设计应遵循的原则	在 GB 50017—2003 第 8. 9. 1 条的基础上修改和补充 将 GB 50017—2003 第 8. 9. 1 条中的“防锈措施（除锈后涂以油漆或金属镀层等）”改为“防腐蚀措施” 删除了 GB 50017—2003 第 8. 9. 1 条中关于防腐蚀方案和除锈等级等内容的简单规定 删除 GB 50017—2003 第 8. 9. 1 条中凹槽、死角、焊缝缝隙等不良设计的表现形式	
18. 2. 2	钢结构防腐蚀设计方案选择	新增条文	
18. 2. 3	应加强防护的结构和构件	新增条文	
18. 2. 4	结构防腐蚀设计规定	将 GB 50017—2003 第 8. 9. 2 条中的“对使用期间不能重新油漆的结构部位应采取特殊的防锈措施”更改成“对不易维修的结构应加强防护” 另将 GB 50017—2003 第 8. 9. 1 条关于构造的要求和第 8. 9. 3 条汇编在此	

（续）

条款编号	内容提要	修订内容	备注
18.2.5	钢材表面原始锈蚀等级和钢材除锈等级标准	新增条文	
18.2.6	钢结构防腐蚀涂料的配套方案设计	在GB 50017—2003第8.9.1条、第8.9.2条的基础上修改和补充	面漆、中间漆和底漆应相容匹配，当配套方案未经工程实践时，应进行相容性试验
18.2.7	钢结构防腐设计技术文件编制的要求	新增条文	
18.3	隔热		
18.3.1	高温作用对钢结构的影响及隔热设计	新增条文	
18.3.2	钢结构的温度超过100℃时，钢结构的承载力和变形验算要求	新增条文	
18.3.3	高温环境下的钢结构温度超过100℃时，其防护措施的规定	在GB 50017—2003第8.9.5条的基础上修改和补充	强制性条文 对于处于长时间高温环境工作的钢结构，不应采用膨胀型防火涂料作为隔热保护措施
18.3.4	钢结构的隔热保护措施的耐久性、相容性要求	新增条文	

第2章 基本规定

2.1 设计原则

2.1.1 设计内容和设计文件要求

1. 设计内容

GB 50017—2017 规定，进行钢结构设计时，以下的设计内容必须完成：

（1）结构方案设计，包括结构选型、构件布置。

（2）材料选用及截面选择。

（3）作用及作用效应分析。

（4）结构的极限状态验算。

（5）结构、构件及连接的构造。

（6）制作、运输、安装、防腐和防火等要求。

（7）满足特殊要求结构的专门性能设计。

对于某些结构可采用 GB 50017—2017 第 10 章规定的塑性或弯矩调幅设计法，这类结构进行抗震设计时，不管采用何种抗震设计途径，采用的内力均应为经过调整后的内力。

2. 设计文件

钢结构设计文件应注明所采用的规范或标准、建筑结构设计使用年限、抗震设防烈度、钢材牌号、连接材料的型号（或钢号）和设计所需的附加保证项目。

（1）钢结构设计文件应注明螺栓防松构造要求、端面刨平顶紧部位、钢结构最低防腐蚀设计年限和防护要求及措施、对施工的要求。

（2）对于焊接连接，则应注明焊缝质量等级及承受动荷载的特殊构造要求。

（3）对于高强度螺栓连接，应注明预拉力、摩擦面处理和抗滑移系数。

（4）对于抗震设防的钢结构，应注明焊缝及钢材的特殊要求。

2.1.2 设计方法选用

GB 50017—2017 规定：钢结构设计（除疲劳计算和抗震设计外），应采用以概率理论为基础的极限状态设计方法，用分项系数设计表达式进行计算。即同时以应力表达式的分项系数设计表达式进行强度设计计算，以设计值与承载力的比值的表达方式进行稳定承载力设计。

除疲劳设计应采用容许应力法外，钢结构应按承载能力极限状态和正常使用极限状态进行设计。钢结构结构设计应按照承载能力极限状态和正常使用极限状态要求进行效应和效应组合，应注意把握持久、短暂设计状况和抗震设计状况，区分基本组合、偶然组合、标准组合、频遇组合或准永久组合。

由于电算程序的广泛使用，结构设计中的效应和效应组合一般按程序默认的组合计算完成，但对于复杂工程仍然需要结构设计人员根据工程的特点，准确把握承载能力极限状态和正常使用极限状态要求，调整补充相关组合。

1. 承载能力极限状态

承载能力极限状态应包括：构件或连接的强度破坏、脆性断裂，因过度变形而不适用于继续承载，结构或构件丧失稳定，结构转变为机动体系和结构倾覆。

承载能力极限状态可理解为结构或构件发挥允许的最大承载功能的状态。结构或构件由于塑性变形而使其几何形状发生显著改变，虽未到达最大承载能力，但已彻底不能使用，也属于达到这种极限状态；另外，如结构或构件的变形导致内力发生显著变化，致使结构或构件超过最大承载功能，同样认为达到承载能力极限状态。

2. 正常使用极限状态

正常使用极限状态应包括：影响结构、构件、非结构构件正常使用或外观的变形，影响正常使用的振动，影响正常使用或耐久性能的局部损坏。

正常使用极限状态可理解为结构或构件达到使用功能上允许的某个限值的状态。如某些结构必须控制变形、裂缝才能满足使用要求，因为过大的变形会造成房屋内部粉刷层脱落、填充墙和隔断墙开裂，以及屋面积水等后果，过大的裂缝会影响结构的耐久性，同时过大的变形或裂缝也会使人们在心理上产生不安全感。

2.1.3 安全等级和设计使用年限

钢结构的安全等级和设计使用年限应符合现行国家标准《建筑结构可靠度设计统一标准》GB 50068 和《工程结构可靠性设计统一标准》GB 50153 的规定。一般工业与民用建筑钢结构的安全等级应取为二级，其他特殊建筑钢结构的安全等级应根据具体情况另行确定。建筑物中各类结构构件的安全等级，宜与整个结构的安全等级相同。对其中部分结构构件的安全等级可进行调整，但不得低于三级。

大部分工程可按设计基准期 50 年、设计使用年限 50 年设计，重要工程的设计使用年限应经专门研究确定，避免无依据地提高设计基准期和设计使用年限。耐久性设计的使用年限可根据需要采用不低于 50 年的设计（如 75 年、100 年等）。

2.1.4 承载能力极限状态设计表达式

GB 50017—2017 规定：结构构件、连接及节点应采用下列承载能力极限状态设计表达式：

（1）持久设计状况、短暂设计状况：

$$\gamma_0 S \leqslant R \tag{2-1}$$

（2）地震设计状况：

多遇地震：

$$S \leqslant R/\gamma_{RE} \tag{2-2}$$

设防地震：

$$S \leqslant R_k \tag{2-3}$$

式中 γ_0——结构的重要性系数：对安全等级为一级的结构构件不应小于1.1，对安全等级为二级的结构构件不应小于1.0，对安全等级为三级的结构构件不应小于0.9；

S——承载能力极限状况下作用组合的效应设计值：对持久或短暂设计状况应按作用的基本组合计算；对地震设计状况应按作用的地震组合计算（强度计算，以应力形式表达；稳定计算时，以内力设计值与承载力比值的形式表达）；

R——结构构件的承载力设计值；

R_k——结构构件的承载力标准值；

γ_{RE}——承载力抗震调整系数，应按现行国家标准《建筑抗震设计规范》GB 50011的规定取值，见表2-1。

表2-1 承载力抗震调整系数 γ_{RE}

结构构件	柱、梁	支撑	节点板件、连接螺栓	连接焊接
γ_{RE}	0.75（0.80）	0.75（0.80）	0.75	0.75

注：1. 括号中为稳定性验算时，无括号为强度验算时。

2. 现行国家标准《门式刚架轻型房屋钢结构技术规范》GB 51022规定：梁、柱、支撑、螺栓、节点、焊缝强度计算时取0.85；柱、支撑稳定计算时取0.90。

3. 现行行业标准《高层民用建筑钢结构技术规程》JGJ 99规定：结构构件和连接强度计算时取0.75；柱和支撑稳定计算时取0.8；当仅计算竖向地震作用时取1.0。

2.2 钢结构体系的选用

常用建筑钢结构体系分为单层钢结构、多高层钢结构、大跨度钢结构三大类。钢结构体系的选用应遵循“在满足建筑及工艺需求前提下，应综合考虑结构合理性、环境条件、节约投资和资源、材料供应、制作安装便利性等因素”的原则。

2.2.1 单层钢结构选用原则

（1）单层钢结构可采用框架、支撑结构。厂房主要由横向、纵向抗侧力体系组成，其中横向抗侧力体系可采用框架结构，纵向抗侧力体系宜采用中心支撑体系，也可采用框架结构。

对于厂房结构，排架和门式刚架是常用的横向抗侧力体系，对应的纵向抗侧力体系一般采用柱间支撑结构，当条件受限时纵向抗侧力体系也可采用框架结构。当采用框架作为横向抗侧力体系时，纵向抗侧力体系通常也采用框架结构（包括有支撑和无支撑两种情况）。

（2）每个结构单元均应形成稳定的空间结构体系。

（3）柱间支撑的间距应根据建筑的纵向柱距、受力情况和安装条件确定。当房屋高度相对于柱间距较大时，柱间支撑宜分层设置。

（4）屋面板、檩条和屋盖承重结构之间应有可靠连接，一般应设置完整的屋面支撑系统。

2.2.2 多高层钢结构选用原则

对于纯钢结构而言，GB 50017—2017 将 10 层以下、总高度小于 24m 的民用建筑和 6 层以下、总高度小于 40m 的工业建筑定义为多层钢结构；超过上述高度的定义为高层钢结构。其中民用建筑层数和高度的界限与我国建筑防火规范相协调，工业建筑一般层高较高，根据实际工程经验确定。

1. 多高层钢结构常用的结构体系

按抗侧力结构的特点，多高层钢结构常用的结构体系可按表 2-2 分类。

表 2-2 多高层钢结构常用体系

<table>
<tr><th colspan="2">结构体系</th><th>支撑、墙体和筒形式</th></tr>
<tr><td colspan="2">框架</td><td></td></tr>
<tr><td>支撑结构</td><td>中心支撑</td><td>普通钢支撑，屈曲约束支撑</td></tr>
<tr><td rowspan="2">框架－支撑</td><td>中心支撑</td><td>普通钢支撑，屈曲约束支撑</td></tr>
<tr><td>偏心支撑</td><td>普通钢支撑</td></tr>
<tr><td>框架－剪力墙板</td><td></td><td>钢板墙，延性墙板</td></tr>
<tr><td rowspan="4">筒体结构</td><td>筒体</td><td rowspan="4">普通桁架筒
密柱深梁筒
斜交网格筒
剪力墙板筒</td></tr>
<tr><td>框架－筒体</td></tr>
<tr><td>筒中筒</td></tr>
<tr><td>束筒</td></tr>
<tr><td rowspan="2">巨型结构</td><td>巨型框架</td><td rowspan="2">—</td></tr>
<tr><td>巨型框架－支撑</td></tr>
</table>

注：为增加结构刚度，高层钢结构可设置伸臂桁架或环带桁架，伸臂桁架设置处宜同时设置环带桁架。伸臂桁架应贯穿整个楼层，伸臂桁架与环带桁架构件的尺度应与相连构件的尺度相协调。

表 2-2 中专门列出了常用的形式。其中消能支撑一般用于中心支撑的框架－支撑结构中，也可用于组成筒体结构的普通桁架筒或斜交网格筒中，在偏心支撑的结构中由于与耗能梁端的功能重叠，一般不同时采用。斜交网格筒是全部由交叉斜杆编织而成的，可以提供很大的刚度。

筒体结构的细分以筒体与框架间或筒体间的位置关系为依据：筒与筒间为内外位置关系的为筒中筒，筒与筒间为相邻组合位置关系的为束筒，筒体与框架组合的为框架－筒体。又可进一步分为传统意义上抗侧效率最高的外周为筒体、内部为主要承受竖向荷载的框架的外筒内框结构，与传统钢筋混凝土框筒结构相似的核心为筒体、周边为框架的外框内筒结构，以及多个筒体在框架中自由布置的框架多筒结构。

巨型结构是一个比较宽泛的概念，当竖向荷载或水平荷载在结构中以多个楼层作为其基本尺度而不是传统意义上的一个楼层进行传递时，即可视为巨型结构。如将框架或桁架的一部分当作单个组合式构件，以层或跨的尺度作为“截面”高度构成巨型梁或柱，进而形成巨大的框架体系，即为巨型框架结构，巨型梁间的次结构的竖向荷载通过巨型梁分段传递至巨型柱；在巨型框架的“巨型梁”“巨型柱”节点间设置支撑，即形成巨型框架-支撑结构；当框架为普通尺度，而支撑的布置以建筑的面宽度为尺度时，可以称为巨型支撑结构，如香港的中国银行。

不同的结构体系由于受力和变形特点的不同，延性上也有较大差异，具有多道抗侧力防线和以非屈曲方式破坏的结构体系延性更高；同时，结构的延性还取决于节点区是否会发生脆性破坏以及构件塑性区是否有足够的延性。所列的体系分类中，框架-偏心支撑结构、采用消能支撑的框架-中心支撑结构、采用钢板墙的框架-抗震墙结构、不采用斜交网格筒的筒中筒和束筒结构，一般具有较高延性；支撑结构和全部采用斜交网格筒的筒体结构一般延性较低。

具有较高延性的结构在塑性阶段可以承受更大的变形而不发生构件屈曲和整体倒塌，因而具有更好的耗能能力。如果以设防烈度下结构应具有等量吸收地震能量的能力作为抗震设计准则，则较高延性的结构应该可以允许比较低延性结构更早进入塑性。

屈曲约束支撑可以提高结构的延性，且相比较框架-偏心支撑结构，其延性的提高更为可控。伸臂桁架和周边桁架都可以提高周边框架的抗侧贡献度，当二者同时设置时，效果更为明显，一般用于框筒结构，也可用于需要提高周边构件抗侧贡献度的各种结构体系中。伸臂桁架的上下弦杆必须在筒体范围内拉通，同时在弦杆间的筒体内设置充分的斜撑或抗剪墙以利于上下弦杆轴力在筒体内的自平衡。设置伸臂桁架的数量和位置既要考虑其总体抗侧效率，同时也要兼顾与其相连构件及节点的承受能力。

2. 结构布置原则

(1) 建筑平面宜简单、规则，结构平面布置宜对称，水平荷载的合力作用线宜接近抗侧力结构的刚度中心；高层钢结构两个主轴方向动力特性宜相近。

(2) 结构竖向体型宜规则、均匀，竖向布置宜使侧向刚度和受剪承载力沿竖向均匀变化。

(3) 高层建筑不应采用单跨框架结构，多层建筑不宜采用单跨框架结构。

(4) 高层钢结构宜选用风压和横风向振动效应较小的建筑体型，并应考虑相邻高层建筑对风荷载的影响。

对于超高层钢结构，风荷载经常起控制作用，选择风压小的形状有重要的意义。在一定条件下，涡流脱落引起的结构横风向振动效应非常显著，结构平、立面的选择及角部处理会对横风向振动产生明显影响，应通过气弹模型风洞试验或数值模拟对风敏感结构的横风向振动效应进行研究。

(5) 支撑布置平面上宜均匀、分散，沿竖向宜连续布置，设置地下室时，支撑应延伸至基础或在地下室相应位置设置剪力墙；支撑无法连续时应适当增加错开支撑并加强错开支撑之间的上下楼层水平刚度。

多高层钢结构设置地下室时，钢框架柱宜延伸至地下一层。框架-支撑结构中沿竖向连续布置的支撑，为避免在地震反应最大的底层形成刚度突变，对抗震不利，支撑需延伸到地下室，或采取其他有效措施提高地下室抗侧移刚度。

2.2.3 大跨度钢结构选用原则

1. 大跨度钢结构体系分类

大跨度钢结构的形式和种类繁多，也存在不同的分类方法，可以按照大跨度钢结构的受力特点分类；也可以按照传力途径，将大跨度钢结构分为平面结构和空间结构。平面结构又可细分为桁架、拱及钢索、钢拉杆形成的各种预应力结构；空间结构也可细分为薄壳结构、网架结构、网壳结构及各种预应力结构。浙江大学董石麟教授提出采用组成结构的基本构件或基本单元即板壳单元、梁单元、杆单元、索单元和膜单元对空间结构分类。

按照大跨度结构的受力特点进行分类，简单、明确，能够体现结构的受力特性，按此方法对大跨度钢结构体系的分类见表2-3。

表2-3 大跨度钢结构体系分类

体系分类	常见形式
以整体受弯为主的结构	平面桁架、立体桁架、空腹桁架、网架、组合网架钢结构以及与钢索组合形成的各种预应力钢结构
以整体受压为主的结构	实腹钢拱、平面或立体桁架形式的拱形结构、网壳、组合网壳钢结构以及与钢索组合形成的各种预应力钢结构
以整体受拉为主的结构	悬索结构、索桁架结构、索穹顶等

2. 大跨度钢结构的设计原则

（1）大跨度钢结构的设计应结合工程的平面形状、体型、跨度、支承情况、荷载大小、建筑功能综合分析确定，结构布置和支承形式应保证结构具有合理的传力途径和整体稳定性；平面结构应设置平面外的支撑体系。

（2）预应力大跨度钢结构应进行结构张拉形态分析，确定索或拉杆的预应力分布，不得因个别索的松弛导致结构失效。

（3）对以受压为主的拱形结构、单层网壳以及跨厚比较大的双层网壳应进行非线性稳定分析。

（4）地震区的大跨度钢结构，应按抗震规范考虑水平及竖向地震作用效应；对于大跨度钢结构楼盖，应按使用功能满足相应的舒适度要求。

（5）应对施工过程复杂的大跨度钢结构或复杂的预应力大跨度钢结构进行施工过程分析。

（6）杆件截面的最小尺寸应根据结构的重要性、跨度、网格大小按计算确定，普通型钢不宜小于 $\llcorner 50\times 3$，钢管不宜小于 $\phi 8\times 3$，对大、中跨度的结构，钢管不宜小于 $\phi 60\times 3.5$。

3. 大跨度钢结构的设计应用说明

（1）设计人员应根据工程的具体情况选择合适的大跨结构体系。结构的支承形式要和结构的受力特点匹配，支承应对以整体受弯为主的结构提供竖向约束和必要的水平约束，对整体受压为主的结构提供可靠的水平约束，对整体受拉为主的结构提供可靠的锚固，对平面结构设置可靠的平面外支撑体系。

（2）分析网架、双层网壳时可假定节点为铰接，杆件只承受轴向力，采用杆单元模型；分析单层网壳时节点应假定为刚接，杆件除承受轴向力外，还承受弯矩、剪力，采用梁单元模型；分析桁架时，应根据节点的构造形式和杆件的节间长度或杆件长度与截面高度（或直径）的比例，按照现行国家标准《钢管混凝土结构技术规范》GB 50936 中的相关规定确定。模型中的钢索和钢拉杆等模拟为柔性构件时，各种杆件的计算模型应能够反应结构的受力状态。

设计大跨钢结构时，应考虑下部支承结构的影响，特别是在温度和地震荷载作用下，应考虑下部支承结构刚度的影响。考虑结构影响时，可以采用简化方法模拟下部结构刚度，如必要时需采用上部大跨钢结构和下部支承结构组成的整体模型进行分析。

（3）在大跨钢结构分析、设计时，应重视以下因素：

1）当大跨钢结构的跨度较大或者平面尺寸较大且支座水平约束作用较强时，大跨钢结构的温度作用不可忽视，其对结构构件和支座设计都有较大影响。除考虑正常使用阶段的温度荷载外，建议根据工程的具体情况，必要时考虑施工过程的温度荷载，与相应的荷载进行组合。

2）当大跨钢结构的屋面恒荷载较小时，风荷载影响较大，可能成为结构的控制荷载，应重视结构抗风分析。

3）应重视支座变形对结构承载力影响的分析。支座沉降会引起受弯为主的大跨钢结构的附加弯矩，会释放受压为主的大跨钢结构的水平推力、增大结构应力，支座变形也会使预应力结构、张拉结构的预应力状态和结构形态发生改变。

预应力结构的计算应包括初始预应力状态的确定及荷载状态的计算，初始预应力状态确定和荷载状态分析应考虑几何非线性影响。

（4）单层网壳或者跨度较大的双层网壳、拱桁架的受力特征以受压为主，存在整体失稳的可能性。结构的稳定性甚至有可能成为结构设计的控制因素，因此应该对这类结构进行几何非线性稳定分析，重要的结构还应当考虑几何和材料双非线性对结构进行承载力分析。

（5）大跨度钢结构的地震作用效应和其他荷载效应组合时，同时计算竖向地震和水平地震作用，应包括竖向地震为主的组合。大跨钢结构的关键杆件和关键节点的地震组合内力设计值应按照现行国家标准《建筑抗震设计规范》GB 50011 的规定调整。

（6）大跨钢结构用于楼盖时，除应满足承载力、刚度和稳定性要求外，还应根据使用功能的不同，满足相应舒适度的要求。可以采用提高结构刚度或采取耗能减震技术满足结构舒适度要求。

（7）结构形态和结构状态随施工过程发生改变，施工过程不同阶段的结构内力同最终状态的数值不同，应通过施工过程分析，对结构的承载力、稳定性进行验算。

2.2.4 钢结构体系布置基本原则

（1）应具备竖向和水平荷载传递途径。

（2）应具有刚度和承载力、结构整体稳定性和构件稳定性。

（3）应具有冗余度，避免因部分结构或构件破坏导致整个结构体系丧失承载能力。

（4）隔墙、外围护等宜采用轻质材料。

采用轻质隔墙和围护等可以使钢结构本身具有自重较小的优势充分发挥；同时由于钢结构刚度较小，一般轻质隔墙和围护能适应较大的变形，而且轻质隔墙对结构刚度的影响也相对较小。

2.2.5 施工阶段验算

施工过程对主体结构的受力和变形有较大影响时，应进行施工阶段验算。

结构刚度是随着结构的建造过程逐步形成的，荷载也是分步作用在刚度逐步形成的结构上，其内力分布与将全部荷载一次性施加在最终成形结构上进行受力分析的结果有一定的差异，对于超高层钢结构，这一差异会比较显著，因此应采用能够反映结构实际内力分布的分析方法；对于大跨度和复杂空间钢结构，尤其是非线性效应明显的索结构和预应力钢结构，不同的结构安装方式会导致结构刚度形成路径的不同，进而影响结构最终成形时的内力和变形。结构分析中，应充分考虑这些因素的影响，必要时进行施工模拟分析。

2.3 荷载及作用的规定

2.3.1 荷载的种类

荷载是结构设计的基础性资料，结构整体分析时荷载输入应准确，对较大荷载的范围应准确定位，避免处处放大。构件设计时，荷载应准确，对大荷载区域和承受较大荷载的结构构件应进行补充分析。结构设计不应出现荷载漏项。建筑的楼屋面荷载、填充墙荷载、吊挂荷载、附属机电设备荷载等，应有荷载计算书。

钢结构设计中的荷载应按现行国家标准《建筑结构荷载规范》GB 50009 采用，荷载的种类见表 2-4。

表 2-4 荷载的种类

项次	项目		说明
1	屋面荷载	作用在屋面结构上的荷载	（1）永久荷载包括屋面、屋架和天窗架等结构重量，以及作用于屋架节点上的设备、管道自重等 （2）可变荷载包括屋面均布活荷载、雪荷载、积灰荷载、吊车荷载、风荷载等。门式刚架轻型房屋的风荷载和雪荷载应符合现行国家标准《门式刚架轻型房屋钢结构技术规范》GB 51022 的规定 （3）偶然荷载指其他意外事故产生的荷载

（续）

项次	项目		说明
1	屋面荷载	作用在屋面结构上的荷载	（4）不上人屋面：屋面均布荷载标准值（按投影面积计算）一般为0.5kN/m^2（不与雪荷载同时考虑）。对支承轻屋面的构件或结构，当仅有一个可变荷载且受荷水平投影面积超过60m^{2}时，屋面均布活荷载标准值可取为0.3kN/m^2
2		屋面均布活荷载	（5）上人屋面：按使用要求确定，可取2.0kN/m^2 （6）特殊建筑的楼面和屋面活荷载（如数据机房等），当相关规范有具体规定时，应执行相关规范的要求 （7）使用有特殊要求的房屋，其楼面和屋面活荷载应由建设方提供 （8）建筑附属机电设备用房的楼面和屋面活荷载（含吊挂荷载等），应由工艺设计或设备厂家提供并经建设方确认 （9）楼面和屋面荷载数值变化大或分布范围比较复杂时，施工图应包含荷载布置平面图。荷载平面图比例可按1:200，绘制标明荷载平面控制区域的单线图即可，便于使用和追溯
3		施工或检修荷载	设计屋面板和檩条时应考虑施工或检修集中荷载，其标准值取1.0kN 当施工荷载有可能超过上述荷载时，应按实际情况取用，或加腋梁、支撑等临时设施承受
4		雪荷载、积灰荷载	雪荷载和积灰荷载的标准值除按现行国家标准《建筑结构荷载规范》GB 50009的规定采用外，对于屋面板和檩条，还应考虑其在屋面天沟、阴角、天窗挡风板内以及高低跨处的荷载增大系数
5	吊车荷载		按起重机技术规格及现行国家标准《建筑结构荷载规范》GB 50009规定计算。竖向荷载应乘以动力系数1.05（起重机工作制A1～A5）以及1.1（A6～A8及硬钩起重机、特种起重机） 计算重级工作制吊车梁或吊车桁架及其制动结构的强度、稳定性以及连接的强度时，应考虑由起重机摆动引起的横向水平力，此水平力不宜与《建筑结构荷载规范》GB 50009规定的横向水平荷载同时考虑
6	风荷载		（1）垂直于建筑物表面上的风荷载标准值，由基本风压、风振系数（阵风系数）、体型系数及风压高度变化系数组成 （2）对风荷载敏感的结构应特别注意风荷载的不利影响，必要时应采取相应结构措施 （3）处于山口、风口地带的工程、海岸海岛工程、受台风影响的工程、山坡山顶工程等，应重视风荷载对主体结构的影响 （4）应注意围护结构风荷载对主体结构的影响，尤其是大尺度围护结构对主体结构连接的影响 （5）受风荷载影响比较明显的高层建筑，应对主导风向及最不利方向进行抗风设计，进行多方案比选，采用有利于抗风、抗震的平面和立面
7	地震作用		（1）按现行国家标准《建筑抗震设计规范》GB 50011的规定采用 （2）计算单向地震作用时应考虑偶然偏心的影响。一般工程可按质心偏移值的5%考虑，当为长矩形平面时，可采用考虑双向地震作用扭转效应的计算进行比较分析 （3）大跨度和长悬臂结构或构件的竖向地震作用，应采用时程分析法或振型分解反应谱法计算。高位的大跨度和长悬臂结构或构件的竖向地震作用，应采用时程分析法计算

（续）

项次	项目	说明
7	地震作用	（4）结构设计应特别注意填充墙对结构规则性的影响，应采取相应的结构措施，避免设置填充墙造成结构的扭转，避免引起上、下层结构的刚度突变，避免引起短柱 （5）当结构设计中遇有山坡、山顶建筑时，应特别注意不利地形对抗震设计的影响。对发震断裂应按规范要求采取避让措施

2.3.2 荷载组合

按承载能力极限状态设计钢结构时，应考虑荷载效应的基本组合，必要时还应考虑荷载效应的偶然组合。按正常使用极限状态设计钢结构时，应考虑荷载效应的标准组合。

对于正常使用极限状态，钢结构一般只考虑荷载效应的标准组合，当有可靠依据和实践经验时，亦可考虑荷载效应的频遇组合。对钢与混凝土组合梁及钢管混凝土柱，因需考虑混凝土在长期荷载作用下的蠕变影响，除应考虑荷载效应的标准组合外，还应考虑准永久组合。

荷载效应组合应符合下列原则：

（1）屋面均布活荷载与雪荷载不同时考虑，设计时取两者中较大者。

（2）积灰荷载与屋面均布活荷载或雪荷载两者中较大者同时考虑。

（3）施工或检修荷载只与屋面材料及檩条屋架自重荷载同时考虑。

（4）对于自重较轻的屋盖，应验算在风吸力作用下屋架杆件、檩条等在永久荷载与风荷载组合下杆件截面应力反号的影响，此时永久荷载的分项系数取 1.0。

2.3.3 荷载及作用取值规定

（1）计算结构或构件的强度、稳定性以及连接的强度时，应采用荷载设计值；计算疲劳时，应采用荷载标准值。

根据现行国家标准《建筑结构可靠度设计统一标准》GB 50068，结构或构件的变形属于正常使用极限状态，应采用荷载标准值进行计算；而强度、疲劳和稳定属于承载能力极限状态，在设计表达式中均考虑了荷载分项系数，采用荷载设计值（荷载标准值乘以荷载分项系数）进行计算，但其中疲劳的极限状态设计按弹性状态计算的容许应力幅的设计方法，采用荷载标准值进行计算。

（2）对于直接承受动力荷载（指直接承受冲击等，不包括风荷载和地震作用）的结构：计算强度和稳定性时，动力荷载设计值应乘以动力系数；计算疲劳和变形时，动力荷载标准值不乘动力系数。计算吊车梁或吊车桁架及其制动结构的疲劳和挠度时，起重机荷载应按作用在跨间内荷载效应最大的一台起重机确定。

（3）钢结构设计时，荷载的标准值、荷载分项系数、荷载组合值系数、动力荷载的动力系数等应按现行国家标准《建筑结构荷载规范》GB 50009 的规定采用；其中荷载分项系数，见表 2-5。地震作用应根据现行国家标准《建筑抗震设计规范》GB 50011 确定。

表 2-5　基本组合的荷载分项系数

<table>
<tr><th rowspan="2">荷载类别</th><th rowspan="2" colspan="2">荷载作用情况</th><th colspan="2">分项系数</th></tr>
<tr><th>γ_G</th><th>γ_Q</th></tr>
<tr><td rowspan="3">永久荷载</td><td rowspan="2">当永久荷载效应对结构不利时</td><td>由可变荷载效应控制的组合</td><td>1.2</td><td>—</td></tr>
<tr><td>由永久荷载效应控制的组合</td><td>1.35</td><td>—</td></tr>
<tr><td>永久荷载效应对结构有利时</td><td>一般情况</td><td>≤1.0</td><td>—</td></tr>
<tr><td rowspan="2">可变荷载</td><td colspan="2">标准值大于 $4kN/m^2$ 的工业房屋楼面结构的活荷载</td><td>—</td><td>1.3</td></tr>
<tr><td colspan="2">其他情况</td><td>—</td><td>1.4</td></tr>
</table>

注：对结构的倾覆、滑移或漂浮验算，荷载的分项系数应满足有关的建筑结构设计规范的规定。

（4）屋盖结构考虑悬挂起重机和电动葫芦的荷载时，在同一跨间每条运动线路上的台数：对梁式起重机不宜多于 2 台，对电动葫芦不宜多于 1 台。

（5）计算冶炼车间或其他类似车间的工作平台结构时，由检修材料所产生的荷载对主梁可乘以 0.85，柱及基础可乘以 0.75。

2.3.4　温度区段长度值

在结构的设计过程中，当考虑温度变化的影响时，温度的变化范围可根据地点、环境、结构类型及使用功能等实际情况确定。当单层房屋和露天结构的温度区段长度不超过表 2-6 的数值时，一般情况下可不考虑温度应力和温度变形的影响。

温度对结构的影响不仅超长结构有，高层建筑也有且不容忽视。受“温度影响较大的高层建筑结构”主要指对温度变化比较敏感的高层建筑结构，如受环境温度变化剧烈影响的结构、主要抗侧力结构外露或建筑的保温隔热效果较差的结构等。其他情况的高层建筑竖向温度应力影响不大。

单层房屋和露天结构伸缩缝设置宜符合下列要求：

（1）围护结构可根据具体情况参照有关规范单独设置伸缩缝。

（2）无桥式起重机房屋的柱间支撑和有桥式起重机房屋吊车梁或吊车桁架以下的柱间支撑，宜对称布置于温度区段中部，当不对称布置时，上述柱间支撑的中点（两道柱间支撑时为两柱间支撑的中点）至温度区段端部的距离不宜大于表 2-6 纵向温度区段长度的 60%。

（3）当横向为多跨高低屋面时，表 2-6 中横向温度区段长度值可适当增加。

（4）当有充分依据或可靠措施时，表 2-6 中数字可予以增减。

表 2-6　温度区段长度值

<table>
<tr><th rowspan="2">结构情况</th><th rowspan="2">纵向温度区段
（垂直屋架或构架跨度方向）/m</th><th colspan="2">横向温度区段（沿屋架或构架跨度方向）/m</th></tr>
<tr><th>柱顶为刚接</th><th>柱顶为铰接</th></tr>
<tr><td>供暖房屋和非供暖地区的房屋</td><td>220</td><td>120</td><td>150</td></tr>
<tr><td>热车间和供暖地区的非供暖房屋</td><td>180</td><td>100</td><td>125</td></tr>
<tr><td>露天结构</td><td>120</td><td>—</td><td>—</td></tr>
<tr><td>围护构件为金属压型钢板的房屋</td><td>250</td><td colspan="2">150</td></tr>
</table>

2.4 结构或构件变形限值

GB 50017—2017 规定：计算结构或构件的变形时，可不考虑螺栓或铆钉孔引起的截面削弱。横向受力构件可预先起拱，起拱大小应视实际需要而定，可取恒载标准值加1/2活载标准值所产生的挠度值。当仅为改善外观条件时，构件挠度应取在恒荷载和活荷载标准值作用下的挠度计算值减去起拱值。

为了不影响结构或构件的正常使用和观感，设计时应对结构或构件的变形（挠度或侧移）规定相应的限值。可根据不影响正常使用和观感的原则对构件变形容许值进行调整。

2.4.1 受弯构件的挠度容许值

1. GB 50017—2017 规定的受弯构件的挠度容许值

GB 50017—2017 规定：冶金厂房或类似车间中设有工作级别为 A7、A8 级起重机的车间，其跨间每侧吊车梁或吊车桁架的制动结构，由一台最大起重机横向水平荷载（按荷载规范取值）所产生的挠度不宜超过制动结构跨度的 1/2200。吊车梁、楼盖梁、屋盖梁、工作平台梁以及墙架构件的挠度不宜超过表 2-7 所列的容许值。

表 2-7 受弯构件的挠度容许值

项次	构件类别		挠度容许值	
			$[\nu_T]$	$[\nu_Q]$
1	吊车梁和吊车桁架（按自重和起重量最大的一台吊车计算挠度）	（1）手动起重机和单梁起重机（含悬挂起重机）	$l/500$	—
		（2）轻级工作制桥式起重机	$l/750$	
		（3）中级工作制桥式起重机	$l/900$	
		（4）重级工作制桥式起重机	$l/1000$	
2	手动或电动葫芦的轨道梁		$l/400$	—
3	有重轨（重量等于或大于 38kg/m）轨道的工作平台梁		$l/600$	—
	有轻轨（重量等于或小于 24kg/m）轨道的工作平台梁		$l/400$	—
4	楼（屋）盖梁或桁架、工作平台梁（第3项除外）和平台板	（1）主梁或桁架（包括设有悬挂起重设备的梁和桁架）	$l/400$	$l/500$
		（2）仅支承压型金属板屋面和冷弯型钢檩条	$l/180$	—
		（3）除支承压型金属板屋面和冷弯型钢檩条外，尚有吊顶	$l/240$	
		（4）抹灰顶棚的次梁	$l/250$	$l/350$
		（5）除上述（1）～（4）外的其他梁（包括楼梯梁）	$l/250$	$l/300$
		（6）屋盖檩条： 支承压型金属板屋面者 支承其他屋面材料者 有吊顶	 $l/150$ $l/200$ $l/240$	—
		（7）平台板	$l/150$	—

（续）

<table>
<tr><th rowspan="2">项次</th><th colspan="2" rowspan="2">构件类别</th><th colspan="2">挠度容许值</th></tr>
<tr><th>[ν_T]</th><th>[ν_Q]</th></tr>
<tr><td rowspan="6">5</td><td rowspan="6">墙架构件（风荷载不考虑阵风系数）</td><td>（1）支柱（水平方向）</td><td>—</td><td>l/400</td></tr>
<tr><td>（2）抗风桁架（作为连续支柱的支承时，水平位移）</td><td>—</td><td>l/1000</td></tr>
<tr><td>（3）砌体墙的横梁（水平方向）</td><td>—</td><td>l/300</td></tr>
<tr><td>（4）支承压型金属板的横梁（水平方向）</td><td>—</td><td>l/100</td></tr>
<tr><td>（5）支承其他墙面材料的横梁（水平方向）</td><td>—</td><td>l/200</td></tr>
<tr><td>（6）带有玻璃窗的横梁（竖直和水平方向）</td><td>l/200</td><td>l/200</td></tr>
</table>

注：1. l 为受弯构件的跨度（对悬臂梁和伸臂梁为悬臂长度的 2 倍）。

2. [ν_T] 为永久和可变荷载标准值产生的挠度（如有起拱应减去拱度）的容许值，[ν_Q] 为可变荷载标准值产生的挠度的容许值。

3. 当吊车梁或吊车桁架跨度大于 12m 时，其挠度容许值 [ν_T] 应乘以 0.9 的系数。

4. 当墙面采用延性材料或与结构采用柔性连接时，墙架构件的支柱水平位移容许值可采用 l/300，抗风桁架（作为连续支柱的支承时）水平位移容许值可采用 l/800。

2. 冷弯薄壁型钢受弯构件容许值

现行国家标准《冷弯薄壁型钢结构技术规范》GB 50018 规定了冷弯薄壁型钢檩条、墙梁、压型钢板及刚架梁的挠度容许值，见表 2-8。

表 2-8　冷弯薄壁型钢受弯构件挠度

<table>
<tr><th>项次</th><th colspan="3">构件类别</th><th colspan="2">挠度容许值</th></tr>
<tr><td rowspan="2">1</td><td rowspan="2">檩条</td><td colspan="2">铁屋面檩条（垂直屋面方向）</td><td colspan="2">l/150</td></tr>
<tr><td colspan="2">压型钢板、钢丝网水泥瓦及其他瓦材屋面檩条</td><td colspan="2">l/200</td></tr>
<tr><td rowspan="2">2</td><td rowspan="2">墙梁</td><td colspan="2">支承压型钢板、瓦楞铁的墙梁（水平方向）</td><td colspan="2">l/150</td></tr>
<tr><td colspan="2">窗洞顶部的墙梁（水平和竖向）</td><td colspan="2">l/200 且竖向挠度≤10mm</td></tr>
<tr><td rowspan="4">3</td><td rowspan="4">压型钢板</td><td rowspan="2">作为屋面板</td><td>屋面坡度＜1:20</td><td colspan="2">l/250</td></tr>
<tr><td>屋面坡度≥1:20</td><td colspan="2">l/200</td></tr>
<tr><td colspan="2">作为墙面</td><td colspan="2">l/150</td></tr>
<tr><td colspan="2">作为楼面</td><td colspan="2">l/200</td></tr>
<tr><td rowspan="3">4</td><td rowspan="3">刚架梁</td><td colspan="2">仅支承压型钢板屋面和檩条（承受活荷载或雪荷载）</td><td rowspan="3">刚架梁竖向挠度</td><td>l/180</td></tr>
<tr><td colspan="2">尚有吊顶</td><td>l/240</td></tr>
<tr><td colspan="2">有吊顶且抹灰</td><td>l/360</td></tr>
</table>

注：1. l 为受弯构件的跨度（对悬臂梁为悬伸长度的 2 倍）。

2. 对单跨山形门式刚架，l 为一侧斜梁的坡面长度；对多跨山形门式刚架，l 为相邻两柱之间斜梁一坡的坡面长度。

3. 仅用作楼面模板使用的压型钢板，如施工中采取必要措施，挠度计算不计施工荷载。

4. 现行国家标准《压型金属板工程应用技术规范》GB 50896—2013 中第 6.1.11 条规定：压型金属板的挠度与跨度之比应符合下列规定且不宜超过下列限值：

1）压型金属板屋面挠度与跨度之比不宜超过 1/150。

2）压型金属板墙面挠度与跨度之比不宜超过 1/100。

3. 低层冷弯薄壁型钢受弯构件的挠度限值

现行行业标准《低层冷弯薄壁型钢房屋建筑技术规程》JGJ 227 规定：计算结构和构件的变形时，可不考虑螺栓或螺钉孔引起的构件截面削弱的影响。低层冷弯薄壁型钢受弯构件的挠度不宜大于表 2-9 规定的限值。

表 2-9　低层冷弯薄壁型钢受弯构件的挠度限值

构件类别		构件挠度限值
楼层梁	全部荷载	$L/250$
	活荷载	$L/500$
门、窗过梁		$L/350$
屋架		$L/250$
结构板		$L/200$

注：1. 表中 L 为构件跨度。

2. 对悬臂梁，按悬伸长度的 2 倍计算受弯构件的跨度。

4. 空间网格结构挠度容许值

现行行业标准《空间网格结构技术规程》JGJ 7 规定：空间网格结构在恒荷载与活荷载标准值作用下的最大挠度值不宜超过表 2-10 中的容许值。

表 2-10　空间网格结构的挠度容许值

结构体系	屋盖结构（短向跨度）	楼盖结构（短向跨度）	悬挑结构（悬挑跨度）
网架	1/250	1/300	1/125
单层网壳	1/400	—	1/200
双层网壳立体桁架	1/250	—	1/125

注：对于设有悬挂起重设备的屋盖结构，其最大挠度值不宜大于结构跨度的 1/400。

2.4.2　结构的位移容许值

根据 GB 50017—2017 的规定，多遇地震和风荷载下结构层间位移的限制，主要是防止非结构构件和装饰材料的损坏，与非结构构件本身的延性性能及其与主体结构连接方式的延性相关。玻璃幕墙、砌块隔墙等视为脆性非结构构件，金属幕墙、各类轻质隔墙等视为延性非结构构件，砂浆砌筑、无平动或转动余地的连接视为刚性连接，通过柔性材料过渡的或有平动、转动余地的连接可视为柔性连接。脆性非结构构件采用刚性连接时，层间位移角限值宜适当减小。

1. 单层钢结构水平位移限值

（1）在风荷载标准值作用下，单层钢结构柱顶水平位移宜符合下列要求：

1）单层钢结构柱顶水平位移不宜超过表 2-11 的数值。

2）无桥式起重机时，当围护结构采用砌体墙，柱顶水平位移不应大于 $H/240$；当围护结构采用轻型钢墙板且房屋高度不超过 18m 时，柱顶水平位移可放宽至 $H/60$。

3）有桥式起重机时，当房屋高度不超过 18m，采用轻型屋盖，吊车起重量不大于 20t 工作级别为 A1 ~ A5 且吊车由地面控制时，柱顶水平位移可放宽至 $H/180$。

表 2-11　风荷载作用下单层钢结构柱顶水平位移容许值

结构体系	吊车情况	柱顶水平位移
排架、框架	无桥式起重机	$H/150$
	有桥式起重机	$H/400$

注：H 为柱高度，当围护结构采用轻型钢墙板时，柱顶水平位移要求可适当放宽。

（2）在冶金厂房或类似车间中设有 A7、A8 级吊车的厂房柱和设有中级和重级工作制的露天栈桥柱，在吊车梁或吊车桁架的顶面标高处，由一台最大吊车水平荷载（按荷载规范取值）所产生的计算变形值，不宜超过表 2-12 所列的容许值。

表 2-12　吊车水平荷载作用下柱水平位移（计算值）容许值

项次	位移的种类	按平面结构图形计算	按空间结构图形计算
1	厂房柱的横向位移	$H_c/1250$	$H_c/2000$
2	露天栈桥柱的横向位移	$H_c/2500$	—
3	厂房和露天栈桥柱的纵向位移	$H_c/4000$	—

注：1. 表中 H_c 为基础顶面至吊车梁或吊车桁架的顶面的高度。

2. 计算厂房或露天栈桥柱的纵向位移时，可假定吊车的纵向水平制动力分配在温度区段内所有的柱间支撑或纵向框架上。

3. 在设有 A8 级吊车的厂房中，厂房柱的水平位移（计算值）容许值不宜大于表中数值的 90%。

4. 在设有 A6 级吊车的厂房柱的纵向位移宜符合表中的要求。

2. 多层钢结构层间位移角限值

（1）在风荷载标准值作用下，有桥式起重机时，多层钢结构的弹性层间位移角不宜超过 1/400。

（2）在风荷载标准值作用下，无桥式起重机时，多层钢结构的弹性层间位移角不宜超过表 2-13 的数值。

表 2-13　层间位移角容许值

<table>
<tr><th colspan="3">结构体系</th><th>层间位移角</th></tr>
<tr><td colspan="3">框架、框架－支撑</td><td>1/250</td></tr>
<tr><td rowspan="3">框－排架</td><td colspan="2">侧向框－排架</td><td>1/250</td></tr>
<tr><td rowspan="2">竖向框－排架</td><td>排架</td><td>1/150</td></tr>
<tr><td>框架</td><td>1/250</td></tr>
</table>

注：1. 对室内装修要求较高的建筑，层间位移角宜适当减小；无墙壁的建筑，层间位移角可适当放宽。

2. 当围护结构可适应较大变形时，层间位移角可适当放宽。

3. 在多遇地震作用下多层钢结构的弹性层间位移角不宜超过 1/250。

（3）现行行业标准《低层冷弯薄壁型钢房屋建筑技术规程》JGJ 227 规定：水平风荷载作用下，墙体立柱垂直于墙面的横向弯曲变形与立柱长度之比不得大于 1/250；由水平风荷载标准值或多遇地震作用标准值产生的层间位移与层高之比不应大于 1/300。

3. 高层建筑钢结构弹性层间位移角

高层建筑钢结构在风荷载和多遇地震作用下弹性层间位移角不宜超过 1/250。

4. 大跨度钢结构位移限值

（1）在永久荷载与可变荷载的标准组合下，结构挠度宜符合以下要求：

1）结构的最大挠度值不宜超过表 2-14 中的容许挠度值。

2）网架与桁架可预先起拱，起拱值可取不大于短向跨度的 1/300；当仅为改善外观条件时，结构挠度可取永久荷载与可变荷载标准值作用下的挠度计算值减去起拱值，但结构在可变荷载下的挠度不宜大于结构跨度的 1/400。

3）对于设有悬挂起重设备的屋盖结构，其最大挠度值不宜大于结构跨度的 1/400，在可变荷载下的挠度不宜大于结构跨度的 1/500。

（2）在重力荷载代表值与多遇竖向地震作用标准值下的组合最大挠度值不宜超过表 2-15 的限值。

表 2-14　非抗震组合时大跨度钢结构容许挠度值

结构类型		跨中区域	悬挑结构
受弯为主的结构	桁架、网架、斜拉结构、张弦结构等	$L/250$（屋盖） $L/300$（楼盖）	$L/125$（屋盖） $L/150$（楼盖）
受压为主的结构	双层网壳	$L/250$	$L/125$
	拱架、单层网壳	$L/400$	—
受拉为主的结构	单层单索屋盖	$L/200$	—
	单层索网、双层索系以及横向加劲索系的屋盖、索穹顶屋盖	$L/250$	—

注：1. 表中 L 为短向跨度或者悬挑跨度。

2. 索网结构的挠度为预应力之后的挠度。

表 2-15　地震作用组合时大跨度钢结构容许挠度值

结构类型		跨中区域	悬挑结构
受弯为主的结构	桁架、网架、斜拉结构、张弦结构等	$L/250$（屋盖） $L/300$（楼盖）	$L/125$（屋盖） $L/150$（楼盖）
受压为主的结构	双层网壳、弦支穹顶	$L/300$	$L/150$
	拱架、单层网壳	$L/400$	—

注：表中 L 为短向跨度或者悬挑跨度。

2.5　舒适度的规定及验算

2.5.1　舒适度的规定

竖向和水平荷载引起的构件和结构的振动，应满足正常使用或舒适度要求。

结构的振动主要包括活载引起的楼面局部竖向振动和大悬挑体块的整体竖向振动、风荷载作用下超高层结构的水平向振动，一般以控制结构的加速度响应为目标。

2.5.2　舒适度验算

房屋高度不小于 150m 的高层民用建筑钢结构应满足风振舒适度要求。

（1）在现行国家标准《建筑结构荷载规范》GB 50009 规定的 10 年一遇的风荷载标准值作用下，结构顶点的顺风向和横风向振动最大加速度计算值不应大于表 2-16 的限值。结构顶点的顺风向和横风向振动最大加速度，可按现行国家标准《建筑结构荷载规范》GB 50009 的有关规定计算，也可通过风洞试验结果判断确定。计算时钢结构阻尼比宜取 0.01～0.015。

表 2-16　结构顶点的顺风向和横风向振动加速度限值

使用功能	$a_{\lim}$
住宅、公寓	0.20m/s²
办公、旅馆	0.28m/s²

（2）圆筒形高层民用建筑顶部风速不应大于临界风速，当大于临界风速时，应进行横风向涡流脱落试验或增大结构刚度。顶部风速、临界风速应按下列公式验算：

$$v_n < v_{cr} \tag{2-4}$$

$$v_{cr} = 5D/T_1 \tag{2-5}$$

$$v_n = 40\sqrt{\mu_z w_0} \tag{2-6}$$

式中　v_n——圆筒形高层民用建筑顶部风速（m/s）；

μ_z——风压高度变化系数；

w_0——基本风压（kN/m²），按现行国家标准《建筑结构荷载规范》GB 50009 的规定取用；

v_{cr}——临界风速（m/s）；

D——圆筒形建筑的直径（m）；

T_1——圆筒形建筑的基本自振周期（s）。

（3）楼盖结构应具有适宜的舒适度。楼盖结构的竖向振动频率不宜小于 3Hz，竖向振动加速度峰值不应大于表 2-17 的限值。楼盖结构竖向振动加速度可按现行行业标准《高层建筑混凝土结构技术规程》JGJ 3 的有关规定计算。

表 2-17　楼盖竖向振动加速度限值

人员活动环境	峰值加速度限值/(m/s²)	
	竖向自振频率不大于 2Hz	竖向自振频率不小于 4Hz
住宅、办公	0.07	0.05
商场及室内连廊	0.22	0.15

注：楼盖结构竖向频率为 2～4Hz 时，峰值加速度限值可按线性插值选取。

2.6　截面板件宽厚比

截面板件宽厚比系指截面板件平直段的宽度和厚度之比，受弯或压弯构件腹板平直段的高度与腹板厚度之比也称为板件高厚比。

绝大多数钢构件由板件构成，而板件宽厚比大小直接决定了钢构件的承载力和受弯及压弯构件的塑性转动变形能力，因此钢构件截面的分类，是钢结构设计技术的基础，尤其是钢结构抗震设计方法的基础。

GB 50017—2017 将截面根据其板件宽厚比分为 5 个等级。

S1 级截面：可达全截面塑性，保证塑性铰具有塑性设计要求的转动能力，且在转动过程中承载力不降低，称为一级塑性截面，也可称为塑性转动截面。

S2 级截面：可达全截面塑性，但由于局部屈曲，塑性铰转动能力有限，称为二级塑性截面。

S3 级截面：翼缘全部屈服，腹板可发展不超过 1/4 截面高度的塑性，称为弹塑性截面。

S4 级截面：边缘纤维可达屈服强度，但由于局部屈曲而不能发展塑性，称为弹性截面。

S5 级截面：在边缘纤维达屈服应力前，腹板可能发生局部屈曲，称为薄壁截面。

2.6.1 截面板件宽厚比（径厚比）要求

GB 50017—2017 关于截面板件宽厚比的要求，见表 2-18。

表 2-18 截面板件宽厚比（径厚比）要求

<table>
<tr><th colspan="3">板件</th><th>宽厚比（径厚比）限值</th><th>相关条文（公式）</th><th>备注</th></tr>
<tr><td rowspan="4">压弯构件（框架柱）</td><td rowspan="2">H 形截面</td><td>翼缘</td><td>表 3.5.1</td><td>3.5.1</td><td rowspan="7">箱形截面梁及单向受弯的箱形截面柱，其腹板限值可根据 H 形截面腹板采用</td></tr>
<tr><td>腹板</td><td>表 3.5.1</td><td>3.5.1</td></tr>
<tr><td>箱形截面</td><td>壁板（腹板）间翼缘</td><td>表 3.5.1</td><td>3.5.1</td></tr>
<tr><td>圆钢管截面</td><td>径厚比</td><td>表 3.5.1</td><td>3.5.1</td></tr>
<tr><td rowspan="3">受弯构件（梁）</td><td rowspan="2">工字形截面</td><td>翼缘</td><td>表 3.5.1</td><td>3.5.1</td></tr>
<tr><td>腹板</td><td>表 3.5.1</td><td>3.5.1</td></tr>
<tr><td>箱形截面</td><td>壁板（腹板）间翼缘</td><td>表 3.5.1</td><td>3.5.1</td></tr>
<tr><td rowspan="4">仅配置横向加劲肋的腹板</td><td colspan="2" rowspan="2">梁腹板受弯计算的正则化宽厚比</td><td>梁受压翼缘扭转受到约束时</td><td>式（6.3.3-6）</td><td></td></tr>
<tr><td>梁受压翼缘扭转未受到约束时</td><td>式（6.3.3-7）</td><td></td></tr>
<tr><td colspan="2">梁腹板受剪计算的正则化宽厚比</td><td></td><td>式（6.3.3-11）、式（6.3.3-12）</td><td>分为 $a/h_0 \leq 1$ 和 $a/h_0 > 1$ 两种情况</td></tr>
<tr><td colspan="2">梁腹板受局部压力计算时的正则化宽厚比</td><td></td><td>式（6.3.3-16）、式（6.3.3-17）</td><td>分为 $0.5 \leq a/h_0 \leq 1.5$ 和当 $1.5 < a/h_0 \leq 2.0$ 两种情况</td></tr>
</table>

（续）

板件		宽厚比（径厚比）限值		相关条文（公式）	备注
实腹轴心受压构件	H形截面腹板	$\leqslant(25+0.5\lambda)\varepsilon_k$		式（7.3.1-1）	当$\lambda<30$时，取为30；当$\lambda>100$时，取为100
	H形截面翼缘	$\leqslant(10+0.1\lambda)\varepsilon_k$		式（7.3.1-2）	
	T形截面翼缘				
	T形截面腹板	热轧剖分T形钢	$\leqslant(15+0.2\lambda)\varepsilon_k$	式（7.3.1-4）	对焊接构件，h_0取腹板高度h_w；对热轧构件，h_0取腹板平直段长度，简要计算时，可取$h_0=h_w-t_f$，但不小于（h_w-20mm）
		焊接T形钢	$\leqslant(13+0.17\lambda)\varepsilon_k$	式（7.3.1-5）	
	箱形截面壁板	$\leqslant 40\varepsilon_k$		式（7.3.1-3）	
	等边角钢轴心受压构件的肢件	当$\lambda\leqslant 80\varepsilon_k$时	$\leqslant 15\varepsilon_k$	式（7.3.1-6）	
		当$\lambda>80\varepsilon_k$时	$\leqslant 5\varepsilon_k+0.125\lambda$	式（7.3.1-7）	
	圆管压杆的外径与壁厚之比	$\leqslant 100\varepsilon_k^2$		7.3.1中6款	
	板件宽厚比的放大	限值由以上相关公式算得后乘以放大系数$\alpha=\sqrt{\varphi Af/N}$确定		7.3.2	轴心受压构件的压力小于稳定承载力φAf时
实腹压弯构件	腹板高厚比	表3.5.1中压弯构件S4级截面要求		8.4.1	
	翼缘宽厚比	表3.5.1中压弯构件S4级截面要求		8.4.1	
只承受节点荷载的杆件	截面为H形或箱形的拉杆和板件宽厚比	表3.5.1压弯构件S2级要求的压杆		8.5.2	当节点具有刚性连接的特征时
同时设置水平和竖向加劲肋的钢板剪力墙	剪力墙板区格的宽厚比	采用开口加劲肋时	$\leqslant 220\varepsilon_k$	式（9.2.3-1）	
		采用闭口加劲肋时	$\leqslant 250\varepsilon_k$	式（9.2.3-2）	
设置加劲肋的钢板剪力墙	正则化宽厚比	详见式（9.2.5-1）~式（9.2.5-3）		9.2.5	

（续）

<table>
<tr><th colspan="3">板件</th><th colspan="2">宽厚比（径厚比）限值</th><th>相关条文（公式）</th><th>备注</th></tr>
<tr><td>销轴连接耳板</td><td colspan="2">两侧宽厚比</td><td colspan="2">不宜大于4</td><td>11.6.2</td><td></td></tr>
<tr><td rowspan="2">梁柱采用刚性连接</td><td colspan="2" rowspan="2">节点域的受剪正则化宽厚比</td><td>多高层建筑</td><td>不应大于0.8</td><td rowspan="2">12.3.3</td><td rowspan="2">横向加劲肋厚度不小于梁的翼缘板厚度时</td></tr>
<tr><td>单层和低层轻型建筑</td><td>不得大于1.2</td></tr>
<tr><td>外包式柱脚</td><td colspan="2">柱在外包混凝土的顶部箍筋处设置水平加劲肋或横隔板</td><td colspan="2">宽厚比符合 GB 50017—2017 第6.4节的规定</td><td>12.7.7</td><td></td></tr>
<tr><td>钢与混凝土组合梁</td><td colspan="2">钢梁受压区的板件</td><td colspan="2">宽厚比符合 GB 50017—2017 第10章中塑性设计的相关规定</td><td>14.1.6</td><td></td></tr>
<tr><td rowspan="5">支撑截面板件</td><td rowspan="2">H形截面</td><td>翼缘</td><td colspan="2">表3.5.2</td><td>3.5.2</td><td rowspan="5">抗震性能化设计时</td></tr>
<tr><td>腹板</td><td colspan="2">表3.5.2</td><td>3.5.2</td></tr>
<tr><td>箱形截面</td><td>壁板间翼缘</td><td colspan="2">表3.5.2</td><td>3.5.2</td></tr>
<tr><td>角钢</td><td>角钢肢宽厚比</td><td colspan="2">表3.5.2</td><td>3.5.2</td></tr>
<tr><td>圆钢管截面</td><td>径厚比</td><td colspan="2">表3.5.2</td><td>3.5.2</td></tr>
<tr><td>梁柱刚性连接</td><td>H形和箱形截面柱</td><td>节点域受剪正则化宽厚比</td><td colspan="2">表17.3.6</td><td>17.3.6</td><td>抗震性能化设计时</td></tr>
<tr><td>梁柱节点</td><td colspan="2">为塑性铰外移要求，采用翼缘加宽后的宽厚比</td><td colspan="2">不应超过13ε_k</td><td>17.3.9</td><td>抗震性能化设计时</td></tr>
</table>

注：表中条文编号、公式编号、表号均指 GB 50017—2017。

2.6.2 截面板件宽厚比等级及限值

GB 50017—2017 规定：进行受弯和压弯构件计算时，截面板件宽厚比等级及限值应符合表2-19的规定，其中参数α_0应按下式计算：

$$\alpha_0 = \frac{\sigma_{max} - \sigma_{min}}{\sigma_{max}} \tag{2-7}$$

式中　σ_{max}——腹板计算边缘的最大压应力（N/mm^2）；

σ_{min}——腹板计算高度另一边缘相应的应力（N/mm^2），压应力取正值，拉应力取负值。

表 2-19　压弯和受弯构件的截面板件宽厚比等级及限值

构件	截面板件宽厚比等级		S1 级	S2 级	S3 级	S4 级	S5 级
压弯构件（框架柱）	H 形截面	翼缘 b/t	$9\varepsilon_k$	$11\varepsilon_k$	$13\varepsilon_k$	$15\varepsilon_k$	20
		腹板 h_0/t_w	$(33+13\alpha_0^{1.3})\varepsilon_k$	$(38+13\alpha_0^{1.39})\varepsilon_k$	$(40+18\alpha_0^{1.5})\varepsilon_k$	$(45+25\alpha_0^{1.66})\varepsilon_k$	250
	箱形截面	壁板（腹板）间翼缘 b_0/t	$30\varepsilon_k$	$35\varepsilon_k$	$40\varepsilon_k$	$45\varepsilon_k^2$	—
	圆钢管截面	径厚比 D/t	$50\varepsilon_k^2$	$70\varepsilon_k^2$	$90\varepsilon_k^2$	$100\varepsilon_k^2$	—
受弯构件（梁）	工字形截面	翼缘 b/t	$9\varepsilon_k$	$11\varepsilon_k$	$13\varepsilon_k$	$15\varepsilon_k$	20
		腹板 h_0/t_w	$65\varepsilon_k$	$72\varepsilon_k$	$93\varepsilon_k$	$124\varepsilon_k$	250
	箱形截面	壁板（腹板）间翼缘 b_0/t	$25\varepsilon_k$	$32\varepsilon_k$	$37\varepsilon_k$	$42\varepsilon_k$	—

注：1. ε_k为钢号修正系数，其值为 235 与钢材牌号中屈服点数值的比值的平方根。

2. b 为工字形、H 形截面的翼缘外伸宽度；t、h_0、t_w 分别是翼缘厚度、腹板净高和腹板厚度。对轧制型截面，腹板净高不包括翼缘腹板过渡处圆弧段。对于箱形截面，b_0、t 分别为壁板间的距离和壁板厚度。D 为圆管截面外径。

3. 箱形截面梁及单向受弯的箱形截面柱，其腹板限值可根据 H 形截面腹板采用。

4. 腹板的宽厚比可通过设置加劲肋减小。

5. 当按国家标准《建筑抗震设计规范》（GB 50011—2010）（2016 年版）第 9. 2. 14 条第 2 款的规定设计，且 S5 级截面的板件宽厚比小于 S4 级经 ε_σ 修正的板件宽厚比时，可视作 C 类截面，ε_σ 为应力修正因子，$\varepsilon_\sigma=\sqrt{f_y/\sigma_{max}}$。

2. 6. 3　支撑截面板件宽厚比等级及限值

GB 50017—2017 规定：当进行抗震性能化设计时，支撑截面板件宽厚比等级及限值应符合表 2-20 的规定。

表 2-20　支撑截面板件宽厚比等级及限值

截面板件宽厚比等级		BS1 级	BS2 级	BS3 级
H 形截面	翼缘 b/t	$8\varepsilon_k$	$9\varepsilon_k$	$10\varepsilon_k$
	腹板 h_0/t_w	$30\varepsilon_k$	$35\varepsilon_k$	$42\varepsilon_k$
箱形截面	壁板间翼缘 b_0/t	$25\varepsilon_k$	$28\varepsilon_k$	$32\varepsilon_k$
角钢	角钢肢宽厚比 w/t	$8\varepsilon_k$	$9\varepsilon_k$	$10\varepsilon_k$
圆钢管截面	径厚比 D/t	$40\varepsilon_k^2$	$56\varepsilon_k^2$	$72\varepsilon_k^2$

注：w 为角钢平直段长度。

2. 6. 4　相关标准的宽厚比限值

1. 《冷弯薄壁型钢结构技术规范》GB 50018—2002

现行国家标准《冷弯薄壁型钢结构技术规范》GB 50018—2002 第 4. 3. 2、5. 6. 4 条的规定如下：

（1）构件受压部分的壁厚尚应符合下列要求：

1）构件中受压板件的最大宽厚比应符合表2-21的规定。

表2-21 受压板件的宽厚比限值

板件类别	受压板件的宽厚比限值	
	Q235 钢	Q345 钢
非加劲板件	45	35
部分加劲板件	60	50
加劲板件	250	200

2）圆管截面构件的外径与壁厚之比，对于Q235钢，不宜大于100；对于Q345钢，不宜大于68。

（2）部分加劲板件中卷边的高厚比不宜大于12，卷边的最小高厚比应根据部分加劲板的宽厚比按表2-22采用。

表2-22 卷边的最小高厚比

b/t	15	20	25	30	35	40	45	50	55	60
a/t	5.4	6.3	7.2	8.0	8.5	9.0	9.5	10.0	10.5	11.0

注：a为卷边的高度；b为带卷边的板件的宽度；t为板厚。

2.《轻型钢结构住宅技术规程》JGJ 209—2010

现行行业标准《轻型钢结构住宅技术规程》JGJ 209—2010第5.2.3、5.2.4条的规定如下：

（1）框架柱构件的板件宽厚比限值应符合下列要求：

1）低层轻型钢结构住宅或非抗震设防的多层轻型钢结构住宅的框架柱，其板件宽厚比限值应按现行国家标准《钢结构设计标准》GB 50017有关受压构件局部稳定的规定确定。

2）需要进行抗震验算的多层轻型钢结构住宅中的H形截面框架柱，其板件宽厚比限值不应大于现行国家标准《钢结构设计标准》GB 50017的规定。

3）需要进行抗震验算的多层轻型钢结构住宅中的非H形截面框架柱，其板件宽厚比限值应按现行国家标准《建筑抗震设计规范》GB 50011的有关规定执行。

（2）框架梁构件的板件宽厚比限值应符合下列要求：

1）对低层轻型钢结构住宅或非抗震设防的多层轻型钢结构住宅的框架梁，其板件宽厚比限值应符合现行国家标准《钢结构设计标准》GB 50017的有关规定。

2）需要进行抗震验算的多层轻型钢结构住宅中的H形截面梁，其板件宽厚比可按上述（1）中的第2）条的规定执行。

3）需要进行抗震验算的多层轻型钢结构住宅中的非H形截面梁，其板件宽厚比应按现行国家标准《建筑抗震设计规范》GB 50011的有关规定执行。

3.《低层冷弯薄壁型钢房屋建筑技术规程》JGJ 227—2011

现行行业标准《低层冷弯薄壁型钢房屋建筑技术规程》JGJ 227—2011第4.5.1规

定：构件受压板件的宽厚比不应大于表 2-23 规定的限值。

表 2-23　低层冷弯薄壁型钢受压板件的宽厚比限值

板件类别	宽厚比限值
非加劲板件	45
部分加劲板件	60
加劲板件	250

4.《钢板剪力墙技术规程》JGJ/T 380—2015

现行行业标准《钢板剪力墙技术规程》JGJ/T 380—2015 第 5.2.4 条规定：

（1）考虑加劲钢板剪力墙屈曲后强度设计且加劲肋为钢板条时，加劲肋宽厚比应符合下式规定：

$$6 \leqslant \lambda_s \leqslant 12 \tag{2-8}$$

（2）两侧加劲的开缝剪力墙墙板的设计参数宜符合以下要求：

1）墙板的高宽比宜符合下式规定：

$$0.9 \leqslant H_e/L_e \leqslant 1.5 \tag{2-9}$$

2）墙板的宽厚比宜符合下式规定：

$$180 \leqslant H_e/t_w \leqslant 290 \tag{2-10}$$

3）柱状部的高宽比宜符合下式规定：

$$4 \leqslant h/b \leqslant 7 \tag{2-11}$$

4）柱状部的宽厚比宜符合下式规定：

$$6 \leqslant b/t_w \leqslant 15 \tag{2-12}$$

式中　λ_s——加劲肋宽厚比，为加劲肋板件外伸宽度与厚度之比；

H_e——钢板剪力墙的净高度（mm）；

L_e——钢板剪力墙的净跨度（mm）；

t_w——钢板剪力墙的厚度（mm）；

b——开缝钢板剪力墙缝间小柱宽度（mm）；

h——开缝钢板剪力墙缝高度（mm）。

2.7　材料选用与设计指标

2.7.1　钢材的表示方法

（1）钢材的表示方法由钢材牌号和质量等级组成，如 Q235-B，Q345-C 等。

（2）钢材牌号：Q235、Q345、Q390、Q420、Q460，常用的有 Q235 和 Q345。

（3）“Q”表示钢材屈服强度；后面的数值“235”“345”等，表示钢材拉伸曲线中的屈服点对应的强度即屈服强度为 235N/mm^2、345N/mm^2 等。Q235 为碳素结构钢；Q345、Q390、Q420 等为低合金高强度结构钢。

（4）钢材质量等级：A 级、B 级、C 级、D 级、E 级。常用 B 级、C 级和 D 级。钢材质量等级与冲击韧性的关系，见表 2-24。

表 2-24　钢材质量等级与冲击韧性的关系

质量等级	冲击试验温度及要求	结构工作温度 T	备注
A	不保证冲击韧性		设计中不使用
B	具有常温冲击韧性的合格保证	$T>0$℃	用于室内环境及热带环境
C	具有 0℃ 冲击韧性的合格保证	0℃ $\geqslant T>$ -20℃	用于寒冷环境
D	具有 -20℃ 冲击韧性的合格保证	-20℃ $\geqslant T>$ -40℃	用于严寒环境
E	具有 -40℃ 冲击韧性的合格保证	$T<$ -40℃	用于极端低温环境

注：现行行业标准《高层民用建筑钢结构技术规程》JGJ 99 规定，抗震等级为一、二级的高层钢结构的抗侧力构件的钢材质量等级不宜低于 C 级。

2.7.2 钢材牌号及标准

GB 50017—2017 规定的钢材牌号及标准，见表 2-25。

表 2-25　钢材牌号及标准

<table>
<tr><th colspan="2">类别</th><th>选材要求</th><th>标准名称及编号</th><th>备注</th></tr>
<tr><td colspan="2">钢材</td><td>宜采用 Q235、Q345、Q390、Q420、Q460 和 Q345GJ 钢</td><td>《碳素结构钢》GB/T 700
《低合金高强度结构钢》GB/T 1591</td><td></td></tr>
<tr><td colspan="2">结构用钢板</td><td></td><td>《建筑结构用钢板》GB/T 19879</td><td></td></tr>
<tr><td colspan="2">热轧工字钢</td><td></td><td>《热轧型钢》GB/T 706</td><td></td></tr>
<tr><td colspan="2">槽钢</td><td></td><td>《热轧型钢》GB/T 706</td><td></td></tr>
<tr><td colspan="2">角钢</td><td></td><td>《热轧型钢》GB/T 706</td><td></td></tr>
<tr><td colspan="2">H 型钢</td><td></td><td>《热轧 H 型钢和剖分 T 型钢》GB/T 11263
《焊接 H 型钢》YB/T 3301</td><td></td></tr>
<tr><td colspan="2">钢管</td><td></td><td>《结构用无缝钢管》GB/T 8162
《建筑结构用冷成型焊接圆钢管》JG/T 381
《建筑结构用冷弯矩形钢管》JG/T 178</td><td></td></tr>
<tr><td colspan="2">焊接承重结构</td><td>为防止钢材的层状撕裂而采用 Z 向钢</td><td>《厚度方向性能钢板》GB/T 5313</td><td></td></tr>
<tr><td colspan="2">外露承重结构</td><td>可采用 Q235NH、Q355NH 和 Q415NH 牌号的耐候结构钢</td><td>《耐候结构钢》GB/T 4171</td><td>对耐腐蚀有特殊要求或处于侵蚀性介质环境中的</td></tr>
<tr><td rowspan="2">铸钢件</td><td>非焊接结构用铸钢件</td><td></td><td>《一般工程用铸造碳钢件》GB/T 11352</td><td></td></tr>
<tr><td>焊接结构用铸钢件</td><td></td><td>《焊接结构用铸钢件》GB/T 7659</td><td></td></tr>
</table>

2.7.3 连接材料型号及标准

GB 50017—2017 规定的连接材料型号及标准，见表 2-26。

表 2-26 连接材料型号及标准

类别			标准名称及编号	备注
焊接材料	焊条		《非合金钢及细晶粒钢焊条》GB/T 5117	所选用的焊条型号应与主体金属力学性能相适应
	自动焊或半自动焊用焊丝		《熔化焊用钢丝》GB/T 14957 《气体保护电弧焊用碳钢、低合金钢焊丝》GB/T 8110 《非合金钢及细晶粒钢药芯焊丝》GB/T 10045 《热强钢药芯焊丝》GB/T 17493	
	埋弧焊用焊丝和焊剂		《埋弧焊用非合金钢及细晶粒钢实心焊丝、药芯焊丝和焊丝－焊剂组合分类要求》GB/T 5293 《埋弧焊用热强钢实心焊丝、药芯焊丝和焊丝－焊剂组合分类要求》GB/T 12470	
紧固件材料	普通螺栓	4.6 级与 4.8 级普通螺栓（C 级螺栓） 5.6 级与 8.8 级普通螺栓（A 级或 B 级螺栓）	《紧固件机械性能 螺栓、螺钉和螺柱》GB/T 3098.1 《紧固件公差 螺栓、螺钉、螺柱和螺母》GB/T 3103.1	
		C 级螺栓与 A 级、B 级螺栓	《六角头螺栓 C 级》GB/T 5780 《六角头螺栓》GB/T 5782	
	圆柱头焊（栓）钉连接件		《电弧螺柱焊用圆柱头焊钉》GB/T 10433	应以 ML15 钢或 ML15A1 钢制作
	大六角高强度螺栓		《钢结构用高强度大六角头螺栓》GB/T 1228 《钢结构用高强度大六角螺母》GB/T 1229 《钢结构用高强度垫圈》GB/T 1230 《钢结构用高强度大六角头螺栓、大六角螺母、垫圈技术条件》GB/T 1231	
	扭剪型高强度螺栓		《钢网架螺栓球节点用高强度螺栓》GB/T 16939	
	铆钉			应采用 BL2 或 BL3 号钢制成
锚栓用钢材	Q235		《碳素结构钢》GB/T 700	
	Q345、Q390 或更高强度		《低合金高强度结构钢》GB/T 1591	质量等级不宜低于 B 级

2.7.4 钢材的选用

1. 选用原则与要求

（1）结构钢材的选用应遵循技术可靠、经济合理的原则，综合考虑结构的重要性、荷载特征、结构形式、应力状态、连接方法、工作环境、钢材厚度和价格等因素，选用合适的钢材牌号和材性保证项目。

（2）对于有盐雾腐蚀的环境或寒冷地区外露结构的钢构件，宜选用耐腐蚀或耐寒冷的耐候钢。

在腐蚀较严重的环境下，需要采用耐候钢。耐候钢即耐大气腐蚀钢，是介于普通钢和不锈钢之间的低合金钢系列，如焊接结构用耐候钢 Q235NH、Q355NH、Q415NH、Q460NH 等，其耐腐蚀性能为普通钢材的 2 倍以上，并可显著提高涂装附着性能，具有较好的耐腐蚀效果。

（3）在盐雾腐蚀环境中（如港口环境、游泳馆环境），从防腐角度考虑，尽量少用 H 型钢梁及由型钢杆件组成的桁架，宜用矩形管状截面梁及由圆管截面杆件组成的桁架或网架。

在盐雾腐蚀很严重环境下，应避免采用钢结构。必须采用时，除了考虑合理的杆件截面外，还应考虑适当加大杆件壁厚及选择合理钢结构节点、防腐涂料等。

（4）不同工作温度环境有不同质量等级要求，不应过高地提高质量等级。

（5）对于受力较大的钢梁，成品 H 型钢难以满足受力要求，或者板件难以满足抗震设计宽厚比的钢梁，需要选用焊接 H 型钢，但腹板不应过厚，应根据局部稳定来确定，宜参考成品 H 型钢的腹板厚度及市场可供的钢板厚度确定腹板厚度。

2. 强制性合格保证项目

承重结构所用的钢材应具有屈服强度、抗拉强度、断后伸长率和硫、磷含量的合格保证，对焊接结构尚应具有碳当量的合格保证。焊接承重结构以及重要的非焊接承重结构采用的钢材应具有冷弯试验的合格保证；对直接承受动力荷载或需验算疲劳的构件所用钢材尚应具有冲击韧性的合格保证。

注：本条为 GB 50017—2017 强制性条文。

（1）抗拉强度。钢材的抗拉强度是衡量钢材抵抗拉断的性能指标，它不仅是一般强度的指标，而且直接反映钢材内部组织的优劣，并与疲劳强度有着比较密切的关系。

（2）断后伸长率。钢材的伸长率是衡量钢材塑性性能的指标。钢材的塑性是在外力作用下产生永久变形时抵抗断裂的能力。因此承重结构用的钢材，不论在静力荷载或动力荷载作用下，还是在加工制作过程中，除了应具有较高的强度外，尚应要求具有足够的伸长率。

（3）屈服强度（或屈服点）。钢材的屈服强度（或屈服点）是衡量结构的承载能力和确定强度设计值的重要指标。碳素结构钢和低合金结构钢在受力到达屈服强度以后，应变急剧增长，从而使结构的变形迅速增加以致不能继续使用。所以钢结构的强度设计值一般都是以钢材屈服强度为依据而确定的。对于一般非承重或由构造决定的构件，只要保证钢材的抗拉强度和断后伸长率即能满足要求；对于承重的结构则必须具有钢材的抗拉强度、伸长率、屈服强度三项合格的保证。

（4）冷弯试验。钢材的冷弯试验是衡量其塑性的指标之一，同时也是衡量其质量的一个综合性指标。通过冷弯试验，可以检查钢材颗粒组织、结晶情况和非金属夹杂物分布等缺陷，在一定程度上也是鉴定焊接性能的一个指标。结构在制作、安装过程中要进行冷加工，尤其是焊接结构焊后变形的调直等工序，都需要钢材有较好的冷弯性能。而非焊接的重要结构（如吊车梁、吊车桁架、有振动设备或有大吨位吊车厂房的屋架、托架，大跨度重型桁架等）以及需要弯曲成型的构件等，亦都要求具有冷弯试验合格的保证。

（5）硫、磷含量。硫、磷都是建筑钢材中的主要杂质，对钢材的力学性能和焊接接头的裂纹敏感性都有较大影响。硫能生成易于熔化的硫化铁，当热加工或焊接的温度达到800~1200℃时，可能出现裂纹，称为热脆；硫化铁又能形成夹杂物，不仅会促使钢材起层，还会引起应力集中，降低钢材的塑性和冲击韧性。硫又是钢中偏析最严重的杂质之一，偏析程度越大越不利。磷是以固溶体的形式溶解于铁素体中，这种固溶体很脆，加以磷的偏析比硫更严重，形成的富磷区促使钢变脆（冷脆），降低钢的塑性、韧性及可焊性。因此，所有承重结构对硫、磷的含量均应有合格保证。

（6）碳当量。在焊接结构中，建筑钢的焊接性能主要取决于碳当量，碳当量宜控制在0.45%以下，超出该范围的幅度越多，焊接性能变差的程度越大。现行国家标准《钢结构焊接规范》GB 50661根据碳当量的高低等指标确定了焊接难度等级。因此，对焊接承重结构尚应具有碳当量的合格保证。

（7）冲击韧性（或冲击吸收能量）。冲击韧性表示材料在冲击载荷作用下抵抗变形和断裂的能力。材料的冲击韧性值随温度的降低而减小，且在某一温度范围内发生急剧降低，这种现象称为冷脆，此温度范围称为“韧脆转变温度”。因此，对直接承受动力荷载或需验算疲劳的构件或处于低温工作环境的钢材尚应具有冲击韧性合格保证。

3. 钢材质量等级的选用

钢材质量等级的选用，见表2-27。锚栓工作温度不高于－20℃时，锚栓尚应满足表2-27中“受拉构件及承重结构的受拉板件”一栏的要求。

表2-27　钢材质量等级的选用

<table>
<tr><td colspan="2" rowspan="2">项目</td><td colspan="4">工作温度 T</td></tr>
<tr><td>$T>0$℃</td><td>−20℃ < $T\leq0$℃</td><td colspan="2">−40℃ < $T\leq-20$℃</td></tr>
<tr><td rowspan="2">不需验算疲劳</td><td>非焊接结构</td><td>B（允许用A）</td><td rowspan="2">B</td><td rowspan="2">B</td><td rowspan="4">受拉构件及承重结构的受拉板件：
1. 板厚或直径小于40mm，选C级
2. 板厚或直径不小于40mm，选D级
3. 重要承重结构的受拉板材宜选建筑结构用钢板，满足现行国家标准《建筑结构用钢板》GB/T 19879的要求</td></tr>
<tr><td>焊接结构</td><td>B（允许用Q345A~Q420A）</td></tr>
<tr><td rowspan="2">需验算疲劳</td><td>非焊接结构</td><td>B</td><td>Q235B、Q390C、Q345GJC、Q420C、Q345B、Q460C</td><td>Q235C、Q390D、Q345GJC、Q420D、Q345C、Q460D</td></tr>
<tr><td>焊接结构</td><td>B</td><td>Q235C、Q390D、Q345GJC、Q420D、Q345C、Q460D</td><td>Q235D、Q390E、Q345GJD、Q420E、Q345D、Q460E</td></tr>
</table>

由于钢板厚度增大，硫、磷含量过高会对钢材的冲击韧性和抗脆断性能造成不利影响，因此承重结构在低于 -20℃环境下工作时，钢材的硫、磷含量不宜大于0.030%。焊接构件宜采用较薄的板件。重要承重结构的受拉厚板宜选用细化晶粒的钢板。

4. 结构工作温度的取值

严格来说，结构工作温度的取值与可靠度相关。为便于使用，GB 50017—2017 第4.3.3、4.3.4 条的条文说明中提出对于在室外工作的构件，其结构工作温度可参考原国家标准《采暖通风与空气调节设计规范》GBJ 19—1987（2001 年版）的最低日平均气温，见表 2-28。

表 2-28　最低日平均气温

省市名	北京	天津	河北		山西	内蒙古	辽宁	吉林		黑龙江	
城市名	北京	天津	唐山	石家庄	太原	呼和浩特	沈阳	吉林	长春	齐齐哈尔	哈尔滨
最低日气温/℃	-15.9	-13.1	-15.0	-17.1	-17.8	-25.1	-24.9	-33.8	-29.8	-32.0	-33.0
省市名	上海	江苏		浙江			安徽		福建		江西
城市名	上海	连云港	南京	杭州	宁波	温州	蚌埠	合肥	福州	厦门	九江
最低日气温/℃	-6.9	-11.4	-9.0	-6.0	-4.3	-1.8	-12.3	-12.5	1.6	4.9	-6.8
省市名	江西	山东			河南		湖北	湖南	广东		
城市名	南昌	烟台	济南	青岛	洛阳	郑州	武汉	长沙	汕头	广州	湛江
最低日气温/℃	-5.6	-11.9	-13.7	-12.5	-11.6	-11.4	-11.3	-9	5.1	2.9	4.2
省市名	海南	广西			四川		贵州	云南	西藏	陕西	甘肃
城市名	海口	桂林	南宁	北海	成都	重庆	贵阳	昆明	拉萨	西安	兰州
最低日气温/℃	6.9	-2.9	2.4	2.6	-1.1	0.9	-5.9	3.5	-10.3	-12.3	-15.8
省市名	青海	宁夏	新疆		台湾		香港	—	—	—	—
城市名	西宁	银川	乌鲁木齐	吐鲁番	台北	花莲	香港	—	—	—	—
最低日气温/℃	-20.3	-23.4	-33.3	-23.7	7.0	9.8	6.0	—	—	—	—

对于室内工作的构件，如能确保始终在某一温度以上，可将其作为工作温度，如采暖房间的工作温度可视为0℃以上；否则可按表 2-28 最低日气温增加 5℃采用。

5. 特殊节点和构件用钢材的选用

特殊节点和构件用钢材的选用，见表 2-29。

表 2-29　特殊节点和构件用钢材的选用

节点/构件	受力	选用要求	备注
T形、十字形和角形焊接的连接节点	板件厚度不小于40mm且沿板厚方向有较高撕裂拉力作用（包括较高约束拉应力作用）	宜具有厚度方向抗撕裂性能即Z向性能的合格保证	当翼缘板厚度≥40mm且连接焊缝熔透高度≥25mm或连接角焊缝单面高度>35mm时，设计宜采用对厚度方向性能有要求的抗层状撕裂钢板，其Z向承载性能等级不宜低于Z15（限制钢板的含硫量不大于0.01%） 当翼缘板厚度≥40mm且连接焊缝熔透高度>40mm或连接角焊缝单面高度>60mm时，Z向承载性能等级宜为Z25（限制钢板的含硫量不大于0.007%） 翼缘板厚度≥25mm，且连接焊缝熔透高度≥16mm时，宜限制钢板的含硫量不大于0.01%
		沿板厚方向断面收缩率不小于按现行国家标准《厚度方向性能钢板》GB/T 5313规定的Z15级允许限值	
		钢板厚度方向承载性能等级应根据节点形式、板厚、熔深或焊缝尺寸、焊接时节点拘束度以及预热、后热情况等综合确定	
塑性设计的结构及进行弯矩调幅的构件		屈强比不应大于0.85	可选用国产建筑钢材Q235~Q460钢
		钢材应有明显的屈服台阶，且伸长率不应小于20%	
无加劲直接焊接相贯节点		管材的屈强比不宜大于0.8	
与受拉构件焊接连接的钢管	当管壁厚度大于25mm且沿厚度方向承受较大拉应力	应采取措施防止层状撕裂	

6. 各种型材及板材规格的选用

（1）各种型材及板材应优先选用国产钢材，各种规格及截面特性均应按相应的技术标准选用。常用钢板厚度见表2-30。

表 2-30　设计中常用的钢板厚度

钢板类型	钢板厚度/mm	备注
热轧钢板	6，8，10，12，14，16，18，20，25，30，35，40，50，60，70，80，90，100	用于焊接构件
花纹钢板	5，6，8	用于马道、室内地沟盖板等

注：在选择钢板厚度时还应注意焊接方法对厚度的最小要求。

（2）选用型材及板材时，宜尽量选用厚度稍薄（强度设计值较高）的规格。对工字钢及槽钢一般不应选用加厚型截面（规格型号带b、c或无角标加厚型槽钢），同时，不应再选用轻型工字钢截面。

（3）当构件选用工字钢或热轧H型钢时，宜优先选用热轧H型钢，其两者重量相近的规格性能对照关系，见表2-31。

（4）选用工字钢、槽钢及角钢时，一般不宜选用最大型号规格，以适应市场易于供货的条件。

（5）轻型屋面、墙面的檩条一般应选用冷弯薄壁型钢，C 型钢，屋面坡度较大的檩条可选用冷弯薄壁 Z 型钢，应避免选用热轧工字钢、槽钢。当檩条荷载较大或跨度较大时，可选用端部有搭接连续构造的大小端 C 型钢或斜卷边 Z 型钢。同时与冷弯型钢檩条配套的檩托宜采用冷弯角钢或 T 型薄板（规格尺寸可按需要设计，厚度 4～6mm），不应采用热轧不等边角钢。

（6）在同一工程或同一构件中，同类型钢或钢板的规格种类不宜过多，一般不超过 5～6种；不同钢号的钢板或型钢应避免选用同一厚度或同一规格。

表 2－31　H 型钢与工字钢型号及截面特性参数对比表

工字钢规格	H 型钢规格	H 型钢参数值/工字钢参数值					
		横截面积	抗弯强度 W_x	抗剪强度 W_y	抗弯刚度 I_x	惯性半径 i_x	惯性半径 i_y
I10	H125×60	1.16	1.34	1.00	1.67	1.20	0.87
I12	H125×60	0.94	0.90	0.76	0.94	1.00	0.81
	H150×75	1.00	1.22	1.04	1.53	1.23	1.02
I12.6	H150×75	0.99	1.15	1.04	1.36	1.18	1.03
I14	H175×90	1.06	1.35	1.35	1.70	1.26	1.19
I16	H175×90	0.88	0.98	1.02	1.07	1.10	1.09
	H198×90	0.87	1.11	1.08	1.36	1.25	1.19
	H200×100	1.02	1.28	1.26	1.60	1.25	1.19
I18	H200×100	0.87	0.98	1.03	1.09	1.12	1.12
	H248×124	1.04	1.50	1.58	2.08	1.41	1.41
I20a	H248×124	0.90	1.17	1.30	1.46	1.28	1.33
	H250×125	1.04	1.34	1.49	1.68	1.28	1.33
I20b	H248×124	0.81	1.11	1.24	1.38	1.31	1.37
	H250×125	0.93	1.27	1.42	1.59	1.31	1.37
I22a	H250×125	0.88	1.03	1.15	1.17	1.16	1.22
	H298×149	0.97	1.37	1.45	1.86	1.38	1.42
I22b	H250×125	0.79	0.98	1.10	1.11	1.18	1.24
	H298×149	0.88	1.30	1.39	1.77	1.41	1.45
	H300×150	1.01	1.48	1.59	2.02	1.41	1.45
I24a	H298×149	0.85	1.11	1.23	1.38	1.27	1.36
I24b	H298×149	0.78	1.06	1.18	1.32	1.30	1.38
I25a	H298×149	0.84	1.05	1.23	1.26	1.22	1.37
	H300×150	0.96	1.20	1.40	1.44	1.22	1.37

（续）

工字钢规格	H型钢规格	H型钢参数值/工字钢参数值					
		横截面积	抗弯强度 W_x	抗剪强度 W_y	抗弯刚度 I_x	惯性半径 i_x	惯性半径 i_y
I25b	H298×149	0.76	1.00	1.13	1.20	1.25	1.37
	H300×150	0.87	1.14	1.29	1.37	1.25	1.37
	H346×174	0.98	1.51	1.74	2.08	1.46	1.62
I27a	H346×174	0.96	1.32	1.61	1.68	1.33	1.55
I27b	H346×174	0.87	1.25	1.54	1.60	1.36	1.57
I28a	H346×174	0.95	1.26	1.61	1.55	1.28	1.55
I28b	H346×174	0.86	1.19	1.49	1.47	1.31	1.56
	H350×175	1.03	1.44	1.85	1.80	1.32	1.59
I30a	H350×175	1.03	1.29	1.78	1.51	1.21	1.55
I30b	H350×175	0.94	1.23	1.71	1.44	1.25	1.58
I30c	H350×175	0.86	1.17	1.65	1.37	1.27	1.61
I32a	H350×175	0.94	1.11	1.60	1.22	1.15	1.51
I32b	H350×175	0.86	1.06	1.49	1.16	1.17	1.52
	H400×150	0.96	1.28	1.29	1.60	1.29	1.24
	H396×199	0.97	1.38	1.91	1.71	1.32	1.72
I32c	H350×175	0.79	1.01	1.39	1.11	1.20	1.52
	H400×150	0.88	1.22	1.20	1.52	1.33	1.24
	H396×199	0.89	1.31	1.79	1.62	1.35	1.72
I36a	H400×150	0.92	1.06	1.20	1.18	1.13	1.20
	H396×199	0.93	1.14	1.79	1.25	1.15	1.67
I36b	H400×150	0.84	1.01	1.16	1.13	1.16	1.22
	H396×199	0.85	1.09	1.72	1.20	1.18	1.70
	H400×200	1.00	1.27	2.06	1.42	1.19	1.73
	H446×199	0.99	1.37	1.89	1.70	1.30	1.65
I36c	H396×199	0.79	1.04	1.66	1.14	1.20	1.73
	H400×200	0.92	1.22	1.99	1.36	1.22	1.75
	H446×199	0.91	1.31	1.82	1.62	1.33	1.68
I40a	H400×200	0.97	1.07	1.87	1.08	1.06	1.65
	H446×199	0.96	1.16	1.71	1.29	1.16	1.57

（续）

工字钢规格	H型钢规格	H型钢参数值/工字钢参数值					
		横截面积	抗弯强度 W_x	抗剪强度 W_y	抗弯刚度 I_x	惯性半径	
						i_x	i_y
I40b	H400×200	0.89	1.03	1.81	1.03	1.08	1.68
	H446×199	0.88	1.11	1.65	1.23	1.18	1.61
	H450×200	1.01	1.28	1.94	1.44	1.19	1.63
I40c	H400×200	0.82	0.98	1.75	0.98	1.11	1.72
	H446×190	0.31	1.06	1.60	1.18	1.21	1.65
	H450×200	0.93	1.23	1.83	1.38	1.22	1.67
I45a	H450×200	0.93	1.02	1.64	1.02	1.05	1.53
	H496×199	0.97	1.15	1.62	1.27	1.15	1.49
I45b	H450×200	0.86	0.97	1.58	0.97	1.07	1.56
	H496×199	0.89	1.10	1.57	1.21	1.17	1.52
	H500×200	1.01	1.25	1.81	1.38	1.17	1.54
I45c	H450×200	0.79	0.93	1.53	0.93	1.09	1.59
	H496×199	0.82	1.05	1.52	1.16	1.19	1.54
	H500×200	0.93	1.19	1.75	1.33	1.19	1.56
	H596×199	0.98	1.43	1.63	1.89	1.39	1.47
I50a	H500×200	0.94	1.01	1.51	1.01	1.04	1.42
	H596×199	0.99	1.20	1.40	1.43	1.21	1.34
I50b	H506×201	1.00	1.13	1.76	1.14	1.07	1.48
	H596×199	0.91	1.15	1.36	1.37	1.23	1.36
	H600×200	1.02	1.30	1.55	1.56	1.24	1.38
I50c	H500×200	0.81	0.90	1.42	0.92	1.07	1.47
	H506×201	0.93	1.05	1.70	1.10	1.09	1.51
	H596×199	0.85	1.08	1.32	1.32	1.25	1.39
I55a	H600×200	0.98	1.10	1.38	1.20	1.11	1.30
I55b	H600×200	0.91	1.05	1.34	1.15	1.13	1.32
I55c	H600×200	0.84	1.01	1.30	1.11	1.15	1.35
I56a	H596×199	0.87	0.96	1.21	1.02	1.08	1.29
	H600×200	0.97	1.08	1.38	1.15	1.09	1.31
I56b	H606×201	1.02	1.19	1.55	1.29	1.13	1.35
I56c	H600×200	0.83	0.99	1.24	1.06	1.13	1.32
	H606×201	0.95	1.15	1.48	1.24	1.14	1.35
I63a	H582×300	1.09	1.14	2.65	1.05	0.99	2.03

（续）

工字钢规格	H型钢规格	H型钢参数值/工字钢参数值					
		横截面积	抗弯强度 W_x	抗剪强度 W_y	抗弯刚度 I_x	惯性半径	
						i_x	i_y
I63b	H582×300	1.01	1.08	2.50	1.01	1.00	2.05
I63c	H582×300	0.94	1.03	2.39	0.97	1.02	2.06

2.7.5 连接材料的选用

1. 焊接材料

（1）焊条或焊丝的型号和性能应与相应母材的性能相适应，其熔敷金属的力学性能应符合设计规定，且不应低于相应母材标准的下限值，即当两种不同钢号焊接时，宜采用与强度较低钢号匹配的焊条或焊丝。

（2）手工焊焊条、自动焊焊丝与焊剂及CO_2保护焊焊丝等焊接材料，均应按现行国家标准选用，并在设计文件中注明。

（3）对直接承受动力荷载或需要验算疲劳的结构，以及低温环境下工作的厚板结构，宜采用低氢型焊条，如E4315、E4316、E5015、E5016等型号。

（4）与常用结构钢材相匹配的焊接材料可按表2-32的规定选用。

2. 普通螺栓及焊（栓）钉材料

（1）建筑钢结构连接用的普通螺栓一般应采用C级螺栓。

（2）C级螺栓适用于不承受直接动力荷载的受拉连接、较次要的受剪连接及安装连接，设计时可直接注明所要求的强度级别（4.6级或4.8级），其材质宜为Q235钢。

注：强度级别第一位数表示材料的公称抗拉强度（400MPa），第二位数表示其屈强比（0.6或0.8）。

（3）当确有必要选用较高强度的精制螺栓时，可选用A、B级螺栓中的8.8级螺栓。

（4）螺栓应按所要求强度级别及产品标准供货。

（5）用于组合结构中抗剪件的焊（栓）钉，其材料性能等级宜为4.6级，其强度设计值可取为215N/mm^2。其性能及规格：直径6mm、8mm、10mm、13mm、16mm、19mm、22mm等应符合现行国家标准《电弧螺柱焊用圆柱头栓钉》GB/T 10433的要求。

3. 高强度螺栓的材料及类别选用

（1）高强度螺栓为由高强度钢经热处理而得的材料所制成的，并在连接时需施加预拉力的螺栓紧固件。

（2）按强度（或承载力）选用高强螺栓时，可选用8.8级或10.9级螺栓（其级别第一位数表示螺栓材料的抗拉强度级别，第二位数表示其屈强比），前者材质可为35号钢、45号钢，后者材质可为20MnTiB、40B或35VB等牌号钢。在实际工程应用时只注明所选用的级别即可，不必提出钢种钢号要求。

（3）选用高强螺栓时应注明螺栓的类别，可选用扭剪型高强螺栓（仅有10.9级）或大六角型高强螺栓。

（4）设计高强螺栓的连接时，可分别选用摩擦型连接（连接面需做摩擦面处理）或承压型连接（连接面只需做除锈处理）。

表 2-32　常用钢材的焊接材料选用匹配推荐表

母材				焊接材料			
GB/T 700 和 GB/T 1591 标准钢材	GB/T 19879 标准钢材	GB/T 4171 标准钢材	GB/T 7659 标准钢材	焊条电弧焊 SMAW	实心焊丝气体 保护焊 GMAW	药芯焊丝气体 保护焊 FCAW	埋弧焊 SAW
Q235	Q235GJ	Q235NH Q295NH Q295GNH	ZG270-480H	GB/T 5117： E43 × × E50 × × E50 × × - ×	GB/T 8110： ER49- × ER50- ×	GB/T 10045 E43 × T × - × E50 × T × - × GB/T 17493： E43 × T × - × E49 × T × - ×	GB/T 5293： F4 × × -H08A GB/T 12470： F48 × × -H08MnA
Q345 Q390	Q345GJ Q390GJ	Q355NH Q345GNH Q345GNHL Q390GNH	—	GB/T 5117： E50 × × E5015、16- ×	GB/T 8110： ER50- × ER55- ×	GB/T 10045： E50 × T × - × GB/T 17493： E50 × T × - ×	GB/T 5293： F5 × × -H08MnA F5 × × -H10Mn2 GB/T 12470： F48 × × -H08MnA F48 × × -H10Mn2 F48 × × -H10Mn2A
Q420	Q420GJ	Q415NH	—	GB/T 5117： E5515、16- ×	GB/T 8110： ER55- ×	GB/T 17493： E55 × T × - ×	GB/T 12470： F55 × × -H10Mn2A F55 × × -H08MnMoA
Q460	Q460GJ	Q460NH	—	GB/T 5117： E5515、16- ×	GB/T 8110： ER55- ×	GB/T 17493： E55 × T × - × E60 × T × - ×	GB/T 12470： F55 × × -H08MnMoA F55 × × -H08Mn2MoVA

注：1. 表中 × 为对应焊材标准中的焊材类别。
2. 当所焊接头的板厚大于或等于 25mm 时，宜采用低氢型焊接材料。
3. 被焊母材有冲击要求时，熔敷金属的冲击功不应低于母材的规定。
4. 设计文件应明确规定焊接材料的牌号、强度级别和所遵循的标准以及焊缝质量等级要求，必要时，应提出焊接试验或工艺评定要求。
5. 当设计文件中未注明焊接材料匹配与焊接方法等要求时，钢结构施工单位应根据构件的重要性、钢材性能要求及焊接作业条件等，按现行国家标准《钢结构焊接规范》GB 50661 的规定进行焊接材料的匹配选用，并保证熔敷金属的性能指标符合有关标准的规定。
6. 采用新研发的钢材品种时，应要求提供所推荐匹配焊接材料的牌号、性能参数及焊接工艺评定等资料，作为选用的依据。

2.7.6 材料设计指标

1. 钢材的设计用强度指标

钢材的设计用强度指标，应根据钢材牌号、厚度或直径按表2-33采用。

表2-33 钢材的设计用强度指标 （单位：N/mm^2）

<table>
<tr><th colspan="2" rowspan="2">钢材牌号</th><th rowspan="2">钢材厚度或直径/mm</th><th colspan="3">强度设计值</th><th rowspan="2">屈服强度 f_y</th><th rowspan="2">抗拉强度 f_u</th></tr>
<tr><th>抗拉、抗压、抗弯 f</th><th>抗剪 f_v</th><th>端面承压（刨平顶紧）f_{ce}</th></tr>
<tr><td rowspan="3">碳素结构钢</td><td rowspan="3">Q235</td><td>≤16</td><td>215</td><td>125</td><td rowspan="3">320</td><td>235</td><td rowspan="3">370</td></tr>
<tr><td>>16，≤40</td><td>205</td><td>120</td><td>225</td></tr>
<tr><td>>40，≤100</td><td>200</td><td>115</td><td>215</td></tr>
<tr><td rowspan="16">低合金高强度结构钢</td><td rowspan="5">Q345</td><td>≤16</td><td>305</td><td>175</td><td rowspan="4">400</td><td>345</td><td rowspan="4">470</td></tr>
<tr><td>>16，≤40</td><td>295</td><td>170</td><td>335</td></tr>
<tr><td>>40，≤63</td><td>290</td><td>165</td><td>325</td></tr>
<tr><td>>63，≤80</td><td>280</td><td>160</td><td>315</td></tr>
<tr><td>>80，≤100</td><td>270</td><td>155</td><td rowspan="3">415</td><td>305</td><td rowspan="3">490</td></tr>
<tr><td rowspan="4">Q390</td><td>≤16</td><td>345</td><td>200</td><td>390</td></tr>
<tr><td>>16，≤40</td><td>330</td><td>190</td><td>370</td></tr>
<tr><td>>40，≤63</td><td>310</td><td>180</td><td rowspan="3">440</td><td>350</td><td rowspan="3">520</td></tr>
<tr><td>>63，≤100</td><td>295</td><td>170</td><td>330</td></tr>
<tr><td rowspan="4">Q420</td><td>≤16</td><td>375</td><td>215</td><td>420</td></tr>
<tr><td>>16，≤40</td><td>355</td><td>205</td><td rowspan="6">470</td><td>400</td><td rowspan="6">550</td></tr>
<tr><td>>40，≤63</td><td>320</td><td>185</td><td>380</td></tr>
<tr><td>>63，≤100</td><td>305</td><td>175</td><td>360</td></tr>
<tr><td rowspan="4">Q460</td><td>≤16</td><td>410</td><td>235</td><td>460</td></tr>
<tr><td>>16，≤40</td><td>390</td><td>225</td><td>440</td></tr>
<tr><td>>40，≤63</td><td>355</td><td>205</td><td>420</td></tr>
<tr><td>>63，≤100</td><td>340</td><td>195</td><td>400</td></tr>
</table>

注：1. 表中直径指实芯棒材直径，厚度系指计算点的钢材或钢管壁厚度，对轴心受拉和轴心受压构件系指截面中较厚板件的厚度。

2. 冷弯型材和冷弯钢管，其强度设计值应按国家现行有关标准的规定采用。

3. 本条为GB 50017—2017强制性条文。

2. 建筑结构用钢板的设计用强度指标

建筑结构用钢板的设计用强度指标，可根据钢材牌号、厚度或直径按表 2-34 采用。

表 2-34　建筑结构用钢板的设计用强度指标　　（单位：N/mm^2）

建筑结构用钢板	钢材厚度或直径/mm	强度设计值			屈服强度 f_y	抗拉强度 f_u
		抗拉、抗压、抗弯 f	抗剪 f_v	端面承压（刨平顶紧）f_{ce}		
Q345GJ	>16，≤50	325	190	415	345	490
	>50，≤100	300	175		335	

3. 结构用无缝钢管的强度指标

结构用无缝钢管的强度指标应按表 2-35 采用。

表 2-35　结构用无缝钢管的强度指标　　（单位：N/mm^2）

钢管钢材牌号	壁厚/mm	强度设计值			屈服强度 f_y	抗拉强度 f_u
		抗拉、抗压和抗弯 f	抗剪 f_v	端面承压（刨平顶紧）f_{ce}		
Q235	≤16	215	125	320	235	375
	>16，≤30	205	120		225	
	>30	195	115		215	
Q345	<16	305	175	400	345	470
	>16，≤30	290	170		325	
	>30	260	150		295	
Q390	≤16	345	200	415	390	490
	>16，≤30	330	190		370	
	>30	310	180		350	
Q420	≤16	375	220	445	420	520
	>16，≤30	355	205		400	
	>30	340	195		380	
Q460	≤16	410	240	470	460	550
	>16，≤30	390	225		440	
	>30	355	205		420	

注：本条为 GB 50017—2017 强制性条文。

4. 铸钢件的强度设计值

铸钢件的强度设计值应按表 2-36 采用。

表 2-36 铸钢件的强度设计值 （单位：N/mm²）

类别	钢号	铸件厚度/mm	抗拉、抗压和抗弯 f	抗剪 f_v	端面承压（刨平顶紧） f_{ce}
非焊接结构用铸钢件	ZG230-450	≤100	180	105	290
	ZG270-500		210	120	325
	ZG310-570		240	140	370
焊接结构用铸钢件	ZG230-450H	≤100	180	105	290
	ZG270-480H		210	120	310
	ZG300-500H		235	135	325
	ZG340-550H		265	150	355

注：1. 表中强度设计值仅适用于本表规定的厚度。

2. 本条为 GB 50017—2017 强制性条文。

5. 焊缝的强度指标及折减

焊缝的强度指标应按表 2-37 采用并应符合以下要求：

（1）手工焊用焊条、自动焊和半自动焊所采用的焊丝和焊剂，应保证其熔敷金属的力学性能不低于母材的性能。

表 2-37 焊缝的强度指标 （单位：N/mm²）

焊接方法和焊条型号	构件钢材		对接焊缝强度设计值				角焊缝强度设计值	对接焊缝抗拉强度 f_u^w	角焊缝抗拉、抗压和抗剪强度 f_u^f
	牌号	厚度或直径/mm	抗压 f_c^w	焊缝质量为下列等级时，抗拉 f_t^w 一级、二级	焊缝质量为下列等级时，抗拉 f_t^w 三级	抗剪 f_v^w	抗拉、抗压和抗剪 f_f^w		
自动焊、半自动焊和 E43 型焊条手工焊	Q235	≤16	215	215	185	125	160	415	240
		>16，≤40	205	205	175	120			
		>40，≤100	200	200	170	115			
自动焊、半自动焊和 E50、E55 型焊条手工焊	Q345	≤16	305	305	260	175	200	480（E50）540（E55）	280（E50）315（E55）
		>16，≤40	295	295	250	170			
		>40，≤63	290	290	245	165			
		>63，≤80	280	280	240	160			
		>80，≤100	270	270	230	155			
	Q390	≤16	345	345	295	200	200（E50）220（E55）		
		>16，≤40	330	330	280	190			
		>40，≤63	310	310	265	180			
		>63，≤100	295	295	250	170			

（续）

焊接方法和焊条型号	构件钢材		对接焊缝强度设计值				角焊缝强度设计值	对接焊缝抗拉强度 f_u^w	角焊缝抗拉、抗压和抗剪强度 f_u^f
	牌号	厚度或直径/mm	抗压 f_c^w	焊缝质量为下列等级时，抗拉 f_t^w		抗剪 f_v^w	抗拉、抗压和抗剪 f_f^w		
				一级、二级	三级				
自动焊、半自动焊和E55、E60型焊条手工焊	Q420	≤16	375	375	320	215	20（E55） 240（E60）	540（E55） 590（E60）	315（E55） 340（E60）
		>16，≤40	355	355	300	205			
		>40，≤63	320	320	270	185			
		>63，≤100	305	305	260	175			
	Q460	≤16	410	410	350	235	20（E55） 240（E60）	540（E55） 590（E60）	315（E55） 340（E60）
		>16，≤40	390	390	330	225			
		>40，≤63	355	355	300	205			
		>63，≤100	340	340	290	195			
自动焊、半自动焊和E50、E55型焊条手工焊	Q345GJ	>16，≤35	310	310	265	180	200	480（E50） 540（E55）	280（E50） 315（E55）
		>35，≤50	290	290	245	170			
		>50，≤100	285	285	240	165			

注：1. 表中厚度系指计算点的钢材厚度，对轴心受拉和轴心受压构件系指截面中较厚板件的厚度。

2. 本条为GB 50017—2017强制性条文。

（2）焊缝质量等级应符合现行国家标准现行国家标准《钢结构焊接规范》GB 50661的规定（表2-38），其检验方法应符合现行国家标准《钢结构工程施工质量验收规范》GB 50205的规定。其中厚度小于6mm钢材的对接焊缝，不应采用超声波探伤确定焊缝质量等级。

表2-38　焊缝外观质量要求

检验项目	焊缝质量等级		
	一级	二级	三级
裂纹	不允许		
未焊满	不允许	≤0.2mm+0.02t，且≤1mm，每100mm长度焊缝内未焊满累积长度≤25mm	≤0.2mm+0.04t且≤2mm，每100mm长度焊缝内未焊满累积长度≤25mm
根部收缩	不允许	≤0.2mm+0.02t且≤1mm，长度不限	≤0.2mm+0.04t且≤2mm，长度不限
咬边	不允许	深度≤0.05t且≤0.5mm，连续长度≤100mm，且焊缝两侧咬边总长≤10%焊缝全长	深度≤0.1t且≤1mm，长度不限

（续）

检验项目	焊缝质量等级		
	一级	二级	三级
电弧擦伤	不允许		允许存在个别电弧擦伤
接头不良	不允许	缺口深度≤0.05t且≤0.5mm，每1000mm长度焊缝内不得超过1处	缺口深度≤0.1t且≤1mm，每1000mm长度焊缝内不得超过1处
表面气孔	不允许		每50mm长度焊缝内允许存在直径<0.4t且≤3mm的气孔2个；孔距应≥6倍孔径
表面夹渣	不允许		深≤0.2t，长≤0.5t且≤20mm

注：t为母材厚度。

（3）对接焊缝在受压区的抗弯强度设计值取f_c^w，在受拉区的抗弯强度设计值取f_t^w。

（4）计算下列情况的连接时，表2-37规定的强度设计值应乘以相应的折减系数；几种情况同时存在时，其折减系数应连乘：

1）施工条件较差的高空安装焊缝应乘以系数0.9。

2）进行无垫板的单面施焊对接焊缝的连接计算应乘折减系数0.85。

6. 螺栓连接的强度指标

螺栓连接的强度指标应按表2-39采用。

表2-39　螺栓连接的强度指标　（单位：N/mm²）

螺栓的性能等级、锚栓和构件钢材的牌号		强度设计值										高强度螺栓的抗拉强度 f_u^b
		普通螺栓						锚栓	承压型连接或网架用高强度螺栓			
		C级螺栓			A级、B级螺栓							
		抗拉 f_t^b	抗剪 f_v^b	承压 f_c^b	抗拉 f_t^b	抗剪 f_v^b	承压 f_c^b	抗拉 f_t^a	抗拉 f_t^b	抗剪 f_v^b	承压 f_c^b	
普通螺栓	4.6级、4.8级	170	140	—	—	—	—	—	—	—	—	—
	5.6级	—	—	—	210	190	—	—	—	—	—	—
	8.8级	—	—	—	400	320	—	—	—	—	—	—
锚栓	Q235	—	—	—	—	—	—	140	—	—	—	—
	Q345	—	—	—	—	—	—	180	—	—	—	—
	Q390	—	—	—	—	—	—	185	—	—	—	—
承压型连接高强度螺栓	8.8级	—	—	—	—	—	—	—	400	250	—	830
	10.9级	—	—	—	—	—	—	—	500	310	—	1040
螺栓球节点用高强度螺栓	9.8级	—	—	—	—	—	—	—	385	—	—	—
	10.9级	—	—	—	—	—	—	—	430	—	—	—

（续）

螺栓的性能等级、锚栓和构件钢材的牌号		强度设计值										高强度螺栓的抗拉强度
		普通螺栓						锚栓	承压型连接或网架用高强度螺栓			
		C 级螺栓			A 级、B 级螺栓							
		抗拉 f_t^b	抗剪 f_v^b	承压 f_c^b	抗拉 f_t^b	抗剪 f_v^b	承压 f_c^b	抗拉 f_t^a	抗拉 f_t^b	抗剪 f_v^b	承压 f_c^b	f_u^b
构件钢材牌号	Q235	—	—	305	—	—	405	—	—	—	470	—
	Q345	—	—	385	—	—	510	—	—	—	590	—
	Q390	—	—	400	—	—	530	—	—	—	615	—
	Q420	—	—	425	—	—	560	—	—	—	655	—
	Q460	—	—	450	—	—	595	—	—	—	695	—
	Q345GJ	—	—	400	—	—	530	—	—	—	615	—

注：1. A 级螺栓用于 $d \leqslant 24$mm 和 $L \leqslant 10d$ 或 $L \leqslant 150$mm（按较小值）的螺栓；B 级螺栓用于 $d > 24$mm 和 $L > 10d$ 或 $L > 150$mm（按较小值）的螺栓；d 为公称直径，L 为螺栓公称长度。

2. A 级、B 级螺栓孔的精度和孔壁表面粗糙度，C 级螺栓孔的允许偏差和孔壁表面粗糙度，均应符合现行国家标准《钢结构工程施工质量验收规范》GB 50205 的要求。

3. 用于螺栓球节点网架的高强度螺栓，M12 ~ M36 为 10. 9 级，M39 ~ M64 为 9. 8 级。

4. 本条为 GB 50017—2017 强制性条文。

7. 铆钉连接的强度设计值及折减

铆钉连接的强度设计值应按表 2-40 采用，并应按下列规定乘以相应的折减系数，当下列几种情况同时存在时，其折减系数应连乘：

（1）施工条件较差的铆钉连接应乘以系数 0. 9。

（2）沉头和半沉头铆钉连接应乘以系数 0. 8。

表 2-40　铆钉连接的强度设计值　（单位：N/mm²）

铆钉钢号和构件钢材牌号		抗拉（钉头拉脱）f_t^r	抗剪 f_v^r		承压 f_c^r	
			Ⅰ类孔	Ⅱ类孔	Ⅰ类孔	Ⅱ类孔
铆钉	BL2 或 BL3	120	185	155	—	—
构件钢材牌号	Q235	—	—	—	450	365
	Q345	—	—	—	565	460
	Q390	—	—	—	590	480

注：1. 属于下列情况者为Ⅰ类孔：

（1）在装配好的构件上按设计孔径钻成的孔。

（2）在单个零件和构件上按设计孔径分别用钻模钻成的孔。

（3）在单个零件上先钻成或冲成较小的孔径，然后在装配好的构件上再扩钻至设计孔径的孔。

2. 在单个零件上一次冲成或不用钻模钻成设计孔径的孔属于Ⅱ类孔。

8. 钢材和铸钢件的物理性能指标

钢材和铸钢件的物理性能指标应按表 2-41 采用。

表 2-41　钢材和铸钢件的物理性能指标

弹性模量 E/（N/mm²）	剪变模量 G/（N/mm²）	线膨胀系数 α（以每℃计）	质量密度 ρ/（kg/m³）
206×10^3	79×10^3	12×10^{-6}	7850

2.8 构件的计算长度

2.8.1 轴心受力构件的计算长度

轴心受力构件的计算长度，见表2-42~表2-44。

表2-42 轴心受力构件的计算长度

项次	计算规定及公式	备注
1	确定桁架弦杆和单系腹杆的长细比时，其计算长度 l_0 应按表2-43的规定采用 采用相贯焊接连接的钢管桁架，其构件计算长度 l_0 可按表2-44的规定取值 除钢管结构外，无节点板的腹杆计算长度在任意平面内均应取其等于几何长度	钢管桁架构件的计算长度系数应反映出立体钢管桁架与平面钢管桁架的区别。一般情况下，立体桁架杆件的端部约束比平面桁架强，故对立体桁架与平面桁架杆件的计算长度系数的取值稍有区分，以反映其约束强弱的影响
	桁架再分式腹杆体系的受压主斜杆及K形腹杆体系的竖杆等，在桁架平面内的计算长度则取节点中心间距离	再分式腹杆体系的主斜杆和K形腹杆体系的竖杆的上段与受压弦杆相连，端部的约束作用较差，因此该段在桁架平面内的计算长度系数采用1.0而不采用0.8
2	确定在交叉点相互连接的桁架交叉腹杆的长细比时，在桁架平面内的计算长度应取节点中心到交叉点的距离 在桁架平面外的计算长度，当两交叉杆长度相等且在中点相交时，应按下列规定采用： （1）压杆 1）相交另一杆受压，两杆截面相同并在交叉点均不中断，则： $l_0 = l\sqrt{\frac{1}{2}(1+\frac{N_0}{N})}$ (2-13) 2）相交另一杆受压，此另一杆在交叉点中断但以节点板搭接，则： $l_0 = l\sqrt{1+\frac{\pi^2}{12}\cdot\frac{N_0}{N}}$ (2-14) 3）相交另一杆受拉，两杆截面相同并在交叉点均不中断，则： $l_0 = l\sqrt{\frac{1}{2}(1-\frac{3}{4}\cdot\frac{N_0}{N})} \geqslant 0.5l$ (2-15) 4）相交另一杆受拉，此拉杆在交叉点中断但以节点板搭接，则： $l_0 = l\sqrt{1-\frac{3}{4}\cdot\frac{N_0}{N}} \geqslant 0.5l$ (2-16) 5）当拉杆连续而压杆在交叉点中断但以节点板搭接，若 $N_0 \geqslant N$ 或拉杆在桁架平面外的弯曲刚度 $EI_y \geqslant \frac{3N_0l^2}{4\pi^2}(\frac{N}{N_0}-1)$ 时，取 $l_0=0.5l$ （2）拉杆，应取 $l_0=l$。当确定交叉腹杆中单角钢杆件斜平面内的长细比时，计算长度应取节点中心至交叉点的距离。当交叉腹杆为单边连接的单角钢时，应按GB 50017—2017中第7.6.2条“塔架单边连接单角钢”的规定确定杆件等效长细比	对桁架交叉腹杆的压杆在桁架平面外的计算长度，GB 50017—2017列出了四种情况的计算公式，适用两杆长度和截面均相同的情况

（续）

项次	计算规定及公式	备注
3	当桁架弦杆侧向支承点之间的距离为节间长度的 2 倍（图 2-1）且两节间的弦杆轴心压力不相同时，该弦杆在桁架平面外的计算长度应按下式确定（但不应小于 $0.5l_1$）： $$l_0 = l_1(0.75 + 0.25\frac{N_2}{N_1}) \quad (2\text{-}17)$$	桁架弦杆侧向支承点之间相邻两节间的压力不等时，通常按较大压力计算稳定，这比实际受力情况有利。通过理论分析并加以简化，采用了式（2-17）的折减计算长度办法来考虑此有利因素的影响 桁架再分式腹杆体系的受压主斜杆及 K 形腹杆体系的竖杆等，在桁架平面外的计算长度也应按式（2-17）确定（受拉主斜杆仍取 l_1）
4	上端与梁或桁架铰接且不能侧向移动的轴心受压柱，计算长度系数应根据柱脚构造情况采用，对铰轴柱脚应取 1.0，对底板厚度不小于柱翼缘厚度 2 倍的平板支座柱脚可取为 0.8	当采用平板柱脚，其底板厚度不小于翼缘厚度两倍时，下段长度可乘以系数 0.8 柱屈曲时上、下两段为一整体。考虑两段的相互约束关系，可以充分利用材料的潜力
	由侧向支撑分为多段的柱，当各段长度相差 10% 以上时，宜根据相关屈曲的原则确定柱在支撑平面内的计算长度 当柱分为两段（图 2-2）时，计算长度可由下式确定： $$l_0 = \mu l \quad (2\text{-}18)$$ $$\mu = 1 - 0.3(1-\beta)^{0.7} \quad (2\text{-}19)$$	

注：式中 l——桁架节点中心间距离（交叉点不作为节点考虑）（mm）；

N、N_0——所计算杆的内力及相交另一杆的内力（N），均为绝对值；两杆均受压时，取 $N_0 \leqslant N$，两杆截面应相同；

N_1——较大的压力，计算时取正值；

N_2——较小的压力或拉力，计算时压力取正值，拉力取负值；

β——短段与长段长度之比，$\beta = a/l$。

表 2-43　桁架弦杆和单系腹杆的计算长度 l_0

弯曲方向	弦杆	腹杆	
		支座斜杆和支座竖杆	其他腹杆
桁架平面内	l	l	$0.8l$
桁架平面外	l_1	l	l
斜平面	—	l	$0.9l$

注：1. l 为构件的几何长度（节点中心间距离），l_1 为桁架弦杆侧向支承点之间的距离。

2. 斜平面系指与桁架平面斜交的平面，适用于构件截面两主轴均不在桁架平面内的单角钢腹杆和双角钢十字形截面腹杆。

表 2-44 钢管桁架构件计算长度

桁架类别	弯曲方向	弦杆	腹杆	
			支座斜杆和支座竖杆	其他腹杆
平面桁架	平面内	$0.9l$	l	$0.8l$
	平面外	l_1	l	l
立体桁架		$0.9l$	l	$0.8l$

注：1. l_1 为平面外无支撑长度，l 为杆件的节间长度。

2. 对端部缩头或压扁的圆管腹杆，其计算长度取 l。

3. 对于立体桁架，弦杆平面外的计算长度取 $0.9l$，同时尚应以 $0.9l_1$ 按格构式压杆验算其稳定性。

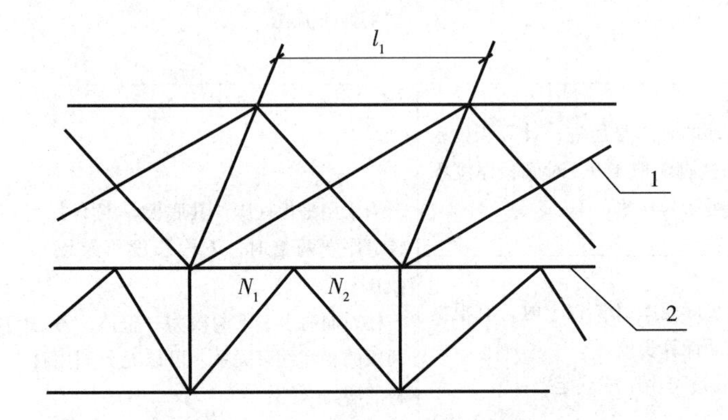

图 2-1 弦杆轴心压力在侧向支承点间有变化的桁架简图

1—支撑 2—桁架

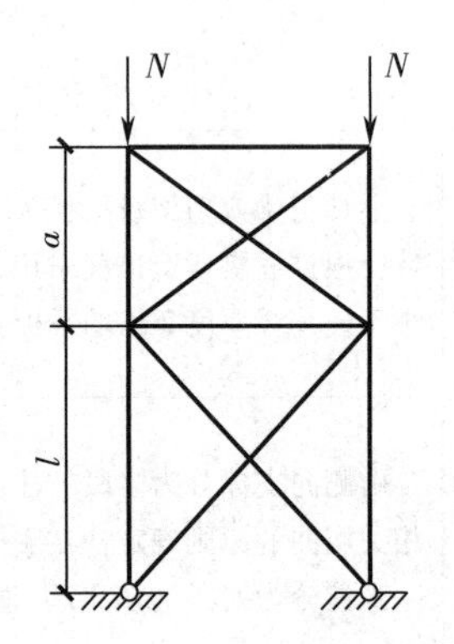

图 2-2 有支撑的二段柱

2.8.2 等截面框架柱的计算长度

框架应分为无支撑框架和有支撑框架。框架柱在框架平面外的计算长度可取面外支撑点之间距离。等截面柱，在框架平面内的计算长度应等于该层柱的高度乘以计算长度系数 μ。

当采用二阶弹性分析方法计算内力且在每层柱顶附加考虑假想水平力 H_{ni} 时，框架柱的计算长度系数可取 1.0 或其他认可的值。

当采用一阶弹性分析方法计算内力时，框架柱的计算长度系数 μ 应按表 2-45 确定。

表 2-45 框架柱的计算长度系数 μ

项次	构件	计算规定	备注
1	无支撑框架	框架柱的计算长度系数 μ 应按 GB 50017—2017 附录 E 表 E.0.2 有侧移框架柱的计算长度系数确定，也可按下列简化公式计算： $$\mu=\sqrt{\frac{7.5K_1K_2+4(K_1+K_2)+1.52}{7.5K_1K_2+K_1+K_2}} \quad (2\text{-}20)$$	

（续）

项次	构件	计算规定	备注
2		设有摇摆柱时，摇摆柱自身的计算长度系数应取1.0，框架柱的计算长度系数应乘以放大系数 η，η 应按下式计算： $$\eta = \sqrt{1 + \frac{\sum (N_1/h_1)}{\sum (N_f/h_f)}} \quad (2\text{-}21)$$	多跨框架可以把一部分柱和梁组成框架体系来抵抗侧力，而把其余的柱做成两端铰接。这些不参与承受侧力的柱称为摇摆柱 不过这种上下均为铰接的摇摆柱承受荷载的倾覆作用必然由支持它的框（刚）架来抵抗，使框（刚）架柱的计算长度增大，其计算长度应乘以增大系数 η
3	无支撑框架	当有侧移框架同层各柱的 N/I 不相同时，柱计算长度系数宜按式（2-22）计算；当框架附有摇摆柱时，框架柱的计算长度系数宜按式（2-24）确定；当根据式（2-22）或式（2-24）计算而得的 μ_i 小于1.0时，应取 $\mu_i=1$ $$\mu_i = \sqrt{\frac{N_{Ei}}{N_i} \cdot \frac{1.2}{K} \sum \frac{N_i}{h_i}} \quad (2\text{-}22)$$ $$N_{Ei} = \pi^2 EI_i/h_i^2 \quad (2\text{-}23)$$ $$\mu_i = \sqrt{\frac{N_{Ei}}{N_i} \cdot \frac{1.2\sum (N_i/h_i) + \sum (N_{1j}/h_j)}{K}} \quad (2\text{-}24)$$	
4		计算单层框架和多层框架底层的计算长度系数时，K 值宜按柱脚的实际约束情况进行计算，也可按理想情况（铰接或刚接）确定 K 值，并对算得的系数 μ 进行修正	
5		当多层单跨框架的顶层采用轻型屋面，或多跨多层框架的顶层抽柱形成较大跨度时，顶层框架柱的计算长度系数应忽略屋面梁对柱子的转动约束	
6	有支撑框架	当支撑结构（支撑桁架、剪力墙等）满足式（2-25）要求时，为强支撑框架，框架柱的计算长度系数 μ 可按GB 50017—2017附录E表E.0.1无侧移框架柱的计算长度系数确定，也可按式（2-26）计算 $$S_b \geqslant 4.4\left[\left(1 + \frac{100}{f_y}\right)\sum N_{bi} - \sum N_{0i}\right] \quad (2\text{-}25)$$ $$\mu = \sqrt{\frac{(1+0.41K_1)(1+0.41K_2)}{(1+0.82K_1)(1+0.82K_2)}} \quad (2\text{-}26)$$	

注：本表公式依据以下假定条件，并为简化计算起见，只考虑直接与所研究的柱子相连的横梁约束作用，略去不直接与该柱子连接的横梁约束影响，将框架按其侧向支撑情况用位移法进行稳定分析。

（1）材料是线弹性的。

（2）框架只承受作用在节点上的竖向荷载。

（3）框架中的所有柱子是同时丧失稳定的，即各柱同时达到其临界荷载。

（4）当柱子开始失稳时，相交于同一节点的横梁对柱子提供的约束弯矩，按柱子的线刚度之比分配给柱子。

（5）在无侧移失稳时，横梁两端的转角大小相等方向相反；在有侧移失稳时，横梁两端的转角不但大小相等而且方向亦相同。

式中 K_1、K_2——分别为相交于柱上端、柱下端的横梁线刚度之和与柱线刚度之和的比值，无支撑框架和有支撑框架的 K_1、K_2 的修正应按 GB 50017—2017 附录 E 表 E. 0. 1 和表 E. 0. 2 注确定；

$\sum(N_f/h_f)$——本层各框架柱轴心压力设计值与柱子高度比值之和；

$\sum(N_1/h_1)$——本层各摇摆柱轴心压力设计值与柱子高度比值之和；

N_i——第 i 根柱轴心压力设计值（N）；

N_{Ei}——第 i 根柱的欧拉临界力（N）；

h_i——第 i 根柱高度（mm）；

K——框架层侧移刚度，即产生层间单位侧移所需的力（N/mm）；

N_{1j}——第 j 根摇摆柱轴心压力设计值（N）；

h_j——第 j 根摇摆柱的高度（mm）；

$\sum N_{bi}$、$\sum N_{0i}$——分别为第 i 层层间所有框架柱用无侧移框架柱和有侧移框架柱计算长度系数算得的轴压杆稳定承载力之和（N）；

S_b——支撑结构层侧移刚度，即施加于结构上的水平力与其产生的层间位移角的比值（N）。

2.8.3 单层厂房框架柱的计算长度

框架柱在框架平面外的计算长度可取面外支撑点之间距离。单层厂房框架下端刚性固定的带牛腿等截面柱及单层厂房框架下端刚性固定的阶形柱，在框架平面内的计算长度应按表 2-46 确定。

表 2-46 单层厂房框架柱的计算长度

构件	计算规定	备注
带牛腿等截面柱	单层厂房框架下端刚性固定的带牛腿等截面柱在框架平面内的计算长度应按下列公式确定： $H_0 = \alpha_N\left[\sqrt{\dfrac{4+7.5K_b}{1+7.5K_b}} - \alpha_K\left(\dfrac{H_1}{H}\right)^{1+0.8K_b}\right]H$ (2-27) $K_b = \dfrac{\sum(I_{bi}/l_i)}{I_c/H}$ (2-28)	式（2-27）并未考虑相邻柱的支撑作用（相邻柱的起重机压力较小）。同时柱脚实际上并非完全刚性，这一不利因素没有加以考虑。两个因素同时忽略的结果略偏安全
	当 $K_b<0.2$ 时： $\alpha_K = 1.5 - 2.5K_b$ (2-29) 当 $0.2\leqslant K_b<2.0$ 时： $\alpha_K = 1.0$ (2-30)	
	$\gamma = N_1/N_2$ (2-31) 当 $\gamma\leqslant 0.2$ 时： $\alpha_N = 1.0$ (2-32) 当 $\gamma>0.2$ 时： $\alpha_N = 1 + \dfrac{H_1}{H_2}\dfrac{(\gamma-0.2)}{1.2}$ (2-33)	

（续）

构件	计算规定	备注
单阶形柱	（1）下段柱的计算长度系数 μ_2：当柱上端与横梁铰接时，应按 GB 50017—2017 附录 E 表 E. 0. 3 的数值乘以表 2-47 的折减系数 当柱上端与桁架型横梁刚接时，应按 GB 50017—2017 附录 E 表 E. 0. 4 的数值乘以表 2-47 的折减系数 （2）当柱上端与实腹梁刚接时，下段柱的计算长度系数 μ_2，应按下列公式计算的系数 μ_2^1 乘以表 2-47 的折减系数。系数 μ_2^1 不应大于按柱上端与横梁铰接计算时得到的 μ_2 值，且不小于按柱上端与桁架型横梁刚接计算时得到的 μ_2 值 $K_c = \frac{I_1/H_1}{I_2/H_2}$ （2-34） $\mu_2^1 = \frac{\eta_1^2}{2(\eta_1+1)} \cdot \sqrt[3]{\frac{\eta_1 - K_b}{K_b}} + (\eta_1 - 0.5)K_c + 2$ （2-35） $\eta_1 = \frac{H_1}{H_2}\sqrt{\frac{N_1}{N_2} \cdot \frac{I_2}{I_1}}$ （2-36） （3）上段柱的计算长度系数 μ_1 应按下式计算： $\mu_1 = \mu_2/\eta_1$ （2-37）	框架横梁均为桁架。因桁架线刚度较大，与柱刚接时可视为无限刚性 中型框架也采用单阶钢柱，但横梁为实腹钢梁，其线刚度不及桁架。虽然实腹梁对单阶柱也提供一定的转动约束，但还不到转角可以忽略的程度，为此，需要考虑上端有一定约束时 μ_2 系数的计算
双阶柱	（1）下段柱的计算长度系数 μ_3：当柱上端与横梁铰接时，应取 GB 50017—2017 附录 E 表 E. 0. 5 的数值乘以表 2-47 的折减系数；当柱上端与横梁刚接时，应取 GB 50017—2017 附录 E 表 E. 0. 6 的数值乘以表 2-47 的折减系数 （2）上段柱和中段柱的计算长度系数 μ_1 和 μ_2，应按下列公式计算： $\mu_1 = \mu_3/\eta_1$ （2-38） $\mu_2 = \mu_3/\eta_2$ （2-39）	

注：式中 H_1、H——分别为柱在牛腿表面以上的高度和柱总高度（图 2-3）（m）；

K_b——与柱连接的横梁线刚度之和与柱线刚度之比；

α_K——和比值 K_b 有关的系数；

α_N——考虑压力变化的系数；

γ——柱上、下段压力比；

N_1、N_2——分别为上、下段柱的轴心压力设计值（N）；

I_{bi}，l_i——分别为第 i 根梁的截面惯性矩（mm^4）和跨度（mm）；

I_c——为柱截面惯性矩（mm^4）；

I_1、H_1——阶形柱上段柱的惯性矩（mm^4）和柱高（mm）；

I_2、H_2——阶形柱下段柱的惯性矩（mm^4）和柱高（mm）；

K_c——阶形柱上段柱线刚度与下段柱线刚度的比值；

η_1、η_2——参数，可根据式（2-36）计算；计算 η_1 时，H_1、N_1、I_1 分别为上柱的柱高（m）、轴力压力设计值（N）和惯性矩（mm^4），H_2、N_2、I_2 分别为下柱的柱高（m）、轴力压力设计值（N）和惯性矩（mm^4）；计算 η_2 时，H_1、N_1、I_1 分别为中柱的柱高（m）、轴力压力设计值（N）和惯性矩（mm^4），H_2、N_2、I_2 分别为下柱的柱高（m）、轴力压力设计值（N）和惯性矩（mm^4）。

表 2-47　单层厂房阶形柱计算长度的折减系数

<table>
<tr><th colspan="4">厂房类型</th><th rowspan="2">折减系数</th></tr>
<tr><th>单跨或多跨</th><th>纵向温度区段内一个柱列的柱子数</th><th>屋面情况</th><th>厂房两侧是否有通长的屋盖纵向水平支撑</th></tr>
<tr><td rowspan="5">单跨</td><td>等于或少于 6 个</td><td>—</td><td>—</td><td rowspan="2">0.9</td></tr>
<tr><td rowspan="4">多于 6 个</td><td rowspan="2">非大型混凝土屋面板的屋面</td><td>无纵向水平支撑</td></tr>
<tr><td>有纵向水平支撑</td><td rowspan="3">0.8</td></tr>
<tr><td rowspan="2">大型混凝土屋面板的屋面</td><td>—</td></tr>
<tr><td>无纵向水平支撑</td></tr>
<tr><td rowspan="2">多跨</td><td rowspan="2">—</td><td>非大型混凝土屋面板的屋面</td><td>有纵向水平支撑</td><td rowspan="2">0.7</td></tr>
<tr><td>大型混凝土屋面板的屋面</td><td>—</td></tr>
</table>

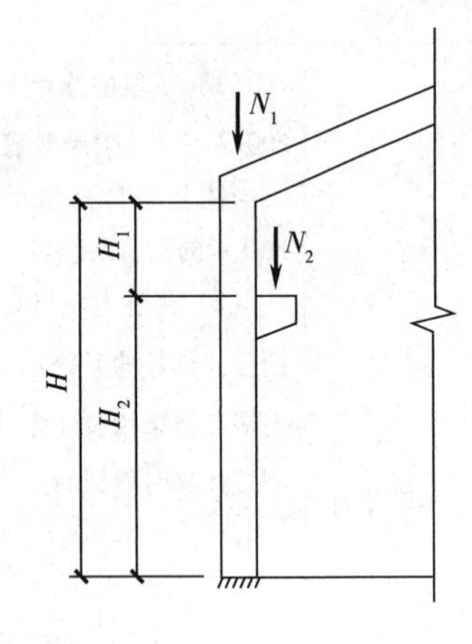

图 2-3　单层厂房框架示意

2.9　钢构件长细比的限值及计算

2.9.1　长细比的限值及计算索引

GB 50017—2017 关于钢构件长细比的限值及计算索引，见表 2-48。

表 2-48　钢构件长细比的限值及计算索引

<table>
<tr><th colspan="2">构件</th><th colspan="2">计算条件/限值</th><th>相关条文（公式）</th><th>备注</th></tr>
<tr><td rowspan="8">实腹式构件</td><td rowspan="2">截面形心与剪心重合的构件</td><td colspan="2">计算弯曲屈曲时</td><td>式（7.2.2-1）、式（7.2.2-2）</td><td></td></tr>
<tr><td colspan="2">计算扭转屈曲时</td><td>式（7.2.2-3）</td><td></td></tr>
<tr><td rowspan="6">截面为单轴对称的构件</td><td colspan="2">计算绕非对称主轴的弯曲屈曲时</td><td>式（7.2.2-1）、式（7.2.2-2）</td><td></td></tr>
<tr><td colspan="2">计算绕对称主轴的弯扭屈曲时</td><td>式（7.2.2-4）</td><td></td></tr>
<tr><td colspan="2">等边单角钢轴心受压构件当绕两主轴弯曲的计算长度相等时，可不计算弯扭屈曲</td><td>7.2.2 中 2 款 2)</td><td></td></tr>
<tr><td rowspan="3">双角钢组合 T 形截面构件绕对称轴的换算长细比</td><td>等边双角钢</td><td>式（7.2.2-5）、式（7.2.2-6）、式（7.2.2-7）</td><td rowspan="3">各分 $\lambda_y \geq \lambda_z$ 和 $\lambda_y < \lambda_z$ 两种情况</td></tr>
<tr><td>长肢相并的不等边双角钢</td><td>式（7.2.2-8）、式（7.2.2-9）、式（7.2.2-10）</td></tr>
<tr><td>短肢相并的不等边双角钢</td><td>式（7.2.2-11）、式（7.2.2-12）、式（7.2.2-13）</td></tr>
</table>

（续）

构件		计算条件/限值		相关条文（公式）	备注
实腹式构件	截面无对称轴且剪心和形心不重合的构件	换算长细比		式（7.2.2-14）~式（7.2.2-19）	
	不等边角钢轴心受压构件	换算长细比		式（7.2.2-20）~式（7.2.2-22）	分 $\lambda_v \geqslant \lambda_z$ 和 $\lambda_v < \lambda_z$ 两种情况
格构式轴心受压构件		实轴长细比		式（7.2.2-1）或式（7.2.2-2）	
		虚轴换算长细比	双肢组合构件	式（7.2.3-1）	当缀件为缀板时
				式（7.2.3-2）	当缀件为缀条时
			四肢组合构件	式（7.2.3-3）、式（7.2.3-4）	当缀件为缀板时
				式（7.2.3-5）、式（7.2.3-6）	当缀件为缀条时
			缀件为缀条的三肢组合构件	式（7.2.3-7）、式（7.2.3-8）	
缀条柱		分肢长细比 λ_1 不应大于构件两方向长细比较大值 λ_{max} 的0.7倍		7.2.4	
		虚轴取换算长细比		7.2.4	
缀板柱		分肢长细比 λ_1 不应大于 $40\varepsilon_k$，并不应大于 λ_{max} 的0.5倍，当 $\lambda_{max} < 50$ 时，取 $\lambda_{max} = 50$		7.2.5	
两端铰支的梭形圆管或方管状截面轴心受压构件		换算长细比		式（7.2.8-1）~式（7.2.8-3）	稳定性应按式（7.2.1）计算
钢管梭形格构柱		换算长细比		式（7.2.9-1）	两端铰支的三肢钢管梭形格构柱应按式（7.2.1）计算整体稳定
塔架的单角钢主杆		当两个侧面腹杆体系的节点全部重合时		式（7.4.4-1）	
		当两个侧面腹杆体系的节点部分重合时		式（7.4.4-2）	
		当两个侧面腹杆体系的节点全部都不重合时		式（7.4.4-3）	
塔架单角钢人字形或V形主斜杆		当连接有不多于两道辅助杆时，其长细比宜乘以1.1的放大系数		7.4.5	

（续）

<table>
<tr><th colspan="2">构件</th><th colspan="2">计算条件/限值</th><th>相关条文（公式）</th><th>备注</th></tr>
<tr><td colspan="2" rowspan="2">轴心受压构件的容许长细比</td><td colspan="2">跨度等于或大于60m的桁架，其受压弦杆、端压杆和直接承受动力荷载的受压腹杆的长细比不宜大于120</td><td>7.4.6</td><td></td></tr>
<tr><td colspan="2">不宜超过表7.4.6规定的容许值</td><td>7.4.6</td><td>但当杆件内力设计值不大于承载能力的50%时，容许长细比值可取200</td></tr>
<tr><td rowspan="6">受拉构件的容许长细比</td><td>一般情况</td><td colspan="2">不超过表7.4.7规定的容许值</td><td>7.4.7</td><td rowspan="6">除对腹杆提供平面外支点的弦杆外，承受静力荷载的结构受拉构件，可仅计算竖向平面内的长细比</td></tr>
<tr><td>中级、重级工作制吊车桁架下弦杆</td><td colspan="2">不宜超过200</td><td>7.4.7</td></tr>
<tr><td>硬钩起重机的厂房中的支撑</td><td colspan="2">不宜超过300</td><td>7.4.7</td></tr>
<tr><td>受拉构件在永久荷载与风荷载组合作用下受压</td><td colspan="2">不宜超过250</td><td>7.4.7</td></tr>
<tr><td rowspan="2">跨度大于或等于60m的桁架，其受拉弦杆和腹杆的长细比</td><td>承受静力荷载或间接承受动力荷载时</td><td>不宜超过300</td><td>7.4.7</td></tr>
<tr><td>直接承受动力荷载</td><td>不宜超过250</td><td>7.4.7</td></tr>
<tr><td colspan="2">中间无联系的单角钢压杆</td><td>以一个肢连接于节点板</td><td>当 $\lambda < 20$ 时，取 $\lambda = 20$</td><td>7.6.1</td><td></td></tr>
<tr><td colspan="2">塔架单边连接单角钢交叉斜杆中的压杆</td><td>当两杆截面相同并在交叉点均不中断，计算其平面外的稳定性时</td><td>等效长细比</td><td>7.6.2</td><td></td></tr>
<tr><td colspan="2">格构式压弯构件</td><td>弯矩绕实轴作用</td><td>换算长细比</td><td>8.2.3</td><td></td></tr>
<tr><td colspan="2">受压构件</td><td>塑性及弯矩调幅设计时</td><td>不宜大于 $130\varepsilon_k$</td><td>10.4.1</td><td></td></tr>
<tr><td colspan="2">钢梁侧向支承点与其相邻支承点间构件</td><td>没有通长的刚性铺板或防止侧向弯扭屈曲的构件时</td><td></td><td>10.4.2</td><td></td></tr>
</table>

（续）

构件	计算条件/限值		相关条文（公式）	备注
工字钢梁受拉的上翼缘	有楼板或刚性铺板与钢梁可靠连接时	正则化长细比不大于0.3	式（6.2.7-3）、10.4.3	
无加劲直接焊接的平面节点的支管，当其按仅承受轴心力的构件设计时			式（13.4.2-10）	
交叉支撑系统中的框架梁	抗震承载力验算时	支撑正则化长细比	式（17.2.4-4）	
工字形梁	梁端塑性耗能区为工字形截面	受弯正则化长细比符合表17.3.4-2的要求	17.3.4	抗震性能化设计时
框架柱	长细比	表17.3.5	17.3.5	抗震性能化设计时
交叉中心支撑或对称设置的单斜杆支撑	支撑最小长细比	表7.4.6、表17.3.12	7.4.6、17.3.12	抗震性能化设计时
人字形或V形中心支撑	支撑最小长细比	表7.4.6、表17.3.12	7.4.6、17.3.12	抗震性能化设计时
交叉支撑结构、成对布置的单斜杆支撑结构的支撑	结构层数超过两层时	不应大于180	17.3.13	抗震性能化设计时

注：表中条文编号、表号均指GB 50017—2017。

2.9.2 受压构件、受拉构件验算容许长细比

受压构件、受拉构件验算容许长细比，见表2-49。

表2-49 受压构件、受拉构件验算容许长细比

项次	项目	计算规定	备注
1	轴心受压构件的容许长细比	验算容许长细比时，可不考虑扭转效应。计算单角钢受压构件的长细比时，应采用角钢的最小回转半径；但计算在交叉点相互连接的交叉杆件平面外的长细比时，可采用与角钢肢边平行轴的回转半径 轴心受压构件的容许长细比宜符合以下规定： （1）跨度等于或大于60m的桁架，其受压弦杆、端压杆和直接承受动力荷载的受压腹杆的长细比不宜大于120 （2）轴心受压构件的长细比不宜超过表2-50规定的容许值，但当杆件内力设计值不大于承载能力的50%时，容许长细比值可取200	构件容许长细比的规定，主要是避免构件柔度太大，在本身自重作用下产生过大的挠度和运输、安装过程中造成弯曲，以及在动力荷载作用下发生较大振动 对受压构件来说，由于刚度不足产生的不利影响远比受拉构件严重

（续）

项次	项目	计算规定	备注
2	受拉构件的容许长细比	验算容许长细比时，在直接或间接承受动力荷载的结构中，计算单角钢受拉构件的长细比时，应采用角钢的最小回转半径，但计算在交叉点相互连接的交叉杆件平面外的长细比时，可采用与角钢肢边平行轴的回转半径 受拉构件的容许长细比宜符合以下规定： （1）除对腹杆提供平面外支点的弦杆外，承受静力荷载的结构受拉构件，可仅计算竖向平面内的长细比 （2）中级、重级工作制吊车桁架下弦杆的长细比不宜超过200 （3）在设有夹钳或刚性料耙等硬钩起重机的厂房中，支撑的长细比不宜超过300 （4）受拉构件在永久荷载与风荷载组合作用下受压时，其长细比不宜超过250 （5）跨度等于或大于60m的桁架，其受拉弦杆和腹杆的长细比，承受静力荷载或间接承受动力荷载时不宜超过300，直接承受动力荷载时不宜超过250 （6）受拉构件的长细比不宜超过表2-51规定的容许值。柱间支撑按拉杆设计时，竖向荷载作用下柱子的轴力应按无支撑时考虑	吊车梁下的交叉支撑在柱压缩变形影响下有可能产生压力，因此，当其按拉杆进行柱设计时不应考虑由于支撑的作用而导致的轴力降低 桁架受压腹杆在平面外的计算长度取l_0（见表2-43）是以下端为不动点为条件的。为此，起支承作用的下弦杆必须有足够的平面外刚度

表2-50　受压构件的长细比容许值

构件名称	容许长细比
轴心受压柱、桁架和天窗架中的压杆	150
柱的缀条、吊车梁或吊车桁架以下的柱间支撑	150
支撑	200
用以减小受压构件计算长度的杆件	200

表2-51　受拉构件的容许长细比

构件名称	承受静力荷载或间接承受动力荷载的结构			直接承受动力荷载的结构
	一般建筑结构	对腹杆提供平面外支点的弦杆	有重级工作制起重机的厂房	
桁架的构件	350	250	250	250
吊车梁或吊车桁架以下柱间支撑	300	—	200	
除张紧的圆钢外的其他拉杆、支撑、系杆等	400	—	350	—

2.9.3　塑性及弯矩调幅设计容许长细比

GB 50017—2017关于塑性及弯矩调幅设计容许长细比的规定，见表2-52。

表 2-52　塑性及弯矩调幅设计容许长细比的规定

<table>
<tr><th>项次</th><th>项目</th><th>长细比</th><th>备注</th></tr>
<tr><td>1</td><td>受压构件</td><td>受压构件的长细比不宜大于 $130\varepsilon_k$</td><td></td></tr>
<tr><td>2</td><td>塑性铰的截面处侧向支承杆件</td><td>当钢梁的上翼缘没有通长的刚性铺板或防止侧向弯扭屈曲的构件时，在构件出现塑性铰的截面处应设置侧向支承。该支承点与其相邻支承点间构件的长细比 λ_y 应符合以下要求：
当 $-1 \leqslant M_1/(\gamma_x W_x f) \leqslant 0.5$ 时：
$$\lambda_y \leqslant \left(60-40\frac{M_1}{\gamma_x W_x f}\right)\varepsilon_k \tag{2-40}$$
当 $0.5 < M_1/(\gamma_x W_x f) \leqslant 1$ 时：
$$\lambda_y \leqslant \left(45-10\frac{M_1}{\gamma_x W_x f}\right)\varepsilon_k \tag{2-41}$$
$$\lambda_y = \frac{l_1}{i_y} \tag{2-42}$$</td><td>形成塑性铰的梁，侧向长细比应加以限制，以避免塑性弯矩达到之前发生弯扭失稳</td></tr>
</table>

注：式中　λ_y——弯矩作用平面外的长细比；

l_1——侧向支承点间距离（mm）；对不出现塑性铰的构件区段，其侧向支承点间距应由 GB 50017—2017 第 6 章“受弯构件”和第 8 章“拉弯、压弯构件”内有关弯矩作用平面外的整体稳定计算确定；

i_y——截面绕弱轴的回转半径（mm）；

M_1——与塑性铰距离为 l_1 的侧向支承点处的弯矩（N · mm）；当长度 l_1 内为同向曲率时，$M_1/(\gamma_x W_x f)$ 为正；当为反向曲率时，$M_1/(\gamma_x W_x f)$ 为负；

W_x——当构件板件宽厚比等级为 S1 级、S2 级、S3 级或 S4 级时，为构件绕 x 轴的毛截面模量；当构件板件宽厚比等级为 S5 级时，为构件绕 x 轴的有效截面模量（mm^3）；

γ_x——对 x 轴的截面塑性发展系数；

f——钢材的抗拉、抗压和抗弯强度设计值（N/mm^2）。

2.10　疲劳计算

2.10.1　一般规定

1. 疲劳计算的适用范围

（1）直接承受动力荷载重复作用的钢结构构件及其连接（例如工业厂房吊车梁、有悬挂吊车的屋盖结构、桥梁、海洋钻井平台、风力发电机结构、大型旋转游乐设施等），当应力变化的循环次数 n 等于或大于 5×10^4 次时，应进行疲劳计算。

当钢结构承受的应力循环次数小于以上要求时，可不进行疲劳计算，且可按照不需要验算疲劳的要求选用钢材。

（2）本节的结构构件及其连接的疲劳计算，不适用于下列条件：

1）构件表面温度高于 150℃。

2）处于海水腐蚀环境。

3）焊后经热处理消除残余应力。

4）构件处于低周－高应变疲劳状态。

2. 疲劳计算的规定

（1）疲劳计算应采用基于名义应力的容许应力幅法，名义应力应按弹性状态计算，容许应力幅应按构件和连接类别、应力循环次数以及计算部位的板件厚度确定。对非焊接的构件和连接，其应力循环中不出现拉应力的部位可不计算疲劳强度。

（2）在低温（通常指不高于－20℃）下工作或制作安装的钢结构构件应进行防脆断设计。但对于厚板及高强度钢材，高于－20℃时，也宜考虑防脆断设计。

（3）需计算疲劳的构件所用钢材应具有冲击韧性的合格保证，钢材质量等级的选用应符合表 2-27 的规定。

2. 10. 2　疲劳计算方法

1. 常幅疲劳或变幅疲劳的最大应力幅计算

在结构使用寿命期间，当常幅疲劳或变幅疲劳的最大应力幅符合表 2-53 时，则疲劳强度满足要求。

表 2-53　常幅疲劳或变幅疲劳的最大应力幅计算

<table>
<tr><th>项次</th><th>项目</th><th>计算公式</th><th>备注</th></tr>
<tr><td>1</td><td>正应力幅的疲劳计算</td><td>正应力幅的疲劳计算：
$\Delta\sigma < \gamma_t[\Delta\sigma_L]_{1\times10^8}$　（2-43）
对焊接部位：
$\Delta\sigma = \sigma_{max} \times \sigma_{min}$　（2-44）
对非焊接部位：
$\Delta\sigma = \sigma_{max} - 0.7\sigma_{min}$　（2-45）</td><td rowspan="2">当结构所受的应力幅较低时，可采用式（2-43）和式（2-46）快速验算疲劳强度
GB 50017—2017 在 GB 50017—2003 疲劳设计已有特点的基础上，增加了以下新内容：
（1）将原来 8 个类别的 S-N 曲线增加到：针对正应力幅疲劳计算的，有 14 个类别，为 Z1～Z14（表 2-54）；针对剪应力幅疲劳计算的，有 3 个类别，为 J1～J3（表 2-55）
（2）原来的类别 1 和 2 保持不变，即为现在的类别 Z1 和 Z2。原来的类别 3、4、5、6、7、8 分别放入到最接近现在的类别 Z4、Z5、Z6、Z7、Z8、Z10 中，在 $N=2\times10^6$时的新老容许应力幅的差别均在 5% 以内，在工程上可以接受。原来针对角焊缝疲劳计算的类别 8，放入到现在的类别 J1</td></tr>
<tr><td>2</td><td>剪应力幅的疲劳计算</td><td>剪应力幅的疲劳计算：
$\Delta\tau < [\Delta\tau_L]_{1\times10^8}$　（2-46）
对焊接部位：
$\Delta\tau < \tau_{max} - \tau_{min}$　（2-47）
对非焊接部位：
$\Delta\tau = \tau_{max} - 0.7\tau_{min}$　（2-48）</td></tr>
</table>

（续）

项次	项目	计算公式	备注
3	板厚或直径修正系数 γ_t	板厚或直径修正系数 γ_t 应按下列规定采用： （1）对于横向角焊缝连接和对接焊缝连接，当连接板厚 t（mm）超过25mm时，应按下式计算： $\gamma_t = (25/t)^{0.25}$ （2-49） （2）对于螺栓轴向受拉连接，当螺栓的公称直径 d（mm）大于30mm时，应按下式计算： $\gamma_t = (30/d)^{0.25}$ （2-50） （3）其余情况取 $\gamma_t = 1.0$	（3）国际上研究表明，对变幅疲劳问题，低应力幅在高周循环阶段的疲劳损伤程度较低，且存在一个不会疲劳损伤的截止限。无论是正应力幅还是剪应力幅，均取 $N = 1 \times 10^8$ 次时的应力幅为疲劳截止限 （4）在保持GB 50017—2003列出的19项构造细节的基础上，新增加了23个细节，构成共计38个项次，并按照非焊接、纵向传力焊缝、横向传力焊缝、非传力焊缝、钢管截面、剪应力作用等情况将构造细节进行归类重新编排，同时构造细节的图例表示得更清楚，见GB 50017—2017附录K

注：式中 $\Delta\sigma$——构件或连接计算部位的正应力幅（N/mm^2）；

σ_{max}——计算部位应力循环中的最大拉应力（取正值）（N/mm^2）；

σ_{min}——计算部位应力循环中的最小拉应力或压应力（N/mm^2），拉应力取正值，压应力取负值；

$\Delta\tau$——构件或连接计算部位的剪应力幅（N/mm^2）；

τ_{max}——计算部位应力循环中的最大剪应力（N/mm^2）；

τ_{min}——计算部位应力循环中的最小剪应力（N/mm^2）；

$[\Delta\sigma_L]_{1\times10^8}$——正应力幅的疲劳截止限，根据GB 50017—2017附录K的构件和连接类别按表2-54采用(N/mm^2)；

$[\Delta\tau_L]_{1\times10^8}$——剪应力幅的疲劳截止限，根据GB 50017—2017附录K的构件和连接类别按表2-55采用（N/mm^2）。

表2-54　正应力幅的疲劳计算参数

构件与连接类别	构件与连接相关系数		循环次数 n 为 2×10^6 次的容许正应力幅 $[\Delta\sigma]_{2\times10^6}$/（$N/mm^2$）	循环次数 n 为 5×10^6 次的容许正应力幅 $[\Delta\sigma]_{5\times10^6}$/（$N/mm^2$）	疲劳截止限 $[\Delta\sigma_L]_{1\times10^8}$/（$N/mm^2$）
	C_Z	β_Z			
Z1	1920×10^{12}	4	176	140	85
Z2	861×10^{12}	4	144	115	70
Z3	3.91×10^{12}	3	125	92	51
Z4	2.81×10^{12}	3	112	83	46
Z5	2.00×10^{12}	3	100	74	41
Z6	1.46×10^{12}	3	90	66	36
Z7	1.02×10^{12}	3	80	59	32
Z8	0.72×10^{12}	3	71	52	29
Z9	0.50×10^{12}	3	63	46	25

（续）

构件与连接类别	构件与连接相关系数		循环次数 n 为 2×10^6 次的容许正应力幅 $[\Delta\sigma]_{2\times10^6}$/（N/mm²）	循环次数 n 为 5×10^6 次的容许正应力幅 $[\Delta\sigma]_{5\times10^6}$/（N/mm²）	疲劳截止限 $[\Delta\sigma_L]_{1\times10^8}$/（N/mm²）
	C_Z	β_Z			
Z10	0.35×10^{12}	3	56	41	23
Z11	0.25×10^{12}	3	50	37	20
Z12	0.18×10^{12}	3	45	33	18
Z13	0.13×10^{12}	3	40	29	16
Z14	0.09×10^{12}	3	36	26	14

注：构件与连接的分类应符合 GB 50017—2017 附录 K 的规定。

表 2-55　剪应力幅的疲劳计算参数

构件与连接类别	构件与连接的相关系数		循环次数 n 为 2×10^6 次的容许剪应力幅 $[\Delta\tau]_{2\times10^6}$/（N/mm²）	疲劳截止限 $[\Delta\tau_L]_{1\times10^8}$/（N/mm²）
	C_J	β_J		
J1	4.10×10^{11}	3	59	16
J2	2.00×10^{16}	5	100	46
J3	8.61×10^{21}	8	90	55

注：构件与连接的类别应符合 GB 50017—2017 附录 K 的规定。

2. 常幅疲劳和变幅疲劳的补充计算

当常幅疲劳和变幅疲劳的计算不能满足式（2-43）或式（2-46）要求时，应按表 2-56的规定进行计算。

表 2-56　常幅疲劳和变幅疲劳的补充计算

<table>
<tr><th colspan="2">项目</th><th>计算公式</th><th>备注</th></tr>
<tr><td rowspan="2">常幅疲劳计算不满足要求时的计算</td><td>正应力幅的疲劳计算</td><td>正应力幅的疲劳计算应符合下列公式规定：
$$\Delta\sigma \leqslant \gamma_t[\Delta\sigma] \quad (2\text{-}51)$$
当 $n\leqslant5\times10^6$ 时：
$$[\Delta\sigma] = \left(\frac{C_z}{n}\right)^{1/\beta_z} \quad (2\text{-}52)$$
当 $5\times10^6 < n\leqslant1\times10^8$ 时：
$$[\Delta\sigma] = \left[([\Delta\sigma]_{5\times10^6})\frac{C_z}{n}\right]^{1/(\beta_z+2)} \quad (2\text{-}53)$$
当 $n>1\times10^8$ 时：
$$[\Delta\sigma] = [\Delta\sigma_L]_{1\times10^8} \quad (2\text{-}54)$$</td><td rowspan="2">正应力幅的常幅疲劳计算，对应力循环次数 n 在 5×10^6 之内的容许正应力幅计算，S-N 曲线的斜率采用 β_z；对应力循环次数 n 在 5×10^6 与 1×10^8 之间的容许正应力幅计算，S-N 曲线的斜率采用 β_z+2。同时，对正应力幅和剪应力幅的常幅疲劳计算，都在应力循环次数 $n=1\times10^8$ 处分别设置疲劳截止限 $[\Delta\sigma_L]$ 和 $[\Delta\tau_L]$</td></tr>
<tr><td>剪应力幅的疲劳计算</td><td>剪应力幅的疲劳计算应符合下列公式规定：
$$\Delta\tau \leqslant [\Delta\tau] \quad (2\text{-}55)$$
当 $n\leqslant1\times10^8$ 时：
$$[\Delta\tau] = \left(\frac{C_J}{n}\right)^{1/\beta_J} \quad (2\text{-}56)$$
当 $n>1\times10^8$ 时：
$$[\Delta\tau] = [\Delta\tau_L]_{1\times10^8} \quad (2\text{-}57)$$</td></tr>
</table>

（续）

<table>
<tr><th colspan="2">项目</th><th>计算公式</th><th>备注</th></tr>
<tr><td rowspan="2">变幅疲劳计算不满足要求时的计算</td><td>正应力幅的疲劳计算</td><td>正应力幅的疲劳计算应符合下列公式规定：
$$\Delta\sigma_e \leqslant \gamma_t[\Delta\sigma]_{2\times10^6} \quad (2\text{-}58)$$
$$\Delta\sigma_e = \left[\frac{\sum n_i(\Delta\sigma_i)^{\beta_z} + ([\Delta\sigma]_{5\times10^6})^{-2}\sum n_j(\Delta\sigma_j)^{\beta_z+2}}{2\times10^6}\right]^{1/\beta_z} \quad (2\text{-}59)$$</td><td rowspan="2">对不满足式（2-43）（正应力幅疲劳）、式（2-46）（剪应力幅疲劳）的变幅疲劳问题，提供了按照结构预期使用寿命的等效常幅疲劳强度的计算方法</td></tr>
<tr><td>剪应力幅的疲劳计算</td><td>剪应力幅的疲劳计算应符合下列公式规定：
$$\Delta\tau_e \leqslant [\Delta\tau]_{2\times10^6} \quad (2\text{-}60)$$
$$\Delta\tau_e = \left[\frac{\sum n_i(\Delta\tau_i)^{\beta_J}}{2\times10^6}\right]^{1/\beta_J} \quad (2\text{-}61)$$</td></tr>
</table>

注：式中　$[\Delta\sigma]$——常幅疲劳的容许正应力幅（N/mm^2）；

n——应力循环次数；

C_z、β_z——构件和连接的相关参数，应根据 GB 50017—2017 附录 K 的构件和连接类别，按表 2-54 采用；

$[\Delta\sigma]_{5\times10^6}$——循环次数 n 为 5×10^6 次的容许正应力幅（N/mm^2），应根据 GB 50017—2017 附录 K 的构件和连接类别，按表 2-54 采用；

$[\Delta\tau]$——常幅疲劳的容许剪应力幅（N/mm^2）；

C_J、β_J——构件和连接的相关系数，应根据 GB 50017—2017 附录 K 的构件和连接类别，按表 2-55 采用。

$\Delta\sigma_e$——由变幅疲劳预期使用寿命（总循环次数 $n=\sum n_i+\sum n_j$）折算成循环次数 n 为 2×10^6 次的等效正应力幅（N/mm^2）；

$[\Delta\sigma]_{2\times10^6}$——循环次数 n 为 2×10^6 次的容许正应力幅（N/mm^2），应根据 GB 50017—2017 附录 K 的构件和连接类别，按表 2-54 采用；

$\Delta\sigma_i$、n_i——应力谱中在 $\Delta\sigma_i \geqslant [\Delta\sigma]_{5\times10^6}$ 范围内的正应力幅（N/mm^2）及其频次；

$\Delta\sigma_j$、n_j——应力谱中在 $[\Delta\sigma_L]_{1\times10^6} \leqslant \Delta\sigma_j < [\Delta\sigma]_{5\times10^6}$ 范围内的正应力幅（N/mm^2）及其频次；

$\Delta\tau_e$——由变幅疲劳预期使用寿命（总循环次数 $n=\sum n_i$）折算成循环次数 n 为 2×10^6 次常幅疲劳的等效剪应力幅（N/mm^2）；

$[\Delta\tau]_{2\times10^6}$——循环次数 n 为 2×10^6 次的容许剪应力幅（N/mm^2），应根据 GB 50017—2017 附录 K 的构件和连接类别，按表 2-55 采用；

$\Delta\tau_i$、n_t——应力谱中在 $\Delta\tau_i \geqslant [\Delta\tau_L]_{1\times10^6}$ 范围内的剪应力幅（N/mm^2）及其频次。

3. 吊车梁和吊车桁架变幅疲劳的应力幅计算

重级工作制吊车梁和重级、中级工作制吊车桁架的变幅疲劳可取应力循环中最大的应力幅按下列公式计算：

（1）正应力幅的疲劳计算应符合下式要求：

$$\alpha_f\Delta\sigma \leqslant \gamma_t[\Delta\sigma]_{2\times10^6} \tag{2-62}$$

（2）剪应力幅的疲劳计算应符合下式要求：

$$\alpha_f\Delta\tau \leqslant [\Delta\tau]_{2\times10^6} \tag{2-63}$$

式中　α_f——欠载效应的等效系数，按表 2-57 采用。

表 2-57 吊车梁和吊车桁架欠载效应的等效系数 α_f

吊车类别	α_f
A6、A7、A8 工作级别（重级）的硬钩吊车	1.0
A6、A7 工作级别（重级）的软钩吊车	0.8
A4、A5 工作级别（中级）的吊车	0.5

注：轻级工作制吊车梁和吊车桁架以及大多数中级工作制吊车梁，根据多年来使用的情况和设计经验，可不进行疲劳计算。

4. 高强度螺栓连接疲劳计算原则

直接承受动力荷载重复作用的高强度螺栓连接，其疲劳计算应符合下列原则：

（1）抗剪摩擦型连接可不进行疲劳验算，但其连接处开孔主体金属应进行疲劳计算。

（2）栓焊并用连接应力应按全部剪力由焊缝承担的原则，对焊缝进行疲劳计算。

2.10.3 构造要求

直接承受动力荷载重复作用并需进行疲劳验算的钢结构，均应符合本节规定的相关构造要求。

1. 需要疲劳验算的焊接连接

直接承受动力重复作用并需进行疲劳验算的焊接连接除应符合本书 3.1.6 中“1. 塞焊、槽焊、角焊、对接连接”的规定外，尚应符合以下要求：

（1）严禁使用塞焊、槽焊、电渣焊和气电立焊连接。

（2）焊接连接中，当拉应力与焊缝轴线垂直时，严禁采用部分焊透对接焊缝、背面不清根的无衬垫焊缝。

（3）不同厚度板材或管材对接时，均应加工成斜坡过渡；接口的错边量小于较薄板件厚度时，宜将焊缝焊成斜坡状，或将较厚板的一面（或两面）及管材的外壁（或内壁）在焊前加工成斜坡，其坡度最大允许值为 1:4。

2. 需要验算疲劳的吊车梁、吊车桁架及类似结构

需要验算疲劳的吊车梁、吊车桁架及类似结构应符合以下要求：

（1）焊接吊车梁的翼缘板宜用一层钢板，当采用两层钢板时，外层钢板宜沿梁通长设置，并应在设计和施工中采用措施使上翼缘两层钢板紧密接触。

（2）支承夹钳或刚性料耙硬钩起重机以及类似起重机的结构，不宜采用吊车桁架和制动桁架。

（3）焊接吊车桁架应符合以下要求：

1）在桁架节点处，腹杆与弦杆之间的间隙 a 不宜小于 50mm，节点板的两侧边宜做成半径 r 不小于 60mm 的圆弧；节点板边缘与腹杆轴线的夹角 θ 不应小于 30°（图 2-4）；节点板与角钢弦杆的连接焊缝，起落弧点应至少缩进 5mm（图 2-4a）；节点板与 H 形截面弦杆的 T 形对接与角接组合焊缝应予焊透，圆弧处不得有起落弧缺陷，其中重级工作制吊车桁架的圆弧处应予打磨，使之与弦杆平缓过渡（图 2-4b）。

2）杆件的填板当用焊缝连接时，焊缝起落弧点应缩进至少 5mm（图 2-4c），重级工作制吊车桁架杆件的填板应采用高强度螺栓连接。

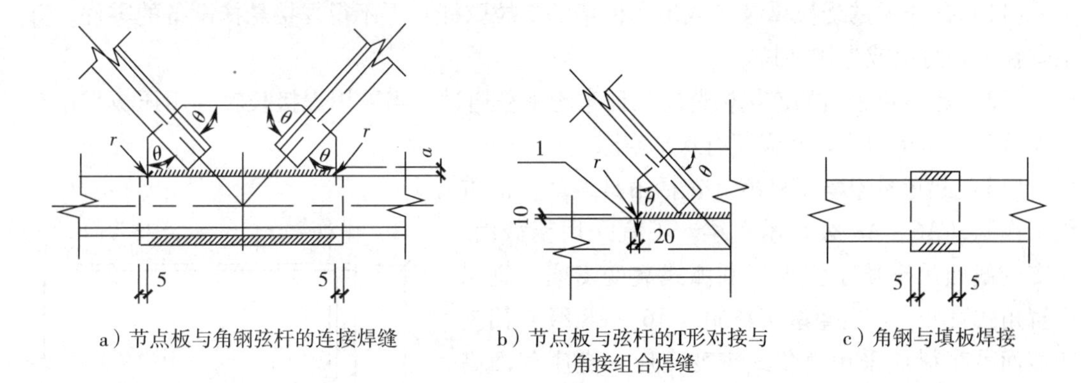

a）节点板与角钢弦杆的连接焊缝

b）节点板与弦杆的T形对接与角接组合焊缝

c）角钢与填板焊接

图 2-4 吊车桁架节点

1—用砂轮磨去

（4）吊车梁翼缘板或腹板的焊接拼接应采用加引弧板和引出板的焊透对接焊缝，引弧板和引出板割去处应予打磨平整。焊接吊车梁和焊接吊车桁架的工地整段拼接应采用焊接或高强度螺栓的摩擦型连接。

（5）在焊接吊车梁或吊车桁架中，焊透的T形连接对接与角接组合焊缝焊趾距腹板的距离宜采用腹板厚度的一半和10mm中的较小值（图2-5）。

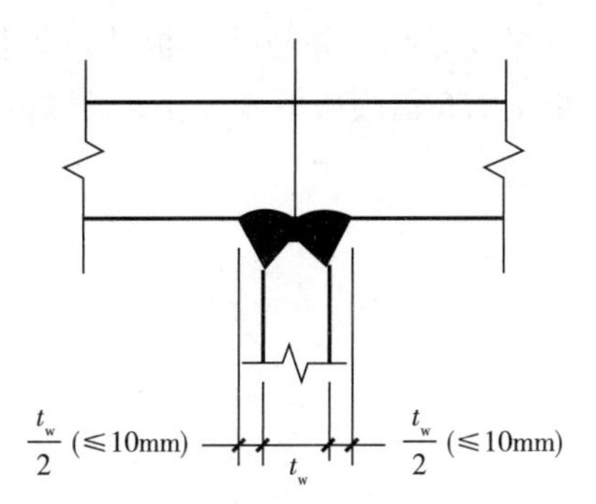

图 2-5 焊透的T形连接对接与角接组合焊缝

（6）吊车梁横向加劲肋宽度不宜小于90mm。在支座处的横向加劲肋应在腹板两侧成对设置，并与梁上下翼缘刨平顶紧。中间横向加劲肋的上端应与梁上翼缘刨平顶紧。在重级工作制吊车梁中，中间横向加劲肋亦应在腹板两侧成对布置，而中、轻级工作制吊车梁则可单侧设置或两侧错开设置。在焊接吊车梁中，横向加劲肋（含短加劲肋）不得与受拉翼缘相焊，但可与受压翼缘焊接。端部支承加劲肋可与梁上下翼缘相焊接，中间横向加劲肋的下端宜在距受拉下翼缘50～100mm处断开，其与腹板的连接焊缝不宜在肋下端起落弧。当吊车梁受拉翼缘（或吊车桁架下弦）与支撑连接时，不宜采用焊接。

（7）直接铺设轨道的吊车桁架上弦，其构造要求应与连续吊车梁相同。

（8）重级工作制吊车梁中，上翼缘与柱或制动桁架传递水平力的连接宜采用高强度螺栓的摩擦型连接，而上翼缘与制动梁的连接可采用高强度螺栓摩擦型连接或焊缝连接。吊车梁端部与柱的连接构造应设法减少由于吊车梁弯曲变形而在连接处产生的附加应力。

（9）当吊车桁架和重级工作制吊车梁跨度等于或大于12m，或轻、中级工作制吊车梁跨度等于或大于18m时，宜设置辅助桁架和下翼缘（下弦）水平支撑系统。当设置垂直支撑时，其位置不宜在吊车梁或吊车桁架竖向挠度较大处。对吊车桁架，应采取构造措施，以防止其上弦因轨道偏心而扭转。

（10）重级工作制吊车梁的受拉翼缘板（或吊车桁架的受拉弦杆）边缘，宜为轧制边或自动气割边，当用手工气割或剪切机切割时，应沿全长刨边。

（11）吊车梁的受拉翼缘（或吊车桁架的受拉弦杆）上不得焊接悬挂设备的零件，并不宜在该处打火或焊接夹具。

（12）起重机钢轨的连接构造应保证车轮平稳通过。当采用焊接长轨且用压板与吊车梁连接时，压板与钢轨间应留有水平空隙（约1mm）。

（13）起重量 $Q \geqslant 1000\text{kN}$（包括吊具重量）的重级工作制（A6～A8 级）吊车梁，不宜采用变截面。简支变截面吊车梁不宜采用圆弧式突变支座，宜采用直角式突变支座。重级工作制（A6～A8 级）简支变截面吊车梁应采用直角式突变支座，支座截面高度 h_2 不宜小于原截面高度的2/3，支座加劲板距变截面处距离 a 不宜大于 $0.5h_2$，下翼缘连接长度 b 不宜小于 $1.5a$（图2-6）。

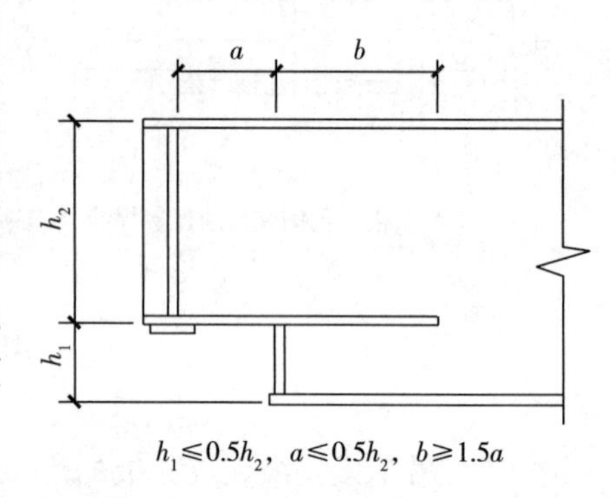

图2-6　直角式突变支座构造

图2-6中在 h_1 高度范围内的竖向端封板厚度可取与腹板等厚，并与插入板坡口焊接；插入板厚度不小于1.5倍腹板厚度，在 b 长度范围内开槽并与腹板焊接。

第3章 钢构件连接

3.1 焊接计算与构造

3.1.1 一般规定

钢结构焊接连接的分类及适用范围，见表3-1。

表3-1 钢结构焊接连接的分类与适用范围

<table>
<tr><th colspan="2">连接种类</th><th>特点</th><th>适用范围</th></tr>
<tr><td rowspan="2">焊接连接</td><td>对接焊缝焊接①</td><td rowspan="2">（1）构造及加工简便，可自动化操作，费用较低
（2）一般不会造成母材截面削弱
（3）连接的刚度大、强度较高并密封性好
（4）由于可焊性要求，对母材材性要求较高
（5）焊接区对疲劳及低温冷脆较敏感
（6）因焊接残余应力与变形，对构件加工及使用有不利影响，重要焊接接头应做焊接工艺评定</td><td>（1）各种板件的对接连接或T形连接
（2）要求熔透（可与母材等强）的焊接；其焊缝质量要求一级及二级标准
（3）板件材料的等强拼接（抗震设计除外）</td></tr>
<tr><td>角焊缝焊接</td><td>（1）各种型材（板材）与板材的搭接连接与非熔透T形连接
（2）板件之间或与型材之间的构造连接</td></tr>
<tr><td colspan="2">栓－焊连接</td><td>（1）在同一截面上，翼缘采用熔透对接焊，腹板采用高强螺栓摩擦连接的并用连接
（2）兼有焊接、栓接两者的优点，承载性能较好</td><td>较普遍用于高层或较重要框架结构的梁柱刚性连接或拼接</td></tr>
</table>

① 用于T形接头的对接焊缝应定义为对接与角接的组合焊缝。

1. 焊接连接构造设计原则

（1）尽量减少焊缝的数量和尺寸。

（2）焊缝的布置宜对称于构件截面的形心轴。

（3）节点区留有足够空间，便于焊接操作和焊后检测。

（4）应避免焊缝密集和双向、三向相交。

（5）焊缝位置宜避开最大应力区。

（6）焊缝连接宜选择等强匹配；当不同强度的钢材连接时，可采用与低强度钢材相匹配的焊接材料。

2. 焊接技术要求（钢结构设计施工图）

（1）构件采用钢材的牌号和焊接材料的型号、性能要求及相应的国家现行标准。

（2）钢结构构件相交节点的焊接部位、有效焊缝长度、焊脚尺寸、部分焊透焊缝的焊透深度。

（3）焊缝质量等级，有无损检测要求时应标明无损检测的方法和检查比例。

（4）工厂制作单元及构件拼装节点的允许范围，并根据工程需要提出结构设计应力图。

3. 焊接技术要求（钢结构制作详图）

（1）对设计施工图中所有焊接技术要求进行详细标注，明确钢结构构件相交节点的焊接部位、焊接方法、有效焊缝长度、焊缝坡口形式、焊脚尺寸、部分焊透焊缝的焊透深度、焊后热处理要求。应避免标注“所有焊缝一律满焊”等一类不明确甚至有害的焊接要求。

（2）明确标注焊缝坡口详细尺寸，如有钢衬垫标注钢衬垫尺寸。

（3）对于重型、大型钢结构，明确工厂制作单元和工地拼装焊接的位置，标注工厂制作或工地安装焊缝。

（4）根据运输条件、安装能力、焊接可操作性和设计允许范围确定构件分段位置和拼接节点，按设计规范有关规定进行焊缝设计并提交原设计单位进行结构安全审核。

4. 焊缝的质量等级

焊缝的质量等级应根据结构的重要性、荷载特性、焊缝形式、工作环境以及应力状态等情况，按下列原则选用：

（1）在承受动荷载且需要进行疲劳验算的构件中，凡要求与母材等强连接的焊缝应焊透，其质量等级应符合以下要求：

1）作用力垂直于焊缝长度方向的横向对接焊缝或T形对接与角接组合焊缝，受拉时应为一级，受压时不应低于二级。

2）作用力平行于焊缝长度方向的纵向对接焊缝不应低于二级。

3）重级工作制（A6～A8）和起重量$Q \geqslant 50t$的中级工作制（A4、A5）吊车梁的腹板与上翼缘之间以及吊车桁架上弦杆与节点板之间的T形连接部位焊缝应焊透，焊缝形式宜为对接与角接的组合焊缝，其质量等级不应低于二级。

（2）在工作温度等于或低于-20℃的地区，构件对接焊缝的质量不得低于二级。

（3）不需要疲劳验算的构件中，凡要求与母材等强的对接焊缝宜焊透，其质量等级受拉时不应低于二级，受压时不宜低于二级。

（4）部分焊透的对接焊缝、采用角焊缝或部分焊透的对接与角接组合焊缝的T形连接部位，以及搭接连接角焊缝，其质量等级应符合以下要求：

1）直接承受动荷载且需要疲劳验算的结构和吊车起重量等于或大于50t的中级工作制吊车梁以及梁柱、牛腿等重要节点不应低于二级。

2）其他结构可为三级。

5. GB 50017—2017 要求全焊透的焊缝

GB 50017—2017 要求全焊透的焊缝，见表 3-2。

表 3-2　GB 50017—2017 要求全焊透的焊缝

<table>
<tr><th colspan="2">连接情况</th><th>焊缝</th><th>相关条文</th><th>备注</th></tr>
<tr><td>不需要疲劳验算的构件</td><td>凡要求与母材等强时</td><td>对接焊缝</td><td>11.1.6</td><td></td></tr>
<tr><td colspan="2">工作温度等于或低于 -20℃地区的构件</td><td>对接焊缝</td><td>11.1.6</td><td></td></tr>
<tr><td colspan="2">直接承受动荷载且需要疲劳验算的结构和吊车起重量等于或大于 50t 的中级工作制吊车梁以及梁柱、牛腿等重要节点</td><td>角焊缝、搭接连接角焊缝</td><td>11.1.6</td><td></td></tr>
<tr><td rowspan="4">承受动荷载需经疲劳验算的连接</td><td rowspan="2">凡要求与母材等强连接时</td><td>作用力垂直于焊缝长度方向的横向对接焊缝或 T 形对接与角接组合焊缝</td><td>11.1.6</td><td></td></tr>
<tr><td>作用力平行于焊缝长度方向的纵向对接焊缝</td><td>11.1.6</td><td></td></tr>
<tr><td>重级工作制（A6～A8）和起重量 Q≥50t 的中级工作制（A4、A5）吊车梁的腹板与上翼缘之间以及吊车桁架上弦杆与节点板之间的 T 形连接部位</td><td>对接与角接的组合焊缝</td><td>11.1.6</td><td></td></tr>
<tr><td>拉应力与焊缝轴线垂直时</td><td>对接焊缝</td><td>11.1.6、11.3.4</td><td>严禁采用部分焊透对接焊缝、背面不清根的无衬垫焊缝</td></tr>
<tr><td>对接与角接组合焊缝和 T 形连接</td><td>承受动荷载时</td><td>全焊坡口焊缝</td><td>11.3.4</td><td>采用角焊缝加强，加强焊脚尺寸不应大于连接部位较薄件厚度的 1/2，但最大值不得超过 10mm</td></tr>
<tr><td colspan="2">腹板与翼缘的连接</td><td>T 形对接与角接组合焊缝</td><td>11.2.7</td><td>按设计要求</td></tr>
<tr><td colspan="2">重要连接或有等强要求</td><td>对接焊缝</td><td>11.3.1</td><td>较厚板件或无须焊透时可采用部分熔透焊缝</td></tr>
<tr><td colspan="2">梁柱刚性节点中当工字形梁翼缘与 H 形柱的翼缘焊接</td><td>T 形对接焊缝</td><td>12.3.4</td><td>按设计要求</td></tr>
<tr><td>梁柱节点区柱腹板加劲肋或隔板</td><td>横向加劲肋与柱翼缘连接</td><td>T 形对接焊缝</td><td>12.3.5</td><td></td></tr>
</table>

（续）

连接情况		焊缝	相关条文	备注
梁柱节点区柱腹板加劲肋或隔板	横向加劲肋与柱腹板的连接	对接焊缝	12.3.5	梁与H形截面柱弱轴方向连接时
	箱形柱中的横向隔板与柱翼缘的连接	T形对接焊缝	12.3.5	无法进行电弧焊的焊缝且柱壁板厚度不小于16mm的可采用熔化嘴电渣
焊接吊车桁架	节点板与H形截面弦杆的连接	T形对接与角接组合焊缝	16.3.2	
吊车梁翼缘板或腹板的焊接拼接		对接焊缝	16.3.2	应采用引弧板和引出板
塑性耗能区板件间的连接		对接焊缝	17.3.2	

注：表中相关条文指GB 50017—2017。

6. 焊接性试验与焊接工艺评定

焊接工程中，首次采用的新钢种应进行焊接性试验，合格后应根据现行国家标准《钢结构焊接规范》GB 50661的规定进行焊接工艺评定。

焊接性试验是指评定母材金属的试验。钢材的焊接性是指钢材对焊接加工的适应性，是用以衡量钢材在一定工艺条件下获得优质接头的难易程度和该接头能否在使用条件下可靠运行的具体技术指标。焊接性试验是对设计首次使用的钢种可焊性的具有探索性的科研试验，具有一定的风险性。

新钢种焊接性试验主要分为直接性试验和间接性试验，间接性试验包括SH-CCT图、WM-CCT图，冷、热裂纹敏感性试验，再热裂纹敏感性试验，层状撕裂窗口试验等。焊接性试验是焊接工艺评定的技术依据。在采用新钢种设计的焊接工程中，不可缺少焊接性试验。

焊接工艺评定是在钢结构工程开始焊接前，按照焊接性试验结果所拟定的焊接工艺，根据现行国家标准《钢结构焊接规范》GB 50661的有关规定测定焊接接头是否具有所要求的使用性能，从而验证所拟定的焊接工艺是否正确的技术工作。钢结构进行焊接工艺评定的主要目的如下：

（1）验证所拟定的焊接工艺是否正确。这项工作包括通过金属焊接性试验或根据有关焊接性能的技术资料所拟定的工艺，也包括已经评定合格，但由于某种原因需要改变一个或一个以上的焊接工艺参数的工艺。

金属焊接性试验制定的工艺也经历了一系列试验，是具有探索性，同时也具有一定风险性的科研工作，主要任务是研究钢材的焊接性能。由于目的不同，与实际工程相比，焊接条件尚存在一定的差距，需要把实验室的数据变为工程的工艺，因此需要进行检验。

（2）评价施工单位是否能焊出符合有关要求的焊接接头。焊接工艺评定具有不可输入性，不可以转让。焊接工艺评定必须根据本单位的实际情况来进行。因为焊接质量由“人员、机器、物料、方法、环境”五大管理要素决定，单位不同其管理要素也不同，所完成的焊接工艺评定的水平也不同，进而带来的焊接技术也不同。事实上，在进行焊接工艺评定的过程中，有的单位经常有不合格的情况发生，充分证实了这一点。

3.1.2 焊缝坡口形式、尺寸代号和标记

1. 焊接位置、接头形式、坡口形式、焊缝类型及管结构节点形式代号

焊接位置、接头形式、坡口形式、焊缝类型及管结构节点形式代号，应符合表3-3的规定。管结构节点形式如图3-1所示。

表3-3 焊接位置、接头形式、坡口形式、焊缝类型及管结构节点形式代号

类别	代号	说明	类别	代号	说明
焊接位置代号	F	平焊	接头形式代号	B	对接接头
	H	横焊		T	T形接头
	V	立焊		X	十字接头
	O	仰焊		C	角接接头
坡口形式代号	I	I形坡口		F	搭接接头
	V	V形坡口	焊缝类型代号	B（G）	板（管）对接焊缝
	X	X形坡口		C	角接焊缝
	L	单边V形坡口		B_C	对接与角接组合焊缝
	K	K形坡口	管结构节点形式代号	T	T形节点
	U①	U形坡口		K	K形节点
	J②	单边U形坡口		Y	Y形节点

①②当钢板厚度不小于50mm时，可采用U形或J形坡口。

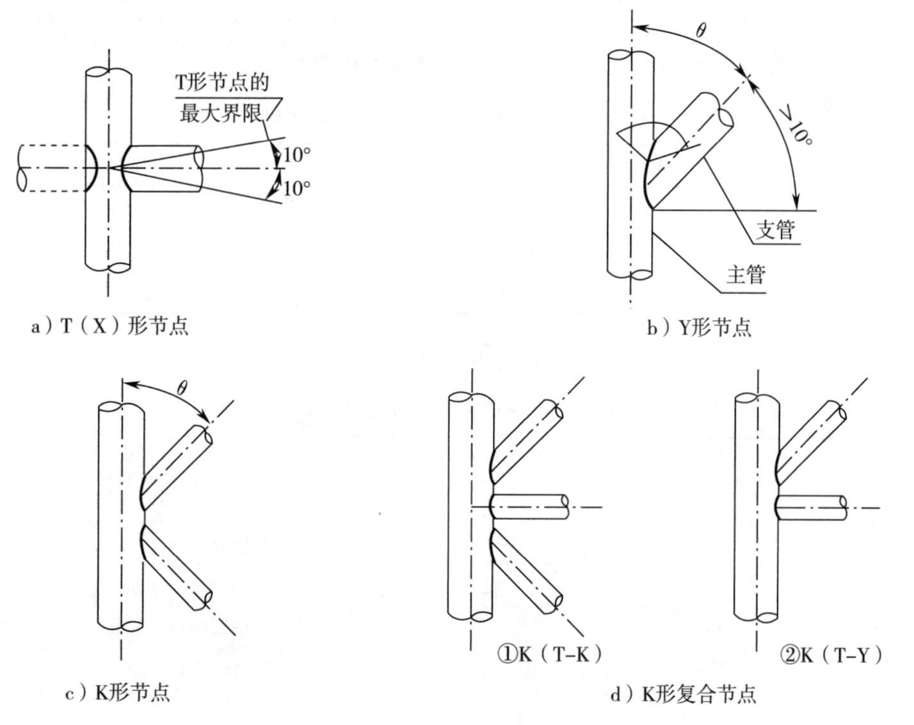

a）T（X）形节点 b）Y形节点 c）K形节点 d）K形复合节点

图3-1 管结构节点形式

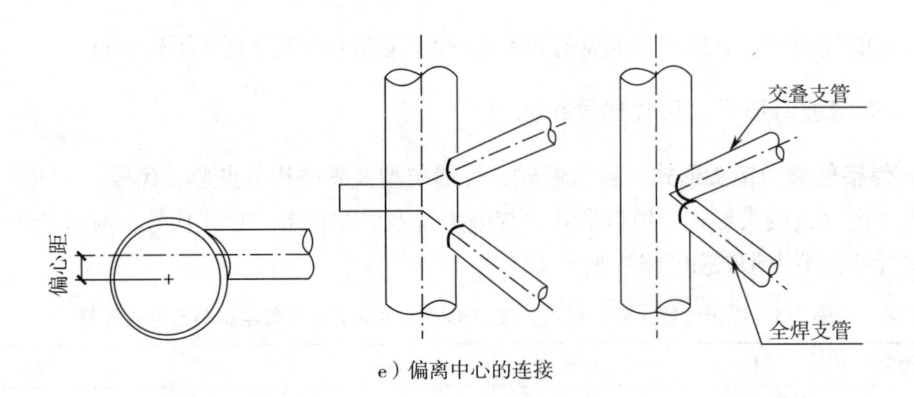

e）偏离中心的连接

图 3-1　管结构节点形式（续）

2. 各种焊接方法及接头坡口尺寸代号

（1）焊接方法及焊透种类代号应符合表 3-4 的规定。

表 3-4　焊接方法及焊透种类代号

代号	焊接方法	焊透种类
MC	焊条电弧焊	完全焊透
MP		部分焊透
GC	气体保护电弧焊 药芯焊丝自保护电弧焊	完全焊透
GP		部分焊透
SC	埋弧焊	完全焊透
SP		部分焊透
SL	电渣焊	完全焊透

（2）单、双面焊接及衬垫种类代号应符合表 3-5 的规定。

表 3-5　单、双面焊接及衬垫种类代号

反面衬垫种类		单、双面焊接	
代号	使用材料	代号	单、双焊接面规定
BS	钢衬垫	1	单面焊接
BF	其他材料的衬垫	2	双面焊接

（3）坡口各部分尺寸代号应符合表 3-6 的规定。

表 3-6　坡口各部分的尺寸代号

代号	代表的坡口各部分尺寸
t	接缝部位的板厚（mm）
b	坡口根部间隙或部件间隙（mm）
h	坡口深度（mm）
P	坡口钝边（mm）
α	坡口角度（°）

3.1.3 焊缝连接计算

角焊缝的搭接焊缝连接中，当焊缝计算长度 l_w 超过 $60h_f$ 时，焊缝的承载力设计值应乘以折减系数 α_f，$\alpha_f = 1.5 - l_w/(120h_f)$，并不小于0.5。

1. 直角角焊缝

直角角焊缝强度及其焊缝计算厚度，见表3-7。

表3-7 直角角焊缝强度及其焊缝计算厚度

项目	计算公式	备注
直角角焊缝强度	在通过焊缝形心的拉力、压力或剪力作用下： 正面角焊缝（作用力垂直于焊缝长度方向）强度： $\sigma_f = \dfrac{N}{h_e l_w} \leqslant \beta_f f_f^w$ (3-1) 侧面角焊缝（作用力平行于焊缝长度方向）强度： $\tau_f = \dfrac{N}{h_e l_w} \leqslant f_f^w$ (3-2) 在各种力综合作用下，σ_f 和 τ_f 共同作用处： $\sqrt{\left(\dfrac{\sigma_f}{\beta_f}\right)^2 + \tau_f^2} \leqslant f_f^w$ (3-3)	角焊缝两焊脚边夹角为直角的称为直角角焊缝 角焊缝的有效面积应为焊缝计算长度与计算厚度 h_e 的乘积。对任何方向的荷载，角焊缝上的应力应视为作用在这一有效面积上 角焊缝按其与外力方向的不同可分为侧面焊缝、正面焊缝、斜焊缝以及由它们组合而成的围焊缝。由于角焊缝的应力状态极为复杂，因而建立角焊缝计算公式要靠试验分析 国内外的大量试验结果证明，角焊缝的强度和外力的方向有直接关系。其中，侧面焊缝的强度最低，正面焊缝的强度最高，斜焊缝的强度介于二者之间 国内对直角角焊缝的大批试验结果表明：正面焊缝的破坏强度是侧面焊缝的1.35～1.55倍
直角角焊缝计算厚度 h_e	直角角焊缝计算厚度 h_e（图3-2）应按下列公式计算（塞焊和槽焊焊缝计算厚度 h_e 可按角焊缝的计算方法确定）： 当间隙 $b \leqslant 1.5$mm 时： $h_e = 0.7h_f$ (3-4) 当间隙 $1.5\text{mm} < b \leqslant 5$mm 时： $h_e = 0.7(h_f - b)$ (3-5)	也适用于搭接角焊缝

注：式中 σ_f——按焊缝有效截面（$h_e l_w$）计算，垂直于焊缝长度方向的应力（N/mm^2）；

τ_f——按焊缝有效截面计算，沿焊缝长度方向的剪应力（N/mm^2）；

h_e——直角角焊缝的计算厚度（mm），当两焊件间隙 $b \leqslant 1.5$mm 时，$h_e = 0.7h_f$；$1.5\text{mm} < b \leqslant 5$mm 时，$h_e = 0.7(h_f - b)$，$h_f$ 为焊脚尺寸（图3-3）；

l_w——角焊缝的计算长度（mm），对每条焊缝取其实际长度减去 $2h_f$；

f_f^w——角焊缝的强度设计值（N/mm^2）；

β_f——正面角焊缝的强度设计值增大系数，对承受静力荷载和间接承受动力荷载的结构，$\beta_f = 1.22$；对直接承受动力荷载的结构，$\beta_f = 1.0$。

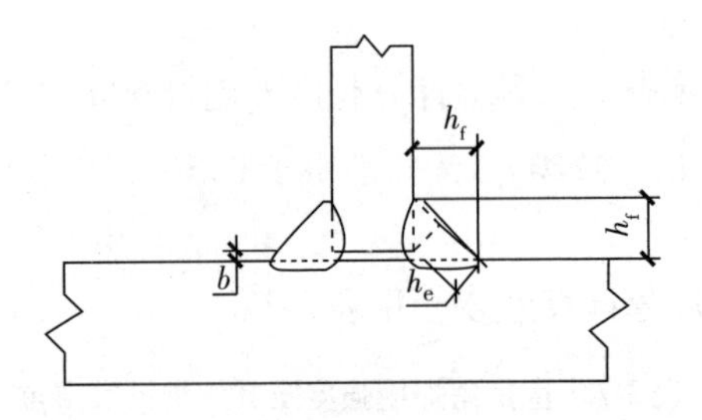

图 3-2　直角角焊缝计算厚度

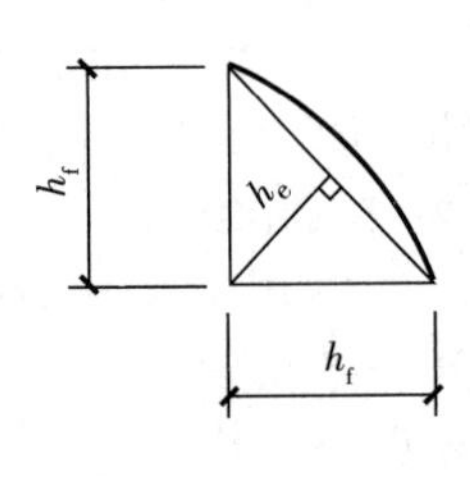

a）等边直角焊缝截面

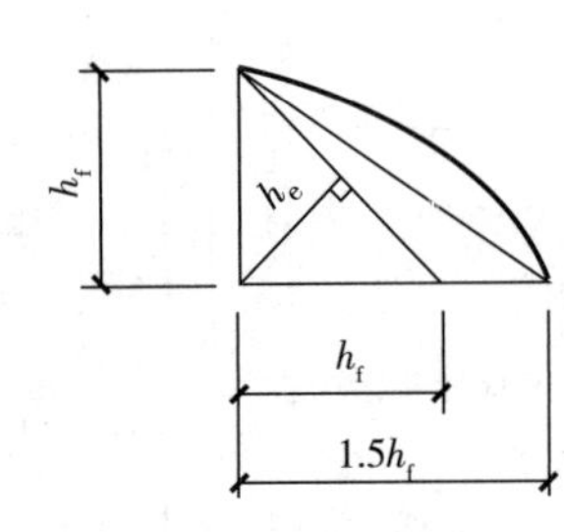

b）不等边直角焊缝截面

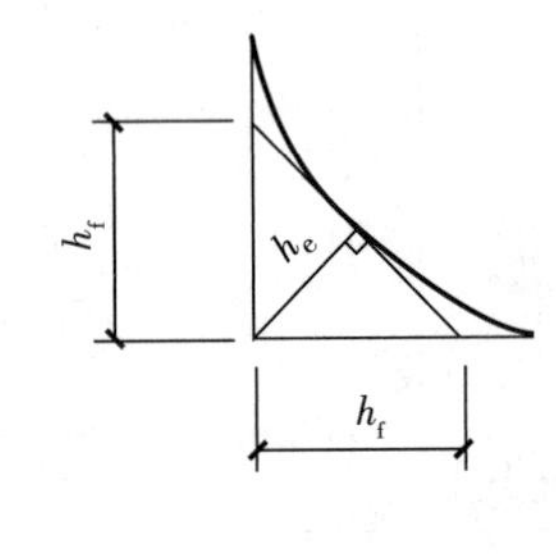

c）等边凹形直角焊缝截面

图 3-3　直角角焊缝截面

2. 全熔透的对接焊缝或对接与角接组合焊缝

全熔透的对接焊缝或对接与角接组合焊缝强度及焊缝计算厚度，见表 3-8。

表 3-8　全熔透的对接焊缝或对接与角接组合焊缝强度及焊缝计算厚度

项目	计算公式	备注
焊缝强度计算	在对接和 T 形连接中，垂直于轴心拉力或轴心压力的对接焊接或对接与角接组合焊缝，其强度应按下式计算： $$\sigma = \frac{N}{l_w h_e} \leqslant f_t^w \text{ 或 } f_c^w \quad (3\text{-}6)$$	凡要求等强的对接焊缝施焊时均应采用引弧板和引出板，以避免焊缝两端的起、落弧缺陷。在某些特殊情况下无法采用引弧板和引出板时，计算每条焊缝长度时应减去 $2t$（t 为焊件的较小厚度），因为缺陷长度与焊件的厚度有关 当承受轴心力的板件用斜焊缝对接，焊缝与作用力间的夹角 θ 符合 $\tan\theta \leqslant 1.5$ 时，其强度可不计算
	在对接和 T 形连接中，承受弯矩和剪力共同作用的对接焊缝或对接与角接组合焊缝，其正应力和剪应力应分别进行计算。但在同时受有较大正应力和剪应力处（如梁腹板横向对接焊缝的端部）应按下式计算折算应力： $$\sqrt{\sigma^2 + 3\tau^2} \leqslant 1.1 f_t^w \quad (3\text{-}7)$$	

（续）

项目	计算公式	备注
焊缝计算厚度 h_e	全熔透的对接焊缝及对接与角接组合焊缝，采用双面焊时，反面应清根后焊接，其焊缝计算厚度 h_e 对于对接焊缝应为焊接部位较薄的板厚，对于对接与角接组合焊缝（图 3-4），其焊缝计算厚度 h_e 应为坡口根部至焊缝两侧表面（不计余高）的最短距离之和 采用加衬垫单面焊，当坡口形式、尺寸符合现行国家标准《钢结构焊接规范》GB 50661—2011 表 A. 0. 2 ~ 表 A. 0. 4 的规定时，其焊缝计算厚度 h_e 应为坡口根部至焊缝表面（不计余高）的最短距离	

注：式中 N——轴心拉力或轴心压力（N）；

l_w——焊缝长度（mm）；

h_e——对接焊缝的计算厚度（mm），在对接连接节点中取连接件的较小厚度，在 T 形连接节点中取腹板的厚度；

f_t^w、f_c^w——对接焊缝的抗拉、抗压强度设计值（N/mm^2）。

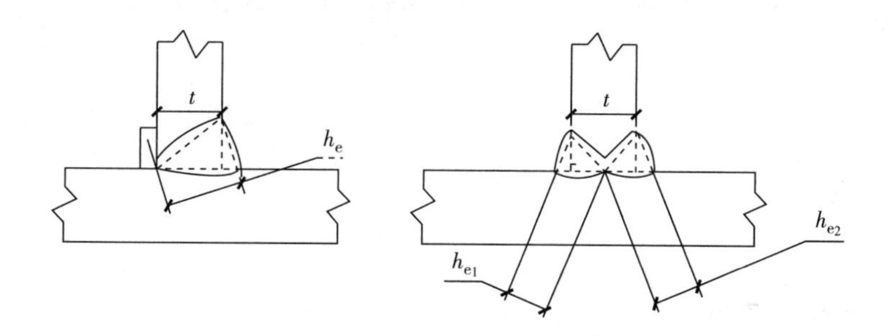

图 3-4 全熔透的对接与角接组合焊缝计算厚度 h_e

3. 部分熔透对接焊缝及对接与角接组合焊缝

部分熔透对接焊缝及对接与角接组合焊缝强度及焊缝计算厚度，见表 3-9。

表 3-9 部分熔透对接焊缝及对接与角接组合焊缝强度及焊缝计算厚度

项目	计算规定	备注
焊缝强度计算	部分熔透的对接焊缝和 T 形对接与角接组合焊缝（图 3-5）的强度，应按式（3-1）～式（3-3）计算。当熔合线处焊缝截面边长等于或接近于最短距离 s 时，抗剪强度设计值应按角焊缝的强度设计值乘以 0.9。在垂直于焊缝长度方向的压力作用下，取 $\beta_f=1.22$，其他情况取 $\beta_f=1.0$，其计算厚度 h_e 宜按下列规定取值： （1）V 形坡口（图 3-5a）： 当 $\alpha \geqslant 60°$ 时： $h_e=s$ 当 $\alpha<60°$ 时： $h_e=0.75s$	部分熔透的对接焊缝，包括部分焊透的对接与角接组合焊缝，其工作情况与角焊缝类似，取 $\beta_f=1.0$，即不考虑应力方向 考虑到 $\alpha \geqslant 60°$ 的 V 形坡口，焊缝根部可以焊满，故取 $h_e=s$；当 $\alpha<60°$ 时，取 $h_e=0.75s$，是考虑焊缝根部不易焊满和在熔合线上强度较低的情况 对于垂直于焊缝长度方向受力的不予焊透对接焊缝，因取 $\beta_f=1.0$，已具有一定的潜力，此种情况不再乘以 0.9

（续）

项目	计算规定	备注
焊缝强度计算	（2）单边V形和K形坡口（图3-5b、图3-5c）： 当 $\alpha=45°\pm5°$ 时： $$h_e=s-3\text{mm}$$ （3）U形和J形坡口（图3-5d、图3-5e）： 当 $\alpha=45°\pm5°$ 时： $$h_e=s$$	在垂直于焊缝长度方向的压力作用下，由于可以通过焊件直接传递一部分内力，根据试验研究，可将强度设计值乘以1.22，相当于取 $\beta_f=1.22$，而且不论熔合线处焊缝截面边长是否等于最小距离均可如此处理
焊缝计算厚度 h_e	部分熔透对接焊缝及对接与角接组合焊缝，其焊缝计算厚度 h_e（图3-6）应根据不同的焊接方法、坡口形式及尺寸、焊接位置对坡口深度 h 进行折减，并应符合表3-10的规定 V形坡口 $\alpha\geqslant60°$ 及U、J形坡口，当坡口尺寸符合现行国家标准《钢结构焊接规范》GB 50661—2011 表A.0.5～表A.0.7的规定时，焊缝计算厚度 h_e 应为坡口深度 h	焊缝计算厚度 h_e 折减计算方法，参见表3-10和表3-11

注：式中 s——坡口深度，即根部至焊缝表面（不考虑余高）的最短距离（mm）；

α——V形、单边V形或K形坡口角度（°）。

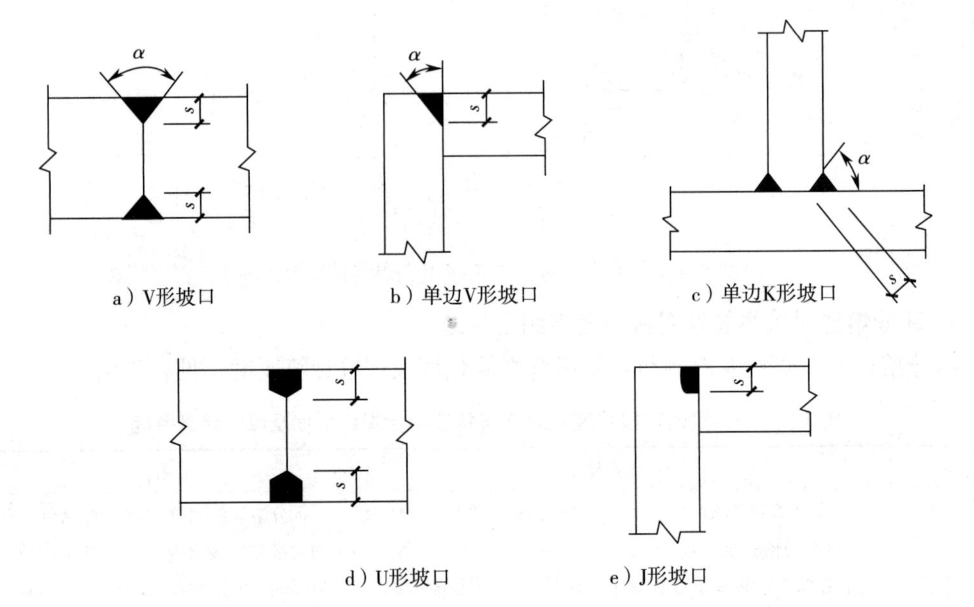

图3-5 部分熔透的对接焊缝和T形对接与角接组合焊缝截面

表3-10 部分熔透的对接焊缝及对接与角接组合焊缝计算厚度

图号	坡口形式	焊接方法	t/mm	α/(°)	b/mm	P/mm	焊接位置	焊缝计算厚度 h_e/mm
图3-6a	I形坡口单面焊	焊条电弧焊	3	—	1.0～1.5	—	全部	$t-1$
图3-6b	I形坡口单面焊	焊条电弧焊	$3<t\leqslant6$	—	$t/2$	—	全部	$t/2$
图3-6c	I形坡口双面焊	焊条电弧焊	$3<t\leqslant6$	—	$t/2$	—	全部	$3t/4$

（续）

图号	坡口形式	焊接方法	t/mm	α/（°）	b/mm	P/mm	焊接位置	焊缝计算厚度 h_e/mm
图 3-6d	单 V 形坡口	焊条电弧焊	≥6	45	0	3	全部	$h-3$
图 3-6d	L 形坡口	气体保护焊	≥6	45	0	3	F，H	h
							V，O	$h-3$
图 3-6d	L 形坡口	埋弧焊	≥12	60	0	6	F	h
							H	$h-3$
图 3-6e、f	K 形坡口	焊条电弧焊	≥8	45	0	3	全部	h_1+h_2-6
图 3-6e、f	K 形坡口	气体保护焊	≥12	45	0	3	F，H	h_1+h_2
							V，O	h_1+h_2-6
图 3-6e、f	K 形坡口	埋弧焊	≥20	60	0	6	F	—

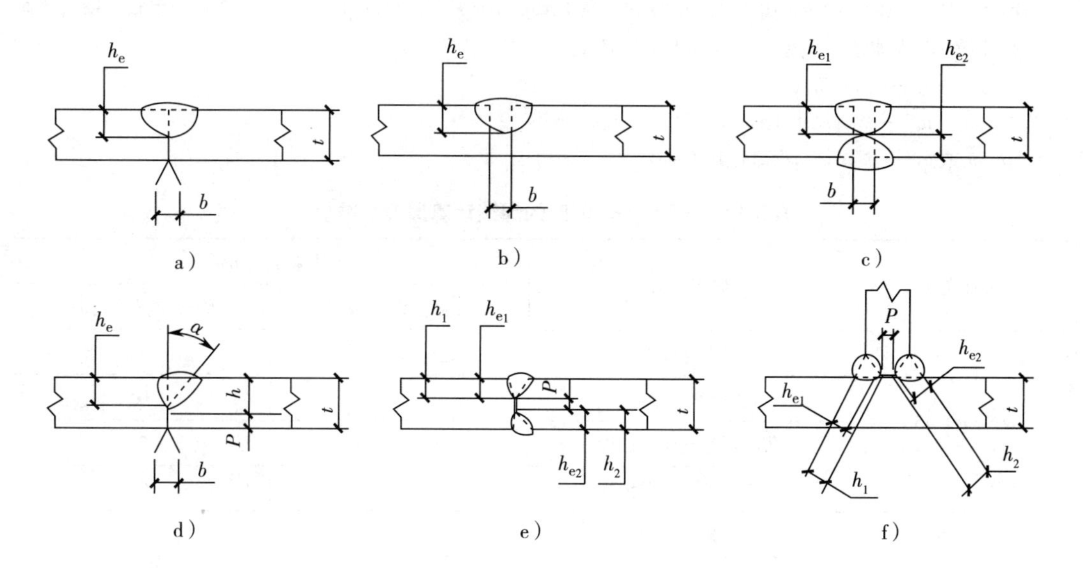

图 3-6　部分熔透的对接焊缝及对接与角接组合焊缝计算厚度

4. 斜角角焊缝

斜角角焊缝强度及计算厚度 h_e，见表 3-11。

表 3-11　T 斜角角焊缝强度及计算厚度 h_e

项目	计算规定	备注
焊缝强度计算	T 形连接的斜角角焊缝（图 3-7），其强度应按式（3-1）~式（3-3）计算，但取 $\beta_f=1.0$	角焊缝两焊脚边夹角为锐角或钝角的称为斜角角焊缝
焊缝计算厚度 h_e	两焊脚边夹角为 $60° \leqslant \psi \leqslant 135°$（图 3-8a、b、c）时，焊缝计算厚度 h_e 的计算应符合下列规定： （1）当根部间隙 b、b_1 或 $b_2 \leqslant 15$mm 时： $h_e=h_f\cos(\psi/2)$　（3-8）	当 $b_i \geqslant 5$mm 时，焊缝质量不能保证，应采取专门措施解决 对于斜 T 形接头的角焊缝，在设计图中应绘制大样，详细标明两侧角焊缝的焊脚尺寸

（续）

<table>
<tr><th>项目</th><th>计算规定</th><th>备注</th></tr>
<tr><td rowspan="3">焊缝计算厚度 h_e</td><td>（2）当根部间隙 b、b_1或 $b_2>1.5$mm 但≤5mm 时：
$$h_e=[h_f-\frac{b(或 b_1、b_2)}{\sin\psi}]\cos\frac{\psi}{2} \quad (3-9)$$</td><td>当 $b_i\geqslant$5mm 时，焊缝质量不能保证，应采取专门措施解决
对于斜 T 形接头的角焊缝，在设计图中应绘制大样，详细标明两侧角焊缝的焊脚尺寸</td></tr>
<tr><td>两焊脚边夹角 $30°\leqslant\psi<60°$（图 3-8d）时，将式（3-8）和式（3-9）所计算的焊缝计算厚度 h_e减去折减值 z，不同焊接条件的折减值之应符合表 3-12 的规定</td><td></td></tr>
<tr><td>$\psi<30°$时，必须进行焊接工艺评定，确定焊缝计算厚度</td><td></td></tr>
</table>

注：式（3-8）和式（3-9）摘自现行国家标准《钢结构焊接规范》GB 50661，其对“两焊脚边夹角”给出“两面角 ψ”的提法，避免与“坡口角度 α”混淆。

式中 ψ——两面角（°）；

h_f——焊脚尺寸（mm）；

b、b_1或 b_2——焊缝坡口根部间隙（mm）。

表 3-12 $30°\leqslant\psi<60°$时的焊缝计算厚度折减值 z

两面角 ψ	焊接方法	折减值 z/mm	
		焊接位置 V 或 O	焊接位置 F 或 H
$60°>\psi\geqslant45°$	焊条电弧焊	3	3
	药芯焊丝自保护焊	3	0
	药芯焊丝气体保护焊	3	0
	实心焊丝气体保护焊	3	0
$45°>\psi\geqslant30°$	焊条电弧焊	6	6
	药芯焊丝自保护焊	6	3
	药芯焊丝气体保护焊	10	6
	实心焊丝气体保护焊	10	6

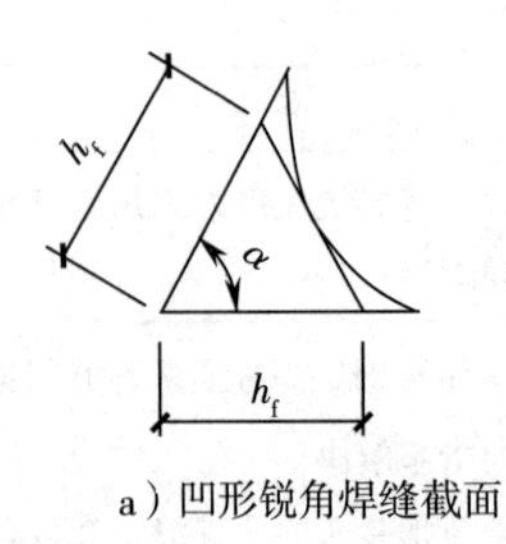

a）凹形锐角焊缝截面

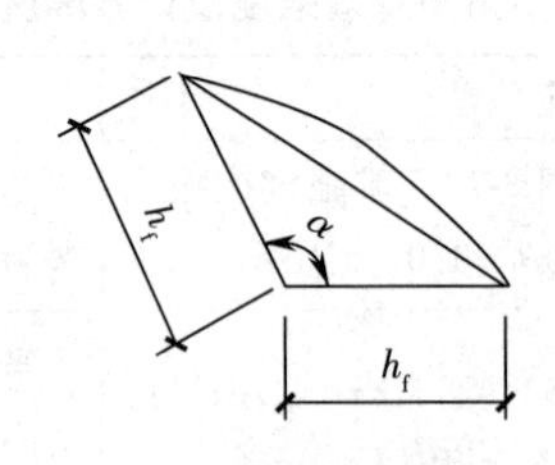

b）钝角焊缝截面

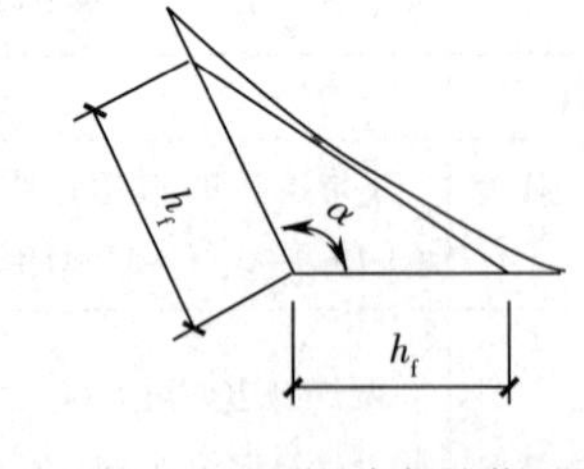

c）凹形钝角焊缝截面

图 3-7 T 形连接的斜角角焊缝截面

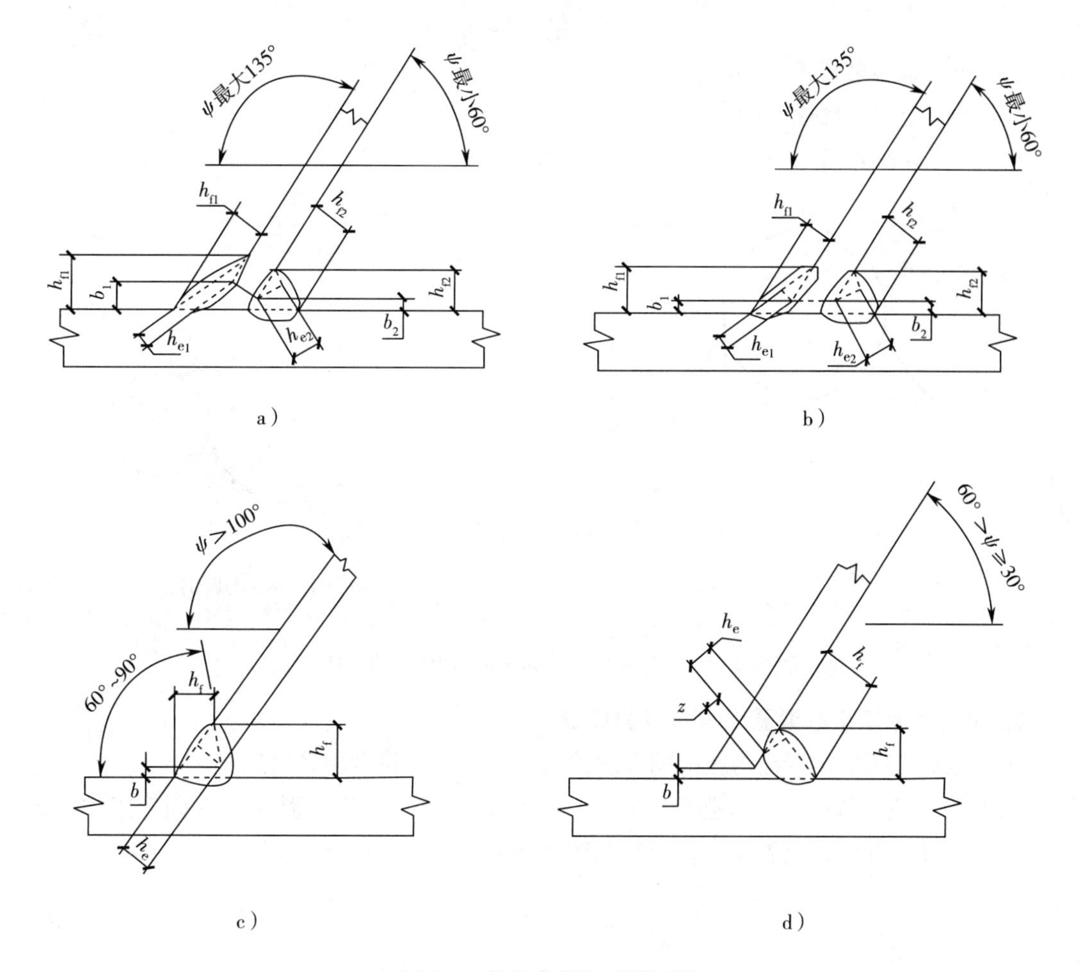

图 3-8　斜角角焊缝计算厚度

ψ—两面角　b、b_1或b_2—根部间隙　h_f—焊脚尺寸　h_e—焊缝计算厚度　z—焊缝计算厚度折减值

5. 圆形塞焊焊缝和圆孔或槽孔内角焊缝

塞焊和槽焊焊缝计算厚度 h_e 可按角焊缝的计算方法确定；圆形塞焊焊缝和圆孔或槽孔内角焊缝的强度应分别按式（3-10）和式（3-11）计算：

$$\tau_f = \frac{N}{A_w} \leqslant f_f^w \tag{3-10}$$

$$\tau_f = \frac{N}{h_e l_w} \leqslant f_f^w \tag{3-11}$$

式中　A_w——塞焊圆孔面积（mm^2）；

l_w——圆孔内或槽孔内角焊缝的计算长度（mm）。

6. 圆钢与平板、圆钢与圆钢之间的焊缝

圆钢与平板、圆钢与圆钢之间的焊缝计算厚度 h_e 应按下列公式计算：

（1）圆钢与平板连接（图 3-9a）：

$$h_e = 0.7h_f \tag{3-12}$$

（2）圆钢与圆钢连接（图 3-9b）：

$$h_e = 0.1(d_1 + 2d_2) - a \tag{3-13}$$

式中 d_1——大圆钢直径（mm）；

d_2——小圆钢直径（mm）；

a——焊缝表面至两个圆钢公切线的间距（mm）。

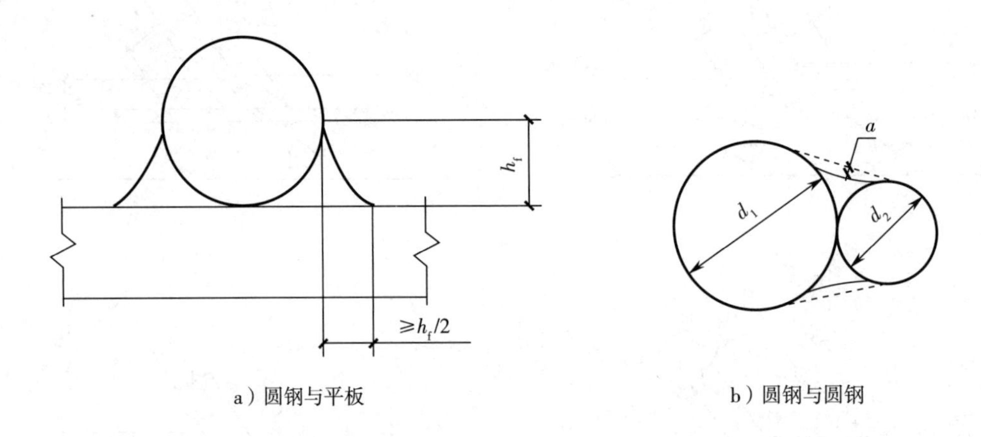

a）圆钢与平板　　b）圆钢与圆钢

图 3-9　圆钢与平板、圆钢与圆钢焊缝计算厚度

7. 焊接截面工字形梁翼缘与腹板的焊缝

焊接截面工字形梁翼缘与腹板的焊缝连接强度计算应符合下列规定：

（1）双面角焊缝连接，其强度应按式（3-14）计算。当梁上翼缘受有固定集中荷载时，宜在该处设置顶紧上翼缘的支承加劲肋，按式（3-14）计算时取 $F=0$。

$$\frac{1}{2h_e}\sqrt{\left(\frac{VS_f}{I}\right)^2 + \left(\frac{\psi F}{\beta_f l_z}\right)^2} \leqslant f_f^w \tag{3-14}$$

式中 S_f——所计算翼缘毛截面对梁中和轴的面积矩（mm^3）；

I——梁的毛截面惯性矩（mm^4）；

F、ψ、l_z——按 GB 50017—2017 第 6.1.4 条采用；

β_f——正面角焊缝的强度设计值增大系数，对直接承受动力荷载的梁（如吊车梁），取 $\beta_f=1.0$，对承受静力荷载或间接承受动力荷载的梁（当集中荷载处无支承加劲肋时），取 $\beta_f=1.22$。

（2）当腹板与翼缘的连接焊缝采用焊透的 T 形对接与角接组合焊缝时，其焊缝强度可不计算。

3.1.4　组焊构件焊接节点

受力和构造焊缝可采用对接焊缝、角接焊缝、对接与角接组合焊缝、塞焊焊缝、槽焊焊缝，重要连接或有等强要求的对接焊缝应为熔透焊缝，较厚板件或无须焊透时可采用部分熔透焊缝。

圆形塞焊焊缝、圆孔或槽孔内角焊缝只能用于抗剪和防止板件屈曲的约束连接。

1. 不同厚度和宽度的材料对接处的平缓过渡

不同厚度和宽度的材料对接时，应作平缓过渡，其连接处坡度值不宜大于1:25。

（1）不同厚度的板材或管材对接接头受拉时，其允许厚度差值（t_1-t_2）应符合表3-13的规定。当厚度差值（t_1-t_2）超过表3-13的规定时应将焊缝焊成斜坡状，其坡度最大允许值应为1:2.5，或将较厚板的一面或两面及管材的内壁或外壁在焊前加工成斜坡，其坡度最大允许值应为1:2.5（图3-10和图3-11）。

表3-13　不同厚度钢材对接的允许厚度差　　（单位：mm）

较薄钢材厚度 t_2	$5\leq t_2\leq 9$	$9<t_2\leq 12$	$t_2>12$
允许厚度差 t_1-t_2	2	3	4

（2）不同宽度的板材对接时，应根据施工条件采用热切割、机械加工或砂轮打磨的方法使之平缓过渡，其连接处最大允许坡度值应为1:2.5（图3-11e）。

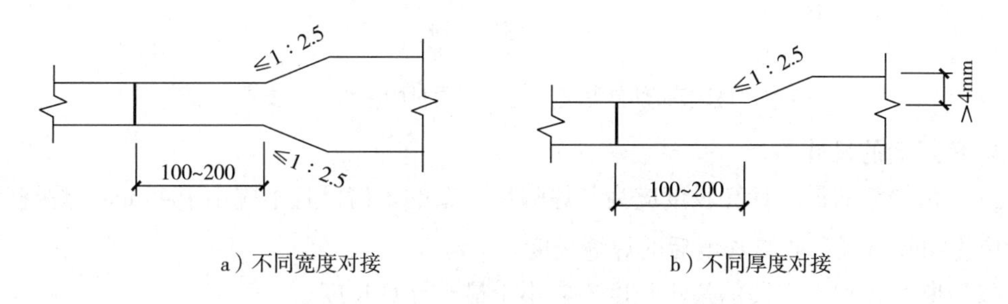

图3-10　不同宽度或厚度铸钢件的拼接

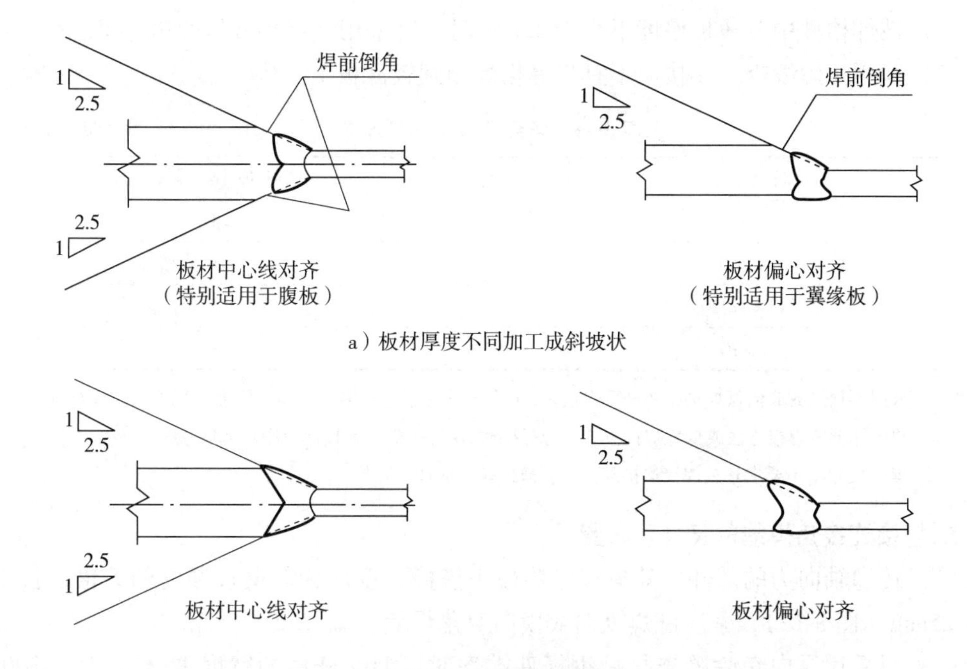

图3-11　对接接头部件厚度、宽度不同时的平缓过渡要求

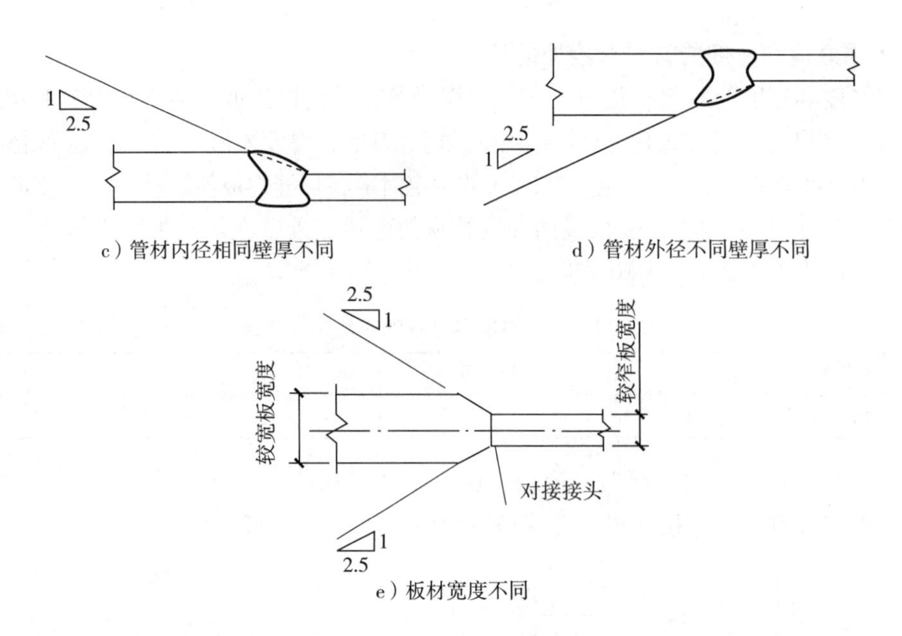

图 3-11　对接接头部件厚度、宽度不同时的平缓过渡要求（续）

2. 角焊缝的尺寸

（1）角焊缝的最小计算长度应为其焊脚尺寸 h_f的 8 倍，且不应小于 40mm；焊缝计算长度应为扣除引弧、收弧长度后的焊缝长度。

（2）断续角焊缝焊段的最小长度不应小于最小计算长度。

（3）角焊缝最小焊脚尺寸宜按表 3-14 取值，承受动荷载时角焊缝焊脚尺寸不宜小于 5mm。

（4）被焊构件中较薄板厚度不小于 25mm 时，宜采用开局部坡口的角焊缝。

（5）采用角焊缝焊接连接，不宜将厚板焊接到较薄板上。

表 3-14　角焊缝最小焊脚尺寸　（单位：mm）

母材厚度 t	角焊缝最小焊脚尺寸 h_f
$t \leqslant 6$	3
$6 < t \leqslant 12$	5
$12 < t \leqslant 20$	6
$t > 20$	8

注：1. 采用不预热的非低氢焊接方法进行焊接时，t 等于焊接连接部位中较厚件厚度，宜采用单道焊缝；采用预热的非低氢焊接方法或低氢焊接方法进行焊接时，t 等于焊接连接部位中较薄件厚度。

2. 焊缝尺寸 h_f不要求超过焊接连接部位中较薄件厚度的情况除外。

3. 搭接连接角焊缝的尺寸及布置

（1）传递轴向力的部件，其搭接连接最小搭接长度应为较薄件厚度的 5 倍，且不应小于 25mm（图 3-12），并应施焊纵向或横向双角焊缝。

（2）只采用纵向角焊缝连接型钢杆件端部时，型钢杆件的宽度 W 不应大于 200mm（图 3-13），当宽度 W 大于 200mm 时，应加横向角焊缝或中间塞焊；型钢杆件每一侧纵向角焊缝的长度不应小于型钢杆件的宽度。

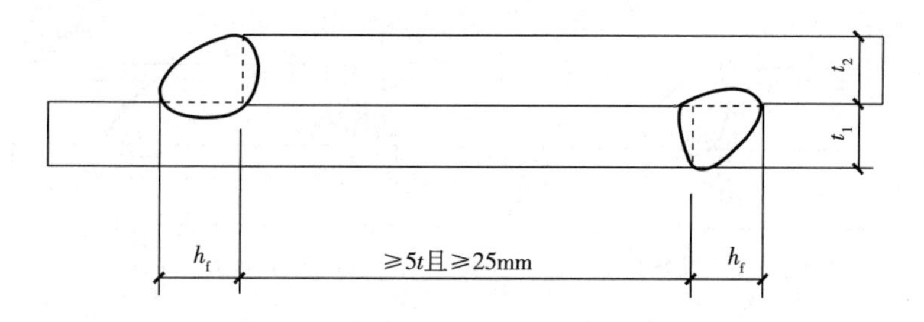

图 3-12　搭接连接双角焊缝的要求

t—t_1和t_2中较小者　h_f—焊脚尺寸，按设计要求

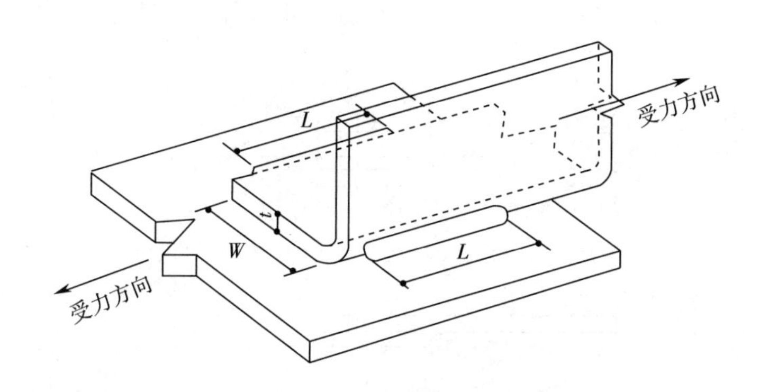

图 3-13　纵向角焊缝的最小长度

（3）型钢杆件搭接连接采用围焊时，在转角处应连续施焊。杆件端部搭接角焊缝作绕焊时，绕焊长度不应小于焊脚尺寸的 2 倍，并应连续施焊。

在连接的疲劳敏感等部位需避免起灭弧缺陷的影响时，角焊缝应采用回焊或绕角焊后灭弧的构造（图 3-14），绕角及回焊均应连接施焊。

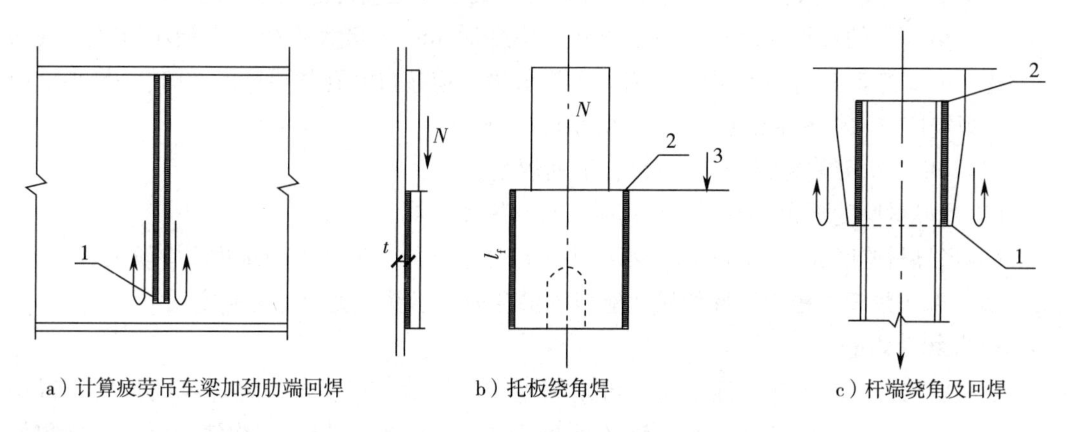

图 3-14　回焊、绕角焊示例

1—端头连续回焊后灭弧　2—连续绕角焊 $2h_f \sim 3h_f$后灭弧　3—端面刨平顶紧

（4）搭接焊缝沿母材棱边的最大焊脚尺寸，当板厚不大于 6mm 时，应为母材厚度，当板厚大于 6mm 时，应为母材厚度减去 1 ~ 2mm（图 3-15）。

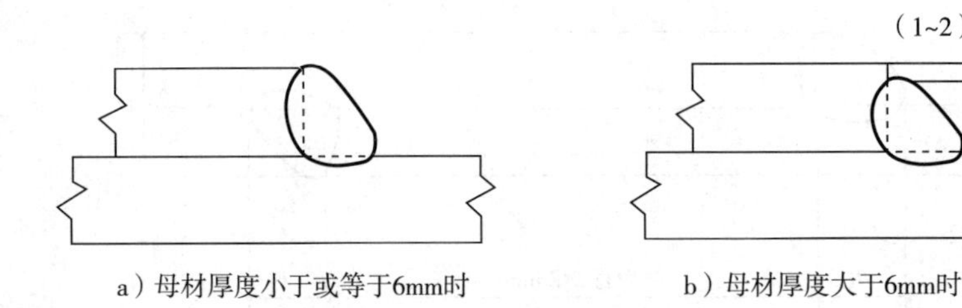

图 3-15　搭接焊缝沿母材棱边的最大焊脚尺寸

（5）用搭接焊缝传递荷载的套管连接可只焊一条角焊缝，其管材搭接长度 L 不应小于 5（$t_1 + t_2$），且不应小于 25mm。搭接焊缝焊脚尺寸应符合设计要求（图 3-16）。

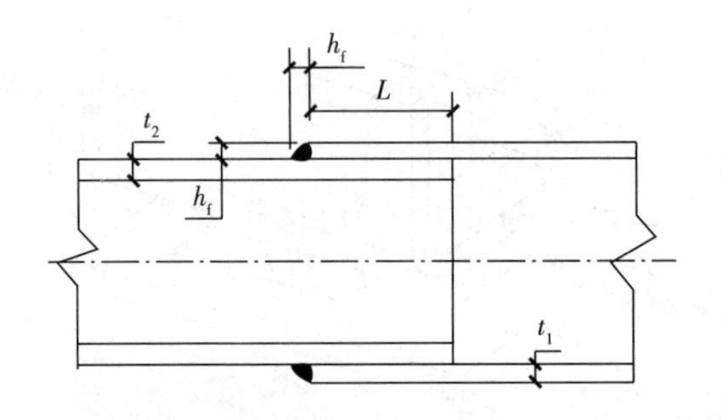

图 3-16　管材套管连接的搭接焊缝最小长度

h_f—焊脚尺寸，按设计要求

4. 塞焊和槽焊焊缝的尺寸、间距、焊缝高度

（1）塞焊和槽焊的有效面积应为贴合面上圆孔或长槽孔的标称面积。

（2）塞焊焊缝的最小中心间隔应为孔径的 4 倍，槽焊焊缝的纵向最小间距应为槽孔长度的 2 倍，垂直于槽孔长度方向的两排槽孔的最小间距应为槽孔宽度的 4 倍。

（3）塞焊孔的最小直径不得小于开孔板厚度加 8mm，最大直径应为最小直径 +3mm 和开孔件厚度的 2.25 倍两值中较大者。槽孔长度不应超过开孔件厚度的 10 倍，最小及最大槽宽规定应与塞焊孔的最小及最大孔径规定相同。

（4）塞焊和槽焊的焊缝高度应符合下列规定：

1）当母材厚度不大于 16mm 时，应与母材厚度相同。

2）当母材厚度大于 16mm 时，不应小于母材厚度的一半和 16mm 两值中较大者。

（5）塞焊焊缝和槽焊焊缝的尺寸应根据贴合面上承受的剪力计算确定。

5. 断续角焊缝

在次要构件或次要焊接连接中，可采用断续角焊缝。断续角焊缝焊段的长度不得小于 $10h_f$ 或 50mm，其净距不应大于 $15t$（对受压构件）或 $30t$（对受拉构件），t 为较薄焊件厚度。腐蚀环境中不宜采用断续角焊缝。

断续角焊缝是应力集中的根源，不宜用于重要结构或重要的焊接连接。为保证构件受拉力时有效传递荷载，受压时保持稳定，应保证断续角焊缝最大纵向间距符合以上规定。

3.1.5　构件制作与工地安装焊接构造设计

1. 构件制作焊接节点形式

（1）型钢与钢板搭接，其搭接位置应符合图3-17的要求。

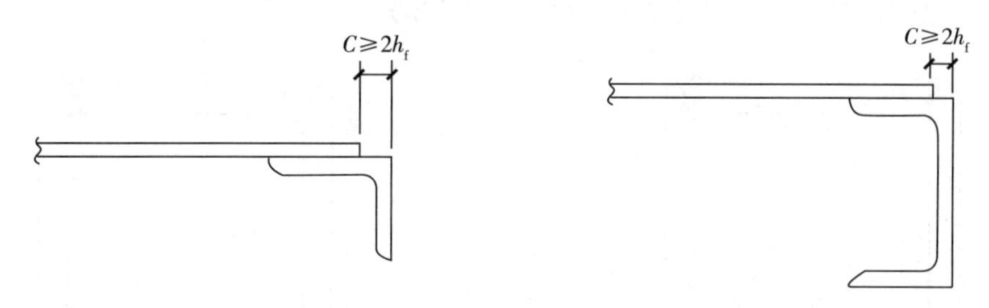

图3-17　型钢与钢板搭接节点

h_f—焊脚尺寸

（2）搭接接头上的角焊缝应避免在同一搭接接触面上相交（图3-18）。

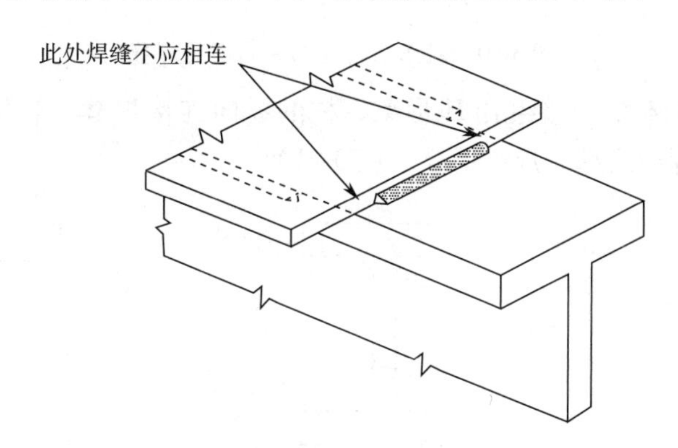

图3-18　在搭接接触面上避免相交的角焊缝

（3）要求焊缝与母材等强和承受动荷载的对接接头，其纵横两方向的对接焊缝，宜采用T形交叉；交叉点的距离不宜小于200mm，且拼接料的长度和宽度不宜小于300mm（图3-19）；如有特殊要求，施工图应注明焊缝的位置。

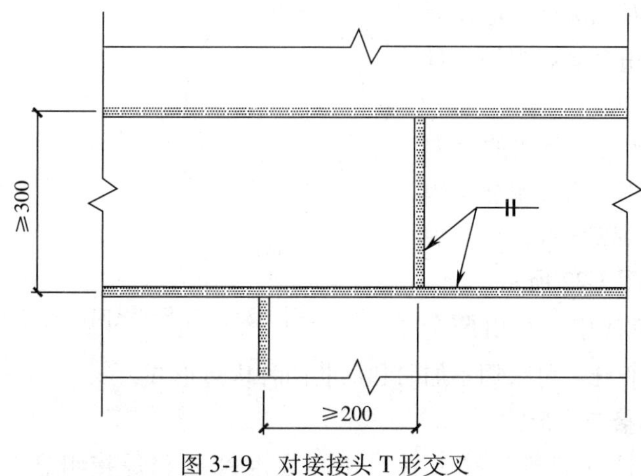

图3-19　对接接头T形交叉

（4）角焊缝作纵向连接的部件，如在局部荷载作用区采用一定长度的对接与角接组合焊缝来传递荷载，在此长度以外坡口深度应逐步过渡至零，且过渡长度不应小于坡口深度的4倍。

（5）焊接箱形组合梁、柱的纵向焊缝，宜采用全焊透或部分焊透（图3-20a）的对接焊缝；要求全焊透时，应采用衬垫单面焊（图3-20b）。

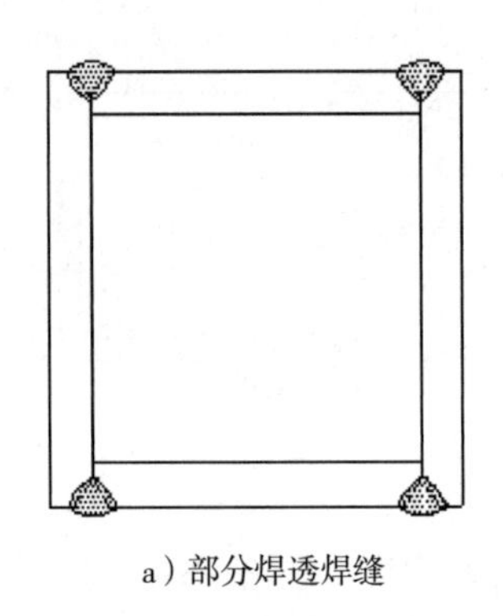

a）部分焊透焊缝

b）全焊透焊缝

图3-20　箱形组合柱的纵向组装焊缝

（6）只承受静荷载的焊接组合H形梁、柱的纵向连接焊缝，当腹板厚度大于25mm时，宜采用全焊透焊缝或部分焊透焊缝（图3-21）。

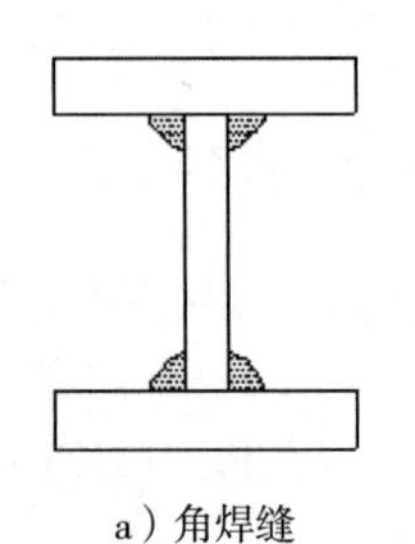

a）角焊缝

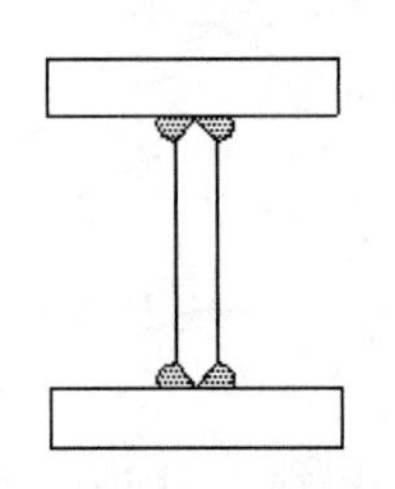

b）全焊透对接与角接组合焊缝

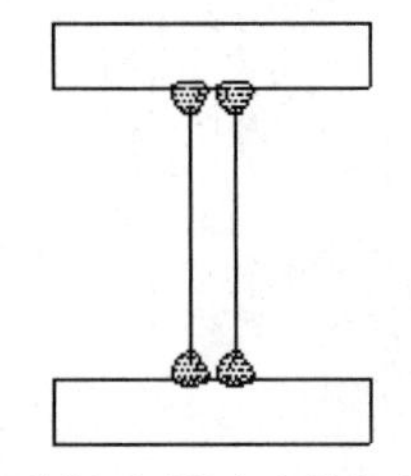

c）部分焊透对接与角接组合焊缝

图3-21　角焊缝、全焊透及部分焊透对接与角接组合焊缝

（7）箱形柱与隔板的焊接，应采用全焊透焊缝；对无法进行电弧焊焊接的焊缝，宜采用电渣焊焊接，且焊缝宜对称布置。

（8）钢管混凝土组合柱的纵向和横向焊缝，应采用双面或单面全焊透接头形式（高频焊除外），纵向焊缝焊接接头形式如图3-22所示。

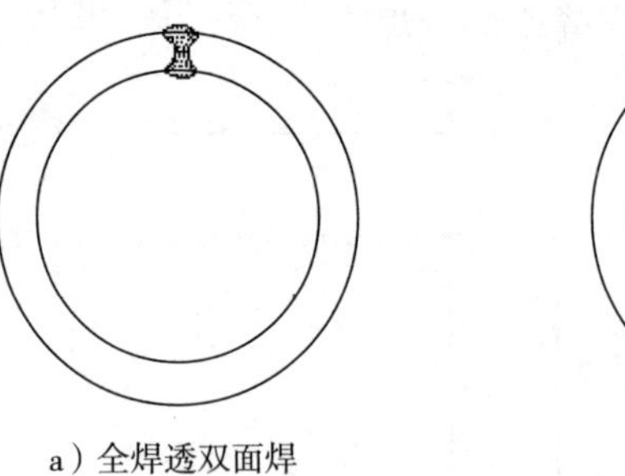

a）全焊透双面焊

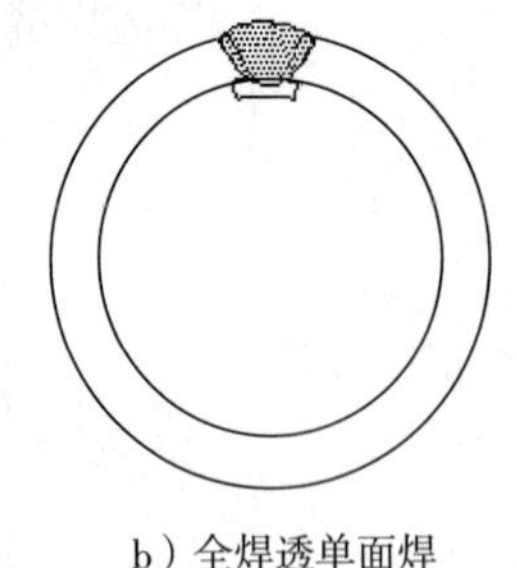

b）全焊透单面焊

图3-22　钢管柱纵向焊缝焊接接头形式

（9）管－球结构中，对由两个半球焊接而成的空心球，可采用不加肋和加肋两种构造形式。

2. 工地安装焊接节点形式

（1）H形框架柱安装拼接接头宜采用高强度螺栓和焊接组合节点或全焊接节点

（图 3-23a、图 3-23b）。采用高强度螺栓和焊接组合节点时，腹板应采用高强度螺栓连接，翼缘板应采用单 V 形坡口加衬垫全焊透焊缝连接（图 3-23c）。采用全焊接节点时，翼缘板应采用单 V 形坡口加衬垫全焊透焊缝，腹板宜采用 K 形坡口双面部分焊透焊缝，反面不应清根；设计要求腹板全焊透时，如腹板厚度不大于 20mm，宜采用单 V 形坡口加衬垫焊接（图 3-23d），如腹板厚度大于 20mm，宜采用 K 形坡口，应反面清根后焊接（图 3-23e）。

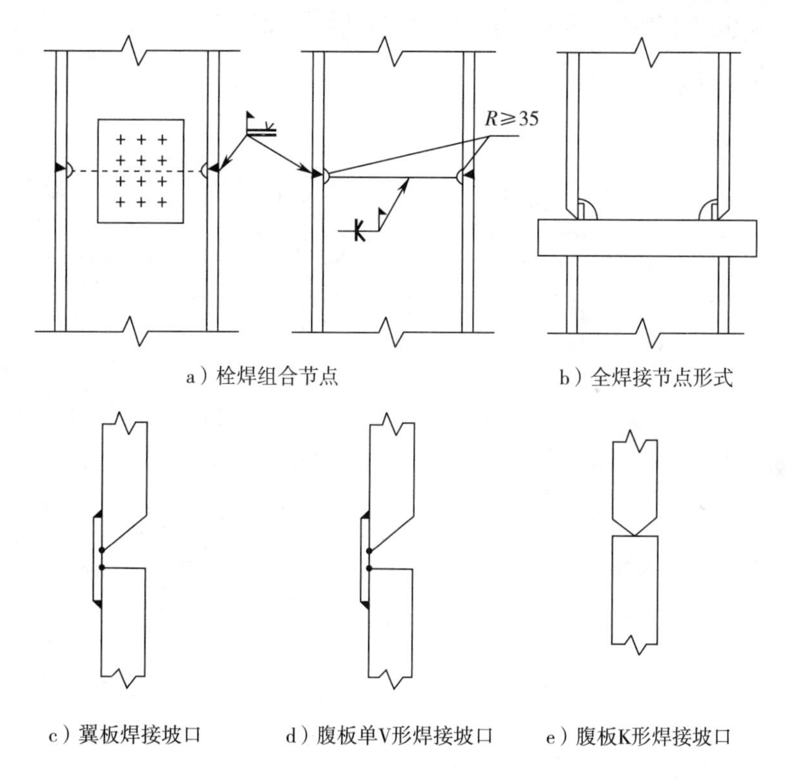

a）栓焊组合节点　　b）全焊接节点形式

c）翼板焊接坡口　　d）腹板单V形焊接坡口　　e）腹板K形焊接坡口

图 3-23　H 形框架柱安装拼接节点及坡口形式

（2）钢管及箱形框架柱安装拼接应采用全焊接头，并应根据设计要求采用全焊透焊缝或部分焊透焊缝。全焊透焊缝坡口形式应采用单 V 形坡口加衬垫（图 3-24）。

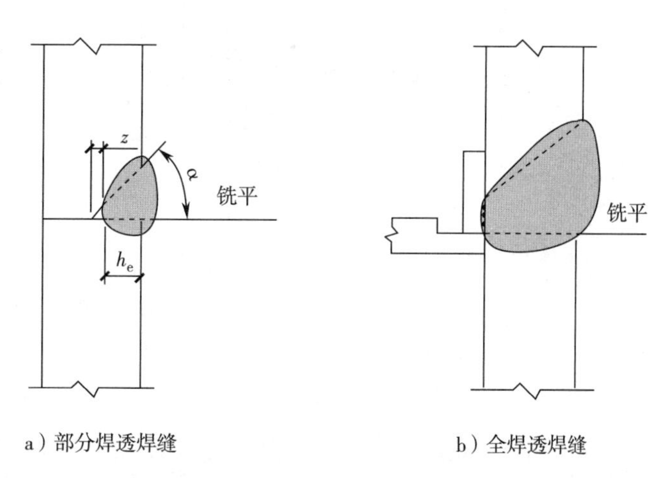

a）部分焊透焊缝　　b）全焊透焊缝

图 3-24　钢管及箱形框架柱安装拼接接头坡口形式

（3）框架柱与梁刚性连接时，应采用下列连接节点形式：

1）柱上有悬臂梁时，梁的腹板与悬臂梁腹板宜采用高强度螺栓连接；梁翼缘板与悬臂梁翼缘板的连接宜采用 V 形坡口加衬垫单面全焊透焊缝（图 3-25a），也可采用双面焊全焊透焊缝。

2）柱上无悬臂梁时，梁的腹板与柱上已焊好的承剪板宜采用高强度螺栓连接，梁翼缘板与柱身的连接应采用单边 V 形坡口加衬垫单面全焊透焊缝（图 3-25b）。

3）梁与 H 形柱弱轴方向刚性连接时，梁的腹板与柱的纵筋板宜采用高强度螺栓连接；梁翼缘板与柱横隔板的连接应采用 V 形坡口加衬垫单面全焊透焊缝（图 3-25c）。

（4）管材与空心球工地安装焊接节点应采用下列形式：

1）钢管内壁加套管作为单面焊接坡口的衬垫时，坡口角度、根部间隙及焊缝加强应符合图 3-26b 的要求。

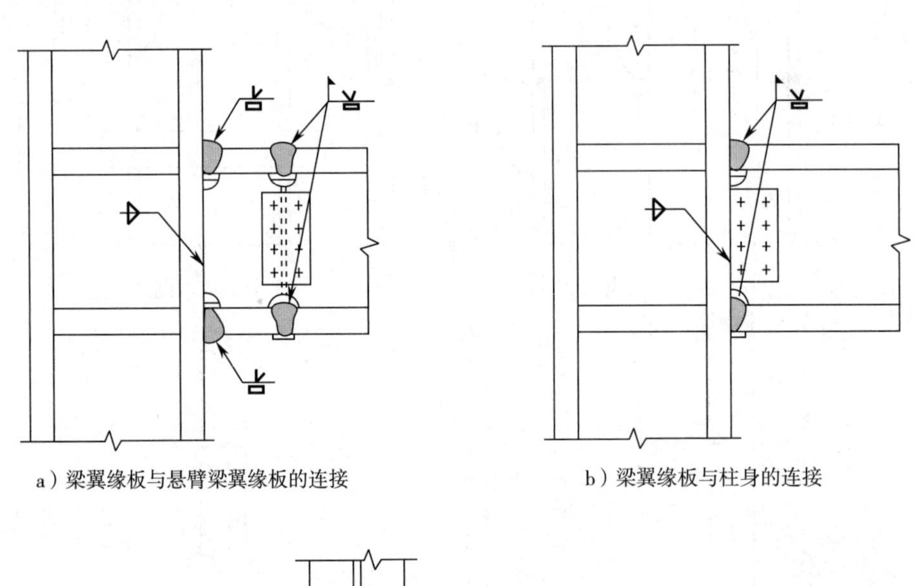

a）梁翼缘板与悬臂梁翼缘板的连接　　b）梁翼缘板与柱身的连接

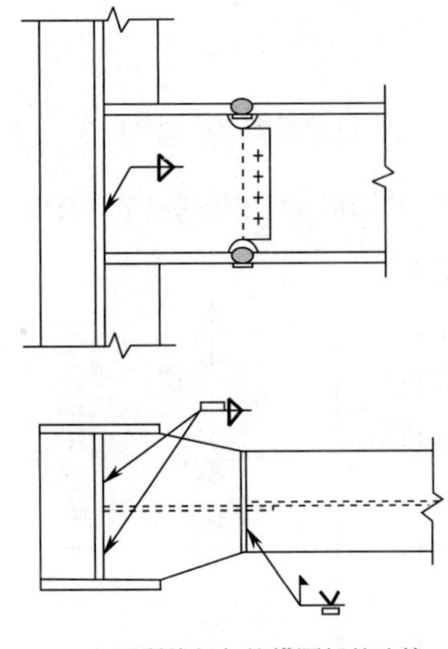

c）梁翼缘板与柱横隔板的连接

图 3-25　框架柱与梁刚性连接节点形式

2）钢管内壁不用套管时，宜将管端加工成 30°～60°折线形坡口，预装配后应根据间隙尺寸要求，进行管端二次加工（图 3-26c）；要求全焊透时，应进行焊接工艺评定试验和接头的宏观切片检验以确认坡口尺寸和焊接工艺参数。

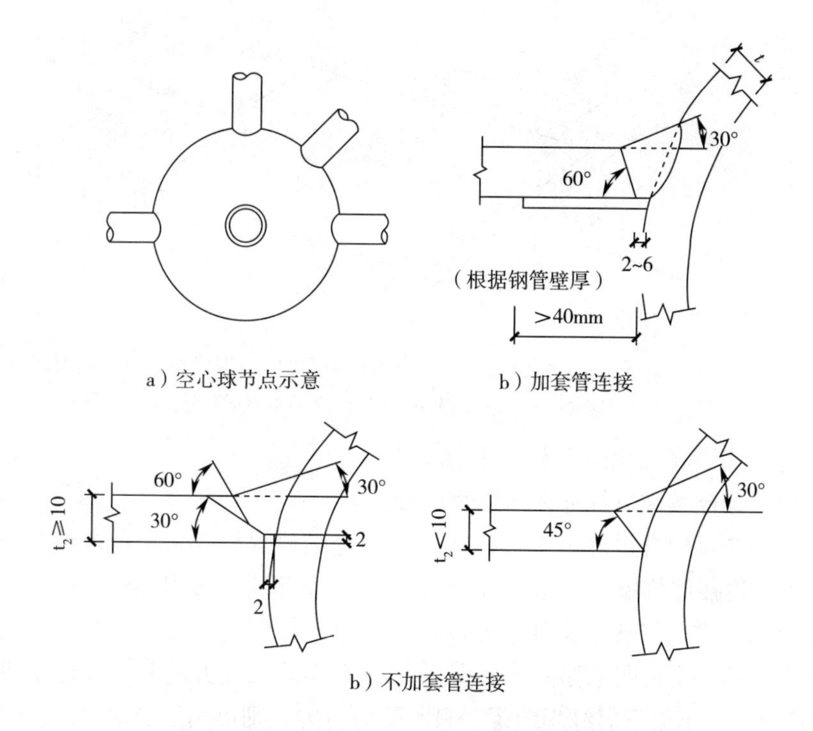

图 3-26 管 - 球节点形式及坡口形式与尺寸

（5）管一管连接的工地安装焊接节点中管 - 管对接：在壁厚不大于 6mm 时，可采用 I 形坡口加衬垫单面全焊透焊缝（图 3-27a）；在壁厚大于 6mm 时，可采用 V 形坡口加衬垫单面全焊透焊缝（图 3-27b）。

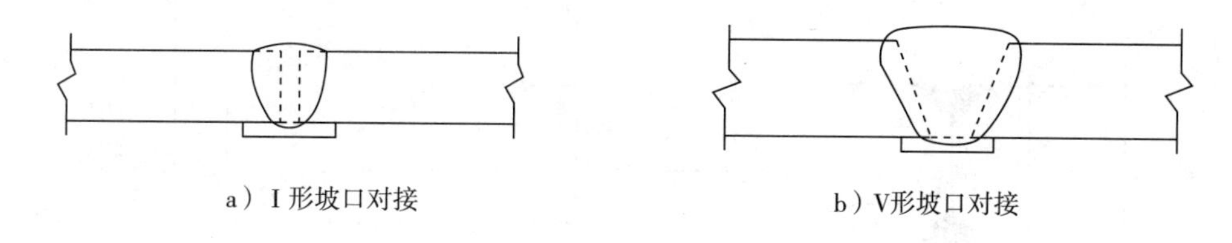

a）I 形坡口对接　　b）V形坡口对接

图 3-27 管 - 管对接连接节点形式

3.1.6 承受动载与抗震的焊接构造

承受动载需经疲劳验算时，严禁使用塞焊、槽焊、电渣焊和气电立焊接头。由于塞焊、槽焊、电渣焊和气电立焊焊接热输入大，会在接头区域产生过热的粗大组织，导致焊接接头塑韧性下降而达不到承受动载需经疲劳验算钢结构的焊接质量要求。

1. 塞焊、槽焊、角焊、对接连接（承受动荷载）

承受动荷载时，塞焊、槽焊、角焊、对接连接应符合下列规定：

（1）承受动荷载不需要进行疲劳验算的构件，采用塞焊、槽焊时，孔或槽的边缘到构件边缘在垂直于应力方向上的间距不应小于此构件厚度的 5 倍，且不应小于孔或槽宽度的 2 倍；构件端部搭接连接的纵向角焊缝长度不应小于两侧焊缝间的垂直间距 a，且在无塞焊、槽焊等其他措施时，间距 a 不应大于较薄件厚度 t 的 16 倍（图 3-28）。

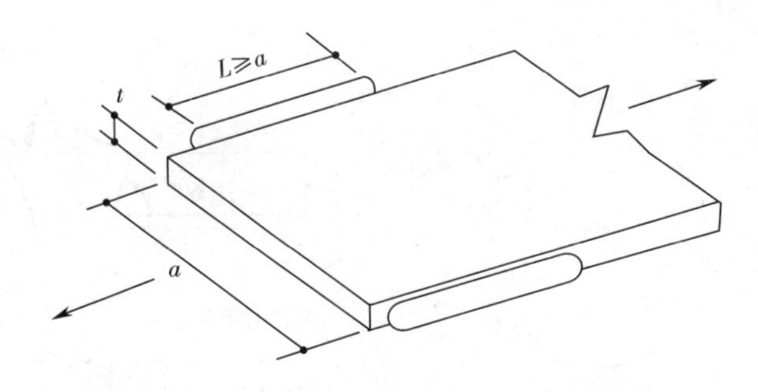

图 3-28　承受动载不需进行疲劳验算时构件端部纵向角焊缝长度及间距要求

a—不应大于 $16t$（中间有塞焊焊缝或槽焊焊缝时除外）

（2）不得采用焊脚尺寸小于 5mm 的角焊缝。

（3）严禁采用断续坡口焊缝和断续角焊缝。

（4）对接与角接组合焊缝和 T 形连接的全焊透坡口焊缝应采用角焊缝加强，加强焊脚尺寸不应大于连接部位较薄件厚度的 1/2，但最大值不得超过 10mm。

（5）承受动荷载需经疲劳验算的连接，当拉应力与焊缝轴线垂直时，严禁采用部分焊透对接焊缝。但需要说明的是：当外荷载平行于焊缝长度方向时，如起重机臂的纵向焊缝（图 3-29）、吊车梁下翼缘焊缝等，只承受剪应力，则可用于受动力荷载的结构。

（6）除横焊位置以外，不宜采用 L 形和 J 形坡口。

（7）不同板厚的对接连接承受动载时，应做成平缓过渡。

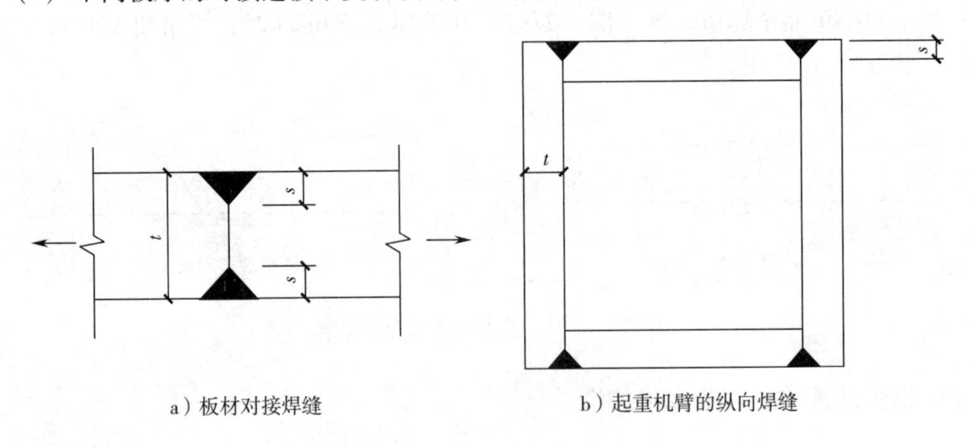

a）板材对接焊缝　　b）起重机臂的纵向焊缝

图 3-29　部分焊透的对接焊

2. 组焊节点形式（承受动荷载）

承受动载构件的组焊节点形式应符合下列规定：

（1）有对称横截面的部件组合节点，应以构件轴线对称布置焊缝，当应力分布不对称时应做相应调整。

（2）用多个部件组叠成构件时，应沿构件纵向采用连续焊缝连接。

（3）承受动载荷需经疲劳验算的桁架，其弦杆和腹杆与节点板的搭接焊缝应采用围焊，杆件焊缝间距不应小于 50mm。

（4）实腹吊车梁横向加劲板与翼缘板之间的焊缝应避免与吊车梁纵向主焊缝交叉，

其焊接节点构造宜采用图 3-30 的形式。

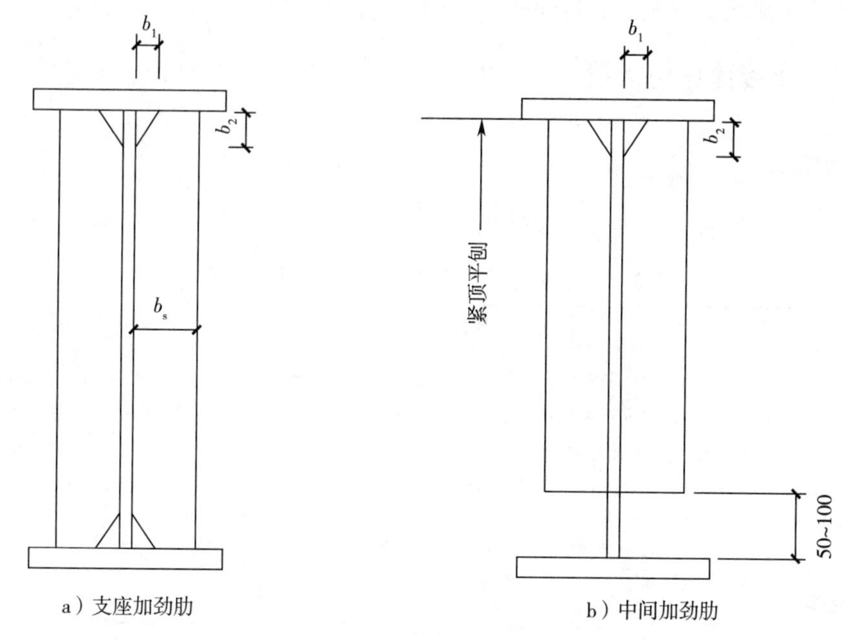

图 3-30　实腹吊车梁横向加劲肋板连接构造

注：$b_1 \approx b_s/3$ 且 $\leqslant 40$mm；$b_2 \approx b_s/2$ 且 $\leqslant 60$mm

3. 抗震结构框架柱与梁的刚性连接节点焊接

梁的翼缘板与柱之间的对接与角接组合焊缝的加强焊脚尺寸应不小于翼缘板厚的 1/4，但最大值不得超过 10mm。

梁的下翼缘板与柱之间宜采用 L 或 J 形坡口无衬垫单面全焊透焊缝，并应在反面清根后封底焊成平缓过渡形状；采用 L 形坡口加衬垫单面全焊透焊缝时，焊接完成后应去除全部长度的衬垫及引弧板、引出板，打磨清除未熔合或夹渣等缺陷后，再封底焊成平缓过渡形状。

4. 柱连接焊缝引弧板、引出板、衬垫

（1）引弧板、引出板、衬垫均应去除。

（2）去除时应沿柱 - 梁交接拐角处切割成圆弧过渡，且切割表面不得有大于 1mm 的缺棱。

（3）下翼缘衬垫沿长度去除后必须打磨清理接头背面焊缝的焊渣等缺欠，并应焊补至焊缝平缓过渡。

5. 梁柱连接处梁腹板的过焊孔

（1）腹板上的过焊孔宜在腹板 - 翼缘板组合纵焊缝焊接完成后切除引弧板、引出板时一起加工，且应保证加工的过焊孔圆滑过渡。

（2）下翼缘处腹板过焊孔高度应为腹板厚度且不应小于 20mm，过焊孔边缘与下翼缘板相交处与柱 - 梁翼缘焊缝熔合线间距应大于 10mm。腹板 - 翼缘板组合纵焊缝不应绕过过焊孔处的腹板厚度围焊。

（3）腹板厚度大于 40mm 时，过焊孔热切割应预热 65℃以上，必要时可将切割表面磨光后进行磁粉或渗透探伤。

（4）不应采用堆焊方法封堵过焊孔。

3.2 紧固件连接计算与构造

3.2.1 一般规定

（1）钢结构紧固件连接的分类及适用范围，见表3-15。

表3-15 钢结构紧固件连接的分类与适用范围

连接种类		特点	适用范围
普通螺栓连接	C级粗制螺栓	（1）为粗制螺栓，施工简便，加工及安装精度要求较低 （2）强度级别较低（为4.6级、4.8级），要求材质为Q235钢，价格也较低 （3）开孔部位会造成母材截面削弱	（1）受静力荷载的受拉连接及次要的抗剪连接 （2）需拆装的结构连接或现场安装连接
	A、B级精制螺栓	（1）为精制螺栓，加工及安装精度要求高 （2）承载能力及强度级别高（为8.8级），价格较高 （3）开孔处削弱母材截面	（1）建筑钢结构极少应用 （2）可用于强度要求稍高的静载构件连接
高强度螺栓连接	承压型连接	（1）承载力及强度级别高，为8.8级、10.9级，要求高强度材料，并需热处理加工，价格较高 （2）连接紧密，组装时需施加预拉力并用特殊施拧工具，但接触面要求干净无浮锈或干净的轧制表面 （3）达最大承载力时，连接可能产生微量滑移 （4）抗剪计算需考虑母材削弱	（1）要求承载力很高，并受静力荷载的现场连接 （2）对变形控制不严格的，大型拆装结构的连接 （3）实际建筑工程中较少应用
	摩擦型连接	（1）承载力及强度级别高，为8.8级及10.9级，要求高强度材料，并需热处理加工，价格较高 （2）连接紧密，组装时需施加预拉力并用特殊施拧工具，但接触面要求干净无浮锈或干净的轧制表面；要求连接处做摩擦面处理 （3）抗剪计算需考虑母材削弱 （4）同样强度级别条件下，承载力较承压型连接低，但抗疲劳性能良好 （5）轴心受力时因有孔前传力作用，母材削弱影响较小	（1）承受直接动荷载或需做疲劳验算的结构连接 （2）高层、大跨或高烈度地震区等重要结构的连接或大型拼接
其他螺栓连接	锚栓连接	（1）为一端锚固于混凝土基础内的螺栓连接 （2）仅承受拉力，不考虑承受剪力，强度按其材质为Q235或Q345考虑 （3）施工时应预埋入基础并保证所需锚固长度	仅用于钢柱、钢构架、塔桅等柱脚的抗拉锚固连接与构造锚固连接
	栓钉连接	（1）一种类似无螺帽螺栓（栓钉）杆的杆端焊接，并以专用焊接机具施焊 （2）施工方便，可保证连接界面上有良好的锚固抗剪性能	仅用于钢－混凝土组合构件接合面上的抗剪拉结连接

（续）

连接种类		特点	适用范围
其他螺栓连接	自攻钉连接	（1）单面施拧时，可同时具有钻孔、车径及紧固的功能，一般为较小直径（3～8mm），自攻厚度一般在4mm （2）施工方便，但需专门材质及施拧扳手	为冷弯薄壁型钢及压型钢板等薄壁构件最常用的紧固件连接方法

（2）同一连接部位中不得采用普通螺栓或承压型高强度螺栓与焊接共用的连接；在改、扩建工程中作为加固补强措施，可采用摩擦型高强度螺栓与焊接承受同一作用力的栓焊并用连接。

（3）C级螺栓宜用于沿其杆轴方向受拉的连接，在下列情况下可用于抗剪连接：

1）承受静力荷载或间接承受动力荷载结构中的次要连接。

2）承受静力荷载的可拆卸结构的连接。

3）临时固定构件用的安装连接。

（4）沉头和半沉头铆钉不得用于其杆轴方向受拉的连接。

（5）在受力单一（轴力或剪力）的螺栓接头中，可按作用力及单个螺栓承载力的条件，计算布置所需的螺栓数量；当螺栓群（接头）同时承受面内或面外的弯矩、剪力或轴力作用时，应先确定栓群的布置、数量及直径，再按栓群的截面特性验算受力最大螺栓（一般为边、端或角部螺栓）的承载力。

（6）普通螺栓或承压型连接的高强螺栓连接的接头受剪时，应同时按双控条件计算螺栓的抗剪及承压强度，此时普通螺栓的直径采用螺杆直径 d，高强螺栓的抗剪计算直径应采用螺杆直径 d（剪切面未进入螺纹处）或螺纹处有效直径 d_e（剪切面已进入螺纹处）。

普通螺栓或承压型连接的高强螺栓所连接的接头受拉、受剪联合作用时，应同时按双控条件计算螺栓的抗拉剪强度与承压强度。

（7）计算柱脚或构件端部锚固用的受拉锚栓时，只能考虑其锚固的抗拉强度，而不能考虑其抗剪作用。同时其锚固长度必须保证等强的传递锚拉力。

3.2.2 紧固件连接计算

1. 普通螺栓、锚栓或铆钉的连接承载力计算

普通螺栓、锚栓或铆钉的连接承载力计算，见表3-16。

表3-16 普通螺栓、锚栓或铆钉的连接承载力计算

受力连接	紧固件	计算公式	备注
抗剪连接	普通螺栓	抗剪： $N_v^b = n_v \frac{\pi d^2}{4} f_v^b$ (3-15) 承压： $N_c^b = d \sum t f_c^b$ (3-16)	承载力设计值取两者中的较小者

（续）

受力连接	紧固件	计算公式	备注
抗剪连接	铆钉	抗剪： $N_v^r = n_v \frac{\pi d_0^2}{4} f_v^r$　（3-17） 承压： $N_c^r = d_0 \sum t f_c^r$　（3-18）	承载力设计值取两者中的较小者
杆轴向方向受拉的连接	普通螺栓	抗拉： $N_r^b = \frac{\pi d_e^2}{4} f_t^b$　（3-19）	
	锚栓	抗拉： $N_t^a = \frac{\pi d_e^2}{4} f_t^a$　（3-20）	
	铆钉	抗拉： $N_t^r = \frac{\pi d_0^2}{4} f_t^r$　（3-21）	
同时承受剪力和杆轴方向拉力的连接	普通螺栓	抗剪和抗拉： $\sqrt{\left(\frac{N_v}{N_v^b}\right)^2 + \left(\frac{N_t}{N_t^b}\right)^2} \leqslant 1.0$　（3-22） 抗剪和承压： $N_v \leqslant N_c^b$　（3-23）	
	铆钉	抗剪和抗拉： $\sqrt{\left(\frac{N_v}{N_v^r}\right)^2 + \left(\frac{N_t}{N_t^r}\right)^2} \leqslant 1.0$　（3-24） 抗剪和承压： $N_v \leqslant N_c^r$　（3-25）	
承载力的折减		在构件连接节点的一端，当螺栓沿轴向受力方向的连接长度 l_1 大于 $15d_0$ 时（d_0 为孔径），应将螺栓的承载力设计值乘以折减系数［$1.1 - l_1/(150d_0)$］，当大于 $60d_0$ 时，折减系数取为定值 0.7	

注：式中　n_v——受剪面数目；

d——螺杆直径（mm）；

d_0——铆钉孔直径（mm）；

$\sum t$——在不同受力方向中一个受力方向承压构件总厚度的较小值（mm）；

f_v^b、f_c^b——螺栓的抗剪和承压强度设计值（N/mm^2）；

f_v^r、f_c^r——铆钉的抗剪和承压强度设计值（N/mm^2）；

d_e——螺栓或锚栓在螺纹处的有效直径（mm）；

f_t^b、f_t^a、f_t^r——普通螺栓、锚栓和铆钉的抗拉强度设计值（N/mm^2）；

N_v、N_t——分别为某个普通螺栓所承受的剪力和拉力（N）；

N_v^b、N_t^b、N_c^b——1 个普通螺栓的抗剪、抗拉和承压承载力设计值（N）；

N_v^r、N_t^r、N_c^r——1 个铆钉抗剪、抗拉和承压承载力设计值（N）。

2. 高强度螺栓摩擦型连接

高强度螺栓摩擦型连接承载力计算，见表3-17。

表3-17　高强度螺栓摩擦型连接承载力计算

受力情况	计算公式	备注
受剪连接	$N_v^b = 0.9kn_f\mu P$　(3-26)	考虑螺栓材质的不均匀性，引进折减系数0.9 孔型系数k，标准孔取1.0；大圆孔取0.85；内力与槽孔长向垂直时取0.7；内力与槽孔长向平行时取0.6
螺栓杆轴方向受拉的连接	$N_t^b = 0.8P$　(3-27)	试验证明，当外拉力N_t过大时，螺栓将发生松弛现象，这样就丧失了摩擦型连接高强度螺栓的优越性。为避免螺栓松弛并保留一定的余量，因此规定：每个高强度螺栓在其杆轴方向的外拉力的设计值N_t不得大于0.8P
同时承受摩擦面间的剪力和螺栓杆轴方向的外拉力时	$\frac{N_v}{N_v^b} + \frac{N_t}{N_t^b} \leqslant 1.0$　(3-28)	
承载力的折减	在构件连接节点的一端，当螺栓沿轴向受力方向的连接长度l_1大于$15d_0$时（d_0为孔径），应将螺栓的承载力设计值乘以折减系数[1.1－l_1/（$150d_0$）]，当大于$60d_0$时，折减系数取为定值0.7	当构件的节点处或拼接接头的一端，螺栓（包括普通螺栓和高强度螺栓）或铆钉的连接长度l_1过大时，螺栓或铆钉的受力很不均匀，端部的螺栓或铆钉受力最大，往往首先破坏，并将依次向内逐个破坏

注：式中　N_v^b——1个高强度螺栓的受剪承载力设计值（N）；
k——孔型系数；
n_f——传力摩擦面数目；
μ——摩擦面的抗滑移系数，可按表3-18取值；
P——1个高强度螺栓的预拉力设计值（N），按表3-19取值；
N_v、N_t——分别为某个高强度螺栓所承受的剪力和拉力（N）；
N_v^b、N_t^b——1个高强度螺栓的受剪、受拉承载力设计值（N）。

表3-18　钢材摩擦面的抗滑移系数μ

连接处构件接触面的处理方法	构件的钢材牌号		
	Q235钢	Q345钢或Q390钢	Q420钢或Q460钢
喷硬质石英砂或铸钢棱角砂	0.45	0.45	0.45
抛丸（喷砂）	0.40	0.40	0.40
钢丝刷清除浮锈或未经处理的干净轧制面	0.30	0.35	—

注：1. 钢丝刷除锈方向应与受力方向垂直。
2. 当连接构件采用不同钢材牌号时，μ按相应较低强度者取值。
3. 采用其他方法处理时，其处理工艺及抗滑移系数值均需经试验确定。如采用砂轮打磨，打磨方向应与受力方向垂直。

表 3-19　一个高强度螺栓的预拉力设计值 P　（单位：kN）

螺栓的承载性能等级	螺栓公称直径					
	M16	M20	M22	M24	M27	M30
8.8 级	80	125	150	175	230	280
10.9 级	100	155	190	225	290	355

3. 高强度螺栓承压型连接

高强度螺栓承压型连接承载力计算，见表 3-20。

表 3-20　高强度螺栓承压型连接承载力计算

受力	计算公式	备注
受剪承载力	抗剪： $N_v^b = n_v \frac{\pi d^2}{4} f_v^b$　(3-29) 承压： $N_c^b = d \sum t f_c^b$　(3-30)	承载力设计值取两者中的较小者 承压型连接中每个高强度螺栓的受剪承载力设计值，其计算方法与普通螺栓相同，但当计算剪切面在螺纹处时，其受剪承载力设计值应按螺纹处的有效截面积进行计算
杆轴受拉承载力	抗拉： $N_t^b = \frac{\pi d_e^2}{4} f_t^b$　(3-31)	在杆轴受拉的连接中，每个高强度螺栓的受拉承载力设计值的计算方法与普通螺栓相同 亦适用于未施加预拉力的高强度螺栓沿杆轴方向受拉连接的计算
同时承受剪力和杆轴方向拉力	抗剪和抗拉： $\sqrt{\left(\frac{N_v}{N_v^b}\right)^2 + \left(\frac{N_t}{N_t^b}\right)^2} \leqslant 1.0$ (3-32) 抗剪和承压： $N_v \leqslant N_c^b / 1.2$　(3-33)	当满足式（3-32）、式（3-33）的要求时，可保证栓杆不致在剪力和拉力联合作用下破坏 式（3-33）是保证连接板件不致因承压强度不足而破坏。由于只承受剪力的连接中，高强度螺栓对板叠有强大的压紧作用，使承压的板件孔前区形成三向压应力场，因而其承压强度设计值比普通螺栓的要高得多。但对受有杆轴方向拉力的高强度螺栓，板叠之间的压紧作用随外拉力的增加而减小，因而承压强度设计值也随之降低。承压型高强度螺栓的承压强度设计值是随外拉力的变化而变化的 为了计算方便，只要有外拉力作用，就将承压强度设计值除以 1.2 予以降低。式（3-33）中右侧的系数 1.2 实质上是承压强度设计值的降低系数。计算时，仍应采用表 2-39 中的承压强度设计值
承载力的折减	在构件连接节点的一端，当螺栓沿轴向受力方向的连接长度 l_1 大于 $15d_0$ 时（d_0为孔径），应将螺栓的承载力设计值乘以折减系数［$1.1 - l_1/(150d_0)$］，当大于 $60d_0$ 时，折减系数取为定值 0.7	当构件的节点处或拼接接头的一端，螺栓（包括普通螺栓和高强度螺栓）或铆钉的连接长度 l_1 过大时，螺栓或铆钉的受力很不均匀，端部的螺栓或铆钉受力最大，往往首先破坏，并将依次向内逐个破坏

（续）

受力	计算公式	备注
预拉力 P	承压型连接的高强度螺栓预拉力 P 的施拧工艺和设计值取值应与摩擦型连接高强度螺栓相同	

注：式中 N_v、N_t——所计算的某个高强度螺栓所承受的剪力和拉力（N）；

N_v^b、N_t^b、N_c^b——1 个高强度螺栓按普通螺栓计算时的受剪、受拉和承压承载力设计值（N）；

n_v、d、d_e、f_v^b、f_c^b、f_t^b 的含义见表 3-16 的注。

4. 螺栓或铆钉的数目增加取值

螺栓或铆钉的数目增加取值，见表 3-21。

表 3-21　螺栓或铆钉的数目增加取值

连接/条件	项目	增加值	说明
一个构件借助填板或其他中间板与另一构件连接	螺栓（摩擦型连接的高强度螺栓除外）或铆钉	按计算增加 10%	图 3-31a
当采用搭接或拼接板的单面连接传递轴心力，因偏心引起连接部位发生弯曲	螺栓（摩擦型连接的高强度螺栓除外）	应按计算增加 10%	图 3-31b
在构件的端部连接中，当利用短角钢连接型钢（角钢或槽钢）的外伸肢以缩短连接长度	短角钢两肢中的一肢上所用的螺栓或铆钉	应按计算增加 50%	图 3-31c
当铆钉连接的铆合总厚度超过铆钉孔径的 5 倍	铆钉	总厚度每超过 2mm，铆钉数目应按计算增加 1%（至少应增加 1 个铆钉）	但铆合总厚度不得超过铆钉孔径的 7 倍

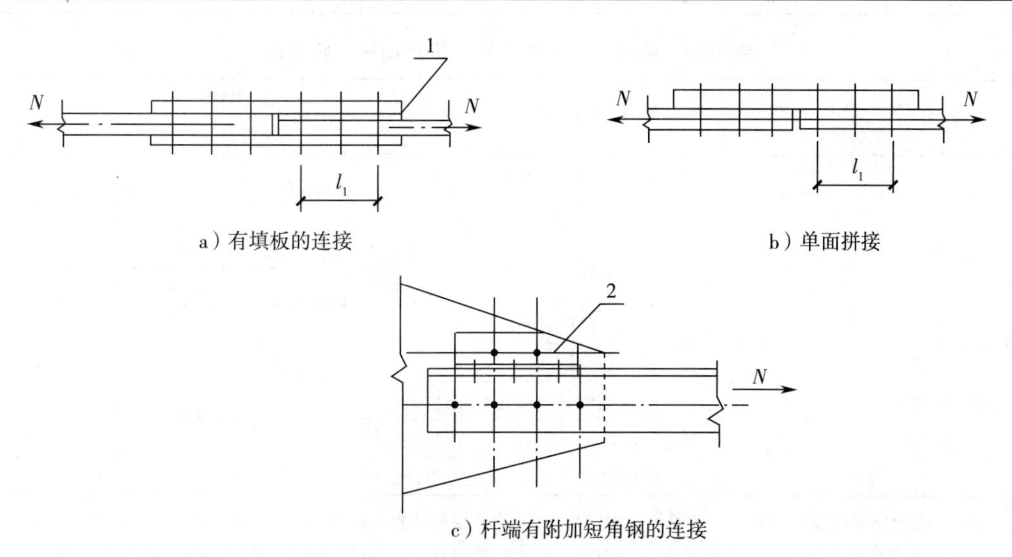

a）有填板的连接　b）单面拼接　c）杆端有附加短角钢的连接

图 3-31　有附加偏心的螺栓连接

1—填板　2—附加短角钢

3.2.3 紧固件连接构造要求

1. 螺栓孔的孔径、孔型及螺栓（铆钉）连接布置要求

螺栓孔的孔径、孔型及螺栓（铆钉）连接布置要求，见表3-22。

表3-22 螺栓孔的孔径、孔型及螺栓（铆钉）连接布置要求

项目		构造要求/取值	说明
螺栓孔的孔径和孔型	B级普通螺栓	孔径 d_0 较螺栓公称直径 d 大0.2～0.5mm	
	C级普通螺栓	孔径 d_0 较螺栓公称直径 d 大1.0～1.5mm	
	高强度螺栓承压型连接	采用标准圆孔时，孔径 d_0 可按表3-23采用	
	高强度螺栓摩擦型连接	采用标准孔、大圆孔和槽孔，孔型尺寸可按表3-23采用	
		采用扩大孔连接时，同一连接面只能在盖板和芯板其中之一的板上采用大圆孔或槽孔，其余仍采用标准孔	
		盖板按大圆孔、槽孔制孔时，应增大垫圈厚度或采用连续型垫板，其孔径与标准垫圈相同，对M24及以下的螺栓，厚度不宜小于8mm；对M24以上的螺栓，厚度不宜小于10mm	冷弯薄壁型钢结构的垫圈或连续垫板厚度不宜小于连接板（芯板）厚度
螺栓（铆钉）连接布置		宜采用紧凑布置，其连接中心宜与被连接构件截面的重心相一致。螺栓或铆钉的孔距、边距和端距容许值应符合表3-24的规定	

表3-23 高强度螺栓连接的孔型尺寸匹配 （单位：mm）

螺栓公称直径			M12	M16	M20	M22	M24	M27	M30
孔型	标准孔	直径	13.5	17.5	22	24	26	30	33
	大圆孔	直径	16	20	24	28	30	35	38
	槽孔	短向	13.5	17.5	22	24	26	30	33
		长向	22	30	37	40	45	50	55

表3-24 螺栓或铆钉的孔距、边距和端距容许值

名称	位置和方向			最大容许间距（取两者的较小值）	最小容许间距
中心间距	外排（垂直内力方向或顺内力方向）			$8d_0$ 或 $12t$	$3d_0$
	中间排	垂直内力方向		$16d_0$ 或 $24t$	
		顺内力方向	构件受压力	$12d_0$ 或 $18t$	
			构件受拉力	$16d_0$ 或 $24t$	
	沿对角线方向			—	
中心至构件边缘距离	顺内力方向			$4d_0$ 或 $8t$	$2d_0$
	垂直内力方向	剪切边或手工切割边			$1.5d_0$
		轧制边、自动气割或锯割边	高强度螺栓		
			其他螺栓或铆钉		$1.2d_0$

注：1. d_0 为螺栓或铆钉的孔径，对槽孔为短向尺寸，t 为外层较薄板件的厚度。

2. 钢板边缘与刚性构件（如角钢，槽钢等）相连的高强度螺栓的最大间距，可按中间排的数值采用。

3. 计算螺栓孔引起的截面削弱时可取 $d+4$mm 和 d_0 的较大者。

表 3-24 的取值说明：

（1）紧固件的最小中心距和边距。

1）在垂直于作用力方向：

①应使钢材净截面的抗拉强度大于或等于钢材的承压强度。

②尽量使毛截面屈服先于净截面破坏。

③受力时避免在孔壁周围产生过度的应力集中。

④施工时的影响，如打铆时不振松邻近的铆钉和便于拧紧螺帽等。

2）顺内力方向，按母材抗挤压和抗剪切等强度的原则而定：

①端距 $2d_0$ 是考虑钢板在端部不致被紧固件撕裂。

②紧固件的中心距，其理论值约为 $2.5d_0$，考虑上述其他因素取为 $3d_0$。

（2）紧固件最大中心距和边距。

1）顺内力方向：取决于钢板的紧密贴合以及紧固件间钢板的稳定。

2）垂直内力方向：取决于钢板间的紧密贴合条件。

2. 螺栓连接构造要求

螺栓连接构造要求，见表 3-25。

表 3-25　螺栓连接构造要求

项目		构造要求	备注
直接承受动力荷载构件的螺栓连接	抗剪连接	采用摩擦型高强度螺栓	
	普通螺栓受拉连接	采用双螺帽或其他能防止螺帽松动的有效措施	
高强度螺栓连接	预拉力	按表 3-19 施加	
	承压型连接	连接处构件接触面应清除油污及浮锈，仅承受拉力的高强度螺栓连接，不要求对接触面进行抗滑移处理	不应用于直接承受动力荷载的结构
	抗剪承压型连接	正常使用极限状态下应符合摩擦型连接的设计要求	
	承载力降低	环境温度为 100～150℃时承载力应降低 10%	
	型钢构件拼接	拼接件宜采用钢板	
螺栓连接	施工条件	连接处应有必要的螺栓施拧空间，常用扳手可操作空间尺寸宜符合表 3-26 的要求	
	螺栓数目	螺栓连接或拼接节点中，每一杆件一端的永久性的螺栓数不宜少于 2 个；对组合构件的缀条，其端部连接可采用 1 个螺栓	
	端板（法兰板）	杆轴方向受拉的螺栓连接中的端板（法兰板），宜设置加劲肋	

表 3-26　施工扳手可操作空间尺寸要求

扳手种类		参考尺寸/mm		示意图
		a	b	
手动定扭矩扳手		$1.5d_0$且不小于 45	$140+c$	
扭剪型电动扳手		65	$530+c$	
大六角电动扳手	M24 及以下	50	$450+c$	
	M24 以上	60	$500+c$	

3.2.4　螺栓拼接接头设计

高强度螺栓全栓拼接接头适用于构件的现场全截面拼接，其连接形式应采用摩擦型连接。拼接接头宜按等强原则设计，也可根据使用要求按接头处最大内力设计。当构件按地震组合内力进行设计计算并控制截面选择时，尚应按现行国家标准《建筑抗震设计规范》GB 50011 进行接头极限承载力的验算。

1. H 型钢梁截面螺栓拼接接头的计算原则

H 型钢梁截面高强度螺栓拼接接头（图 3-32）的计算原则应符合以下要求：

（1）翼缘拼接板及拼接缝每侧的高强度螺栓，应能承受按翼缘净截面面积计算的翼缘受拉承载力。

（2）腹板拼接板及拼接缝每侧的高强度螺栓，应能承受拼接截面的全部剪力及按刚度分配到腹板上的弯矩；同时拼接处拼材与螺栓的受剪承载力不应小于构件截面受剪承载力的 50%。

（3）高强度螺栓在弯矩作用下的内力分布应符合平截面假定，即腹板角点上的螺栓水平剪力值与翼缘螺栓水平剪力值呈线性关系。

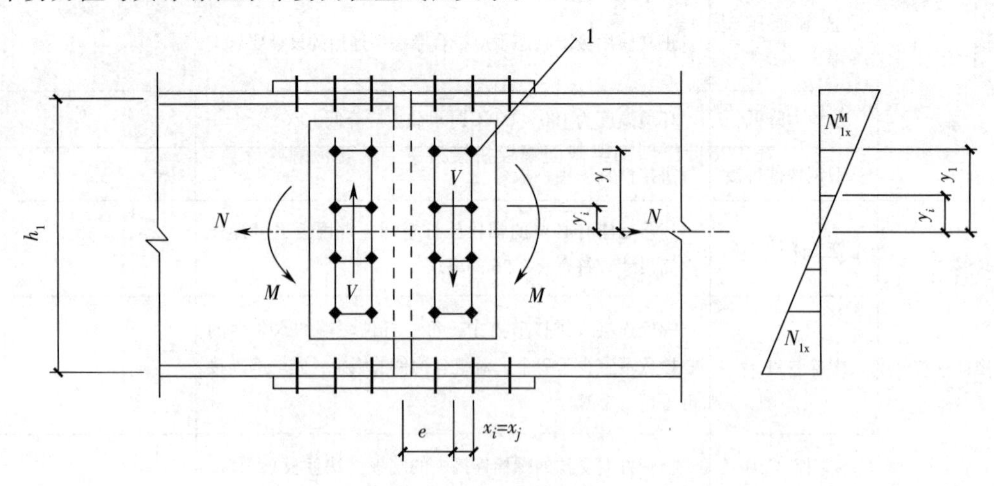

图 3-32　H 型钢梁截面高强度螺栓拼接接头

1—角点 1 号螺栓

（4）按等强原则计算腹板拼接时，应按与腹板净截面承载力等强计算。

（5）当翼缘采用单侧拼接板或双侧拼接板中夹有垫板拼接时，螺栓的数量应按计算增加10%。

2. H型钢梁截面螺栓拼接接头中的翼缘螺栓计算

在H型钢梁截面螺栓拼接接头中的翼缘螺栓计算，见表3-27。

表3-27　H型钢梁截面螺栓拼接接头中的翼缘螺栓计算

项次	项目		计算公式	备注
1	拼接处需由螺栓传递翼缘轴力 N_f	等强拼接原则	按下式计算，取二者中的较大者： $N_f = A_{nf}f\left(1 - 0.5\frac{n_1}{n}\right)$　(3-34) $N_f = A_f f$　(3-35)	对腹板拼接螺栓的计算只列出按最大内力计算公式，当腹板拼接按等强原则计算时，应按与腹板净截面承载力等强计算。同时，按弹性计算方法要求，可仅对受力较大的角点栓1（图3-32）处进行验算 一般情况下H型钢柱与支撑构件的轴力N为主要内力，其腹板的拼接螺栓与拼接板宜按与腹板净截面承载力等强原则计算
2		最大内力法	$N_f = \frac{M_1}{h_1} + N_1\frac{A_f}{A}$　(3-36)	
3	螺栓数量n		H型钢翼缘拼接缝一侧所需的螺栓数量n $n \geqslant N_f/N_v^b$　(3-37)	

注：式中　A_{nf}——1个翼缘的净截面面积（mm^2）；

A_f——1个翼缘的毛截面面积（mm^2）；

A——计算截面处翼缘的毛截面面积（mm^2）；

n_1——拼接处构件一端翼缘高强度螺栓中最外列螺栓数目；

h_1——拼接截面处，H型钢上下翼缘中心间距离（mm）；

M_1——拼接截面处作用的最大弯矩（kN·m）；

N_1——拼接截面处作用的最大弯矩相应的轴力（kN）；

N_f——拼接处需由螺栓传递的上、下翼缘轴向力（kN）。

3. H型钢梁截面螺栓拼接接头中的腹板螺栓计算

在H型钢梁截面螺栓拼接接头中的腹板螺栓计算，见表3-28。

表3-28　H型钢梁截面螺栓拼接接头中的腹板螺栓计算

项次	受力情况	计算公式	备注
1	腹板弯矩作用	H型钢腹板拼接缝一侧的螺栓群角点栓1（图3-32）在腹板弯矩作用下所承受的水平剪力N_{1x}^M和竖向剪力N_{1y}^M，应按下列公式计算： $N_{1x}^M \frac{(MI_{wx}/I_x + Ve)y_1}{\sum(x_i^2 + y_i^2)}$　(3-38) $N_{1y}^M = \frac{(MI_{wx}/I_x + Ve)x_1}{\sum(x_i^2 + y_i^2)}$　(3-39)	

（续）

项次	受力情况	计算公式	备注
2	腹板轴力作用	H型钢腹板拼接缝一侧的螺栓群角点栓1（图3-32）在腹板轴力作用下所承受的水平剪力 N_{1x}^{N} 和竖向剪力 N_{1y}^{V}，应按下列公式计算： $$N_{1x}^{N}=\frac{N}{n_w}\frac{A_w}{A} \quad (3\text{-}40)$$ $$N_{1y}^{V}=\frac{V}{n_w} \quad (3\text{-}41)$$	
3	弯矩 M 与剪力偏心弯矩 Ve、剪力 V 和轴力 N 作用	在拼接截面处弯矩 M 与剪力偏心弯矩 Ve、剪力 V 和轴力 N 作用下，角点1处螺栓所受的剪力 N_v 应满足下式的要求： $$N_v=\sqrt{(N_{1x}^{M}+N_{1x}^{N})^2+(N_{1y}^{M}+N_{1y}^{N})^2}\leqslant N_v^b \quad (3\text{-}42)$$	角点1见图3-32

注：式中 e——偏心距（mm）；

I_{wx}——梁腹板的惯性矩（mm^4），对轧制H型钢，腹板计算高度取至弧角的上下边缘点；

I_x——梁全截面的惯性矩（mm^4）；

M——拼接截面的弯矩（kN·m）；

V——拼接截面的剪力（kN）；

N_{1x}^{M}——在腹板弯矩作用下，角点栓1所承受的水平剪力（kN）；

N_{1y}^{M}——在腹板弯矩作用下，角点栓1所承受的竖向剪力（kN）；

x_i——所计算螺栓至栓群中心的横标距（mm）；

y_i——所计算螺栓至栓群中心的纵标距（mm）；

A_w——梁腹板截面面积（mm^2）；

N_{1x}^{N}——在腹板轴力作用下，角点栓1所承受的水平剪力（kN）；

N_{1y}^{N}——在腹板轴力作用下，角点栓1所承受的竖直剪力（kN）；

N_{1y}^{V}——在剪力作用下，每个高强度螺栓所承受的竖向剪力（kN）；

n_w——拼接缝一侧腹板螺栓的总数。

4. 螺栓拼接接头的构造

（1）拼接板材质应与母材相同。

（2）同一类拼接节点中高强度螺栓连接副性能等级及规格应相同。

（3）型钢翼缘斜面斜度大于1/20处应加斜垫板。

（4）翼缘拼接板宜双面设置；腹板拼接板宜在腹板两侧对称配置。

3.2.5 受拉连接接头设计

沿螺栓杆轴方向受拉连接接头（图3-33），由T形受拉件与高强度螺栓连接承受并传递拉力，适用于吊挂T形件连接节点或梁柱T形件连接节点。

1. T形件受拉连接接头的构造

（1）T形受拉件的翼缘厚度不宜小于16mm，且不宜小于连接螺栓的直径。

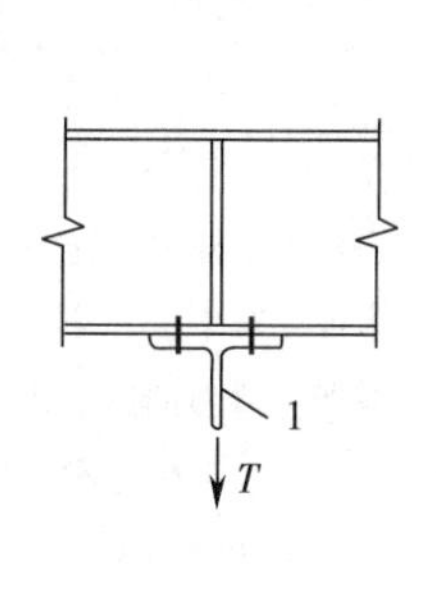

a）吊挂T形件连接节点

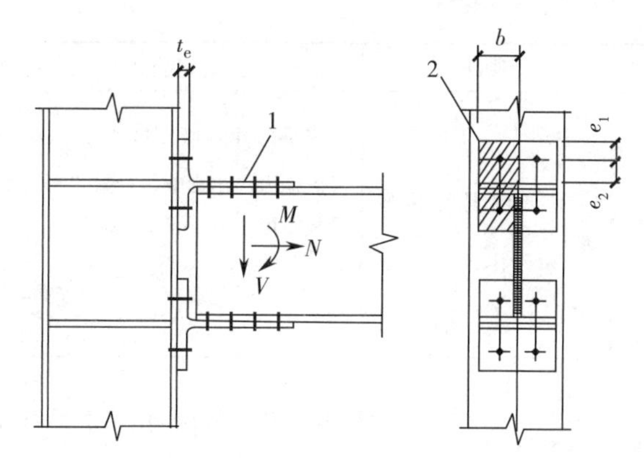

b）梁柱T形连接节点

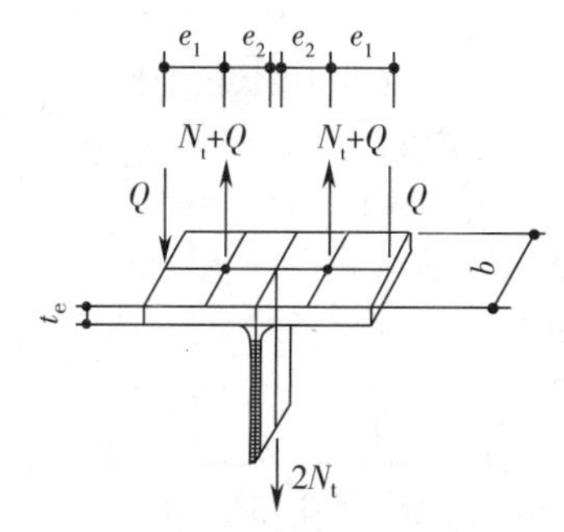

c）T形件受拉件受力简图

图 3-33 T 形受拉件连接接头

1—T 形受拉件 2—计算单元

（2）有预拉力的高强度螺栓受拉连接接头中，高强度螺栓预拉力及其施工要求应与摩擦型连接相同。

（3）螺栓应紧凑布置，其间距除应符合表 3-24 的规定外，尚应满足 $e_1 \leqslant 1.25e_2$ 的要求（e_1、e_2 为螺栓中心到 T 形件翼缘和腹板边缘的距离）。

（4）T 形受拉件宜选用热轧剖分 T 型钢。

2. T 形受拉连接接头的 T 形件翼缘板厚度、撬力与连接螺栓计算

T 形受拉件在外加拉力作用下其翼缘板发生弯曲变形，而在板边缘产生撬力，撬力会增加螺栓的拉力并降低接头的刚度，必要时在计算中考虑其不利影响。

T 形受拉连接接头的 T 形件翼缘板厚度、撬力与连接螺栓计算，见表 3-29。

表 3-29 T 形受拉连接接头的 T 形件翼缘板厚度、撬力与连接螺栓计算

受力情况	项目	计算公式	备注
不考虑撬力作用	T 形件翼缘板的最小厚度 t_{ec}	$t_{ec}=\sqrt{\dfrac{4e_2N_t^b}{bf}}$ （3-43）	
	1 个受拉高强度螺栓的受拉承载力	$N_t \leqslant N_t^b$ （3-44）	

（续）

受力情况	项目	计算公式	备注
考虑撬力作用	T形件翼缘板厚度 t_e	当T形件翼缘厚度小于 t_{ec} 时应考虑橇力作用影响，受拉T形件翼缘板厚度 t_e 按下式计算： $$t_e \geqslant \sqrt{\frac{4e_2N_t}{\psi bf}} \quad (3\text{-}45)$$	设计中宜适当考虑撬力并减少翼缘板厚度。即当翼缘板厚度小于 t_{ec} 时，T形连接件及其连接应考虑撬力的影响，此时计算所需的翼缘板较薄，T形件刚度较弱，但同时连接螺栓会附加撬力 Q，从而会增大螺栓直径或提高强度级别
	撬力 Q	$$Q = N_t^b\left[\delta\alpha\rho\left(\frac{t_e}{t_{ec}}\right)^2\right] \quad (3\text{-}46)$$	
	高强度螺栓的受拉承载力	（1）按承载能力极限状态设计时应满足下式要求： $$N_t + Q \leqslant 1.25N_t^b \quad (3\text{-}47)$$ （2）按正常使用极限状态设计时应满足下式要求： $$N_t + Q \leqslant N_t^b \quad (3\text{-}48)$$	按正常使用极限状态设计时，应使高强度螺栓受拉板间保留一定的压紧力，保证连接件之间不被拉离；按承载能力极限状态设计时应满足式（3-47）的要求，此时螺栓轴向拉力控制在1.0P的限值内

注：式中　b——按一排螺栓覆盖的翼缘板（端板）计算宽度（mm）；

e_1——螺栓中心到T形件翼缘边缘的距离（mm）；

e_2——螺栓中心到T形件腹板边缘的距离（mm）；

N_t——1个高强度螺栓的轴向拉力（kN）；

ψ——撬力影响系数，$\psi = 1 + \delta\alpha'$；

δ——翼缘板截面系数，$\delta = 1 - d_0/b$；

α'——系数，当$\beta \geqslant 1.0$时，α'取1.0；当$\beta < 1.0$时，$\alpha' = \frac{1}{\delta}\left(\frac{\beta}{1-\beta}\right)$，且满足$\alpha' \leqslant 1.0$；

β——系数，$\beta = \frac{1}{\rho}\left(\frac{N_t^b}{N_t} - 1\right)$；

ρ——系数，$\rho = e_2/e_1$；

α——系数，$\alpha = \frac{1}{\delta}\left[\frac{N_t}{N_t^b}\left(\frac{t_{ec}}{t_e}\right)^2 - 1\right] \geqslant 0$。

3.2.6　外伸式端板连接接头设计

端板连接接头可分为外伸式和平齐式两种，后者转动刚度只及前者的30%，承载力也低很多。除组合结构半刚性连接节点外，已较少应用。

外伸式端板连接为梁或柱端头焊以外伸端板，再以高强度螺栓连接组成的接头（图3-34）。接头可同时承受轴力、弯矩与剪力，适用于钢结构框架（刚架）梁柱连接节点。

图3-34所示外伸式端板连接接头仅为典型图，实际工程中可按受力需要做成上下端均为外伸端板的构造。接头连接一般应采用摩擦型连接，对门式刚架等轻钢结构也宜采用承压型连接。

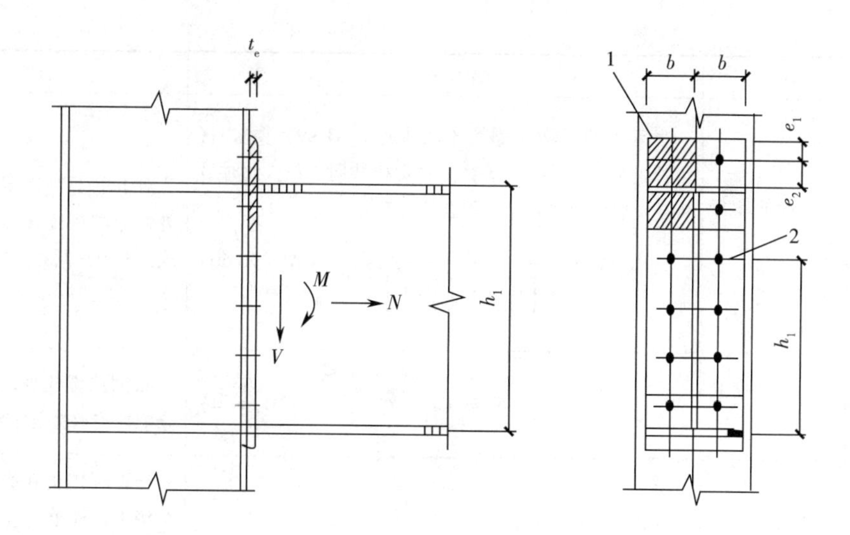

图 3-34　外伸式端板连接接头

1—受拉 T 形件　2—第三排螺栓

1. 外伸式端板连接接头的构造

（1）端板连接宜采用摩擦型高强度螺栓连接。

（2）端板的厚度不宜小于 16mm，且不宜小于连接螺栓的直径。

（3）连接螺栓至板件边缘的距离在满足螺栓施拧条件下应采用最小间距紧凑布置；端板螺栓竖向最大间距不应大于 400mm；螺栓布置与间距除应符合表 3-24 的规定外，尚应满足 $e_1 \leqslant 1.25e_2$ 的要求（e_1、e_2 为螺栓中心到 T 形件翼缘和腹板边缘的距离）。

（4）端板直接与柱翼缘连接时，相连部位的柱翼缘板厚度不应小于端板厚度。

（5）端板外伸部位宜设加劲肋。

（6）梁端与端板的焊接宜采用熔透焊缝。

2. 端板厚度、撬力与连接螺栓的计算

端板厚度、撬力与连接螺栓计算，见表 3-30。

表 3-30　端板厚度、撬力与连接螺栓计算

受力情况	项目	计算公式	备注
不考虑撬力作用	端板厚度	按式（3-43）计算	计算时接头在受拉螺栓部位按 T 形件单元（图 3-34 阴影部分）计算
	螺栓的最大拉力 N_t	受拉螺栓按 T 形件（图 3-34 阴影部分）对称于受拉翼缘的两排螺栓均匀受拉计算，每个螺栓的最大拉力 N_t 应符合下式要求： $$N_t = \frac{M}{n_2 h_1} + \frac{N}{n} \leqslant N_t^b \quad (3\text{-}49)$$	

（续）

受力情况	项目	计算公式	备注
不考虑撬力作用	螺栓的最大拉力 N_t	当两排受拉螺栓承载力不能满足式（3-49）要求时，可计入布置于受拉区的第三排螺栓共同工作，此时最大受拉螺栓的拉力 N_t 应符合下式要求： $$N_t = \frac{M}{h_1\left[n_2 + n_3\left(\frac{h_3}{h_1}\right)^2\right]} + \frac{N}{n} \leqslant N_v^b \quad (3\text{-}50)$$	对于上下对称布置螺栓的外伸式端板连接接头，计算式（3-50）同样适用
	每个螺栓承受的剪力	$$N_v = V/n_v \leqslant N_v^b \quad (3\text{-}51)$$	除抗拉螺栓外，端板上其余螺栓按承受全部剪力计算
考虑撬力作用	端板厚度	应按式（3-45）计算	计算时接头在受拉螺栓部位按T形件单元（图3-34阴影部分）计算
	撬力 Q	应按式（3-46）计算	
	每个螺栓的最大拉力	$$\frac{M}{n_t h_1} + \frac{N}{n} + Q \leqslant 1.25N_t^b \quad (3\text{-}52)$$	受拉螺栓按对称于梁受拉翼缘的两排螺栓均匀受拉承担全部拉力计算 当轴力沿螺栓轴向为压力时，取 $N=0$ 当考虑撬力作用时，受拉螺栓宜按承载能力极限状态设计。当按正常使用极限状态设计时，式（3-52）右边的 $1.25N_t^b$ 改为 N_t^b 即可
	每个螺栓承受的剪力	每个螺栓承受的剪力应符合式（3-51）的要求	除抗拉螺栓外，端板上其余螺栓可按承受全部剪力计算

注：式中　M——端板连接处的弯矩；

N——端板连接处的轴拉力，轴力沿螺栓轴向为压力时不考虑（$N=0$）；

n_2——对称布置于受拉翼缘侧的两排螺栓的总数（如图3-34中 $n_2=4$）；

h_1——梁上、下翼缘中心间的距离；

n_3——第三排受拉螺栓的数量（如图3-34中 $n_3=2$）；

h_3——第三排螺栓中心至受压翼缘中心的距离（mm）；

n_v——抗剪螺栓总数。

3.2.7　栓焊混用连接接头设计

（1）栓焊混用连接接头（图3-35）适用于框架梁柱的现场连接与构件拼接，是多、高层钢结构梁柱节点中最常用的接头形式。当结构处于非抗震设防区时，接头可按最大内力设计值进行弹性设计；当结构处于抗震设防区时，尚应按现行国家标准《建筑抗震设计规范》GB 50011 进行接头连接极限承载力的验算。

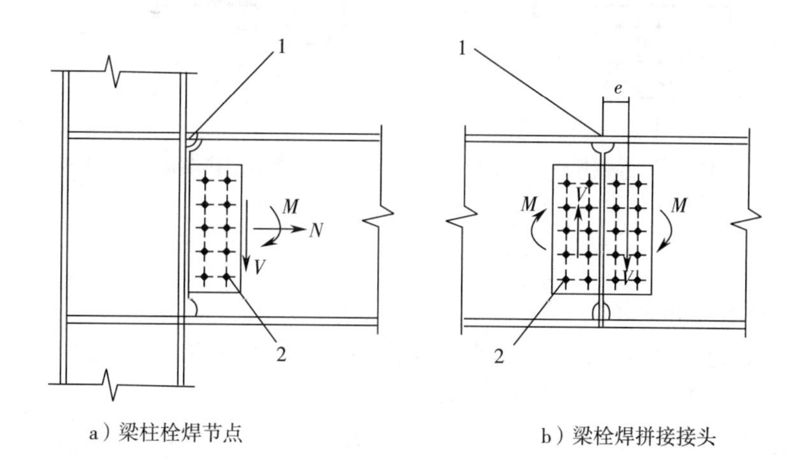

a）梁柱栓焊节点

b）梁栓焊拼接接头

图 3-35　栓焊混用连接接头

1—梁翼缘熔透焊　2—梁腹板高强度螺栓连接

（2）梁、柱、支撑等构件的栓焊混用连接接头中，腹板连（拼）接的高强度螺栓的计算及构造，应符合上述“3.2.4 螺栓拼接接头设计”及以下要求：

1）按等强方法计算拼接接头时，腹板净截面宜考虑锁口孔的折减影响。

2）施工顺序宜在高强度螺栓初拧后进行翼缘的焊接，然后再进行高强度螺栓终拧。

3）当采用先终拧螺栓再进行翼缘焊接的施工工序时，腹板拼接高强度螺栓宜采取补拧措施或增加螺栓数量 10%。

（3）处于抗震设防区且由地震作用组合控制截面设计的框架梁柱栓焊混用接头，当梁翼缘的塑性截面模量小于梁全截面塑性截面模量的 70% 时，梁腹板与柱的连接螺栓不得少于 2 列，且螺栓总数不得小于计算值的 1.5 倍。

3.2.8　栓焊并用连接接头设计

1. 连接构造要求

（1）栓焊并用连接接头（图 3-36）宜用于改造、加固的工程。其连接构造应符合以下要求：

1）平行于受力方向的侧焊缝端部起弧点距板边不应小于 h_f，且与最外端的螺栓距离应不小于 $1.5d_0$；同时侧焊缝末端应连续绕角焊不小于 $2h_f$ 长度。

2）栓焊并用连接的连接板边缘与焊件边缘距离不应小于 30mm。

（2）焊缝形式应为贴角焊缝。高强度螺栓直径和焊缝尺寸应按栓、焊各自受剪承载力设计值相差不超过 3 倍的要求进行匹配。

（3）在既有摩擦型高强度螺栓连接接头上新增角焊缝进行加固补强时，其栓焊并用连接设计应符合以下要求：

1）摩擦型高强度螺栓连接和角焊缝焊接连接应分别承担加固焊接补强前的荷载和加

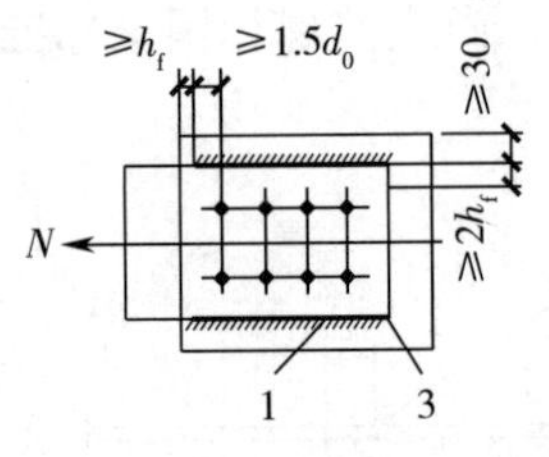

a）高强度螺栓与侧焊缝并用

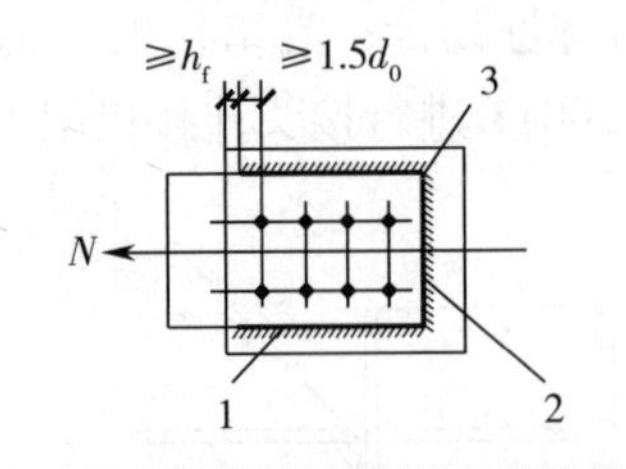

b）高强度螺栓与侧焊缝及端焊缝并用

图3-36　栓焊并用连接接头

1—侧焊缝　2—端焊缝　3—连续绕焊

固焊接补强后所增加的荷载。

2）当加固前进行结构卸载或加固焊接补强前的荷载小于摩擦型高强度螺栓连接承载力设计值25%时，可按表3-31进行连接设计。

（4）摩擦型高强度螺栓连接不宜与垂直受力方向的贴角焊缝（端焊缝）单独并用连接。

2. 连接的受剪承载力计算

栓焊并用连接的受剪承载力应按表3-31计算。

表3-31　栓焊并用连接的受剪承载力计算

项目	计算公式	备注
受剪承载力	高强度螺栓与侧焊缝并用连接： $N_{wb}=N_{fs}+0.75N_{bv}$　　(3-53)	
	高强度螺栓与侧焊缝及端焊缝并用连接： $N_{wb}=0.85N_{fs}+N_{fe}+0.25N_{bv}$　　(3-54)	

注：式中　N_{bv}——连接接头中摩擦型高强度螺栓连接受剪承载力设计值（kN）；

N_{fs}——连接接头中侧焊缝受剪承载力设计值（kN）；

N_{wb}——连接接头的栓焊并用连接受剪承载力设计值（kN）；

N_{fe}——连接接头中端焊缝受剪承载力设计值（kN）。

3. 连接的施工要求

栓焊并用连接的施工顺序应先高强度螺栓紧固，后实施焊接。

当栓焊并用连接采用先栓后焊的施工工序时，应在焊接24h后对离焊缝100mm范围内的高强度螺栓补拧，补拧扭矩应为施工终拧扭矩值。

焊接时高强度螺栓处的温度有可能超过100℃，而引起高强度螺栓预拉力松弛，因此需要对靠近焊缝的螺栓补拧。

3.3　销轴连接

销轴连接适用于铰接柱脚或拱脚以及拉索、拉杆端部的连接（图3-37），销轴与耳板宜采用Q345、Q390与

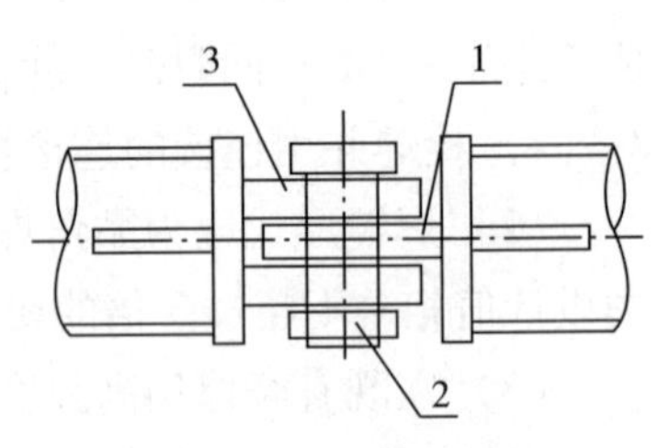

图3-37　销轴连接

1、3—耳板　2—销轴

Q420，也可采用45号钢、35CrMo或40Cr等钢材。当销孔和销轴表面要求机加工时，其质量要求应符合相应的机械零件加工标准的规定。当销轴直径大于120mm时，宜采用锻造加工工艺制作。

现行国家标准《销轴》GB/T 882对公称直径3～100mm的销轴做了规定。结构工程中荷载较大时需要用到直径大于100mm的销轴，目前没有标准的规格。销轴没有像精制螺栓这样的标准规定精度的要求，因此设计人员在设计文件中应注明对销轴和耳板销轴孔精度、表面质量和销轴表面处理的要求。

对于非结构常用钢材宜按照现行国家标准《建筑结构可靠度设计统一标准》GB 50068进行统计分析，研究确定设计强度指标。

3.3.1 销轴连接的构造

销轴连接的构造应符合下列规定（图3-38）：

（1）销轴孔中心应位于耳板的中心线上，其孔径与直径相差不应大于1mm。

（2）耳板两侧宽厚比 b/t 不宜大于4，几何尺寸应符合下列公式规定：

$$a \geqslant 4b_e/3 \tag{3-55}$$

$$b_e = 2t + 16 \leqslant b \tag{3-56}$$

式中 b——连接耳板两侧边缘与销轴孔边缘净距（mm）；

b_e——耳板的有效宽度（mm）；

t——耳板厚度（mm）；

a——顺受力方向，销轴孔边距板边缘最小距离（mm）。

（3）销轴表面与耳板孔周表面宜进行机加工。

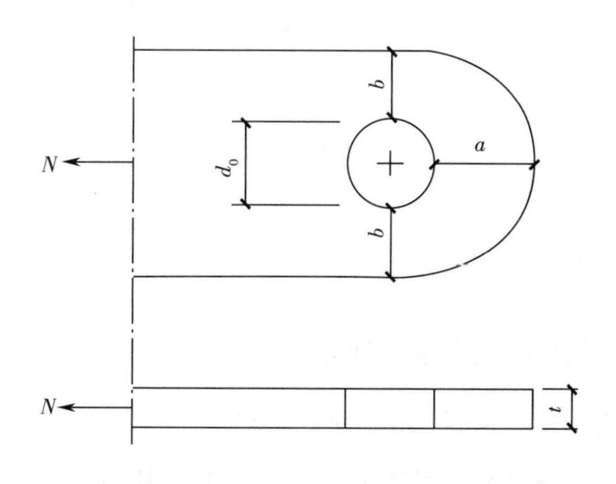

图3-38 销轴连接耳板

3.3.2 连接耳板的抗拉、抗剪强度计算

连接耳板的抗拉、抗剪强度计算，见表3-32。

表 3-32　连接耳板的抗拉、抗剪强度计算

项次	项目	计算公式	备注
1	耳板孔净截面处的抗拉强度	$$\sigma = \frac{N}{2tb_1} \leqslant f \quad (3\text{-}57)$$ $$b_1 = \min\left(2t + 16, b - \frac{d_0}{3}\right) \quad (3\text{-}58)$$	
2	耳板端部截面抗拉（劈开）强度	$$\sigma = \frac{N}{2t\left(a - \frac{2d_0}{3}\right)} \leqslant f \quad (3\text{-}59)$$	
3	耳板抗剪强度	$$\tau = \frac{N}{2tZ} \leqslant f_v \quad (3\text{-}60)$$ $$Z = \sqrt{(a + d_0/2)^2 - (d_0/2)^2} \quad (3\text{-}61)$$	

注：式中　N——杆件轴向拉力设计值（N）；

b_1——计算宽度（mm）；

d_0——销轴孔径（mm）；

f——耳板抗拉强度设计值（N/mm^2）；

Z——耳板端部抗剪截面宽度（图 3-39）（mm）；

f_v——耳板钢材抗剪强度设计值（N/mm^2）。

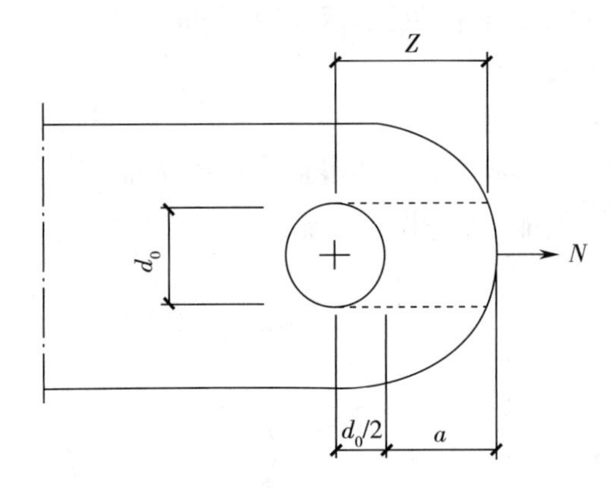

图 3-39　销轴连接耳板受剪面示意图

3.3.3　销轴的承压、抗剪与抗弯强度计算

销轴的承压、抗剪与抗弯强度计算，见表 3-33。

表 3-33　销轴的承压、抗剪与抗弯强度计算

项次	项目	计算公式	备注
1	销轴承压强度	$$\sigma_c = \frac{N}{dt} \leqslant f_c^b \quad (3\text{-}62)$$	
2	销轴抗剪强度	$$\tau_b = \frac{N}{n_v \pi \frac{d^2}{4}} \leqslant f_v^b \quad (3\text{-}63)$$	

（续）

项次	项目	计算公式	备注
3	销轴的抗弯强度	$\sigma_b = \frac{M}{15\frac{\pi d^3}{32}} \leqslant f^b$ (3-64) $M = \frac{N}{8}(2t_e + t_m + 4s)$ (3-65)	
4	受弯受剪时组合强度	组合强度应按下式验算： $\sqrt{\left(\frac{\sigma_b}{f^b}\right)^2 + \left(\frac{\tau_b}{f_v^b}\right)^2} \leqslant 1.0$ (3-66)	计算截面同时受弯受剪时

注：式中 d——销轴直径（mm）；

f_c^b——销轴连接中耳板的承压强度设计值（N/mm^2）；

n_v——受剪面数目；

f_v^b——销轴的抗剪强度设计值（N/mm^2）；

M——销轴计算截面弯矩设计值（N·mm）；

f^b——销轴的抗弯强度设计值（N/mm^2）；

t_e——两端耳板厚度（mm）；

t_m——中间耳板厚度（mm）；

s——端耳板和中间耳板间间距（mm）。

第4章
钢板剪力墙

钢板剪力墙是指设置在框架梁柱间的钢板，用以承受框架中的水平剪力。钢板剪力墙可采用纯钢板剪力墙、防屈曲钢板剪力墙及组合剪力墙，纯钢板剪力墙可采用无加劲钢板剪力墙和加劲钢板剪力墙。

4.1 加劲钢板剪力墙

加劲钢板剪力墙是指在内嵌钢板上加设钢加劲肋以增加平面外刚度的钢板剪力墙，图4-1为加劲钢板剪力墙示意图。

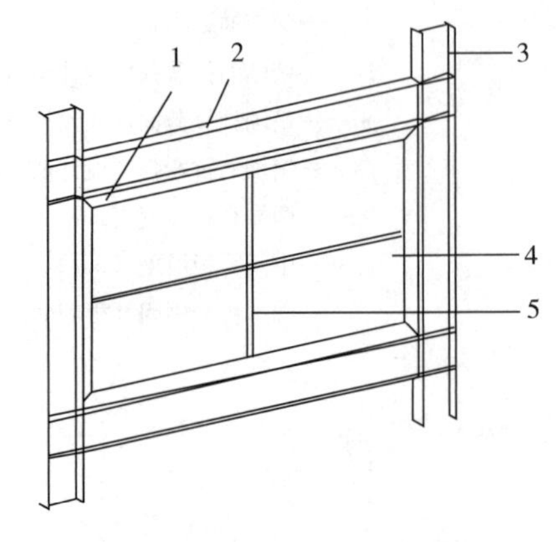

图4-1 加劲钢板剪力墙示意图
1—鱼尾板 2—边框梁 3—边框柱
4—内嵌钢板 5—加劲肋

4.1.1 一般规定

（1）钢板剪力墙平面布置宜规则、对称；竖向宜连续布置，承载力与刚度宜自下而上逐渐减小。同一楼层内同方向抗侧力构件宜采用同类型钢板剪力墙。

（2）宜采取减少恒荷载传递至剪力墙的措施。竖向加劲肋宜双面或交替双面设置，水平加劲肋可单面、双面或交替双面设置。

主要用于抗震的抗侧力构件不宜承担竖向荷载，但是具体构造很难做到这一点，对这个要求应灵活理解：设置钢板剪力墙的开间的框架梁和柱，不能因为钢板剪力墙承担了竖向荷载而减小截面。这样即使钢板剪力墙发生了屈曲，在弹性阶段由钢板剪力墙承担的竖向荷载会转移到框架梁和柱，框架梁、柱也能够承担这部分转移过来的荷载，较大的梁柱截面还能够限制钢板剪力墙屈曲变形的发展。竖向加劲肋宜优先采用闭口截面加劲肋。

（3）在罕遇地震作用下，周边框架梁柱不应先于钢板剪力墙破坏。

（4）钢板剪力墙的设计应符合以下要求：

1）钢板剪力墙的节点，不应先于钢板剪力墙和框架梁柱破坏。

2）与钢板剪力墙相连周边框架梁柱腹板厚度不应小于钢板剪力墙厚度。

3）钢板剪力墙上开设洞口时应按等效原则予以补强。

（5）加劲钢板剪力墙的加劲肋与内嵌钢板可采用焊接或螺栓连接。

4.1.2 加劲肋的布置

（1）加劲钢板剪力墙的加劲肋可采用水平布置、竖向布置、水平与竖向混合布置以及斜向交叉布置（图 4-2）。

为运输方便，当设置水平加劲肋时，可采用横向加劲肋贯通、钢板剪力墙水平切断等形式。

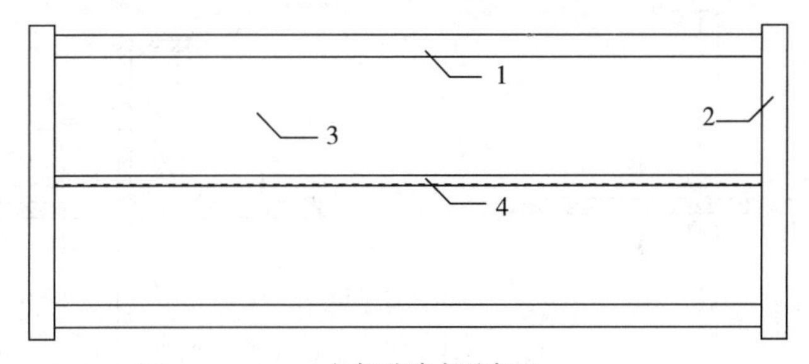

a）加劲肋水平布置

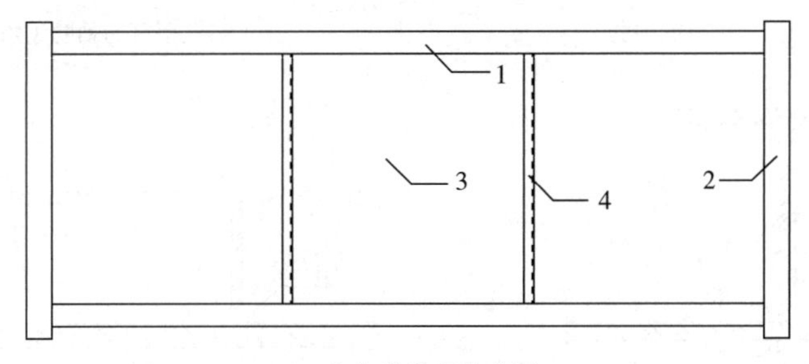

b）加劲肋竖向布置

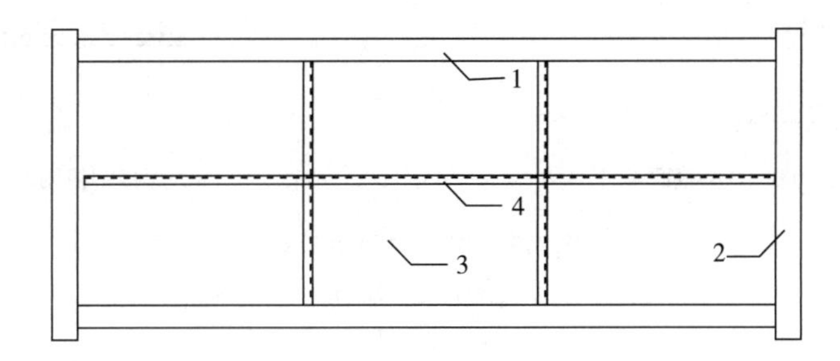

c）加劲肋水平与竖向混合布置

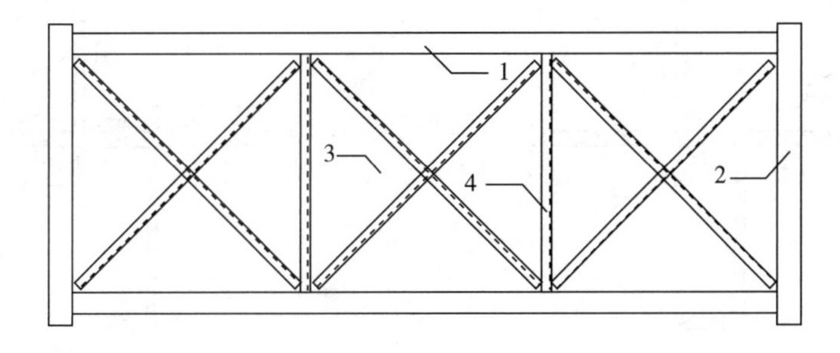

d）加劲肋斜向交叉布置

图 4-2　加劲肋的布置形式示意

1—框架梁　2—框架柱　3—钢板　4—加劲肋

（2）加劲钢板剪力墙的加劲肋宜采用单板、开口或闭口截面形式的热轧型钢或冷弯薄壁型钢等加劲构件（图 4-3、图 4-4），可单侧布置或双侧布置。

（3）当水平加劲肋与竖向加劲肋混合布置时，竖向加劲肋宜通长布置。

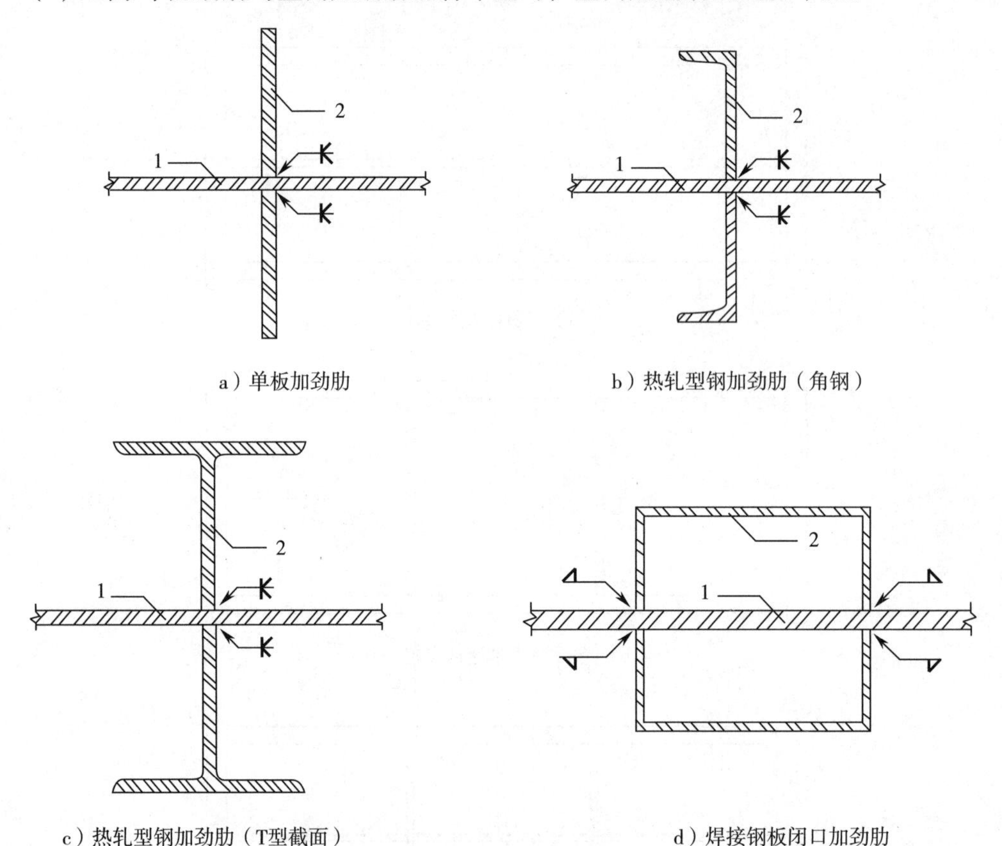

a）单板加劲肋　　b）热轧型钢加劲肋（角钢）

c）热轧型钢加劲肋（T型截面）　　d）焊接钢板闭口加劲肋

图 4-3　焊接加劲肋示意

1—钢板　2—加劲肋

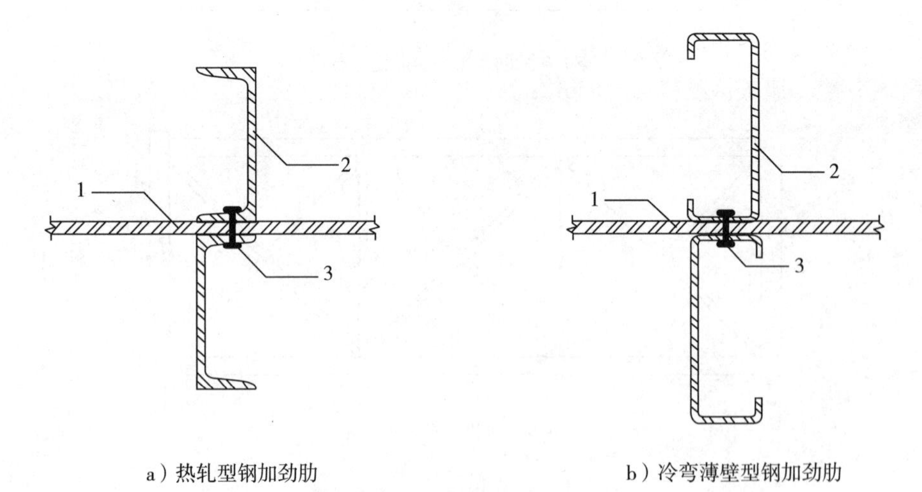

a）热轧型钢加劲肋　　b）冷弯薄壁型钢加劲肋

图 4-4　栓接加劲肋示意

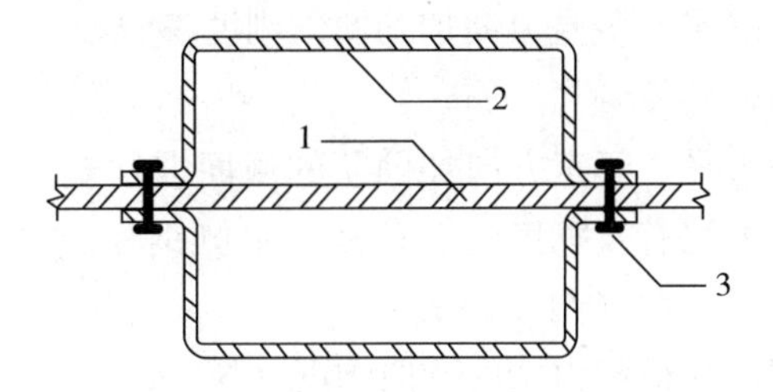

c）冷弯薄壁型钢闭口加劲肋

图4-4　栓接加劲肋示意（续）

1—钢板　2—加劲肋　3—高强螺栓

4.1.3　焊接加劲钢板剪力墙（不考虑屈曲后强度）

1. 加劲肋采取不承担竖向应力的构造

宜采取减少重力荷载传递至竖向加劲肋的构造措施。

加劲肋采取不承担竖向应力的构造的办法是在每层的钢梁部位，竖向加劲肋中断。不承担竖向荷载，因此在地震作用下，加劲肋可以起到类似屈曲约束支撑的外套管那样的作用，能够提高钢板剪力墙的抗震性能（延性和耗能能力）。

2. 剪力墙板区格的宽厚比

同时设置水平和竖向加劲肋的钢板剪力墙，纵横加劲肋划分的剪力墙板区格的宽高比宜接近1，剪力墙板区格的宽厚比宜符合下列规定：

采用开口加劲肋时：

$$\frac{a_1 + h_1}{t_w} \leqslant 220\varepsilon_k \tag{4-1}$$

采用闭口加劲肋时：

$$\frac{a_1 + h_1}{t_w} \leqslant 250\varepsilon_k \tag{4-2}$$

式中　a_1——剪力墙板区格宽度（mm）；

h_1——剪力墙板区格高度（mm）；

ε_k——钢号修正系数，取 $\sqrt{235/f_y}$；

t_w——钢板剪力墙的厚度（mm）。

3. 加劲肋的刚度参数

同时设置水平和竖向加劲肋的钢板剪力墙，加劲肋的刚度参数宜符合下列公式的要求：

$$\eta_x = \frac{EI_{sx}}{Dh_1} \geqslant 33 \tag{4-3}$$

$$\eta_y = \frac{EI_{sy}}{Da_1} \geqslant 50 \tag{4-4}$$

$$D = \frac{Et_w^3}{12(1 - \nu^2)} \tag{4-5}$$

式中　η_x、η_y——分别为水平、竖直方向加劲肋的刚度参数；

E——钢材的弹性模量（N/mm^2）；

I_{sx}、I_{sy}——分别为水平、竖直方向加劲肋的截面惯性矩（mm^4），可考虑加劲肋与钢板剪力墙有效宽度组合截面，单侧钢板加劲剪力墙的有效宽度取15倍的钢板厚度（图4-5）；

D——单位宽度钢板剪力墙的弯曲刚度（N·mm）；

ν——钢材的泊松比；

h_1、a_1——钢板剪力墙区格的高度和宽度（mm）。

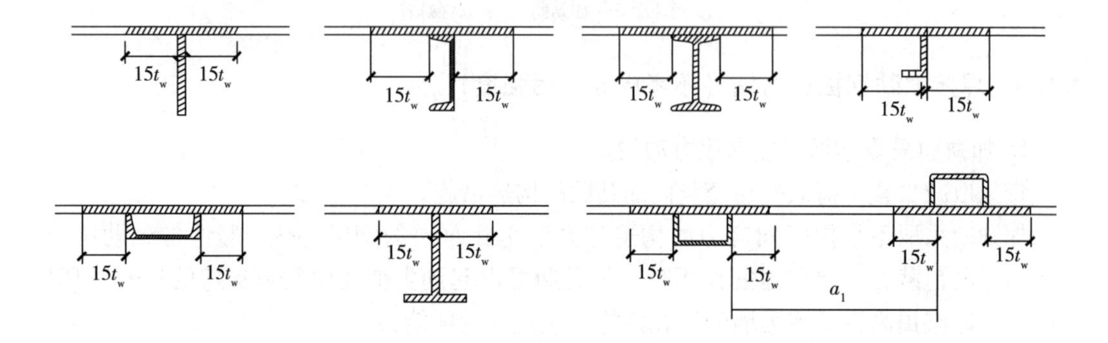

图4-5　单面加劲时计算加劲肋惯性矩的截面

t_w—钢板剪力墙厚度

4. 钢板剪力墙稳定性计算

（1）正则化宽厚比$\lambda_{n,s}$、$\lambda_{n,\sigma}$、$\lambda_{n,b}$应根据下列公式计算：

$$\lambda_{n,s}=\sqrt{\frac{f_{yv}}{\tau_{cr}}} \tag{4-6}$$

$$\lambda_{n,\sigma}=\sqrt{\frac{f_y}{\sigma_{cr}}} \tag{4-7}$$

$$\lambda_{n,b}=\sqrt{\frac{f_y}{\sigma_{bcr}}} \tag{4-8}$$

式中　f_{yv}——钢材的屈服抗剪强度（N/mm^2），取钢材屈服强度的58%；

f_y——钢材屈服强度（N/mm^2）；

τ_{cr}——弹性剪切屈曲临界应力（N/mm^2），按4.1.7中的规定计算；

σ_{cr}——竖向受压弹性屈曲临界应力（N/mm^2），按4.1.7中的规定计算；

σ_{bcr}——竖向受弯弹性屈曲临界应力（N/mm^2），按4.1.7中的规定计算。

（2）弹塑性稳定系数φ_s、φ_σ、φ_{bs}应根据下列公式计算：

$$\varphi_s=\frac{1}{\sqrt[3]{0.738+\lambda_{n,s}^6}}\leqslant 1.0 \tag{4-9}$$

$$\varphi_\sigma=\frac{1}{\left(1+\lambda_{n,\sigma}^{2.4}\right)^{5/6}}\leqslant 1.0 \tag{4-10}$$

$$\varphi_{bs} = \frac{1}{\sqrt[3]{0.738 + \lambda_{n,b}^{6}}} \leqslant 1.0 \tag{4-11}$$

（3）稳定性计算应符合下列公式要求：

$$\frac{\sigma_b}{\varphi_{bs} f} \leqslant 1.0 \tag{4-12}$$

$$\frac{\tau}{\varphi_s f_v} \leqslant 1.0 \tag{4-13}$$

$$\frac{\sigma_G}{0.35 \varphi_\sigma f} \leqslant 1.0 \tag{4-14}$$

$$\left(\frac{\sigma_b}{\varphi_{bs} f}\right)^2 + \left(\frac{\tau}{\varphi_s f_v}\right)^2 + \frac{\sigma_\sigma}{\varphi_\sigma f} \leqslant 1.0 \tag{4-15}$$

式中　σ_b——由弯矩产生的弯曲压应力设计值（N/mm^2）；

τ——钢板剪力墙的剪应力设计值（N/mm^2）；

σ_G——竖向重力荷载产生的应力设计值（N/mm^2）；

f_v——钢板剪力墙的抗剪强度设计值（N/mm^2）；

f——钢板剪力墙的抗压和抗弯强度设计值（N/mm^2）；

σ_σ——钢板剪力墙承受的竖向应力设计值。

4.1.4　焊接加劲钢板剪力墙（考虑屈曲后强度）

加劲钢板剪力墙承载力计算时，可采用钢板剪力墙屈曲为承载力极限状态或考虑屈曲后强度。

1. 加劲肋宽厚比

考虑加劲钢板剪力墙屈曲后强度设计且加劲肋为钢板条时，加劲肋宽厚比应符合下式规定：

$$6 \leqslant \lambda_s \leqslant 12 \tag{4-16}$$

式中　λ_s——加劲肋宽厚比，为加劲肋板件外伸宽度与厚度之比。

2. 受剪承载力

考虑加劲钢板剪力墙屈曲后强度设计且加劲肋为钢板条时，受剪承载力应符合下列规定：

（1）对于十字加劲的钢板剪力墙，应符合下列公式规定：

$$\tau \leqslant C_0 \alpha_1 f_v \tag{4-17}$$

$$\alpha_1 = \begin{cases} 1 - 0.02(\lambda_{n0} - 0.7) & (\lambda_{n0} \leqslant 2.1) \\ 1.21/\lambda_{n0}^{0.29} & (\lambda_{n0} > 2.1) \end{cases} \tag{4-18}$$

（2）对于交叉加劲钢板剪力墙，应符合下列公式规定：

$$\tau \leqslant C_0 C_1 \alpha_2 f_v \tag{4-19}$$

$$\alpha_2 = 1.68 + 0.0085(\eta - 30) - 1.15e^{-\lambda_{n0}} \tag{4-20}$$

$$C_1 = 1.21 - 0.07(\lambda_s - 6) \tag{4-21}$$

$$\eta = \frac{EI_s}{Dl_{1\max}} \tag{4-22}$$

式中 τ——外荷载作用下钢板剪力墙产生的剪应力设计值（N/mm^2）；

f_v——钢材的抗剪强度设计值（N/mm^2）；

C_0——边缘柱刚度相关的折减系数，取0.87；

C_1——加劲肋折减系数，当加劲肋为平钢板时，按式（4-21）计算，当加劲肋为其他形式时取为1.0；

α_1、α_2——分别为十字加劲与交叉加劲情况下考虑屈曲后强度的极限承载力系数；

λ_{n0}——非加劲钢板剪力墙的正则化高厚比，按式（4-96）计算；

η——肋板弯曲刚度比；

EI_s——加劲肋弯曲刚度（$N \cdot mm^2$）；

$l_{1\max}$——钢板剪力墙区格宽度 a_1 与区格高度 h_1 的较大值（mm）。

3. 边缘柱的截面惯性矩

利用钢板剪力墙屈曲后强度时，边缘柱的截面惯性矩应符合式（4-93）的规定。

4.1.5 栓接加劲钢板剪力墙

栓接加劲钢板剪力墙型钢加劲肋与内嵌钢板可采用高强度螺栓连接，螺栓连接强度计算应符合现行国家标准《钢结构设计标准》GB 50017 的有关规定。

热轧型钢或冷弯薄壁型钢用作栓接加劲钢板剪力墙的加劲肋时，双列螺栓连接时可考虑加劲肋扭转刚度对约束内嵌钢板屈曲的贡献。

1. 弹性剪切屈曲临界应力

螺栓连接的加劲钢板剪力墙的弹性剪切屈曲临界应力应按下列公式计算：

$$\tau_{crb} = k_{sb} \cdot \frac{\pi^2 D}{a_1 h_1^2 t_w} \tag{4-23}$$

$$k_{sb} = \psi_b \left[5.34 \frac{\eta}{1.25 + \eta} + 4.0 \frac{\eta}{1.25 + \eta} \left(\frac{h_1}{a_1} \right)^2 \right] \tag{4-24}$$

$$\psi_b = 0.8 + 0.09\ln(n_b) \tag{4-25}$$

式中 k_{sb}——考虑肋板刚度比影响的弹性抗剪屈曲系数；

D——单位宽度钢板剪力墙的弯曲刚度（$N \cdot mm$），按式（4-5）计算；

a_1——钢板剪力墙区格宽度（mm）；

h_1——钢板剪力墙区格高度（mm）；

t_w——钢板剪力墙的厚度（mm）；

η——肋板弯曲刚度比，按式（4-22）计算；

ψ_b——与螺栓数目相关的折减系数；

n_b——区格间加劲肋段上的螺栓数目。

2. 受剪承载力

螺栓连接的加劲钢板剪力墙且以加劲钢板剪力墙屈曲作为承载力极限状态时，受剪承载力应符合下列公式规定：

$$\tau \leqslant \varphi_{sb} f_v \tag{4-26}$$

$$\varphi_{sb} \leqslant 1.0 \tag{4-27}$$

$$\varphi_{sb} = \frac{1}{\sqrt[3]{0.738 + (\lambda_{nb})^6}} \tag{4-28}$$

$$\lambda_{nb} = \sqrt{\frac{f_{vy}}{\tau_{crb}}} \tag{4-29}$$

式中 τ——外荷载作用下钢板剪力墙产生的剪应力设计值（N/mm^2）；

f_{vy}——钢材的抗剪屈服强度（N/mm^2）；

f_v——钢材的抗剪强度设计值（N/mm^2）；

φ_{sb}——栓接加劲钢板剪力墙抗剪稳定系数；

λ_{nb}——栓接加劲钢板剪力墙的正则化高厚比；

τ_{crb}——栓接加劲钢板剪力墙钢板弹性剪切屈曲临界应力（N/mm^2）。

4.1.6 构造要求

1. 加劲钢板剪力墙与边缘构件的连接要求

（1）钢板剪力墙与钢柱连接可采用角焊缝，焊缝强度应满足等强连接要求。

（2）钢板剪力墙跨的钢梁，腹板厚度不应小于钢板剪力墙厚度，翼缘可采用加劲肋代替，其截面不应小于所需要的钢梁截面。

（3）加劲肋与柱子的焊缝质量等级应与梁柱节点的焊缝质量等级一致。

（4）加劲钢板剪力墙与边缘构件可采用焊接或高强度螺栓连接，剪力墙与边缘构件间宜采用鱼尾板过渡。

（5）加劲肋与边缘构件不宜直接连接。加劲肋与边缘构件直接焊接或采用其他方式直接连接时，宜考虑边缘构件对加劲肋的不利影响。

2. 钢板剪力墙与边缘构件直接焊接

（1）钢板剪力墙与边缘构件直接焊接时应符合以下要求：

1）鱼尾板仅作为连接垫板使用，鱼尾板与钢板剪力墙的安装，可采用水平或竖向槽孔，鱼尾板的厚度及宽度应满足安装要求。

2）钢板剪力墙与柱的焊接，采用对接焊缝，对接焊缝质量等级不应低于二级，鱼尾板尾部与钢板剪力墙采用角焊缝现场焊接。

3）钢板剪力墙钢板厚度不小于 22mm 时，钢板与钢梁连接宜采用 K 形熔透焊(图 4-6)。

（2）加劲肋与钢板剪力墙的焊缝、横向加劲肋与柱的焊缝、横向加劲肋与竖向加劲肋的焊缝，可根据加劲肋的厚度选择双面角焊缝或坡口熔透焊缝，应达到与加劲肋等强，焊缝质量等级不宜低于二级。

（3）当设置水平加劲肋时，可以采用横向加劲肋贯通，钢板剪力墙水平切断的形式，此时钢板剪力墙与水平加劲肋的焊缝，采用熔透焊缝，焊缝质量等级二级，现场应采用自动或半自动气体保护焊，单面熔透焊缝的垫板应采用熔透焊缝焊接在贯通加劲肋上，垫板上部与钢板剪力墙角焊缝焊接。

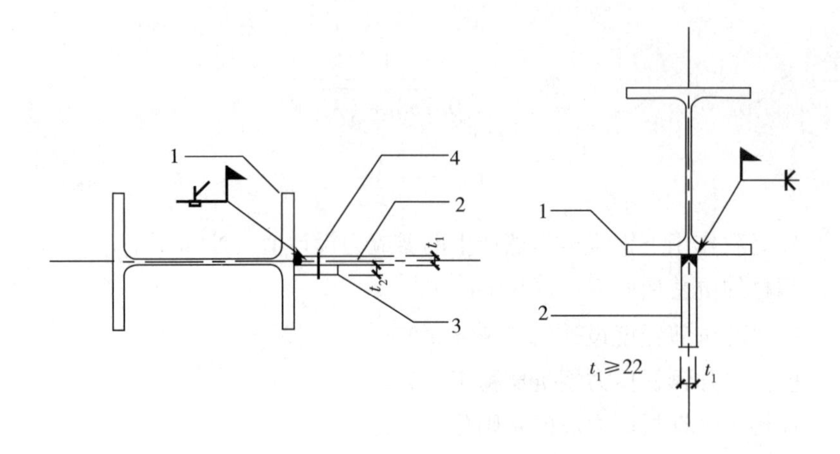

图 4-6　与边缘构件直接焊接连接

1—边缘构件　2—钢板剪力墙钢板　3—鱼尾板（垫板）　4—安装螺栓（可开槽型孔）

3. 钢板剪力墙与边缘构件的鱼尾板过渡连接

（1）钢板剪力墙与边缘构件采用鱼尾板过渡连接时，鱼尾板与钢柱、钢梁应采用熔透焊缝焊接，且鱼尾板厚度不应小于钢板剪力墙厚度。

（2）钢板剪力墙与鱼尾板可采用焊接连接或高强度螺栓连接，当采用焊接连接时，钢板剪力墙与鱼尾板应等强连接；当采用高强度螺栓连接时，端部连接应加强，螺栓不宜少于两排两列布置。

（3）钢板剪力墙与周边框架梁柱宜采用鱼尾板过渡的焊接连接（图 4-7），并应符合以下要求：

1）鱼尾板与钢板剪力墙先采用安装螺栓固定，鱼尾板上可开设水平或竖向槽孔，通过计算确定鱼尾板的厚度，且应考虑螺栓开孔的削弱。

2）鱼尾板与钢板剪力墙采用角焊缝连接，通过计算确定焊脚尺寸，且应满足内侧焊缝的施工可行性。

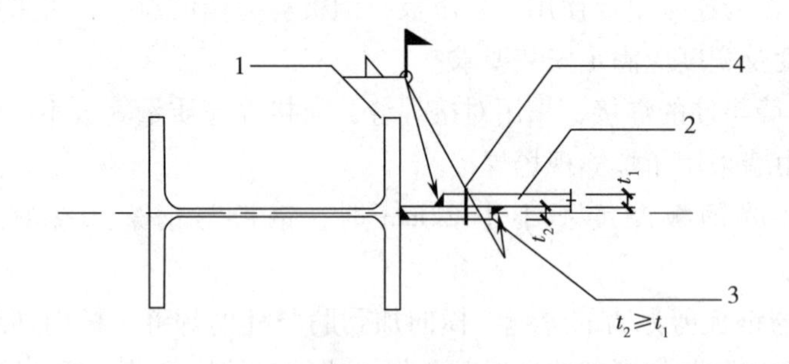

图 4-7　与边缘构件用鱼尾板过渡的焊接连接示意

1—边缘构件　2—钢板剪力墙钢板　3—鱼尾板（过渡连接）　4—安装螺栓（可开槽型孔）

（4）钢板与鱼尾板采用高强度螺栓连接（图 4-8）时，单个高强度螺栓承受的剪力设计值和拉力设计值应按下列公式计算：

$$N_v = f_u A_0 \tag{4-30}$$

$$N_t = 0.1 f A_0 \tag{4-31}$$

墙板与框架梁相连鱼尾板连接时：

$$A_0 = L_e t_w / (\sqrt{2} n_h) \tag{4-32}$$

墙板与框架柱相连鱼尾板连接时：

$$A_0 = H_e t_w / (\sqrt{2} n_v) \tag{4-33}$$

式中 N_v——单个高强度螺栓剪力设计值（N）；

f_u——钢板剪力墙所用钢材的极限抗拉强度最小值（N/mm^2）；

N_t——单个高强度螺栓拉力设计值（N）；

A_0——单个高强度螺栓承担拉力带的截面面积（mm^2）；

L_e——钢板剪力墙的净跨度（mm）；

H_e——钢板剪力墙的净高度（mm）；

n_h——墙板上侧或下侧与鱼尾板连接时设置的螺栓个数；

n_v——墙板左侧或右侧与鱼尾板连接时设置的螺栓个数。

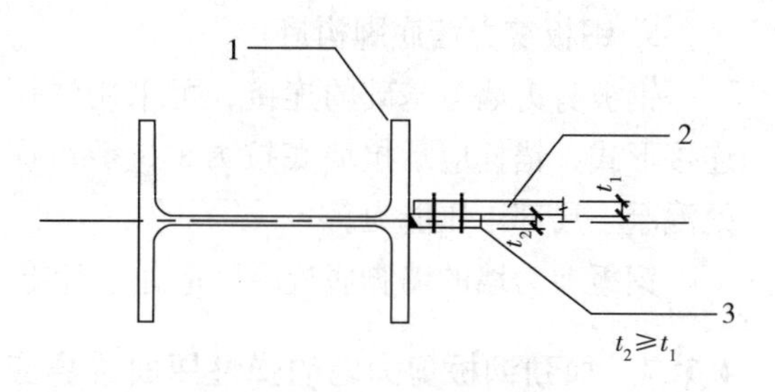

图4-8 与边缘构件的螺栓连接示意

1—边缘构件 2—钢板剪力墙钢板

3—鱼尾板（过渡连接）

（5）为避免螺栓连接时墙板与鱼尾板出现滑动，同时，防止钢板屈曲后螺栓处的钢板滑移，设置单排螺栓难于满足上述要求时，可考虑设置多排螺栓，且在施工过程中应保证对螺栓施加足够的预紧力。

4. 钢板剪力墙角部处理

钢板剪力墙角部宜切割成圆角形式或倒角形式（图4-9），圆切角半径或直角切角边长不应小于35mm和墙板厚度的较大值；鱼尾板与钢板剪力墙采用夹板连接时，连接夹板的拼接点应远离角部。

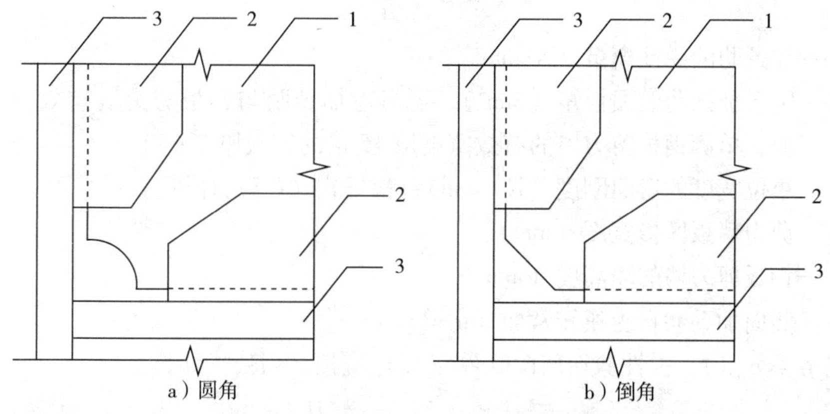

图4-9 钢板剪力墙角部切割圆角形式或倒角形式示意

1—钢板剪力墙 2—鱼尾板（垫板） 3—边缘构件

5. 开设洞口

（1）计算钢板剪力墙的水平受剪承载力时，不应计算洞口水平投影部分。

（2）钢板剪力墙上开设门洞时，门洞口边的加劲肋应符合以下要求：

1）加劲肋的刚度参数 η_x、η_y不应小于150。

2）竖向边加劲肋应延伸至整个楼层高度，门洞上边的边缘加劲肋延伸的长度不宜小于600mm。

（3）钢板剪力墙上开设洞口的边长或直径不宜大于700mm。当钢板剪力墙上开设单独洞口的边长或直径不大于300mm时可不做补强；当洞口的边长或直径大于300mm且不大于700mm时，应采取补强措施。

6. 钢板剪力墙底脚构造

钢板剪力墙与基础的连接，可采用锚栓与分布式抗剪键组合使用、二次灌浆调平的连接形式，锚栓应承担墙底拉力，抗剪键应承担水平剪力，并应验算墙底及抗剪键连接处混凝土局部承压能力。

钢板剪力墙的墙脚底板厚度应通过计算确定，且不宜小于20mm。

4.1.7　加劲钢板剪力墙的弹性屈曲临界应力

1. 仅设置竖向加劲的钢板剪力墙

（1）仅设置竖向加劲的钢板剪力墙，其弹性剪切屈曲临界应力计算应符合下列规定：

1）参数 η_y、$\eta_{\tau th}$应按下列公式计算：

$$\eta_y = \frac{EI_{sy}}{Da_1} \tag{4-34}$$

$$\eta_{\tau th} = 6\eta_k(7\beta^2 - 5) \geqslant 10 \tag{4-35}$$

$$\eta_k = 0.42 + \frac{0.58}{\left[1 + 5.42\left(I_{t,sy}/I_{sy}\right)^{2.6}\right]^{0.77}} \tag{4-36}$$

$$0.8 \leqslant \beta = \frac{H_n}{a_1} \leqslant 5 \tag{4-37}$$

式中　E——加劲肋的弹性模量（N/mm^2）；

I_{sy}——竖向加劲肋的惯性矩（mm^4），可考虑加劲肋与钢板剪力墙有效宽度组合截面，单侧钢板剪力墙的有效宽度取15倍的钢板厚度；

D——单位宽度的弯曲刚度（N·mm），根据式（4-5）计算；

a_1——剪力墙板区格宽度（mm）；

H_n——钢板剪力墙的净高度（mm）；

$I_{t,sy}$——竖向加劲肋自由扭转常数（mm^4）。

2）当 $\eta_y \geqslant \eta_{\tau th}$时，弹性剪切屈曲临界应力 τ_{cr}应按下列公式计算：

$$\tau_{cr} = \tau_{crp} = k_{\tau p}\frac{\pi^2 D}{a_1^2 t_w} \tag{4-38}$$

当 $H_n/a_1 \geqslant 1$ 时：

$$k_{\tau p}=\chi\left[5.34+\frac{4}{\left(H_n/a_1\right)^2}\right] \tag{4-39}$$

当 $H_n/a_1<1$ 时：

$$k_{\tau p}=\chi\left[4+\frac{5.34}{\left(H_n/a_1\right)^2}\right] \tag{4-40}$$

式中 t_w——剪力墙板的厚度（mm）；

χ——嵌固系数，采用闭口加劲肋时取 1.23，开口加劲肋时取 1.0。

3）当 $\eta_y<\eta_{\tau th}$时，弹性剪切屈曲临界应力 τ_{cr}应按下列公式计算：

$$\tau_{cr}=k_{ss}\frac{\pi^2 D}{a_1^2 t_w} \tag{4-41}$$

$$k_{ss}=k_{ss0}\left(\frac{a_1}{L_n}\right)^2+\left[k_{\tau p}-k_{ss0}\left(\frac{a_1}{L_n}\right)^2\right]\left(\frac{n_y}{\eta_{\tau th}}\right)^{0.6} \tag{4-42}$$

当 $H_n/L_n \geqslant 1$ 时：

$$k_{ss0}=6.5+\frac{5}{\left(H_n/L_n\right)^2} \tag{4-43}$$

当 $H_n/L_n<1$ 时：

$$k_{ss0}=5+\frac{6.5}{\left(H_n/L_n\right)^2} \tag{4-44}$$

式中 L_n——钢板剪力墙的净宽度（mm）。

（2）仅设置竖向加劲肋的钢板剪力墙，其竖向受压弹性屈曲临界应力 σ_{cr}的计算应符合下列规定：

1）参数 $\eta_{\sigma th}$应按下列公式计算：

$$\eta_{\sigma th}=1.5\left(1+\frac{1}{n_v}\right)\left[k_{pan}\left(n_v+1\right)^2-k_{\sigma 0}\right]\left(\frac{H_n}{L_n}\right)^2 \tag{4-45}$$

$$k_{\sigma 0}=\chi\left(\frac{L_n}{H_n}+\frac{H_n}{L_n}\right)^2 \tag{4-46}$$

式中 k_{pan}——小区格竖向受压屈曲系数，可以取 $k_{pan}=4\chi$，χ 是嵌固系数，闭口加劲肋时取 1.23，开口加劲肋时取 1；

n_v——竖向加劲肋的道数。

2）竖向受压弹性屈曲临界应力 σ_{cr}应按下列公式计算：

当 $\eta_y \geqslant \eta_{\sigma th}$时：

$$\sigma_{cr}=\sigma_{crp}=k_{pan}\frac{\pi^2 D}{a_1^2 t_w} \tag{4-47}$$

当 $\eta_y<\eta_{\sigma th}$时：

$$\sigma_{cr}=\sigma_{cr0}+\left(\sigma_{crp}-\sigma_{cr0}\right)\frac{\eta_y}{\eta_{\sigma th}} \tag{4-48}$$

$$\sigma_{cr0} = \frac{\pi^2 k_{\sigma 0} D}{L_n^2 t_w} \tag{4-49}$$

式中　$k_{\sigma 0}$——参数，按式（4-46）计算。

（3）仅设置竖向加劲肋的钢板剪力墙，其竖向抗弯弹性屈曲临界应力 σ_{bcr} 应按下列公式计算：

当 $\eta_y \geqslant \eta_{\sigma th}$ 时：

$$\sigma_{bcr} = \sigma_{bcrp} = k_{bpan} \frac{\pi^2 D}{a_1^2 t_w} \tag{4-50}$$

$$k_{bpan} = 4 + 2\beta_\sigma + 2\beta_\sigma^3 \tag{4-51}$$

当 $\eta_y < \eta_{\sigma th}$ 时：

$$\sigma_{bcr} = \sigma_{bcr0} + (\sigma_{bcrp} - \sigma_{bcr0}) \frac{\eta_y}{\eta_\sigma th} \tag{4-52}$$

$$\sigma_{bcr0} = \frac{\pi^2 k_{b0} D}{L_n^2 t_w} \tag{4-53}$$

$$k_{b0} = 14 + 11\left(\frac{H_n}{L_n}\right)^2 + 2.2\left(\frac{L_n}{H_n}\right)^2 \tag{4-54}$$

式中　k_{bpan}——小区格竖向不均匀受压屈曲系数；

β_σ——区格两边的应力差除以较大的压应力。

2. 仅设置水平加劲的钢板剪力墙

（1）仅设置水平加劲的钢板剪力墙，其弹性剪切屈曲临界应力 τ_{cr} 计算应符合下列规定：

1）参数 η_x、$\eta_{\tau th,h}$ 应按下列公式计算：

$$\eta_x = \frac{EI_{sx}}{Dh_1} \tag{4-55}$$

$$\eta_{\tau th,h} = 6\eta_h(7\beta_h^2 - 4) \geqslant 5 \tag{4-56}$$

$$\eta_h = 0.42 + \frac{0.58}{\left[1 + 5.42\left(I_{t,sx}/I_{sx}\right)^{2.6}\right]^{0.77}} \tag{4-57}$$

$$0.8 \leqslant \beta_h = \frac{L_n}{h_1} \leqslant 5 \tag{4-58}$$

式中　I_{sx}——水平方向加劲肋的惯性矩（mm^4），可考虑加劲肋与钢板剪力墙有效宽度组合截面，单侧钢板剪力墙的有效宽度取 15 倍的钢板厚度；

h_1——剪力墙板区格高度（mm）；

$I_{t,sx}$——水平加劲肋自由扭转常数（mm^4）。

2）当 $\eta_x \geqslant \eta_{\tau th,h}$ 时，弹性剪切屈曲临界应力 τ_{cr} 应按下列公式计算：

$$\tau_{cr} = \tau_{crp} = k_{\tau p} \frac{\pi^2 D}{L_n^2 t_w} \tag{4-59}$$

当 $h_1/L_n \geqslant 1$ 时：

$$k_{\tau p} = \chi\left[5.34 + \frac{4}{\left(h_1/L_n\right)^2}\right] \tag{4-60}$$

当 $h_1/L_n < 1$ 时：

$$k_{\tau p} = \chi\left[4 + \frac{5.34}{\left(h_1/L_n\right)^2}\right] \tag{4-61}$$

3）当 $\eta_x < \eta_{\tau th,h}$ 时，弹性剪切屈曲临界应力 τ_{cr} 应按下列公式计算：

$$\tau_{cr} = k_{ss}\frac{\pi^2 D}{L_n^2 t_w} \tag{4-62}$$

$$k_{ss} = k_{ss0} + [k_{\tau p} - k_{ss0}]\left(\frac{\eta_x}{\eta_{\tau th,h}}\right)^{0.6} \tag{4-63}$$

式中　k_{ss0}——参数，根据式（4-43）、式（4-44）计算。

（2）仅设置水平加劲肋的钢板剪力墙，其竖向受压弹性屈曲临界应力 σ_{cr} 的计算应符合下列规定：

1）参数 η_{x0} 应按下式计算：

$$\eta_{x0} = 0.3\left(1 + \cos\frac{\pi}{n_h + 1}\right)\left[1 + \left(\frac{L_n}{h_1}\right)^2\right]^2 \tag{4-64}$$

式中　n_h——水平加劲肋的道数。

2）竖向受压弹性屈曲临界应力 σ_{cr} 应按下列公式计算：

当 $\eta_x \geqslant \eta_{x0}$ 时：

$$\sigma_{cr} = \sigma_{crp} = k_{pan}\frac{\pi^2 D}{L_n^2 t_w} \tag{4-65}$$

$$k_{pan} = \left(\frac{L_n}{h_1} + \frac{h_1}{L_n}\right)^2 \tag{4-66}$$

当 $\eta_x < \eta_{x0}$ 时：

$$\sigma_{cr} = \sigma_{cr0} + (\sigma_{crp} - \sigma_{cr0})\left(\frac{\eta_y}{\eta_{cth}}\right)^{0.6} \tag{4-67}$$

式中　σ_{cr0}——未加劲钢板剪力墙的竖向弯曲屈曲应力（N/mm^2），按式（4-49）计算。

（3）仅设置水平加劲肋的钢板剪力墙，其竖向抗弯弹性屈曲临界应力 σ_{bcr} 应按下列公式计算：

当 $\eta_x \geqslant \eta_{x0}$ 时：

$$\sigma_{bcr} = \sigma_{bcrp} = k_{bpan}\frac{\pi^2 D}{L_n^2 t_w} \tag{4-68}$$

$$k_{bpan} = 14 + 11\left(\frac{h_1}{L_n}\right)^2 + 2.2\left(\frac{L_n}{h_1}\right)^2 \tag{4-69}$$

当 $\eta_x < \eta_{x0}$ 时：

$$\sigma_{bcr} = \sigma_{bcr0} + (\sigma_{bcrp} - \sigma_{bcr0})\left(\frac{\eta_y}{\eta_{\sigma th}}\right)^{0.6} \tag{4-70}$$

式中　σ_{bcr0}——未加劲钢板剪力墙的竖向弯曲屈曲应力（N/mm^2），按式（4-53）计算。

3. 同时设置水平和竖向加劲肋的钢板剪力墙

（1）同时设置水平和竖向加劲肋的钢板剪力墙（图4-10），其弹性剪切屈曲临界应力τ_{cr}的计算应符合下列规定：

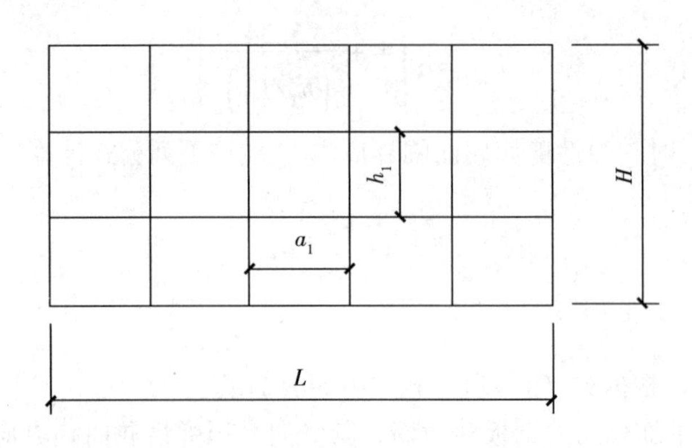

图4-10　带加劲肋的钢板剪力墙

1）当加劲肋的刚度满足式（4-3）和式（4-4）的要求时，其弹性剪切屈曲临界应力τ_{cr}应按下列公式计算：

$$\tau_{cr} = \tau_{crp} = k_{ss}^1 \frac{\pi^2 D}{a_1^2 t_w} \tag{4-71}$$

当$h_1/a_1 \geqslant 1$时：

$$k_{ss}^1 = 6.5 + \frac{5}{\left(h_1/a_1\right)^2} \tag{4-72}$$

当$h_1/a_1 < 1$时：

$$k_{ss}^1 = 5 + \frac{6.5}{\left(a_1/h_1\right)^2} \tag{4-73}$$

2）当加劲肋的刚度不满足式（4-3）和式（4-4）的要求时，其弹性剪切屈曲临界应力τ_{cr}应按下列公式计算：

$$\tau_{cr} = \tau_{cr0} + (\tau_{crp} - \tau_{cr0})\left(\frac{\eta_{av}}{33}\right)^{0.7} \leqslant \tau_{crp} \tag{4-74}$$

$$\tau_{cr0} = k_{ss0} \frac{\pi^2 D}{L_n^2 t_w} \tag{4-75}$$

$$\eta_{av} = \sqrt{0.66 \frac{EI_{sx}}{Da_1} \cdot \frac{EI_{sy}}{Dh_1}} \tag{4-76}$$

式中　τ_{crp}——小区格的剪切屈曲临界应力（N/mm^2）；

τ_{cr0}——未加劲板的剪切屈曲临界应力（N/mm^2）。

（2）同时设置水平和竖向加劲肋的钢板剪力墙，其竖向受压弹性屈曲临界应力σ_{cr}的计算应符合下列规定：

1）当加劲肋的刚度满足式（4-3）和式（4-4）的要求时，其竖向受压弹性屈曲临界应力 σ_{cr}应按下列公式计算：

$$\sigma_{cr} = k_{\sigma0}^{1} \frac{\pi^2 D}{a_1^2 t_w} \tag{4-77}$$

$$k_{\sigma0}^{1} = \chi\left(\frac{a_1}{h_1} + \frac{h_1}{a_1}\right)^2 \tag{4-78}$$

2）当加劲肋的刚度不满足式（4-3）和式（4-4）的要求时，其竖向受压弹性屈曲临界应力 σ_{cr}的计算应符合下列规定：

①参数 D_x、D_y、D_{xy}应按下列公式计算：

$$D_x = D + \frac{EI_{sx}}{h_1} \tag{4-79}$$

$$D_y = D + \frac{EI_{sy}}{a_1} \tag{4-80}$$

$$D_{xy} = D + \frac{1}{2}\left[\frac{GI_{t,sy}}{a_1} + \frac{GI_{t,sx}}{h_1}\right] \tag{4-81}$$

式中　G——加劲肋的剪变模量（N/mm^2）。

②竖向临界应力应按下列公式计算：

当 $\frac{H_n}{L_n} \leqslant \left(\frac{D_y}{D_x}\right)^{0.25}$ 时：

$$\sigma_{cr} = \frac{\pi^2}{L_n^2 t_w}\left[\left(\frac{H_n}{L_n}\right)^2 D_x + \left(\frac{L_n}{H_n}\right)^2 D_y + 2D_{xy}\right] \tag{4-82}$$

当 $\frac{H_n}{L_n} > \left(\frac{D_y}{D_x}\right)^{0.25}$ 时：

$$\sigma_{cr} = \frac{2\pi^2}{L_n^2 t_w}\left[\sqrt{D_x D_y} + D_{xy}\right] \tag{4-83}$$

（3）同时设置水平和竖向加劲肋的钢板剪力墙，其竖向抗弯弹性屈曲临界应力 σ_{bcr}应按下列公式计算：

当 $\frac{H_n}{L_n} \leqslant \frac{2}{3}\left(\frac{D_y}{D_x}\right)^{0.25}$ 时：

$$\sigma_{bcr} = \frac{6\pi^2}{L_n^2 t_w}\left[\left(\frac{H_n}{L_n}\right)^2 D_x + \left(\frac{L_n}{H_n}\right)^2 D_y + 2D_{xy}\right] \tag{4-84}$$

当 $\frac{H_n}{L_n} > \frac{2}{3}\left(\frac{D_y}{D_x}\right)^{0.25}$ 时：

$$\sigma_{bcr} = \frac{12\pi^2}{L_n^2 t_w}\left[\sqrt{D_x D_y} + D_{xy}\right] \tag{4-85}$$

4.2　非加劲钢板剪力墙

非加劲钢板剪力墙是指仅由内嵌钢板构成的钢板剪力墙（图 4-11）。

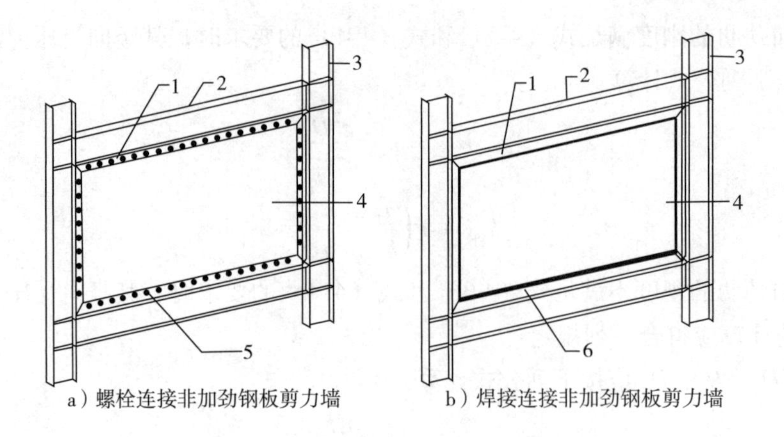

图 4-11　非加劲钢板剪力墙示意

1—鱼尾板　2—边框梁　3—边框柱　4—内嵌钢板　5—螺栓连接　6—焊接连接

4.2.1　一般规定

（1）非加劲钢板剪力墙可利用钢板屈曲后强度承担剪力。

（2）非加劲钢板剪力墙宜在主体结构封顶后与周边框架进行连接。非加劲钢板剪力墙使用过程中，钢板不宜承担竖向荷载。实际工程中可在主体结构封顶或大部分竖向荷载施加完毕后，再完成墙板与周边框架的连接，而在此之前仅做临时固定。

（3）非加劲钢板剪力墙与周边框架可采用四边连接或两边连接。四边连接非加劲钢板剪力墙是指墙板四周均与周边框架梁、柱相连的钢板剪力墙；两边连接非加劲钢板剪力墙是指仅与框架梁相连的钢板剪力墙。两边连接钢板剪力墙的承载力和刚度均低于四边连接钢板剪力墙，但两边连接钢板剪力墙可以在一跨分段布置，便于刚度调整，同时有利于门窗、洞口的开设。

（4）承受竖向荷载的非加劲钢板剪力墙，应考虑竖向荷载对承载力的影响。当钢板剪力墙与主体结构同步安装，宜考虑后期施工对钢板剪力墙受力性能产生的不利影响，可在结构计算中将墙板厚度 t_w 折减为 ψt_w 来考虑二者同步施工的影响。折减系数 ψ 可按下列公式计算：

$$\psi = 1 - \chi \tag{4-86}$$

$$\chi = 100\Delta/H \tag{4-87}$$

式中　χ——主体结构在钢板剪力墙所在楼层的层间竖向压缩变形平均值 Δ 与层高 H 比值的 100 倍。

上述计算公式依据不同厚度非加劲钢板剪力墙的数值分析结果拟合得到。对于高层混凝土结构与钢结构，宜符合下式规定：

$$\Delta/H \leqslant 0.2\% \tag{4-88}$$

（5）利用屈曲后强度的非加劲钢板剪力墙，钢板高厚比越大相对越经济，但钢板过薄易产生较大的平面外初始几何缺陷，综合构件加工、制作及施工等因素，非加劲钢板剪力墙的相对高厚比宜符合下列公式规定：

$$\lambda \leqslant 600 \tag{4-89}$$

$$\lambda = \frac{H_e}{t_w \varepsilon_k} \tag{4-90}$$

式中 λ——钢板剪力墙的相对高厚比；

H_e——钢板剪力墙的净高度（mm）；

t_w——钢板剪力墙的厚度（mm）；

ε_k——钢号修正系数，取 $\sqrt{235/f_y}$；

f_y——钢材的屈服强度（N/mm^2）。

4.2.2 四边连接钢板剪力墙

四边连接非加劲钢板剪力墙依靠周边框架梁、柱的锚固作用使钢板产生很高的屈曲后强度，由于框架梁、柱的锚固作用远大于钢梁中翼缘和加劲肋对梁腹板的锚固作用，因此利用屈曲后强度的钢板剪力墙受剪承载力远高于利用屈曲后强度梁腹板的受剪承载力。当不考虑非加劲钢板剪力墙屈曲后强度时，相关设计方法可按现行行业标准《高层民用建筑钢结构技术规程》JGJ 99 相关规定执行。

1. 受剪承载力

四边连接非加劲钢板剪力墙的受剪承载力应符合下列公式规定：

$$V \leqslant V_u \tag{4-91}$$

$$V_u = 0.42 f t_w L_e \tag{4-92}$$

式中 V——钢板剪力墙的剪力设计值（N）；

V_u——钢板剪力墙的受剪承载力设计值（N）；

f——钢材的抗拉、抗压和抗弯强度设计值（N/mm^2）；

t_w——钢板剪力墙的厚度（mm）；

L_e——钢板剪力墙的净跨度（mm）。

2. 边缘柱的截面惯性矩

非加劲钢板剪力墙边缘柱的截面惯性矩应符合下列公式规定：

$$I_c \geqslant (1 - \kappa) \cdot I_{cmin} \tag{4-93}$$

$$I_{cmin} = \frac{0.0031 t_w H_c^4}{L_b} \tag{4-94}$$

$$\kappa = \begin{cases} 1.0 & (\lambda_{n0} \leqslant 0.8) \\ 1 - 0.88(\lambda_{n0} - 0.8) & (0.8 < \lambda_{n0} \leqslant 1.2) \\ 0.94/\lambda_{n0}^2 & (\lambda_{n0} > 1.2) \end{cases} \tag{4-95}$$

$$\lambda_{n0} = \frac{1}{37\sqrt{k_r}}\left(\frac{H_c}{t_w}\right)\frac{1}{\varepsilon_k} \tag{4-96}$$

$$k_r = 8.98 + 5.6\left(l_{min}/l_{max}\right)^2 \tag{4-97}$$

式中 I_c——边缘柱截面惯性矩（mm^4）；

I_{cmin}——钢板剪力墙边缘柱截面最小惯性矩（mm^4）；

H_c——柱高，按与钢板剪力墙相连上下框架梁的轴线距离计算（mm）；

L_b——梁跨，按与钢板剪力墙相连框架柱的轴线距离计算（mm）；

t_w——钢板剪力墙的厚度（mm）；

κ——剪切力分配系数；

λ_{n0}——非加劲钢板剪力墙的正则化高厚比；

k_r——四边固接板的弹性抗剪屈曲系数；

l_{min}——钢板剪力墙短边长度（mm）；

l_{max}——钢板剪力墙长边长度（mm）；

ε_k——钢号修正系数，取 $\sqrt{235/f_y}$；

f_y——钢材的屈服强度（N/mm^2）。

3. 边缘梁的截面惯性矩

非加劲钢板剪力墙边缘梁的截面惯性矩应符合下列公式规定：

$$I_b \geqslant I_{bmin} \tag{4-98}$$

$$I_{bmin} = \frac{0.0031 t_w L_b^4}{H_c} \tag{4-99}$$

式中 I_b——边缘梁截面惯性矩（mm^4）；

I_{bmin}——钢板剪力墙边缘梁截面最小惯性矩（mm^4）。

4. 边缘柱的轴力设计值

非加劲钢板剪力墙边缘柱的轴力设计值可按下式计算：

$$P = P_1 + \eta_e q H_e \tag{4-100}$$

式中 P——边缘柱轴力设计值（N）；

P_1——边缘柱端组合的最不利轴力设计值（N）；

q——拉力带拉力设计值沿边缘柱单位高度方向产生的竖向分量（N/mm）；

η_e——钢板剪力墙边缘柱的变轴力等效系数。

5. 钢板剪力墙边缘柱的变轴力等效系数 η_e

变轴力等效系数 η_e的作用是将柱中力等效到柱顶，将变轴力问题转化为常轴力问题，此时边缘柱的计算长度系数按现行国家标准《钢结构设计标准》GB 50017—2017 中表 E.0.1 查得，不考虑变轴力作用的影响。边缘柱的稳定校核按现行国家标准《钢结构设计标准》GB 50017—2017 执行。

（1）钢板剪力墙边缘柱的变轴力等效系数 η_e，按表 4-1 采用。

表 4-1 钢板剪力墙边缘柱的变轴力等效系数 η_e

K_2	K_1								
	0	0.05	0.2	0.5	1	3	5	8	≥10
0	0.598	0.768	0.777	0.794	0.818	0.878	0.904	0.918	0.92
0.05	0.597	0.767	0.776	0.792	0.816	0.876	0.902	0.916	0.918
0.2	0.595	0.762	0.771	0.787	0.811	0.870	0.896	0.91	0.912

（续）

K_2	K_1								
	0	0.05	0.2	0.5	1	3	5	8	≥10
0.5	0.591	0.753	0.762	0.778	0.800	0.858	0.884	0.898	0.900
1	0.584	0.738	0.746	0.761	0.783	0.839	0.864	0.877	0.879
3	0.557	0.676	0.683	0.695	0.714	0.761	0.784	0.796	0.799
5	0.530	0.615	0.620	0.630	0.644	0.683	0.703	0.715	0.718
8	0.488	0.523	0.526	0.531	0.540	0.567	0.582	0.593	0.598
≥10	0.461	0.461	0.463	0.466	0.470	0.489	0.502	0.512	0.517

表4-1中系数η_e应按下列公式计算：

柱底刚接时：

$$\eta_e = 0.461 \quad (K_1 = 0) \tag{4-101}$$

$$\eta_e = 2.71K_1^{0.03} - 2.04K_1^{0.02} - 0.21 \quad (0 < K_1 \leqslant 1) \tag{4-102}$$

$$\eta_e = 1.01K_1^{-0.04} - 2.04K_1^{-0.04} + 1.7K_1^{-0.02} - 0.21K_1^{-0.1} \quad (1 < K_1 \leqslant 10) \tag{4-103}$$

柱底铰接时：

$$\eta_e = 0.598 \quad (K_1 = 0) \tag{4-104}$$

$$\eta_e = 0.038e^{-0.28K_1} - 0.18 \times 0.69^{K_1} + 0.907 \quad (K_1 \neq 0) \tag{4-105}$$

式中　e——自然常数；

K_1——柱上端横梁线刚度之和与柱线刚度之比；

K_2——柱下端横梁线刚度之和与柱线刚度之比，K_2取值可根据K_1和η_e按表4-1确定。

（2）柱端横梁线刚度之和与柱线刚度之比的计算应符合下列规定：

1）当K_1、K_2大于10时，取K_1、K_2等于10进行计算。当横梁远端铰接时，应将横梁线刚度乘以1.5；当横梁远端嵌固时，应将横梁线刚度乘以2。

2）当横梁与柱铰接时，应取横梁线刚度为0。

3）当与柱刚性连接的横梁所受轴压力N_b较大时，横梁线刚度应乘以折减系数α_N，折减系数α_N应按下列公式计算：

当横梁远端与柱刚接和横梁远端铰接时：

$$\alpha_N = 1 - N_b/N_{Eb} \tag{4-106}$$

当横梁远端嵌固时：

$$\alpha_N = 1 - N_b/(2N_{Eb}) \tag{4-107}$$

$$N_{Eb} = \pi^2 EI_b/L_b^2 \tag{4-108}$$

式中　I_b——边缘梁截面惯性矩（mm^4）；

L_b——梁跨度（mm）。

4.2.3 两边连接钢板剪力墙

1. 受剪承载力

两边连接非加劲钢板剪力墙的受剪承载力应符合下列公式规定：

当$0.5 \leqslant L_e/H_e \leqslant 2.0$时：

$$V \leqslant V_u \tag{4-109}$$

$$V_u = \tau_u L_e t_w \tag{4-110}$$

$$\tau_u = [0.2\ln(L_e/H_e) - 0.05\ln\lambda + 0.68]f_v \tag{4-111}$$

$$\lambda = \frac{H_e}{t_w \varepsilon_k} \tag{4-112}$$

式中 τ_u——钢板剪力墙极限抗剪强度设计值（N/mm^2）；

f_v——钢材的抗剪强度设计值（N/mm^2）；

λ——钢板剪力墙的相对高厚比；

ε_k——钢号修正系数，取$\sqrt{235/f_y}$。

跨高比L_e/H_e的变化范围为0.5~2.0，相对高厚比的变化范围为100~600，当钢板剪力墙的跨高比和高厚比超过上述限值时，两边连接钢板剪力墙的承载力需做专门研究确定。

2. 加劲肋设计

两边连接钢板剪力墙宜在钢板两自由边设置加劲肋，加劲肋厚度不宜小于剪力墙钢板厚度，加劲肋设计宜符合下列公式规定：

$$\psi \geqslant 1 \tag{4-113}$$

$$\psi = \frac{(1-\nu^2)t_f b_f^3}{t_w^3 L_e} \tag{4-114}$$

$$\frac{b_f - t_f}{2t_f} \leqslant 13\varepsilon_k \tag{4-115}$$

式中 ψ——加劲肋刚度比；

ν——钢材的泊松比；

b_f——加劲肋的宽度（mm）；

t_f——加劲肋的厚度（mm）；

ε_k——钢号修正系数，取$\sqrt{235/f_y}$。

4.2.4 构造要求

（1）非加劲钢板剪力墙与框架梁、框架柱可采用鱼尾板过渡连接方式（图4-12）。鱼尾板与边缘构件宜采用焊接连接，鱼尾板厚度应大于钢板厚度。

设计实践证明，钢板剪力墙与鱼尾板的连接采用栓接方式时，由于螺栓孔的加工偏差以及主体结构的变形均可能造成钢板剪力墙的安装困难，故对螺栓孔的加工精度提出了很高的要求；而且在拉力场作用下，螺栓需要布置得较密才能满足强度要求，同时螺栓滑移而产生很大的噪声，舒适度差，故还应严格控制螺栓连接在风荷载及小震作用下所发生的滑移量。一般认为焊接具有较大的残余应力，且延性欠佳，不适用于钢板剪力墙的连接，但国内外针对非加劲钢板剪力墙的诸多试验结果均表明，采用焊接连接方式的墙板具有良好的延性，且高于一般延性钢框架，因此非加劲钢板剪力墙与边缘构件的连接宜采用焊接方式。

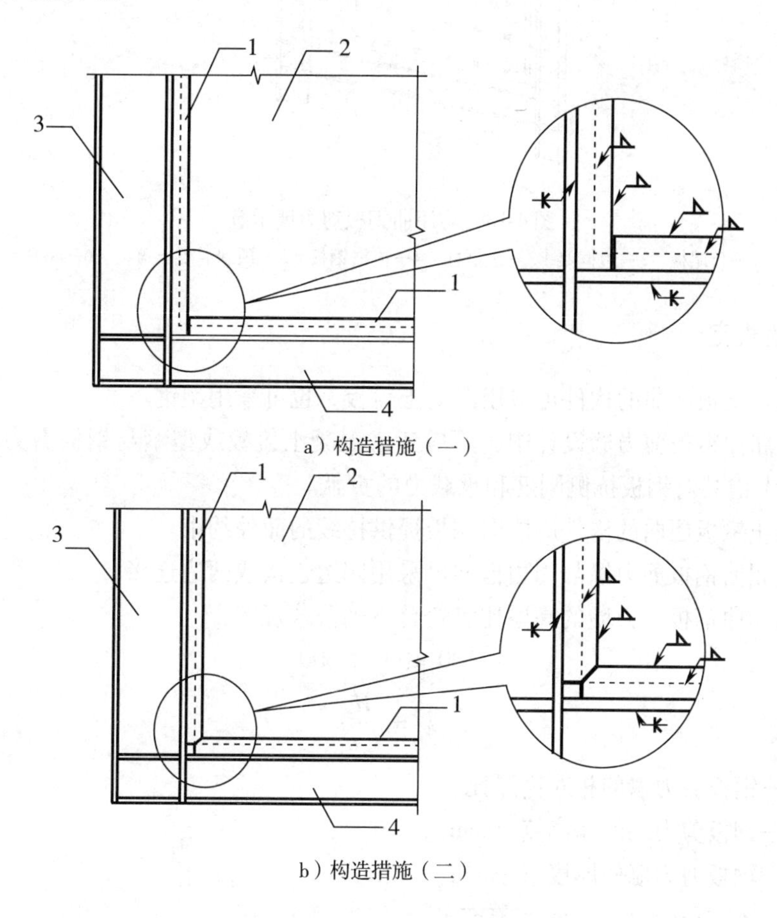

图 4-12　鱼尾板角部的构造措施

1—鱼尾板　2—钢板　3—框架柱　4—框架梁

（2）非加劲钢板剪力墙与边缘构件采用螺栓连接时，应避免螺栓受力集中而发生逐个失效。

（3）非加劲钢板剪力墙上开洞除了应满足上述 4.1.6 中“5. 开设洞口”的相关要求，尚应避开拉力带区域。

4.3　防屈曲钢板剪力墙

防屈曲钢板剪力墙系指在内嵌钢板面外设置刚性约束构件以抑制平面外屈曲，使内嵌钢板达到充分耗能的钢板剪力墙（图 4-13）。

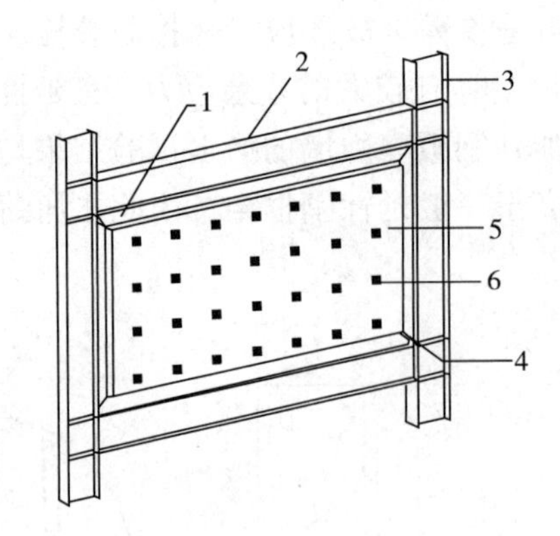

图 4-13　防屈曲钢板剪力墙示意

1—鱼尾板　2—边框梁　3—边框柱　4—内嵌钢板　5—预制混凝土盖板　6—垫片

4.3.1　一般规定

（1）防止钢板屈曲的构件可采用混凝土盖板，也可采用型钢。

（2）防屈曲钢板剪力墙设计中，不应考虑混凝土盖板或型钢与钢板剪力墙的粘结作用，且不应考虑其对钢板抗侧刚度和承载力的贡献。

（3）防止钢板屈曲的构件应能向钢板提供持续的面外约束。

（4）防屈曲钢板剪力墙与周边框架可采用四边连接或两边连接。

（5）防屈曲钢板剪力墙的高厚比宜符合下列公式规定：

$$100 \leqslant \lambda \leqslant 600 \tag{4-116}$$

$$\lambda = \frac{H_e}{t_w \varepsilon_k} \tag{4-117}$$

式中　λ——钢板剪力墙的相对高厚比；

H_e——钢板剪力墙的净高度（mm）；

t_w——钢板剪力墙的厚度（mm）；

ε_k——钢号修正系数，取 $\sqrt{235/f_y}$；

f_y——钢材的屈服强度（N/mm^2）。

4.3.2　承载力计算

1. 四边连接防屈曲钢板剪力墙受剪承载力

四边连接防屈曲钢板剪力墙受剪承载力应符合下列公式规定：

$$V \leqslant V_u \tag{4-118}$$

$$V_u = 0.53 f L_e t_w \tag{4-119}$$

式中　V——钢板剪力墙的剪力设计值（N）；

V_u——钢板剪力墙的受剪承载力设计值（N）；

L_e——钢板剪力墙的净跨度（mm）；

t_w——钢板剪力墙的厚度（mm）；

f——钢材的抗拉、抗压和抗弯强度设计值（N/mm^2）。

2. 两边连接防屈曲钢板剪力墙受剪承载力

两边连接防屈曲钢板剪力墙受剪承载力应符合下列公式规定：

$$V \leqslant V_u \tag{4-120}$$

$$V_u = \tau_u L_e t_w \tag{4-121}$$

当$0.5 \leqslant L_e/H_e \leqslant 1.0$时：

$$\tau_u = \left[0.45\ln\left(\frac{L_e}{H_e}\right) + 0.69\right] \cdot f_v \cdot \varepsilon_k \tag{4-122}$$

当$1.0 < L_e/H_e \leqslant 2.0$时：

$$\tau_u = \left[0.76\ln\left(\frac{L_e}{H_e}\right) - 0.36\left(\frac{L_e}{H_e}\right) + 1.05\right] \cdot f_v \cdot \varepsilon_k \tag{4-123}$$

式中 f_v——钢材的抗剪强度设计值（N/mm^2）；

ε_k——钢号修正系数，取$\sqrt{235/f_y}$。

4.3.3 构造要求

（1）混凝土盖板与周边框架之间应预留间隙，每侧间隙a不应小于预留间隙下限值Δ。预留间隙下限值应按下列公式计算：

$$\Delta = H_e[\theta_p] \tag{4-124}$$

式中 $[\theta_p]$——弹塑性层间位移角限值，可取1/50。

（2）内嵌钢板与两侧混凝土盖板可采用螺栓连接。内嵌钢板的螺栓孔直径宜比连接螺栓直径大2.0~2.5mm，混凝土盖板螺栓孔直径不应小于内嵌钢板的螺栓孔直径。相邻螺栓中心距离与内嵌钢板厚度的比值不宜大于100。

（3）约束钢板平面外屈曲的混凝土盖板按两面设置时，单侧混凝土盖板的约束刚度比η_c应符合下列公式规定：

$$\eta_c \geqslant \begin{cases} 1.15 & (\lambda \leqslant 200) \\ 0.45 + \dfrac{\lambda}{285} & (\lambda > 200) \end{cases} \tag{4-125}$$

$$\eta_c = \frac{1.48 k_s E_c t_c^3}{f t_w H_e^2} \tag{4-126}$$

当$H_e/L_e \geqslant 1.0$：

$$k_s = 4.0 + 5.34\left(H_e/L_e\right)^2 \tag{4-127}$$

当$H_e/L_e < 1.0$：

$$k_s = 5.34 + 4.0\left(H_e/L_e\right)^2 \tag{4-128}$$

式中 η_c——混凝土盖板的面外约束刚度比；

E_c——混凝土的弹性模量，按现行国家标准《混凝土结构设计规范》GB 50010的规定执行（N/mm^2）；

t_c——单侧混凝土盖板厚度（mm）；

k_s——四边简支板的弹性抗剪屈曲系数。

（4）防屈曲钢板剪力墙中单侧混凝土盖板厚度不宜小于100mm，且应双层双向配筋，每个方向的单侧配筋率均不应小于0.2%，且钢筋最大间距不宜大于200mm。

（5）防屈曲钢板剪力墙应在混凝土盖板的双层双向钢筋网之间设置连系钢筋，并应在板边缘处做加强处理。

（6）混凝土盖板可分块设置，设计计算应考虑由此产生的不利影响。

（7）防屈曲钢板剪力墙与边缘构件宜采用鱼尾板过渡，鱼尾板与边缘构件宜采用焊接连接；鱼尾板与钢板剪力墙可采用焊接或高强度螺栓连接，混凝土盖板与钢板剪力墙可采用对拉螺栓连接（图4-14）。

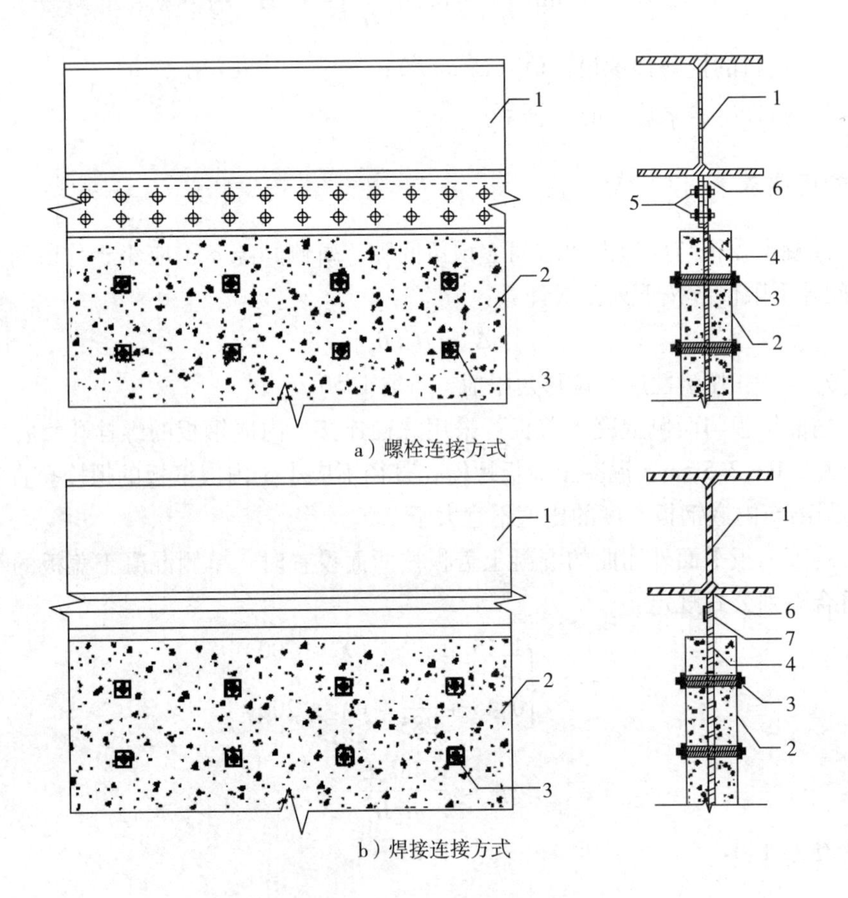

图4-14　防屈曲钢板剪力墙与周边框架的连接方式示意

1—钢梁　2—预制混凝土盖板　3—对拉螺栓　4—内嵌钢板

5—高强度螺栓　6—鱼尾板　7—焊缝

（8）防屈曲钢板剪力墙安装完毕后，混凝土盖板与框架之间的间隙宜采用隔声的弹性材料填充，并宜用轻型金属架及耐火板材覆盖。

（9）钢板剪力墙上开洞除了应满足上述4.1.6中“5. 开设洞口”的相关要求外，混凝土盖板应预留对应洞口，且应对盖板进行强度、刚度复核。设备管线穿过洞口的连接构造措施，应保证盖板与墙板自由滑动。

4.4 钢板组合剪力墙

钢板组合剪力墙系指由两侧外包钢板和中间内填混凝土组合而成并共同工作的钢板剪力墙（图4-15）。

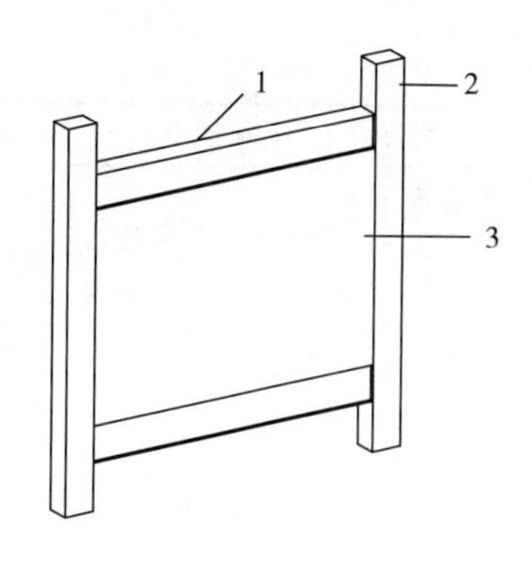

图4-15 钢板组合剪力墙示意
1—边框梁 2—边框柱
3—内填混凝土双侧外包钢板
（内侧设置加劲肋和栓钉）

4.4.1 一般规定

（1）钢板组合剪力墙的墙体外包钢板和内填混凝土之间的连接构造（图4-16）可采用栓钉、T形加劲肋、缀板或对拉螺栓，也可混合采用这四种连接方式。

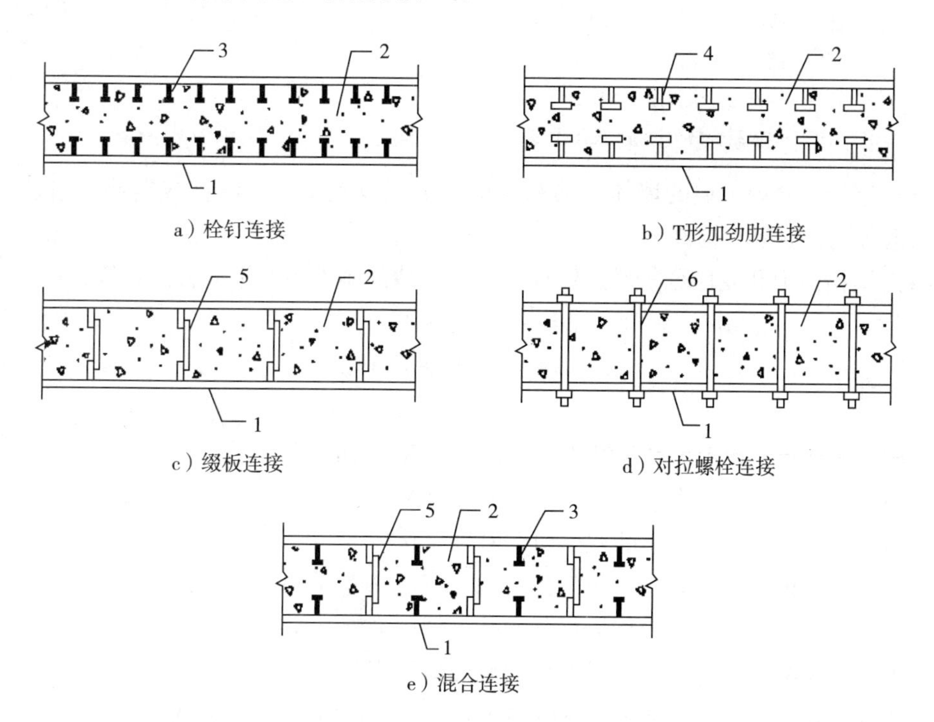

图4-16 钢板组合剪力墙构造示意
1—外包钢板 2—混凝土 3—栓钉 4—T形加劲肋 5—缀板 6—对拉螺栓

（2）钢板组合剪力墙中有关钢板厚度的限值，见表4-2。

表4-2 钢板组合剪力墙中有关钢板厚度的限值

项次	项目	计算公式	备注
1	墙体厚度与墙体钢板厚度的比值	钢板组合剪力墙的墙体厚度与墙体钢板厚度的比值宜符合下式规定： $$25 \leqslant t_{wc}/t_{sw} \leqslant 100 \quad (4\text{-}129)$$	墙体钢板的厚度不宜小于10mm

（续）

项次	项目	计算公式	备注
2	栓钉或对拉螺栓的间距与外包钢板厚度的比值	当钢板组合剪力墙的墙体连接构造采用栓钉或对拉螺栓时，栓钉或对拉螺栓的间距与外包钢板厚度的比值应符合下式规定： $s_{st}/t_{sw} \leqslant 40\varepsilon_k$ （4-130）	
3	加劲肋的间距与外包钢板厚度的比值	当钢板组合剪力墙的墙体连接构造采用T形加劲肋时，加劲肋的间距与外包钢板厚度的比值应符合下式规定： $s_{ri}/t_{sw} \leqslant 60\varepsilon_k$ （4-131）	

注：式中 t_{wc}——钢板剪力墙墙体的厚度（mm）；

t_{sw}——剪力墙墙体单片钢板的厚度（mm）；

s_{st}——墙体栓钉或对拉螺栓间距（mm）；

ε_k——钢号修正系数，取 $\sqrt{235/f_y}$；

f_y——钢材的屈服强度（N/mm^2）；

s_{ri}——钢板组合剪力墙加劲肋的间距（mm）。

（3）钢板组合剪力墙的墙体两端和洞口两侧应设置暗柱、端柱或翼墙，暗柱、端柱宜采用矩形钢管混凝土构件。

（4）结构内力和变形分析时，钢板组合剪力墙的刚度可按下列公式计算：

$$EI = E_sI_s + E_cI_c \tag{4-132}$$

$$EA = E_sA_s + E_cA_c \tag{4-133}$$

$$GA = G_sA_s + G_cA_c \tag{4-134}$$

式中 EI——钢板组合剪力墙的截面弯曲刚度（$N \cdot mm^2$）；

EA——钢板组合剪力墙的截面轴压刚度（N）；

GA——钢板组合剪力墙的截面剪切刚度（N）；

E_sI_s——钢板组合剪力墙钢板部分的截面弯曲刚度（$N \cdot mm^2$）；

E_sA_s——钢板组合剪力墙钢板部分的截面轴压刚度（N）；

G_sA_s——钢板组合剪力墙钢板部分的截面剪切刚度（N）；

E_cI_c——钢板组合剪力墙混凝土部分的截面弯曲刚度（$N \cdot mm^2$）；

E_cA_c——钢板组合剪力墙混凝土部分的截面轴压刚度（N）；

G_cA_c——钢板组合剪力墙混凝土部分的截面剪切刚度（N）。

4.4.2 承载力计算

考虑地震作用的钢板组合剪力墙的弯矩设计值、剪力设计值应符合现行国家标准《建筑抗震设计规范》GB 50011 的规定。

1. 受弯承载力

压弯作用下钢板组合剪力墙受弯承载力可采用全截面塑性设计方法计算（图4-17），且应考虑剪力对钢板轴向强度的降低作用。钢板组合剪力墙受弯承载力计算应符合下列规定：

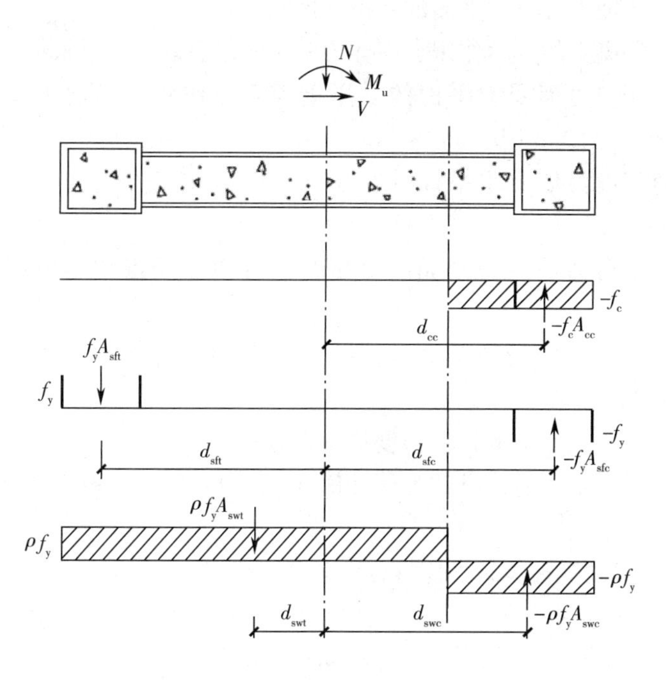

图 4-17　压弯荷载作用下的截面应力分布

（1）塑性中和轴的压力可按下式确定：

$$N = f_c A_{cc} + f_y A_{sfc} + \rho f_y A_{swc} - f_y A_{sft} - \rho f_y A_{swt} \tag{4-135}$$

（2）受弯承载力设计值可按下列公式计算：

$$\begin{aligned} M_{u,N} = & f_c A_{cc} d_{cc} + f_y A_{sfc} d_{sfc} + \rho f_y A_{swc} d_{swc} + \\ & f_y A_{sft} d_{sft} + \rho f_y A_{swt} d_{swt} \end{aligned} \tag{4-136}$$

$$\rho = \begin{cases} 1 & (V/V_u \leqslant 0.5) \\ 1 - \left(2V/V_u - 1\right)^2 & (V/V_u > 0.5) \end{cases} \tag{4-137}$$

（3）截面弯矩设计值应符合下式规定：

$$M \leqslant M_{u,N} \tag{4-138}$$

式中　N——剪力墙的轴压力设计值（N）；

M——剪力墙的弯矩设计值（N · mm）；

V——钢板剪力墙的剪力设计值（N）；

f_c——混凝土的轴心抗压强度设计值（N/mm^2）；

f_y——钢材的屈服强度（N/mm^2）；

$M_{u,N}$——钢板组合剪力墙在轴压力作用下的受弯承载力设计值（N · mm）；

A_{cc}——受压混凝土面积（mm^2）；

A_{sfc}——垂直于剪力墙受力平面的受压钢板面积（mm^2）；

A_{sft}——垂直于剪力墙受力平面的受拉钢板面积（mm^2）；

A_{swc}——平行于剪力墙受力平面的受压钢板面积（mm^2）；

A_{swt}——平行于剪力墙受力平面的受拉钢板面积（mm^2）；

d_{cc}——受压混凝土的合力作用点到剪力墙截面形心的距离（mm）；

d_{sfc}——垂直于剪力墙受力平面的受压钢板合力作用点到剪力墙截面形心的距离（mm）；

d_{sft}——垂直于剪力墙受力平面的受拉钢板合力作用点到剪力墙截面形心的距离（mm）；

d_{swc}——平行于剪力墙受力平面的受压钢板合力作用点到剪力墙截面形心的距离（mm）；

d_{swt}——平行于剪力墙受力平面的受拉钢板合力作用点到剪力墙截面形心的距离（mm）；

ρ——考虑剪应力影响的钢板强度折减系数；

V_u——钢板剪力墙的受剪承载力设计值（N），按式（4-139）计算。

2. 受剪承载力

钢板组合剪力墙的受剪承载力应符合下列公式规定：

$$V \leqslant V_u \tag{4-139}$$

$$V_u = 0.6 f_y A_{sw} \tag{4-140}$$

式中 V——钢板剪力墙的剪力设计值（N）；

V_u——钢板剪力墙的受剪承载力设计值（N）；

A_{sw}——平行于剪力墙受力平面的钢板面积（mm^2）。

3. 轴压比

考虑地震作用的钢板组合剪力墙在重力荷载代表值作用下的轴压比不宜超过表 4-3 中的轴压比限值，轴压比应按下式计算：

$$n = \frac{N}{f_c A_c + f_y A_s} \tag{4-141}$$

式中 n——轴压比；

N——剪力墙的轴压力设计值（N）；

f_c——混凝土的轴心抗压强度设计值（N/mm^2）；

A_c——剪力墙截面的混凝土面积（mm^2）；

f_y——钢材的屈服强度（N/mm^2）；

A_s——剪力墙截面的钢板总面积（mm^2）。

表 4-3 钢板组合剪力墙墙肢轴压比限值

抗震等级	一级（9 度）	一级（6、7、8 度）	二、三级
轴压比限值	0.4	0.5	0.6

4. 单个栓钉或对拉螺栓的拉力

单个栓钉或对拉螺栓的拉力应符合下列公式规定：

$$T_{st} \leqslant T_{ust} \tag{4-142}$$

$$T_{st} = \alpha_{st} t_{sw} s_{sth} f_y \tag{4-143}$$

式中　T_{st}——单个栓钉或对拉螺栓的拉力设计值（N）；

T_{ust}——单个栓钉的受拉承载力设计值（N），对拉螺栓的受拉承载力按现行国家标准《钢结构设计标准》GB 50017 的有关规定执行；

α_{st}——连接件拉力系数，可取为0.03；

t_{sw}——剪力墙墙体单片钢板的厚度（mm）；

s_{sth}——栓钉水平方向的间距（mm）；

f_y——钢材的屈服强度（N/mm^2）。

5. 单个栓钉的受拉承载力

单个栓钉的受拉承载力应符合下列公式规定：

$$T_{ust} \leqslant A_{st} f_{sty} \tag{4-144}$$

$$T_{ust} = 24\psi_{st} f_c^{0.5} h_{st}^{1.5} \tag{4-145}$$

$$\psi_{st} = s_{st}^2/(9h_{st}^2) \tag{4-146}$$

式中　A_{st}——栓钉钉杆截面面积（mm^2）；

f_{sty}——栓钉的抗拉屈服强度（N/mm^2）；

ψ_{st}——考虑栓钉间距影响的调整系数，当 s_{st} 不小于 $3h_{st}$ 时，$\psi_{st}=1$；当 s_{st} 小于 $3h_{st}$ 时，应按式（4-146）计算；

s_{st}——墙体栓钉或对拉螺栓间距（mm）；

h_{st}——栓钉钉杆的高度（mm）。

4.4.3　构造要求

（1）栓钉连接件的直径不宜大于钢板厚度的1.5倍，栓钉的长度宜大于8倍的栓钉直径。

（2）采用T形加劲肋的连接构造时，加劲肋的钢板厚度不应小于外包钢板厚度的1/5，且不应小于5mm。T形加劲肋腹板高度 b 1不应小于10倍的加劲肋钢板厚度，端板宽度 b_2 不应小于5倍的加劲肋钢板厚度（图4-18）。

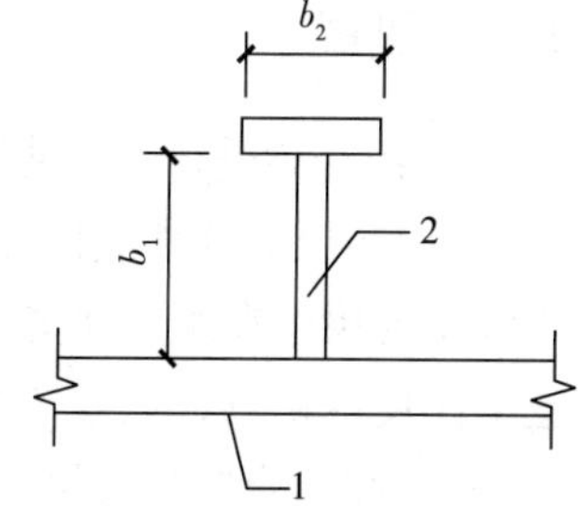

图4-18　T形加劲肋构造示意

1—外包钢板　2—T形加劲肋

（3）钢板组合剪力墙厚度超过800mm时，内填混凝土内可配置水平和竖向分布钢筋。分布钢筋的配筋率不宜小于0.25%，间距不宜大于300mm，且栓钉连接件宜穿过钢筋网片。

（4）钢板组合剪力墙厚度超过800mm时，墙体钢板之间宜设缀板或对拉螺栓等对拉构造措施。

（5）墙体钢板与边缘钢构件之间宜采用焊接连接。

第 5 章 钢与混凝土组合梁

钢与混凝土组合梁系指混凝土翼板与钢梁通过抗剪连接件组合而成能整体受力的梁，以其为代表的组合结构是钢与混凝土组合成的一种独立的结构形式。受力截面除了钢筋混凝土外，还有型钢（钢管、钢板），它以其固有的强度和延性与钢筋、混凝土三位一体地工作，使组合结构具备了比传统的钢筋混凝土结构承载力大、刚度大、抗震性能好的优点；而与钢结构相比，具有防火性能好，结构局部和整体稳定性好，节省钢材的优点。

本章规定适用于将钢梁和混凝土翼缘板通过抗剪连接件连成整体的钢－混凝土简支及连续组合梁。第 5.1 节～第 5.7 节的规定适用于不直接承受动力荷载的组合梁。对于直接承受动力荷载的组合梁，应按第 5.8 节的要求进行疲劳计算，其承载能力应按弹性方法进行计算。组合梁的翼板可采用现浇混凝土板、混凝土叠合板或压型钢板混凝土组合板等，其中混凝土板除应符合本章的规定外，尚应符合现行国家标准《混凝土结构设计规范》GB 50010 的有关规定。

混凝土叠合板翼缘是由预制板和现浇层混凝土所构成，预制板既作为模板，又作为楼板的一部分参与楼板和组合梁翼缘的受力。混凝土叠合板的设计应按照现行国家标准《混凝土结构设计规范》GB 50010 的规定进行，一般在预制板表面采取拉毛及设置抗剪钢筋等措施以保证预制板和现浇层形成整体。

5.1 一般规定

（1）组合梁进行正常使用极限状态验算时应符合以下要求：

1）组合梁的挠度应按弹性方法进行计算，弯曲刚度宜考虑滑移效应的折减刚度；对于连续组合梁，在距中间支座两侧各 $0.15l$（l 为梁的跨度）范围内，不应计入受拉区混凝土对刚度的影响，但宜计入翼板有效宽度 b_e 范围内纵向钢筋的作用。

2）连续组合梁应按第 5.5 节的规定验算负弯矩区段混凝土最大裂缝宽度，其负弯矩内力可按不考虑混凝土开裂的弹性分析方法计算并进行调幅。

3）对于露天环境下使用的组合梁以及直接受热源辐射作用的组合梁，应考虑温度效应的影响。钢梁和混凝土翼板间的计算温度差应按实际情况采用。

4）混凝土收缩产生的内力及变形可按组合梁混凝土板与钢梁之间的温差－15℃计算。

5）考虑混凝土徐变影响时，可将钢与混凝土的弹性模量比放大一倍。

（2）组合梁施工时，混凝土硬结前的材料重量和施工荷载应由钢梁承受，钢梁应根据实际临时支撑的情况按 GB 50017—2017 第 3 章“基本设计规定”和第 7 章“轴心受力构件”的规定验算其强度、稳定性和变形。

计算组合梁挠度和负弯矩区裂缝宽度时应考虑施工方法及工序的影响。计算组合梁挠度时，应将施工阶段的挠度和使用阶段续加荷载产生的挠度相叠加，当钢梁下有临时支撑时，应考虑拆除临时支撑时引起的附加变形。计算组合梁负弯矩区裂缝宽度时，可仅考虑形成组合截面后引入的支座负弯矩值。

（3）在强度和变形满足要求时，组合梁可按部分抗剪连接进行设计。

（4）按本章进行设计的组合梁，钢梁受压区的板件宽厚比应符合 GB 50017—2017 第 10 章“塑性及弯矩调幅设计”中塑性设计的相关规定。当组合梁受压上翼缘不符合塑性设计要求的板件宽厚比限值，但连接件满足下列要求时，仍可采用塑性方法进行设计：

1）当混凝土板沿全长和组合梁接触（如现浇楼板）时，连接件最大间距不大于 $22t_f\varepsilon_k$；当混凝土板和组合梁部分接触（如压型钢板横肋垂直于钢梁）时，连接件最大间距不大于 $15t_f\varepsilon_k$；ε_k 为钢号修正系数，t_f 为钢梁受压上翼缘厚度。

2）连接件的外侧边缘与钢梁翼缘边缘之间的距离不大于 $9t_f\varepsilon_k$。

（5）组合梁承载能力按塑性分析方法进行计算时，连续组合梁和框架组合梁在竖向荷载作用下的内力可采用不考虑混凝土开裂的模型进行弹性分析，并按 GB 50017—2017 第 10 章“塑性及弯矩调幅设计”的规定对弯矩进行调幅，楼板的设计应符合现行国家标准《混凝土结构设计规范》GB 50010 的有关规定。

（6）钢与混凝土组合梁的翼板可采用现浇混凝土板、混凝土叠合板或压型钢板混凝土组合板（图 5-1）。组合梁应按第 5.6 节“纵向抗剪计算”的规定进行混凝土翼板的纵向抗剪验算；在组合梁的强度、挠度和裂缝计算中，可不考虑板托截面。

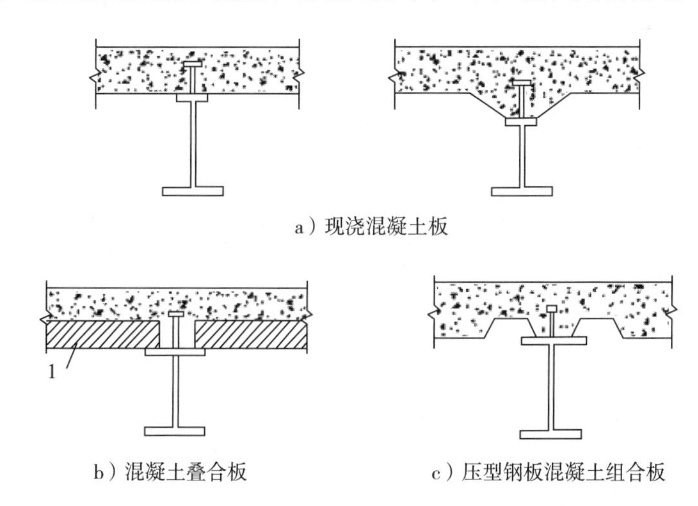

a）现浇混凝土板

b）混凝土叠合板　　c）压型钢板混凝土组合板

图 5-1　钢与混凝土组合梁

1 —预制板

（7）抗剪栓钉的直径规格宜选用 19mm 和 22mm，其长度不宜小于 4 倍栓钉直径，水平和竖向间距不宜小于 6 倍栓钉直径且不宜大于 200mm。栓钉中心至型钢翼缘边缘距离不应小于 50mm，栓钉顶面的混凝土保护层厚度不宜小于 15mm。

5.2 组合梁设计计算

组合梁设计相关计算及规定，见表5-1。

表5-1 组合梁设计相关计算及规定

<table>
<tr><th colspan="2">项目</th><th>计算公式及规定</th><th>备注</th></tr>
<tr><td colspan="2">混凝土翼板的有效宽度 b_e</td><td>在进行组合梁截面承载能力验算时，跨中及中间支座处混凝土翼板的有效宽度 b_e（图5-2）应按下式计算：
$$b_e = b_0 + b_1 + b_2 \quad (5\text{-}1)$$</td><td>式（5-1）主要针对组合梁截面的承载能力验算。在进行结构整体内力和变形计算时，当组合梁和柱铰接或组合梁作为次梁时，仅承受竖向荷载，不参与结构整体抗侧。试验结果表明，混凝土翼板的有效宽度可统一按跨中截面的有效宽度取值</td></tr>
<tr><td rowspan="3">组合梁受弯承载力（完全抗剪连接）</td><td rowspan="2">正弯矩作用区段</td><td>（1）塑性中和轴在混凝土翼板内（图5-3），即 $Af \leqslant b_e h_{c1} f_c$ 时：
$$M \leqslant b_e x f_c y \quad (5\text{-}2)$$
$$x = Af/(b_e f_c) \quad (5\text{-}3)$$</td><td rowspan="3">完全抗剪连接组合梁是指混凝土翼板与钢梁之间抗剪连接件的数量足以充分发挥组合梁截面的抗弯能力。组合梁设计可按简单塑性理论形成塑性铰的假定来计算组合梁的抗弯承载能力。即：
（1）位于塑性中和轴一侧的受拉混凝土因为开裂而不参加工作，板托部分亦不予考虑，混凝土受压区假定为均匀受压，并达到轴心抗压强度设计值
（2）根据塑性中和轴的位置，钢梁可能全部受拉或部分受压部分受拉，但都假定为均匀受力，并达到钢材的抗拉或抗压强度设计值
此外，忽略钢筋混凝土翼板受压区中钢筋的作用
用塑性设计法计算组合梁最终承载力时，可不考虑施工过程中有无支承及混凝土的徐变、收缩与温度作用的影响</td></tr>
<tr><td>（2）塑性中和轴在钢梁截面内（图5-4），即 $Af > b_e h_{c1} f_c$ 时：
$$M \leqslant b_e h_{c1} f_c y_1 + A_c f y_2 \quad (5\text{-}4)$$
$$A_c = 0.5(A - b_e h_{c1} f_c / f) \quad (5\text{-}5)$$</td></tr>
<tr><td>负弯矩作用区段</td><td>负弯矩作用区段（图5-5）
$$M' \leqslant M_s + A_{st} f_{st} (y_3 + y_4/2) \quad (5\text{-}6)$$
$$M_s = (S_1 + S_2) f \quad (5\text{-}7)$$
$$f_{st} A_{st} + f(A - A_c) = f A_c \quad (5\text{-}8)$$</td></tr>
<tr><td rowspan="2">组合梁受弯承载力（部分抗剪连接）</td><td>正弯矩区段</td><td>正弯矩区段（图5-6）
$$x = n_r N_v^c / (b_e f_c) \quad (5\text{-}9)$$
$$A_c = (Af - n_r N_v^c)/(2f) \quad (5\text{-}10)$$
$$M_{u,r} = n_r N_v^c y_1 + 0.5(Af - n_r N_v^c) y_2 \quad (5\text{-}11)$$
y_1、y_2 可按式（5-10）所示的轴力平衡关系式确定受压钢梁的面积 A_c，进而确定组合梁塑性中和轴的位置</td><td rowspan="2">当抗剪连接件的布置受构造等原因影响不足以承受组合梁剪跨区段内总的纵向水平剪力时，可采用部分抗剪连接设计法
部分抗剪连接组合梁的受弯承载力计算公式，实际上是考虑最大弯矩截面到零弯矩截面之间混凝土翼板的平衡条件。混凝土翼板等效矩形应力块合力的大小，取决于最大弯矩截面到零弯矩截面之间抗剪连接件能够提供的总剪力
为了保证部分抗剪连接的组合梁能有较好的工作性能，在任一剪跨区内，部分抗剪连接时连接件的数量不得少于按完全抗剪连接设计时该剪跨区内所需抗剪连接件总数的50%，否则，将按单根钢梁计算，不考虑组合作用</td></tr>
<tr><td>负弯矩作用区段</td><td>按式（5-6）计算，但 $A_{st} f_{st}$ 应取 $n_r N_v^c$ 和 $A_{st} f_{st}$ 两者中的较小值，n_r 取为最大负弯矩验算截面到最近零弯矩点之间的抗剪连接件数目</td></tr>
</table>

（续）

项目		计算公式及规定	备注
组合梁的受剪强度		$V \leqslant h_w t_w f_v$ (5-12)	试验研究表明，按照式（5-12）计算组合梁的受剪承载力是偏于安全的，国内外的试验表明，混凝土翼板的抗剪作用亦较大
组合梁弯矩与剪力（弯矩调幅设计法）	受正弯矩的组合梁截面	不考虑弯矩和剪力的相互影响	连续组合梁的中间支座截面的弯矩和剪力都较大。钢梁由于同时受弯、剪作用，截面的极限抗弯承载能力会有所降低 GB 50017—2017 给出了不考虑弯矩和剪力相互影响的条件，而且对于不满足此条件的情况给出相应设计方法。即对于正弯矩区组合梁截面不用考虑弯矩和剪力的相互影响；对于负弯矩区组合梁截面，通过对钢梁腹板强度的折减来考虑剪力和弯矩的相互作用
	受负弯矩的组合梁截面	当剪力设计值 $V \leqslant 0.5h_w t_w f_v$ 时，可不对验算负弯矩受弯承载力所用的腹板钢材强度设计值进行折减 当 $V > 0.5h_w t_w f_v$ 时，验算负弯矩受弯承载力所用的腹板钢材强度设计值 f 按 GB 50017—2017 第 10.3.4 条的规定计算	

注：式中 b_0——板托顶部的宽度（mm），当板托倾角 $\alpha < 45°$ 时，应按 $\alpha = 45°$ 计算；当无板托时，则取钢梁上翼缘的宽度；当混凝土板和钢梁不直接接触（如之间有压型钢板分隔）时，取栓钉的横向间距，仅有一列栓钉时取 0；

b_1、b_2——梁外侧和内侧的翼板计算宽度（mm），当塑性中和轴位于混凝土板内时，各取梁等效跨径 l_e 的 1/6。此外，b_1 尚不应超过翼板实际外伸宽度 S_1；b_2 不应超过相邻钢梁上翼缘或板托间净距 S_0 的 1/2；

l_e——等效跨径（mm），对于简支组合梁，取为简支组合梁的跨度；对于连续组合梁，中间跨正弯矩区取为 $0.6l$，边跨正弯矩区取为 $0.8l$（l 为组合梁跨度），支座负弯矩区取为相邻两跨跨度之和的 20%；

M——正弯矩设计值（N·mm）；

A——钢梁的截面面积（mm^2）；

x——混凝土翼板受压区高度（mm）；

y——钢梁截面应力的合力至混凝土受压区截面应力的合力间的距离（mm）；

f_c——混凝土抗压强度设计值（N/mm^2）；

A_c——钢梁受压区截面面积（mm^2）；

y_1——钢梁受拉区截面形心至混凝土翼板受压区截面形心的距离（mm）；

y_2——钢梁受拉区截面形心至钢梁受压区截面形心的距离（mm）；

M'——负弯矩设计值（N·mm）；

S_1、S_2——钢梁塑性中和轴（平分钢梁截面积的轴线）以上和以下截面对该轴的面积矩（mm^3）；

A_{st}——负弯矩区混凝土翼板有效宽度范围内的纵向钢筋截面面积（mm^2）；

f_{st}——钢筋抗拉强度设计值（N/mm^2）；

y_3——纵向钢筋截面形心至组合梁塑性中和轴的距离，根据截面轴力平衡式（5-8）求出钢梁受压区面积 A_c，取钢梁拉压区交界处位置为组合梁塑性中和轴位置（mm）；

y_4——组合梁塑性中和轴至钢梁塑性中和轴的距离。当组合梁塑性中和轴在钢梁腹板内时，取 $y_4 = A_{st}f_{st}/(2t_w f)$，当该中和轴在钢梁翼缘内时，可取 y_4 等于钢梁塑性中和轴至腹板上边缘的距离（mm）；

$M_{u,r}$——部分抗剪连接时组合梁截面正弯矩受弯承载力（N·mm）；

n_r——部分抗剪连接时最大正弯矩验算截面到最近零弯矩点之间的抗剪连接件数目；

N_v^c——每个抗剪连接件的纵向受剪承载力（N），按下述第 5.3 节的有关公式计算（N）；

h_w、t_w——腹板高度和厚度（mm）；

V——构件的剪力设计值（N）；

f_v——钢材抗剪强度设计值（N/mm^2）。

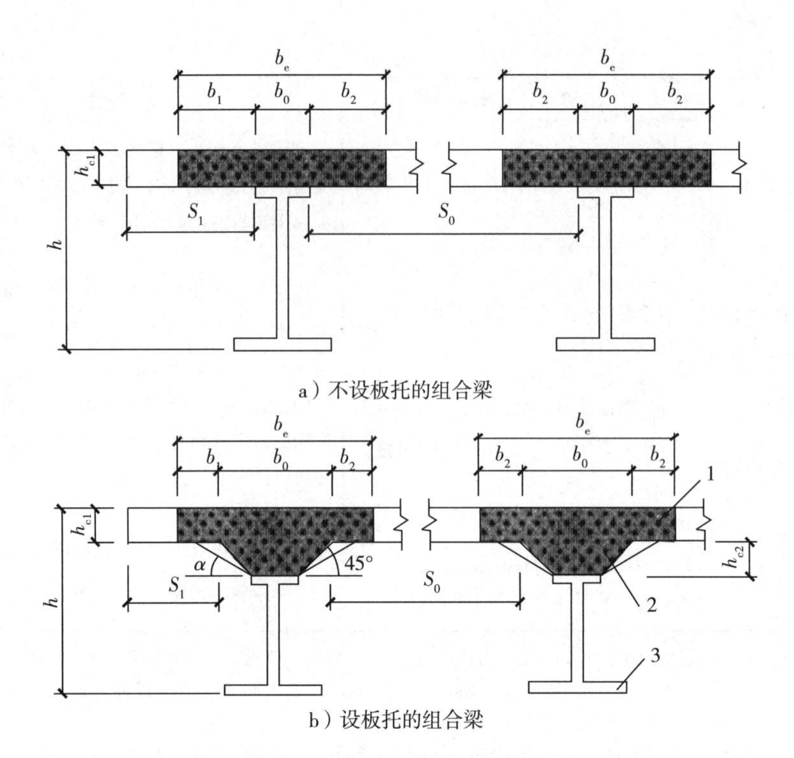

a）不设板托的组合梁

b）设板托的组合梁

图 5-2　混凝土翼板的计算宽度

1—混凝土翼板　2—板托　3—钢梁

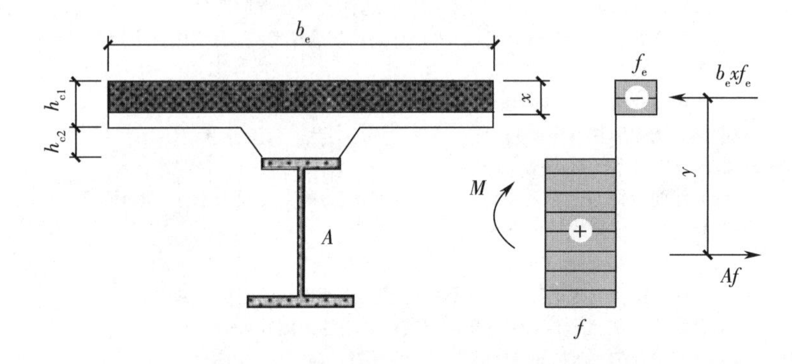

图 5-3　塑性中和轴在混凝土翼板内时的组合梁截面及应力图形

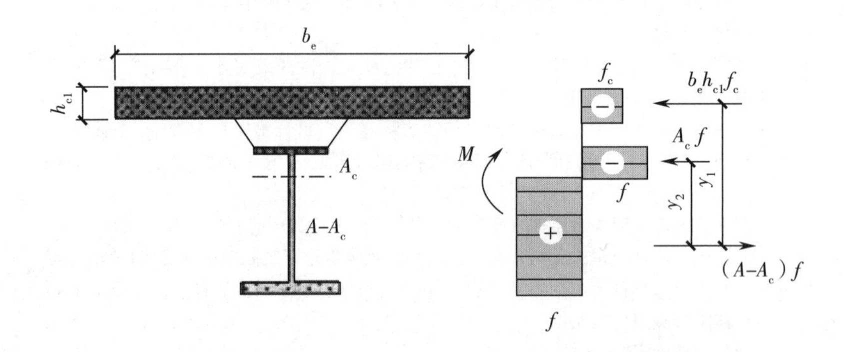

图 5-4　塑性中和轴在钢梁内时的组合梁截面及应力图形

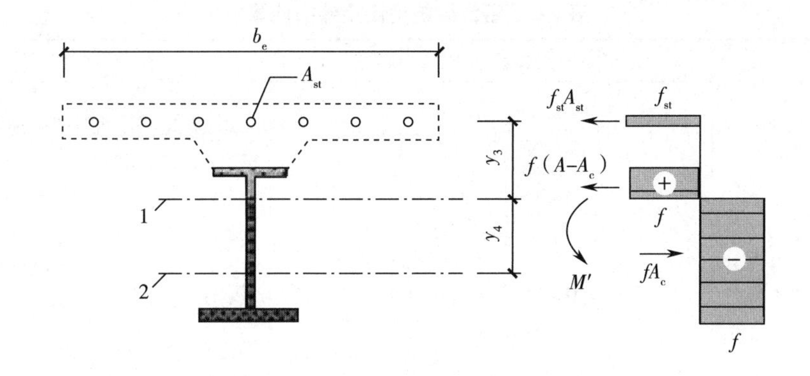

图 5-5　负弯矩作用时组合梁截面及应力图形

1—组合截面塑性中和轴　2—钢梁截面塑性中和轴

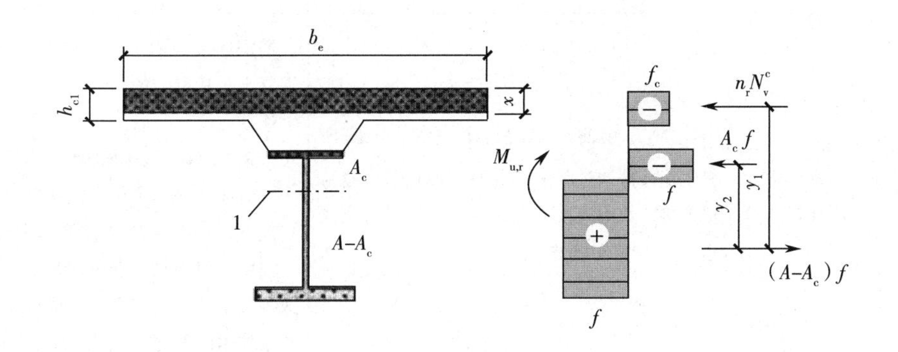

图 5-6　部分抗剪连接组合梁计算简图

1—组合梁塑性中和轴

5.3　抗剪连接件的计算

组合梁的抗剪连接件宜采用圆柱头焊钉，也可采用槽钢或有可靠依据的其他类型连接件（图 5-7）。目前应用最广泛的抗剪连接件为圆柱头焊钉连接件，在没有条件使用焊钉连接件的地区，可以采用槽钢连接件代替。GB 50017—2003 中给出的弯筋连接件施工不便，质量难以保证，不推荐使用。组合梁抗剪连接件的计算，见表 5-2。

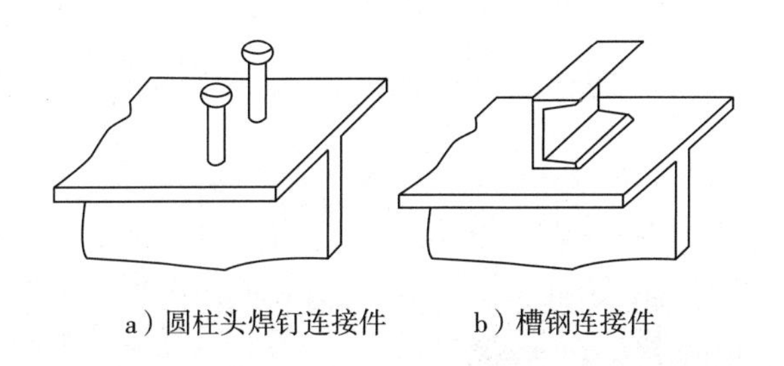

a）圆柱头焊钉连接件　　b）槽钢连接件

图 5-7　连接件的外形

表 5-2　组合梁抗剪连接件的计算

<table>
<tr><th colspan="2">项目</th><th>计算公式</th><th>备注</th></tr>
<tr><td rowspan="2">受剪承载力设计值</td><td>圆柱头焊钉连接件</td><td>$N_v^c = 0.43A_s\sqrt{E_c f_c} \leqslant 0.7A_s f_u$　(5-13)</td><td>式（5-13）既可用于普通混凝土，也可用于轻骨料混凝土
试验研究表明，焊钉的受剪承载力并非随着混凝土强度的提高而无限提高，存在一个与焊钉抗拉强度有关的上限值，该上限值为 $0.7A_s f_u$，约相当于焊钉的极限抗剪强度。根据现行国家标准《电弧螺柱焊用圆柱头焊钉》GB/T 10433 的相关规定，圆柱头焊钉的极限强度设计值 f_u 不得小于 400MPa</td></tr>
<tr><td>槽钢连接件</td><td>$N_v^c = 0.26(t + 0.5t_w)l_c\sqrt{E_c f_c}$　(5-14)
槽钢连接件通过肢尖肢背两条通长角焊缝与钢梁连接，角焊缝按承受该连接件的受剪承载力设计值 N_v^c 进行计算</td><td>槽钢连接件的工作性能与焊钉相似，混凝土对其影响的因素亦相同，只是槽钢连接件根部的混凝土局部承压区局限于槽钢上翼缘下表面范围内
抗剪连接件起抗剪和抗拔作用，一般情况下，连接件的抗拔要求自然满足，不需要专门验算。在负弯矩区，为了释放混凝土板的拉应力，也可以采用只有抗拔作用而无抗剪作用的特殊连接件</td></tr>
<tr><td rowspan="2">受剪承载力设计值的折减</td><td>用于压型钢板的焊钉连接件</td><td>对于用压型钢板混凝土组合板做翼板的组合梁（图 5-8），其焊钉连接件的受剪承载力设计值应分别按以下两种情况予以降低：
（1）当压型钢板肋平行于钢梁布置（图 5-8a），$b_w/h_e < 1.5$ 时，按式（5-13）算得的 N_v^c 应乘以折减系数 β_v 后取用。β_v 值按下式计算：
$$\beta_v = 0.6\frac{b_w}{h_e}\left(\frac{h_d - h_e}{h_e}\right) \leqslant 1 \quad (5\text{-}15)$$
（2）当压型钢板肋垂直于钢梁布置时（图 5-8b），焊钉连接件承载力设计值的折减系数按下式计算：
$$\beta_v = \frac{0.85}{\sqrt{n_0}}\frac{b_w}{h_e}\left(\frac{h_d - h_e}{h_e}\right) \leqslant 1 \quad (5\text{-}16)$$</td><td>采用压型钢板混凝土组合板时，其抗剪连接件一般采用圆柱头焊钉。由于焊钉需穿过压型钢板而焊接至钢梁上，且焊钉根部周围没有混凝土的约束，当压型钢板肋垂直于钢梁时，由压型钢板的波纹形成的混凝土肋是不连续的，故对焊钉的受剪承载力应予以折减</td></tr>
<tr><td>负弯矩区段的抗剪连接件</td><td>位于负弯矩区段的抗剪连接件，其受剪承载力设计值 N_v^c 应乘以折减系数 0.9</td><td>当焊钉位于负弯矩区时，混凝土翼缘处于受拉状态，焊钉周围的混凝土对其约束程度不如位于正弯矩区的焊钉受到其周围混凝土的约束程度高，故位于负弯矩区的焊钉受剪承载力也应予以折减</td></tr>
</table>

（续）

项目	计算公式	备注
柔性抗剪连接件	当采用柔性抗剪连接件时，抗剪连接件的计算应以弯矩绝对值最大点及支座为界限，划分为若干个区段（图5-9），逐段进行布置。每个剪跨区段内钢梁与混凝土翼板交界面的纵向剪力 V_s 应按下列公式确定： （1）正弯矩最大点到边支座区段，即 m_1 区段，V_s 取 Af 和 $b_e h_{c1} f_c$ 中的较小者 （2）正弯矩最大点到中支座（负弯矩最大点）区段，即 m_2 和 m_3 区段： $V_s = \min\{Af,\ b_e h_{c1} f_c\} + A_{st} f_{st}$ （5-17） 按完全抗剪连接设计时，每个剪跨区段内需要的连接件总数 n_f，按下式计算： $n_f = V_s / N_v^c$ （5-18） 部分抗剪连接组合梁，其连接件的实配个数不得少于 n_f 的50% 按式（5-18）算得的连接件数量，可在对应的剪跨区段内均匀布置。当在此剪跨区段内有较大集中荷载作用时，应将连接件个数 n_f 按剪力图面积比例分配后再各自均匀布置	试验研究表明，焊钉等柔性抗剪连接件具有很好的剪力重分布能力，所以没有必要按照剪力图布置连接件，这给设计和施工带来了极大的方便 GB 50017—2003以最大正、负弯矩截面以及零弯矩截面作为界限，把组合梁分为若干剪跨区段，然后在每个剪跨区段进行均匀布置，但这样划分对于连续组合梁仍然不太方便，同时也没有充分发挥柔性抗剪连接件良好的剪力重分布能力。GB 50017—2017进一步合并剪跨区段，以最大弯矩点和支座为界限划分区段，并在每个区段内均匀布置连接件，计算时应注意在各区段内混凝土翼板隔离体的平衡

注：式中 E_c——混凝土的弹性模量（N/mm^2）；

A_s——圆柱头焊钉钉杆截面面积（mm^2）；

f_u——圆柱头焊钉极限抗拉强度设计值（N/mm^2），需满足现行国家标准《电弧螺柱焊用圆柱头焊钉》GB/T 10433的要求；

t——槽钢翼缘的平均厚度（mm）；

t_w——槽钢腹板的厚度（mm）；

l_c——槽钢的长度（mm）；

b_w——混凝土凸肋的平均宽度，当肋的上部宽度小于下部宽度时（图5-8c），改取上部宽度（mm）；

h_e——混凝土凸肋高度（mm）；

h_d——焊钉高度（mm）；

n_0——在梁某截面处一个肋中布置的焊钉数，当多于3个时，按3个计算。

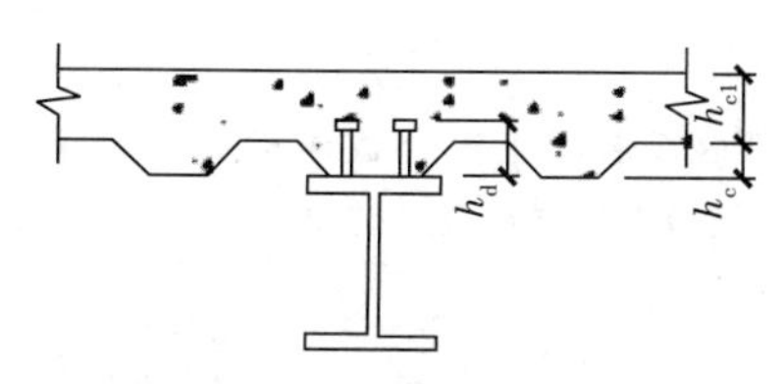

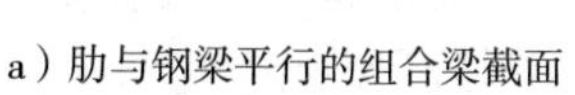

a）肋与钢梁平行的组合梁截面

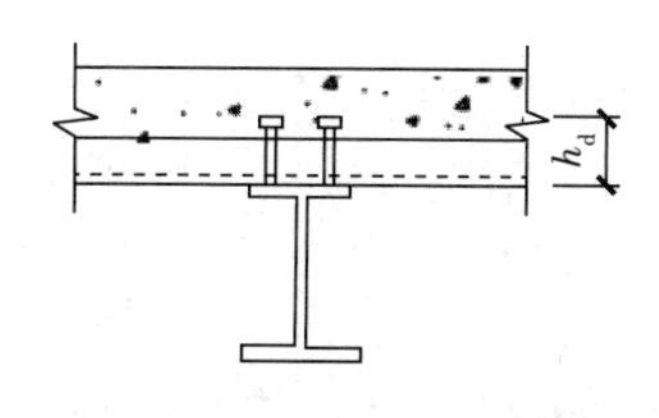

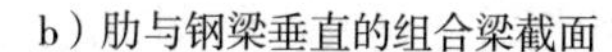

b）肋与钢梁垂直的组合梁截面

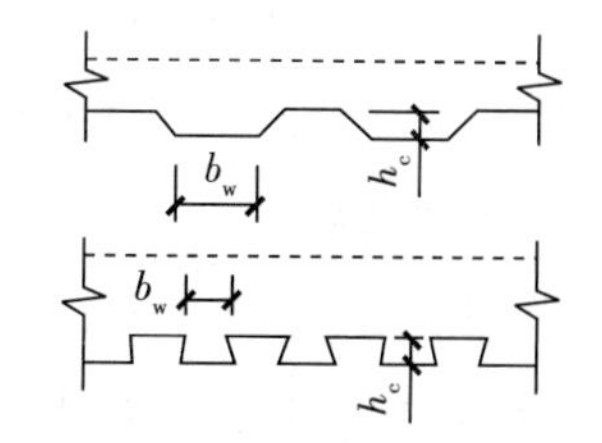

c）压型钢板作底模的楼板剖面

图5-8 用压型钢板作混凝土翼板底模的组合梁

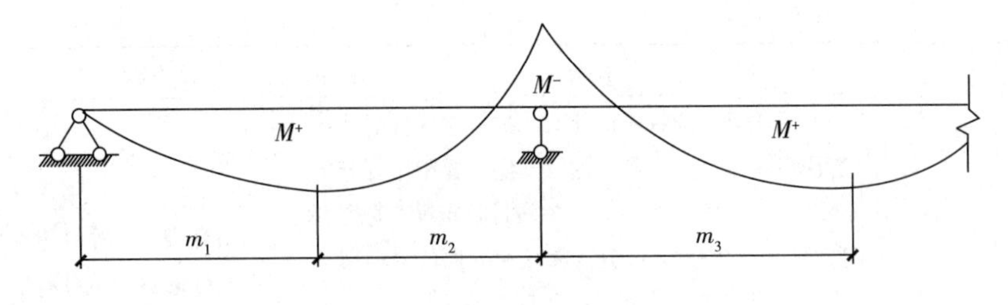

图5-9　连续梁剪跨区划分图

5.4　挠度计算

组合梁的挠度应分别按荷载的标准组合和准永久组合进行计算，以其中的较大值作为依据。挠度可按结构力学方法进行计算，仅受正弯矩作用的组合梁，其弯曲刚度应取考虑滑移效应的折减刚度，连续组合梁宜按变截面刚度梁进行计算。按荷载的标准组合和准永久组合进行计算时，组合梁应各取其相应的折减刚度。组合梁的挠度计算，见表5-3。

表5-3　组合梁的挠度计算

项目	计算公式	备注
组合梁（考虑滑移效应）折减刚度 B	组合梁考虑滑移效应的折减刚度 B 可按下式确定： $$B=\frac{EI_{eq}}{1+\xi} \quad (5\text{-}19)$$	国内外试验研究表明，采用焊钉、槽钢等柔性抗剪连接件的钢－混凝土组合梁，连接件在传递钢梁与混凝土翼缘交界面的剪力时，本身会发生变形，其周围的混凝土也会发生压缩变形，导致钢梁与混凝土翼缘的交界面产生滑移应变，引起附加曲率，从而引起附加挠度。可以通过对组合梁的换算截面抗弯刚度 EI_{eq} 进行折减的方法来考虑滑移效应 式（5-19）是考虑滑移效应的组合梁折减刚度的计算方法，它既适用于完全抗剪连接组合梁，也适用于部分抗剪连接组合梁和钢梁与压型钢板混凝土组合板构成的组合梁
刚度折减系数 ξ	刚度折减系数 ξ 宜按下列公式计算（当 $\xi\leqslant0$ 时，取 $\xi=0$）： $$\xi=\eta\left[0.4-\frac{3}{(jl)^2}\right] \quad (5\text{-}20)$$ $$\eta=\frac{36Ed_cpA_0}{n_skhl^2} \quad (5\text{-}21)$$ $$j=0.81\sqrt{\frac{n_sN_v^cA_1}{EI_0p}}(\text{mm}^{-1}) \quad (5\text{-}22)$$ $$A_0=\frac{A_{cf}A}{\alpha_EA+A_{cf}} \quad (5\text{-}23)$$	对于压型钢板混凝土组合板构成的组合梁，式（5-22）中抗剪连接件承载力应按式（5-15）、式（5-16）予以折减

（续）

项目	计算公式	备注
刚度折减系数 ξ	$A_1=\dfrac{I_0+A_0d_c^2}{A_0}$ （5-24） $I_0=I+\dfrac{I_{cf}}{\alpha_E}$ （5-25）	对于压型钢板混凝土组合板构成的组合梁，式（5-22）中抗剪连接件承载力应按式（5-15）、式（5-16）予以折减

注：式中 E——钢梁的弹性模量（N/mm^2）；

I_{eq}——组合梁的换算截面惯性矩（mm^4）；对荷载的标准组合，可将截面中的混凝土翼板有效宽度除以钢与混凝土弹性模量的比值 α_E 换算为钢截面宽度后，计算整个截面的惯性矩；对荷载的准永久组合，则除以 $2\alpha_E$ 进行换算；对于钢梁与压型钢板混凝土组合板构成的组合梁，应取其较弱截面的换算截面进行计算，且不计压型钢板的作用；

ξ——刚度折减系数，宜按式（5-20）~式（5-25）进行计算；

A_{cf}——混凝土翼板截面面积（mm^2）；对压型钢板混凝土组合板的翼板，应取其较弱截面的面积，且不考虑压型钢板；

I——钢梁截面惯性矩（mm^4）；

I_{cf}——混凝土翼板的截面惯性矩（mm^4）；对压型钢板混凝土组合板的翼板，应取其较弱截面的惯性矩，且不考虑压型钢板；

d_c——钢梁截面形心到混凝土翼板截面（对压型钢板混凝土组合板为其较弱截面）形心的距离（mm）；

h——组合梁截面高度（mm）；

p——抗剪连接件的纵向平均间距（mm）；

k——抗剪连接件刚度系数，$k=N_v^c$（N/mm）；

n_s——抗剪连接件在一根梁上的列数。

5.5 负弯矩区裂缝宽度计算

5.5.1 最大裂缝宽度

混凝土的抗拉强度很低，因此对于没有施加预应力的连续组合梁，负弯矩区的混凝土翼板很容易开裂，且往往贯通混凝土翼板的上、下表面，但下表面裂缝宽度一般均小于上表面，计算时可不予验算。引起组合梁翼板开裂的因素很多，如材料质量、施工工艺、环境条件以及荷载作用等。混凝土翼板开裂后会降低结构的刚度，并影响其外观及耐久性，如板顶面的裂缝容易渗入水分或其他腐蚀性物质，加速钢筋的锈蚀和混凝土的碳化等。相关试验研究结果表明，组合梁负弯矩区混凝土翼板的受力状况与钢筋混凝土轴心受拉构件相似，因此可采用现行国家标准《混凝土结构设计规范》GB 50010 的有关公式计算组合梁负弯矩区的最大裂缝宽度。在验算混凝土裂缝时，可仅按荷载的标准组合进行计算，因为在荷载标准组合下计算裂缝的公式中已考虑了荷载长期作用的影响。

组合梁负弯矩区段混凝土在正常使用极限状态下考虑长期作用影响的最大裂缝宽度应按现行国家标准《混凝土结构设计规范》GB 50010 的规定按轴心受拉构件进行

计算，其值不得大于现行国家标准《混凝土结构设计规范》GB 50010 所规定的限值。

1. 最大裂缝宽度计算

按照现行国家标准《混凝土结构设计规范》GB 50010 的规定，在矩形、T 形、倒 T 形和 I 形截面的钢筋混凝土受拉、受弯和偏心受压构件中，按荷载标准组合或准永久组合并考虑长期作用影响的最大裂缝宽度 $\omega_{\max}$ 可按下列公式计算：

$$\omega_{\max} = \alpha_{cr}\psi\frac{\sigma_s}{E_s}\left(1.9c_s + 0.08\frac{d_{eq}}{\rho_{te}}\right) \tag{5-26}$$

$$\psi = 1.1 - 0.65\frac{f_{tk}}{\rho_{te}\sigma_s} \tag{5-27}$$

$$d_{eq} = \frac{\sum n_i d_i^2}{\sum n_i \nu_i d_i} \tag{5-28}$$

$$\rho_{te} = \frac{A_s + A_p}{A_{te}} \tag{5-29}$$

式中 α_{cr}——构件受力特征系数，对于轴心受拉的钢筋混凝土构件取 2.7；

ψ——裂缝间纵向受拉钢筋应变不均匀系数，当 $\psi<0.2$ 时，取 $\psi=0.2$；当 $\psi>1.0$ 时，取 $\psi=1.0$；对直接承受重复荷载的构件，取 $\psi=1.0$；

σ_s——按荷载准永久组合计算的钢筋混凝土构件纵向受拉普通钢筋应力（N/mm^2）；

E_s——钢筋的弹性模量，按表 5-4 采用；

c_s——最外层纵向受拉钢筋外边缘至受拉区底边的距离（mm），当 $c_s<20$ 时，取 $c_s=20$；当 $c_s>65$ 时，取 $c_s=65$；

ρ_{te}——按有效受拉混凝土截面面积计算的纵向受拉钢筋配筋率；在最大裂缝宽度计算中，当 $\rho_{te}<0.01$ 时，取 $\rho_{te}=0.01$；

A_{te}——有效受拉混凝土截面面积（mm^2），对轴心受拉构件，取构件截面面积；

A_s——受拉区纵向普通钢筋截面面积（mm^2）；

A_p——受拉区纵向预应力筋截面面积（mm^2）；

d_{eq}——受拉区纵向钢筋的等效直径（mm）；

d_i——受拉区第 i 种纵向钢筋的公称直径（mm^2）；

n_i——受拉区第 i 种纵向钢筋的根数；

ν_i——受拉区第 i 种纵向钢筋的相对粘结特性系数，光圆钢筋取 0.7，带肋钢筋取 1.0。

对承受吊车荷载但不需做疲劳验算的受弯构件，可将计算求得的最大裂缝宽度乘以系数 0.85。对梁的混凝土保护层厚度大于 50mm 且配置表层钢筋网片的梁，按式（5-26）计算的最大裂缝宽度可适当折减，折减系数可取 0.7。

表 5-4 钢筋的弹性模量 （单位：$\times 10^5 N/mm^2$）

牌号或种类	弹性模量 E_s
HPB300 钢筋	2.10
HRB335、HRB400、HRB500 钢筋 HRBF335、HRBF400、HRBF500 钢筋 RRB400 钢筋 预应力螺纹钢筋	2.00
消除应力钢丝、中强度预应力钢丝	2.05
钢绞线	1.95

注：必要时可采用实测的弹性模量。

2. 受力裂缝控制等级及最大裂缝宽度的限值

按照现行国家标准《混凝土结构设计规范》GB 50010 的规定，结构构件正截面的受力裂缝控制等级分为三级，等级划分及要求应符合下列规定：

一级：严格要求不出现裂缝的构件。按荷载标准组合计算时，构件受拉边缘混凝土不应产生拉应力。

二级：一般要求不出现裂缝的构件。按荷载标准组合计算时，构件受拉边缘混凝土拉应力不应大于混凝土抗拉强度的标准值。

三级：允许出现裂缝的构件。对钢筋混凝土构件，按荷载准永久组合并考虑长期作用影响计算时，构件的最大裂缝宽度不应超过表 5-5 规定的最大裂缝宽度限值。

表 5-5 钢筋混凝土结构构件的裂缝控制等级及最大裂缝宽度的限值（单位：mm）

<table>
<tr><th rowspan="2">环境类别</th><th colspan="2">钢筋混凝土结构</th><th colspan="2">预应力混凝土结构</th></tr>
<tr><th>裂缝控制等级</th><th>w_{lim}</th><th>裂缝控制等级</th><th>w_{lim}</th></tr>
<tr><td>一</td><td rowspan="4">三级</td><td>0.30（0.40）</td><td rowspan="2">三级</td><td>0.20</td></tr>
<tr><td>二 a</td><td rowspan="3">0.20</td><td>0.10</td></tr>
<tr><td>二 b</td><td>二级</td><td>—</td></tr>
<tr><td>三 a、三 b</td><td>一级</td><td>—</td></tr>
</table>

注：1. 对处于年平均相对湿度小于 60% 地区一类环境下的受弯构件，其最大裂缝宽度限值可采用括号内的数值。
2. 在一类环境下，对钢筋混凝土屋架、托架及需做疲劳验算的吊车梁，其最大裂缝宽度限值应取为 0.20mm；对钢筋混凝土屋面梁和托梁，其最大裂缝宽度限值应取为 0.30mm。
3. 在一类环境下，对预应力混凝土屋架、托架及双向板体系，应按二级裂缝控制等级进行验算；对一类环境下的预应力混凝土屋面梁、托梁、单向板，应按表中二 a 级环境的要求进行验算；在一类和二 a 类环境下需做疲劳验算的预应力混凝土吊车梁，应按裂缝控制等级不低于二级的构件进行验算。
4. 对于处于四、五类环境下的结构构件，其裂缝控制要求应符合专门标准的有关规定。
5. 表中的最大裂缝宽度限值为用于验算荷载作用引起的最大裂缝宽度。

5.5.2 开裂截面纵向受拉钢筋的应力 σ_{sk}

按荷载效应的标准组合计算的开裂截面纵向受拉钢筋的应力 σ_{sk} 按下列公式计算：

$$\sigma_{sk} = \frac{M_k y_s}{I_{cr}} \tag{5-30}$$

$$M_k = M_e(1 - \alpha_r) \tag{5-31}$$

式中 I_{cr}——由纵向普通钢筋与钢梁形成的组合截面的惯性矩（mm^4）；

y_s——钢筋截面重心至钢筋和钢梁形成的组合截面中和轴的距离（mm）；

M_k——钢与混凝土形成组合截面之后，考虑了弯矩调幅的标准荷载作用下支座截面负弯矩组合值（N·mm），对于悬臂组合梁，式（5-31）中的M_k应根据平衡条件计算得到；

M_e——钢与混凝土形成组合截面之后，标准荷载作用下按未开裂模型进行弹性计算得到的连续组合梁中支座负弯矩值（N·mm）；

α_r——正常使用极限状态连续组合梁中支座负弯矩调幅系数，其取值不宜超过15%。

5.6 纵向抗剪计算

试验表明，在剪力连接件集中剪力作用下，组合梁混凝土板可能发生纵向开裂现象。组合梁纵向抗剪能力与混凝土板尺寸及板内横向钢筋的配筋率等因素密切相关。沿着一个既定的平面抗剪称为界面抗剪，组合梁的混凝土板（承托、翼板）在纵向水平剪力作用时属于界面抗剪。

组合梁板托及翼缘板纵向受剪承载力验算时，应分别验算图5-10所示的纵向受剪界面$a-a$、$b-b$、$c-c$及$d-d$。其中，$a-a$抗剪界面长度为混凝土板厚度；$b-b$抗剪截面长度取刚好包络焊钉外缘时对应的长度；$c-c$、$d-d$抗剪界面长度取最外侧的焊钉外边缘连线长度加上距承托两侧斜边轮廓线的垂线长度。

组合梁板托及翼缘板纵向受剪承载力计算，见表5-6。

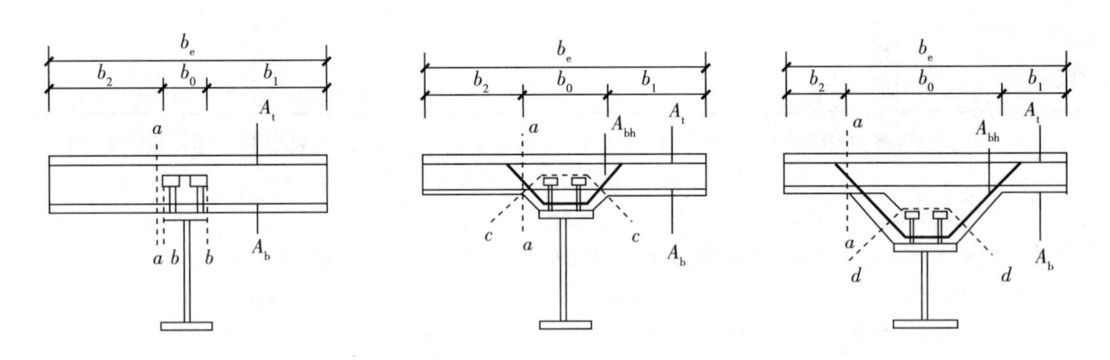

图5-10 混凝土板纵向受剪界面

A_t—混凝土板顶部附近单位长度内钢筋面积的总和（mm^2/mm），包括混凝土板内抗弯和构造钢筋

A_b、A_{bh}—分别为混凝土板底部、承托底部单位长度内钢筋面积的总和（mm^2/mm）

表 5-6　组合梁板托及翼缘板纵向受剪承载力计算

<table>
<tr><th>项目</th><th>计算公式</th><th>备注</th></tr>
<tr><td rowspan="2">单位纵向长度内受剪界面上的纵向剪力</td><td>单位纵向长度上 $b-b$、$c-c$ 及 $d-d$ 受剪界面（图 5-10）的纵向剪力按下式计算
$$v_{l,1}=\frac{V_s}{m_i} \tag{5-32}$$</td><td rowspan="2">组合梁单位纵向长度内受剪界面上的纵向剪力 $v_{l,1}$ 可以按实际受力状态计算，也可以按极限状态下的平衡关系计算
按实际受力状态计算时，采用弹性分析方法，计算较为烦琐；而按极限状态下的平衡关系计算时，采用塑性简化分析方法，计算方便，且和承载能力塑性调幅设计法的方法相统一，同时公式偏于安全</td></tr>
<tr><td>单位纵向长度上 $a-a$ 受剪界面（图 5-10）的纵向剪力按下式计算
$$v_{l,1}=\max\left(\frac{V_s}{m_i}\times\frac{b_1}{b_e},\frac{V_s}{m_i}\times\frac{b_2}{b_e}\right) \tag{5-33}$$</td></tr>
<tr><td>组合梁承托及翼缘板界面纵向受剪承载力</td><td>组合梁承托及翼缘板界面纵向受剪承载力计算应符合下列公式规定：
$$v_{l,1}\leqslant v_{lu,1} \tag{5-34}$$
$$v_{lu,1}=0.7f_tb_f+0.8A_ef_r \tag{5-35}$$
$$v_{lu,1}=0.25b_ff_c \tag{5-36}$$</td><td>组合梁混凝土板纵向抗剪能力主要由混凝土和横向钢筋两部分提供，横向钢筋配筋率对组合梁纵向受剪承载力影响最为显著
$v_{lu,1}$ 取式（5-35）和式（5-36）的较小值
式（5-35）和式（5-36），这两个公式考虑了混凝土强度等级对混凝土板抗剪贡献的影响
组合梁混凝土翼板的横向钢筋中，除了板托中的横向钢筋 A_{bh} 外，其余的横向钢筋 A_t 和 A_b 可同时作为混凝土板的受力钢筋和构造钢筋使用，并应满足现行国家标准《混凝土结构设计规范》GB 50010 的有关构造要求</td></tr>
<tr><td>横向钢筋的最小配筋率</td><td>横向钢筋的最小配筋率应满足下式要求：
$$A_ef_r/b_f>0.75\ (\mathrm{N/mm^2}) \tag{5-37}$$</td><td>组合梁横向钢筋最小配筋率要求是为了保证组合梁在达到承载力极限状态之前不发生纵向剪切破坏，并考虑到荷载长期效应和混凝土收缩等不利因素的影响</td></tr>
</table>

注：式中　$v_{l,1}$——单位纵向长度内受剪界面上的纵向剪力设计值（N/mm）；

V_s——每个剪跨区段内钢梁与混凝土翼板交界面的纵向剪力，按表 5-2 中“柔性抗剪连接件”的规定计算（N）；

m_i——剪跨区段长度（图 5-9）（mm）；

b_1、b_2——分别为混凝土翼板左右两侧挑出的宽度（mm）（图 5-10）；

b_e——混凝土翼板有效宽度，应按对应跨的跨中有效宽度取值（mm），有效宽度应按式（5-1）和图 5-2 的规定计算；

$v_{lu,1}$——单位纵向长度内界面受剪承载力（N/mm），取式（5-35）和式（5-36）的较小值；

f_t——混凝土抗拉强度设计值（$\mathrm{N/mm^2}$）；

b_f——受剪界面的横向长度，按图 5-10 所示的 $a-a$、$b-b$、$c-c$ 及 $d-d$ 连线在抗剪连接件以外的最短长度取值（mm）；

A_e——单位长度上横向钢筋的截面面积（$\mathrm{mm^2/mm}$），按图 5-10 和表 5-7 取值；

f_r——横向钢筋的强度设计值（$\mathrm{N/mm^2}$）。

表 5-7　单位长度上横向钢筋的截面面积 A_e

剪切面	$a-a$	$b-b$	$c-c$	$d-d$
A_e	A_b+A_t	$2A_b$	$2(A_b+A_{bh})$	$2A_{bh}$

5.7　组合梁的构造要求

组合梁的构造要求，见表 5-8。

表 5-8　组合梁的构造要求

<table>
<tr><th colspan="2">项目</th><th>构造要求</th><th>备注</th></tr>
<tr><td colspan="2">组合梁几何尺寸</td><td>组合梁截面高度不宜超过钢梁截面高度的 2 倍，混凝土板托高度 h_{c2} 不宜超过翼板厚度的 1.5 倍</td><td>组合梁的高跨比一般为 1/20 ~ 1/15，为使钢梁的抗剪强度与组合梁的抗弯强度相协调，钢梁截面高度 h_s 宜大于组合梁截面高度 h 的 1/2，即 $h \leqslant 2h_s$</td></tr>
<tr><td colspan="2">组合梁边梁混凝土翼板的构造</td><td>（1）有板托时，伸出长度不宜小于 h_{c2}
（2）无板托时，应同时满足伸出钢梁中心线不小于 150mm、伸出钢梁翼缘边不小于 50mm 的要求（图 5-11）</td><td></td></tr>
<tr><td rowspan="2">钢筋设置</td><td>纵向钢筋及分布钢筋</td><td>连续组合梁在中间支座负弯矩区的上部纵向钢筋及分布钢筋，应按现行国家标准《混凝土结构设计规范》GB 50010 的规定设置</td><td></td></tr>
<tr><td>横向钢筋</td><td>（1）横向钢筋的间距不应大于 $4h_{e0}$，且不应大于 200mm
（2）板托中应配 U 形横向钢筋加强（图 5-10）。板托中横向钢筋的下部水平段应该设置在距钢梁上翼缘 50mm 的范围以内</td><td>关于板托中 U 形横向加强钢筋的规定，主要是因为板托中邻近钢梁上翼缘的部分混凝土受到抗剪连接件的局部压力作用，容易产生劈裂，需要配筋加强</td></tr>
<tr><td colspan="2">抗剪连接件的设置</td><td>（1）圆柱头焊钉连接件钉头下表面或槽钢连接件上翼缘下表面与翼板底部钢筋顶面的距离 h_{e0} 不宜小于 30mm
（2）连接件沿梁跨度方向的最大间距不应大于混凝土翼板（包括板托）厚度的 3 倍，且不大于 300mm；连接件的外侧边缘与钢梁翼缘边缘之间的距离不应小于 20mm；连接件的外侧边缘至混凝土翼板边缘间的距离不应小于 100mm；连接件顶面的混凝土保护层厚度不应小于 15mm</td><td>圆柱头焊钉钉头下表面或槽钢连接件上翼缘下表面应满足距混凝土底部钢筋不低于 30mm 的要求，一是为了保证连接件在混凝土翼板与钢梁之间发挥抗掀起作用；二是底部钢筋能作为连接件根部附近混凝土的横向配筋，防止混凝土由于连接件的局部受压作用而开裂
连接件沿梁跨度方向的最大间距规定，主要是为了防止在混凝土翼板与钢梁接触面间产生过大的裂缝，影响组合梁的整体工作性能和耐久性</td></tr>
</table>

（续）

项目	构造要求	备注
圆柱头焊钉连接件补充规定	圆柱头焊钉连接件除应满足上述“抗剪连接件的设置”的要求外，尚应符合下列规定： （1）当焊钉位置不正对钢梁腹板时，如钢梁上翼缘承受拉力，则焊钉钉杆直径不应大于钢梁上翼缘厚度的1.5倍；如钢梁上翼缘不承受拉力，则焊钉钉杆直径不应大于钢梁上翼缘厚度的2.5倍 （2）焊钉长度不应小于其杆径的4倍 （3）焊钉沿梁轴线方向的间距不应小于杆径的6倍，垂直于梁轴线方向的间距不应小于杆径的4倍 （4）用压型钢板作底模的组合梁，焊钉钉杆直径不宜大于19mm，混凝土凸肋宽度不应小于焊钉钉杆直径的2.5倍；焊钉高度h_d应符合$h_d \geqslant h_e + 30\text{mm}$的要求（图5-8）	关于焊钉最小间距的规定，主要是为了保证焊钉的受剪承载力能充分发挥作用。从经济方面考虑，焊钉高度一般不大于（$h_e + 75\text{mm}$）
槽钢连接件	槽钢连接件一般采用Q235钢，截面不宜大于[12.6	
承受负弯矩的箱形截面组合梁，抗剪连接件设置	对于承受负弯矩的箱形截面组合梁，可在钢箱梁底板上方或腹板内侧设置抗剪连接件并浇筑混凝土	组合梁承受负弯矩时，钢箱梁底板受压，在其上方浇筑混凝土可与钢箱梁底板形成组合作用，共同承受压力，有效提高受压钢板的稳定性。此外，在梁端负弯矩区剪力较大的区域，为提高其受剪承载力和刚度，可在钢箱梁腹板内侧设置抗剪连接件并浇筑混凝土以充分发挥钢梁腹板和内填混凝土的组合抗剪作用

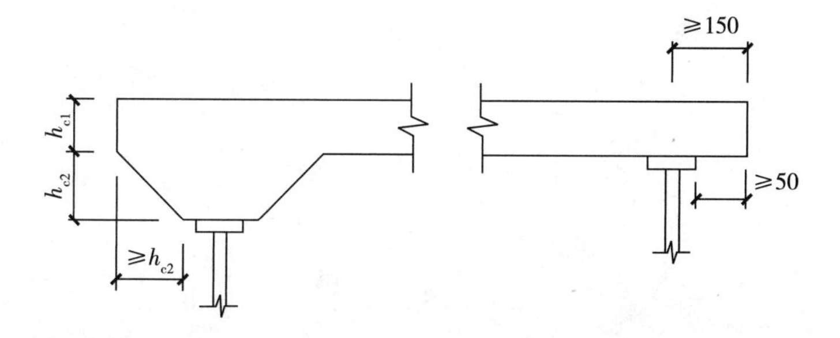

图5-11　边梁构造图

5.8 钢与混凝土组合梁的疲劳验算（直接承受动力荷载）

本节规定仅针对直接承受动力荷载的组合梁。组合梁的疲劳验算应符合 GB 50017—2017 第 16 章“疲劳计算及防脆断设计”的规定。

当抗剪连接件为圆柱头焊钉时，应按 GB 50017—2017 第 16 章“疲劳计算及防脆断设计”的规定对承受剪力的圆柱头焊钉进行剪应力幅疲劳验算，构件和连接类别取为 J3。

当抗剪连接件焊于承受拉应力的钢梁翼缘时，应按 GB 50017—2017 第 16 章“疲劳计算及防脆断设计”的规定对焊有焊钉的受拉钢板进行正应力幅疲劳验算，构件和连接类别取为 Z7。同时尚应满足下列要求：

对常幅疲劳或变幅疲劳：

$$\frac{\Delta\tau}{[\Delta\tau]}+\frac{\Delta\sigma}{[\Delta\sigma]}\leqslant 1.3 \tag{5-38}$$

对于重级工作制吊车梁和重级、中级工作制吊车桁架：

$$\frac{\alpha_f\Delta\tau}{[\Delta\tau]_{2\times10^6}}+\frac{\alpha_f\Delta\sigma}{[\Delta\sigma]_{2\times10^6}}\leqslant 1.3 \tag{5-39}$$

式中 $\Delta\tau$——焊钉名义剪应力幅或等效名义剪应力幅（N/mm^2），按第 2 章 2.10.2“疲劳计算”的规定计算；

$[\Delta\tau]$——焊钉容许剪应力幅（N/mm^2），按式（2-56）计算，构件和连接类别取为 J3；

$\Delta\sigma$——焊有焊钉的受拉钢板名义正应力幅或等效名义正应力幅（N/mm^2），按第 2 章 2.10.2“疲劳计算”的规定计算；

$[\Delta\sigma]$——焊有焊钉的受拉钢板容许正应力幅（N/mm^2），按式（2-52）计算，构件和连接类别取为 Z7；

α_f——欠载系数，按表 2-57 的规定计算；

$[\Delta\tau]_{2\times10^6}$——循环次数 n 为 2×10^6 次焊钉的容许剪应力幅（N/mm^2），按表 2-55 的规定计算，构件和连接类别取为 J3；

$[\Delta\sigma]_{2\times10^6}$——循环次数 n 为 2×10^6 次焊有焊钉受拉钢板的容许正应力幅（N/mm^2），按表 2-54 的规定计算，构件和连接类别取为 Z7。

第6章 钢管混凝土柱及节点

钢管混凝土构件系指在钢管内填充混凝土的构件，包括实心和空心钢管混凝土构件，截面可为圆形、矩形及多边形，简称CFST构件。实心钢管混凝土构件系指钢管中填满混凝土的构件，简称S－CFST构件。空心钢管混凝土构件系指在空钢管中灌入一定量混凝土，采用离心法制成的中部空心的钢管混凝土构件，简称H－CFST构件。

自20世纪70年代始，实心圆截面钢管混凝土结构在工程中广泛采用，如厂房柱、构架柱和高层建筑中的柱；随着工业发展和使用范围的不断扩大，空心钢管混凝土构件已应用于中型工业厂房中，同时，除圆形截面外，又出现了正方形、正八边形和正十六边形等截面形式。采用空心钢管混凝土柱的结构，避免了现场浇灌混凝土，既有利于环境保护，又减轻了结构自重，还可利用柱子中部的空心部分，用作设备管线的通道，是很有发展前途的一种新型结构，可用于框架结构、框架－剪力墙结构、框架－核心筒结构、框架－支撑结构、筒中筒结构、部分框支－剪力墙结构和杆塔结构。

在工业与民用建筑中，与钢管混凝土柱相连的框架梁宜采用钢梁或钢－混凝土组合梁，也可采用现浇钢筋混凝土梁。

6.1 一般规定

6.1.1 材料要求

1. 钢材

（1）钢材的选用应符合现行国家标准GB 50017—2017第4章的有关规定。

（2）钢材宜采用Q345、Q390、Q420低合金高强度结构钢及Q235碳素结构钢，质量等级不宜低于B级，且应分别符合现行国家标准《低合金高强度结构钢》GB/T 1591和《碳素结构钢》GB/T 700的规定。当采用较厚的钢板时，可选用材质、材性符合现行国家标准《建筑结构用钢板》GB/T 19879的各牌号钢板，其质量等级不宜低于B级。当采用其他牌号的钢材时，尚应符合国家现行有关标准的规定。

（3）钢材应具有屈服强度、抗拉强度、伸长率、冲击韧性和硫、磷含量的合格保证，对焊接结构尚应具有碳含量的合格保证及冷弯试验的合格保证。

（4）钢材宜采用镇静钢。

（5）承重结构的圆钢管可采用焊接圆钢管、热轧无缝钢管，不宜选用输送流体用的螺旋焊管。矩形钢管可采用焊接钢管，也可采用冷成型矩形钢管。当采用冷成型矩形钢管时，应符合现行行业标准《建筑结构用冷弯矩形钢管》JG/T 178 中Ⅰ级产品的规定。直接承受动荷载或低温环境下的外露结构，不宜采用冷弯矩形钢管。多边形钢管可采用焊接钢管，也可采用冷成型多边形钢管。

（6）冷弯成型矩形钢管强度设计值应按表 6-1 采用。

表 6-1　冷弯成型矩形钢管强度设计值　　（单位：N/mm^2）

钢材牌号	抗拉、抗压、抗弯 f_a	抗剪 f_{av}	端面承压（刨平顶紧）f_{ce}
Q235	205	120	310
Q345	300	175	400

（7）钢材物理性能指标应按表 6-2 采用。

表 6-2　钢材物理性能指标

弹性模量 E_a/（N/mm^2）	剪切模量 G_a/（N/mm^2）	线膨胀系数 α/（以每℃计）	质量密度/（kg/m^3）
2.06×10^5	79×10^3	12×10^{-6}	7850

注：压型钢板采用冷轧钢板时，弹性模量取 $1.90\times10^5 N/mm^2$。

（8）抗震设计时，钢管混凝土结构的钢材应符合下列规定：

1）钢材的屈服强度实测值与抗拉强度实测值的比值不应大于 0.85。

2）钢材应有明显的屈服台阶，且伸长率不应小于 20%。

3）钢材应有良好的可焊性和合格的冲击韧性。

2. 混凝土

（1）混凝土的强度等级应与钢材强度相匹配，钢管混凝土柱中混凝土强度不应低于 C30 级，对 Q235 钢管，宜配 C30 ~ C40 级混凝土；对 Q345 钢管，宜配 C40 ~ C50 级的混凝土；对 Q390、Q420 钢管，宜配不低于 C50 级的混凝土。当采用 C80 以上高强混凝土时，应有可靠的依据。

（2）混凝土的抗压强度和弹性模量应按现行国家标准《混凝土结构设计规范》GB 50010 的规定采用。混凝土的强度等级、力学性能和质量标准应分别符合现行国家标准《混凝土结构设计规范》GB 50010 和《混凝土强度检验评定标准》GB 50107 的规定。

（3）对钢管有腐蚀作用的外加剂，易造成构件强度的损伤，对结构安全带来隐患，不得使用。

（4）钢管混凝土构件中可采用再生骨料混凝土。再生骨料混凝土的配合比设计、施工、质量检验和验收应符合现行行业标准《再生骨料应用技术规程》JGJ/T 240 的规定。

（5）钢管混凝土构件中可采用自密实混凝土。自密实混凝土的配合比设计、施工、质量检验和验收应符合现行行业标准《自密实混凝土应用技术规程》JGJ/T 283 的规定。

3. 连接材料

（1）用于钢管混凝土构件的焊接材料应符合下列规定：

1）手工焊接用的焊条应符合现行国家标准《非合金钢及细晶粒钢焊条》GB/T 5117 和《热强钢焊条》GB/T 5118 的规定。选择的焊条型号应与被焊钢材的力学性能相适应。

2）自动或半自动焊接用的焊丝和焊剂应与被焊钢材相适应，并应符合国家现行有关标准的规定。

3）二氧化碳气体保护焊接用的焊丝应符合现行国家标准《气体保护电弧焊用碳钢、低合金钢焊丝》GB/T 8110 的规定。

4）当两种级别的钢材相焊接时，可采用与强度较低的钢材相适应的焊接材料。

（2）焊缝的强度设计值应按现行国家标准《钢结构设计标准》GB 50017 执行。

（3）当采用螺栓等紧固件连接钢管混凝土构件时，连接紧固件应符合以下要求：

1）普通螺栓应符合现行国家标准《六角头螺栓　C 级》GB/T 5780 和《六角头螺栓》GB/T 5782 的规定。可采用 4.6 级和 4.8 级的 C 级螺栓。

2）高强度螺栓应符合现行国家标准《钢结构用高强度大六角头螺栓》GB/T 1228、《钢结构用高强度大六角螺母》GB/T 1229、《钢结构用高强度垫圈》GB/T 1230、《钢结构用高强度大六角头螺栓、大六角螺母、垫圈技术条件》GB/T 1231 或《钢结构用扭剪型高强度螺栓连接副》GB/T 3632 的规定。当螺栓需热镀锌防腐时，宜采用 6.8 和 8.8 级 C 级螺栓。

3）普通螺栓连接和高强度螺栓连接的设计应按现行国家标准《钢结构设计标准》GB 50017 执行。

（4）栓钉应符合现行国家标准《电弧螺柱焊用圆柱头焊钉》GB/T 10433 的规定。

6.1.2　承载力的规定

钢管混凝土柱除应进行使用阶段的承载力设计外，尚应进行施工阶段的承载力验算。进行施工阶段的承载力验算时，应采用空钢管截面，空钢管柱在施工阶段的轴向应力，不应大于其抗压强度设计值的 60%，并应满足稳定性要求。

混凝土的湿密度在现行国家标准《建筑结构荷载规范》GB 50009 中未做规定，可以参考现行国家标准《建筑结构荷载规范》GB 50009 给出的素混凝土自重 22～24kN/m^3而取用。在高层建筑和单层厂房中，一般可先安装空钢管，然后一次性向管内浇灌混凝土或连续施工浇筑混凝土。这时钢管中存在初应力，将影响柱的稳定承载力。为了控制此影响在 5% 以内，经分析，应控制初应力不超过钢材受压强度设计值的 60%。

6.1.3　混凝土的规定

钢管混凝土构件的混凝土最大骨料直径宜小于型钢外侧混凝土保护层厚度的 1/3，且不宜大于 25mm。对浇筑难度较大或复杂节点部位，宜采用骨料更小，流动性更强的高性能混凝土。钢管混凝土构件中混凝土最大骨料直径不宜大于 25mm。

钢管内浇筑混凝土时，应采取有效措施保证混凝土的密实性。混凝土可采用自密实混凝土。浇筑方式可采用自下而上的压力泵送方式或者自上而下的自密实混凝土高抛工艺。

钢管混凝土柱宜考虑混凝土徐变对稳定承载力的不利影响。混凝土徐变主要发生在前 3 个月内，之后徐变放缓；徐变的产生会造成内力重分布现象，导致钢管和混凝土应力的改变，构件的稳定承载力下降，考虑混凝土徐变的影响，构件承载力最大可折减 10%。

6.1.4 焊缝要求

钢管混凝土柱采用埋入式柱脚时，钢管与底板的连接焊缝宜采用坡口全熔透焊缝，焊缝等级为二级；当采用非埋入式柱脚时，钢管与柱脚底板的连接应采用坡口全熔透焊缝，焊缝等级为一级。

6.2 钢管混凝土柱的构造要求

6.2.1 矩形钢管混凝土柱

（1）矩形钢管可采用冷成型的直缝钢管或螺旋缝焊接管及热轧管，也可采用冷弯型钢或热轧钢板、型钢焊接成型的矩形管。连接可采用高频焊、自动或半自动焊和手工对接焊缝。当矩形钢管混凝土构件采用钢板或型钢组合时，其壁板间的连接焊缝应采用全熔透焊缝。

（2）矩形钢管混凝土柱边长尺寸不宜小于150mm，钢管壁厚不应小于3mm。

（3）矩形钢管混凝土柱与钢梁、型钢混凝土梁或钢筋混凝土梁的连接宜采用刚性连接，矩形钢管混凝土柱与钢梁也可采用铰接连接。当采用刚性连接时，对应钢梁上、下翼缘或钢筋混凝土梁上、下边缘处应设置水平加劲肋，水平加劲肋与钢梁翼缘等厚，且不宜小于12mm；水平加劲肋的中心部位宜设置混凝土浇筑孔，孔径不宜小于200mm；加劲肋周边宜设置排气孔，孔径宜为50mm。

（4）矩形钢管混凝土柱应考虑角部对混凝土约束作用的减弱，当长边尺寸大于1000mm时，应采取构造措施增强矩形钢管对混凝土的约束作用和减小混凝土收缩的影响。目前工程中的常用措施有柱子内壁焊接栓钉、纵向加劲肋等。

（5）矩形钢管混凝土柱受压计算时，混凝土的轴心受压承载力承担系数可考虑钢管与混凝土的变形协调来分配；受拉计算时，可不考虑混凝土的作用，仅计算钢管的受拉承载力。

（6）每层矩形钢管混凝土柱下部的钢管壁上应对称设置两个排气孔，孔径宜为20mm。

（7）焊接矩形钢管上、下柱的对接焊缝应采用坡口全熔透焊缝。

6.2.2 圆形钢管混凝土柱

（1）圆钢管可采用焊接圆钢管或热轧无缝钢管等，不宜选用输送流体用的螺旋焊管。

（2）圆形钢管混凝土柱截面直径不宜小于180mm，壁厚不应小于3mm。

（3）圆形钢管混凝土柱应采取有效措施保证钢管对混凝土的环箍作用；当直径大于2m时，应采取有效措施减小混凝土收缩的影响。

圆钢管混凝土的环箍系数与含钢率有直接的关系，是决定构件延性、承载力及经济性的重要指标。钢管混凝土柱的环箍系数过小，对钢管内混凝土的约束作用不大；若环箍系数过大，则钢管壁可能较厚、不经济。当钢管直径过大时，管内混凝土收缩会造成钢管与混凝土脱开，影响钢管和混凝土的共同受力，而且管内过大的素混凝土对整个构件的受力性能也产生了不利影响，因此一般规定当直径大于2m时，圆钢管混凝土构件需要采取有效措施减少混凝土收缩的影响，目前工程中常用的方法包括管内设置钢筋笼、钢管内壁设置栓钉等。

（4）圆形钢管混凝土柱受拉弹性阶段计算时，可不考虑混凝土的作用，仅计算钢管的受拉承载力；钢管屈服后，可考虑钢管和混凝土共同工作，受拉承载力可适当提高。

钢管混凝土构件受拉力作用时，管内混凝土将开裂，不承受拉力作用，只有钢管承担全部拉力。不过当钢管受拉力作用而伸长时，径向将收缩；由于受到管内混凝土的阻碍，因此成为纵向受拉和环向也受拉的双向拉应力状态，其受拉强度将提高10%。

6.2.3 钢管混凝土柱与钢梁连接节点

（1）矩形钢管混凝土柱与钢梁连接节点可采用隔板贯通节点、内隔板节点、外环板节点和外肋环板节点。

（2）圆形钢管混凝土柱与钢梁连接节点可采用外加强环节点、内加强环节点、钢梁穿心式节点、牛腿式节点和承重销式节点。

（3）柱内隔板上应设置混凝土浇筑孔和透气孔，混凝土浇筑孔孔径不应小于200mm，透气孔孔径不宜小于25mm。

隔板厚度应满足板件的宽厚比限值，且不小于钢梁翼缘的厚度。柱内隔板上的混凝土浇筑孔孔径不应小于200mm，透气孔孔径不宜小于25mm（图6-1）。

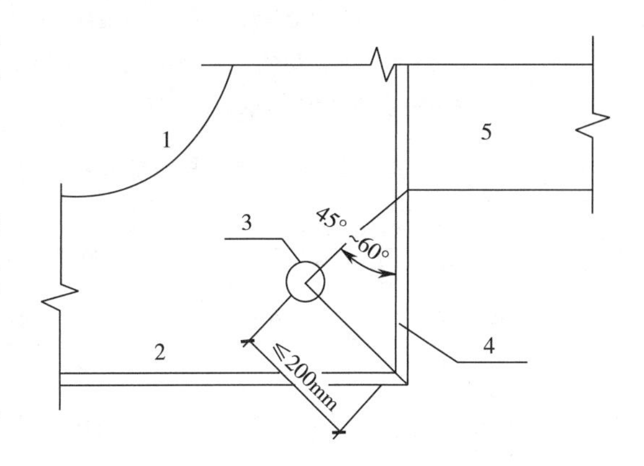

图6-1 矩形钢管混凝土柱隔板开孔

1—浇筑孔 2—内隔板 3—透气孔 4—柱钢管壁 5—梁翼缘

（4）节点设置外环板或外加强环时，外环板的挑出宽度应满足可靠传递梁端弯矩和局部稳定要求。

矩形钢管混凝土柱的外环板节点中，外环板的挑出宽度宜大于100mm，且不宜大于$15t_d\varepsilon_k$，t_d为隔板厚度，ε_k为钢号修正系数。圆钢管混凝土柱可采用外加强环节点，外加强环板的挑出宽度宜大于70%的梁翼缘宽度，其厚度不宜小于梁翼缘厚度。

6.3 钢管混凝土柱和节点计算

6.3.1 钢筋混凝土楼盖中梁（板）与钢管混凝土柱连接计算

采用钢筋混凝土楼盖时，梁（板）与钢管混凝土柱连接的受剪承载力和受弯承载力应符合表6-3的规定。

表 6-3　梁（板）与钢管混凝土柱连接的受剪承载力和受弯承载力计算

项次	项目	计算规定	备注
1	受剪承载力	无地震作用组合时： $V_b \leqslant V_u$　(6-1) 有地震作用组合时： $V_b \leqslant V_u/\gamma_{RE}$　(6-2)	采用钢筋混凝土楼屋盖时，梁与钢管混凝土柱连接的受剪承载力和受弯承载力应分别不小于被连接构件端截面的组合剪力设计值和弯矩设计值，这里采用的用于连接设计的剪力和弯矩设计值应该是根据相关规范根据不同抗震等级要求调整后的设计值
2	受弯承载力	（1）当采用本章 6.3.3 节中的抗弯连接方式且符合相应构造要求时，可不验算连接的受弯承载力 （2）采用其他连接方式时，应符合下列规定： 无地震作用组合时： $M_b \leqslant M_u$　(6-3) 有地震作用组合时： $M_b \leqslant M_u/\gamma_{RE}$　(6-4)	

注：式中　V_b——验算连接受剪承载力采用的剪力设计值，可取按相关规范调整后的梁端组合的剪力设计值；

V_u——连接的受剪承载力，可按本章 6.3.3 节中相关公式计算；

γ_{RE}——连接的受剪承载力抗震调整系数，应按表 6-4 确定；

M_b——验算连接受弯承载力采用的弯矩设计值，可取按相关规范调整后的梁端组合的弯矩设计值；

M_u——连接的受弯承载力设计值。

表 6-4　梁（板）与钢管混凝土柱连接的承载力抗震调整系数 γ_{RE}

正截面承载力验算		斜截面承载力验算	节点板件、连接焊缝、连接螺栓	
钢管混凝土柱	支撑		强度验算	稳定验算
0.80	0.80	0.85	0.75	0.80

6.3.2　钢梁与钢管混凝土柱的刚接连接承载力计算

钢梁与钢管混凝土柱的刚接连接，应按弹性进行设计；抗震时，还应进行连接的极限承载力验算，以实现“强连接、弱构件”的设计概念。

（1）连接的受弯承载力设计值和受剪承载力设计值，分别不应小于相连构件的受弯承载力设计值和受剪承载力设计值；采用高强度螺栓时，应采用摩擦型高强螺栓，不得采用承压型高强螺栓。

（2）连接的受弯承载力应由梁翼缘与柱的连接提供，连接的受剪承载力应由梁腹板与柱的连接提供。

（3）地震设计状况时，尚应按下列公式验算连接的极限承载力：

$$M_u \geqslant \eta_j M_p \tag{6-5}$$

$$V_u \geqslant 1.2(2M_p/l_n) + V_{GB} \tag{6-6}$$

式中　M_u——连接的极限受弯承载力设计值（N·mm），应按现行行业标准《高层民用建筑钢结构技术规程》JGJ 99 执行；

V_u——连接的极限受剪承载力设计值（N），应按现行行业标准《高层民用建筑钢结构技术规程》JGJ 99 执行；

M_p——梁端截面的塑性受弯承载力（N·mm），应按现行国家标准《钢结构设计标准》GB 50017 执行；

V_{GB}——梁在重力荷载代表值（9 度时尚应包括竖向地震作用标准值）作用下，应按简支梁分析的梁端截面剪力设计值（N）；

l_n——梁的净跨（mm）；

η_j——连接系数，可按表 6-5 采用。

表 6-5　钢梁与钢管混凝土柱刚接连接抗震设计的连接系数 η_j

母材牌号	焊接	螺栓连接
Q235	1.40	1.45
Q345	1.30	1.35
Q345GJ	1.25	1.30

6.3.3　实心钢管混凝土柱连接和梁柱节点

1. 钢管连接构造措施

（1）钢管因为材料长度、吊装能力或运输能力的影响，钢管的长度都是有限制的，需要在施工现场对接。等直径钢管对接时宜设置环形隔板和内衬钢管段，内衬钢管段也可兼作为抗剪连接件，并应符合以下要求：

1）上下钢管之间应采用全熔透坡口焊缝，坡口可取 35°，直焊缝钢管对接处应错开钢管焊缝。

2）内衬钢管仅作为衬管使用时（图 6-2a），衬管管壁厚度宜为 4 ~ 6mm，衬管高度宜为 50mm，其外径宜比钢管内径小 2mm。

3）内衬钢管兼作为抗剪连接件时（图 6-2b），衬管管壁厚度不宜小于 16mm，衬管高度宜为 100mm，其外径宜比钢管内径小 2mm。

（2）不同直径钢管对接时，不能直接对接，宜采用一段变径钢管

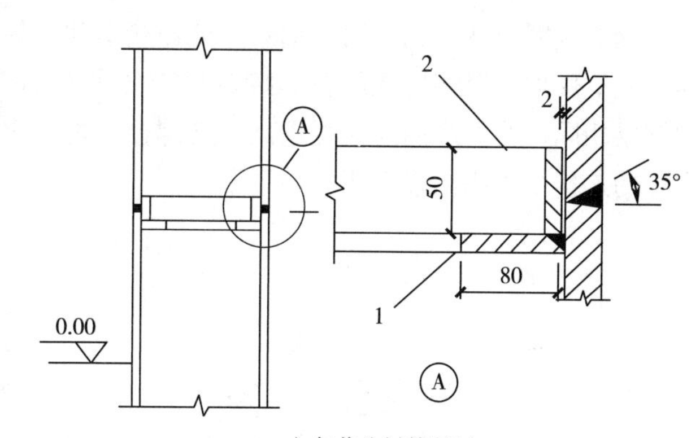

a）仅作为衬管用时

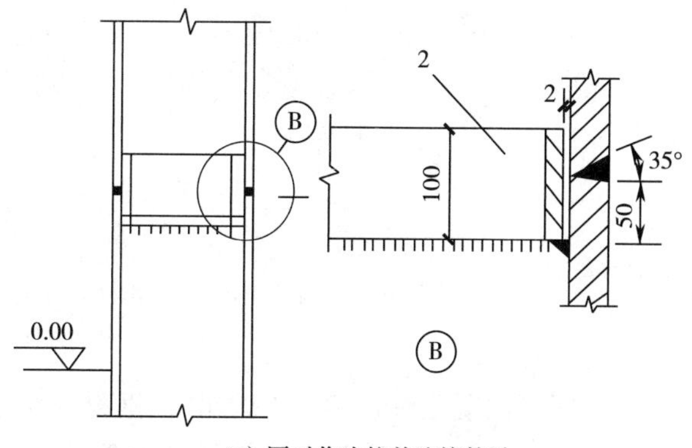

b）同时作为抗剪连接件时

图 6-2　等直径钢管对接构造

1—环形隔板　2—内衬钢管

连接（图6-3）。变径钢管的上下两端均宜设置环形隔板来抵抗变径钢管转折处存在较大的横向作用。

变径钢管的壁厚不应小于所连接的钢管壁厚，变径段的斜度不宜大于1:6，变径段宜设置在楼盖结构高度范围内。

（3）钢管分段接头在现场连接时，宜加焊内套圈和必要的焊缝定位件。内套圈在运输时可以避免管口变形，也有利于钢管的定位和对接焊缝的焊接。

2. 钢梁与钢管混凝土柱的连接构造

（1）钢管混凝土柱的直径较小时，钢梁与钢管混凝土柱之间可采用外加强环连接（图6-4），外加强环应为环绕钢管混凝土柱的封闭的满环（图6-5）。外加强环与钢管外壁应采用全熔透焊缝连接，外加强环与钢梁应采用栓焊连接。外加强环的厚度不宜小于钢梁翼缘的厚度、宽度 c 不宜小于钢梁翼缘宽度的0.7倍。

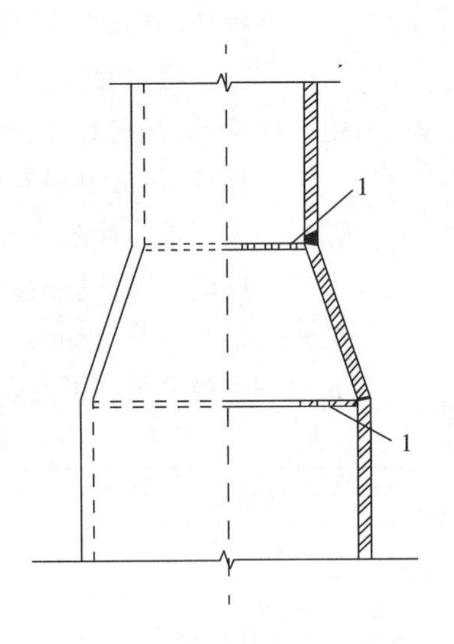

图6-3　不同直径钢管接长构造示意图

1—环形隔板

钢管混凝土柱与钢梁用外加强环的连接是常用的刚接节点。在正对钢梁的上下翼缘，在管柱上用坡口对接熔透焊缝焊接带短梁（也称牛腿）的加强环。牛腿的尺寸和所连接的钢梁相同。其翼缘的连接可用高强度螺栓，也可用对接焊缝，对接焊缝应与母材等强；腹板的连接常采用高强度螺栓。

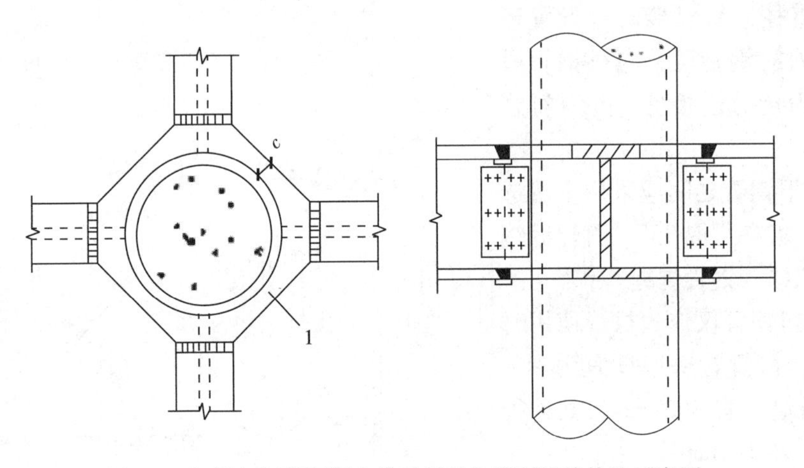

图6-4　钢梁与钢管混凝土柱采用外加强环连接构造示意图

1—外加强环

（2）钢管混凝土柱的直径较大时，钢梁与钢管混凝土柱之间可采用内加强环连接。内加强环与钢管内壁应采用全熔透坡口焊缝连接。采用内加强环连接时，梁与柱之间最好通过悬臂梁段连接。

梁与柱可采用现场直接连接，也可与带有悬臂梁段的柱在现场进行梁的拼接。悬臂梁段在工厂与钢管采用全焊连接，即梁翼缘与钢管壁全熔透坡口焊缝连接、梁腹板与钢

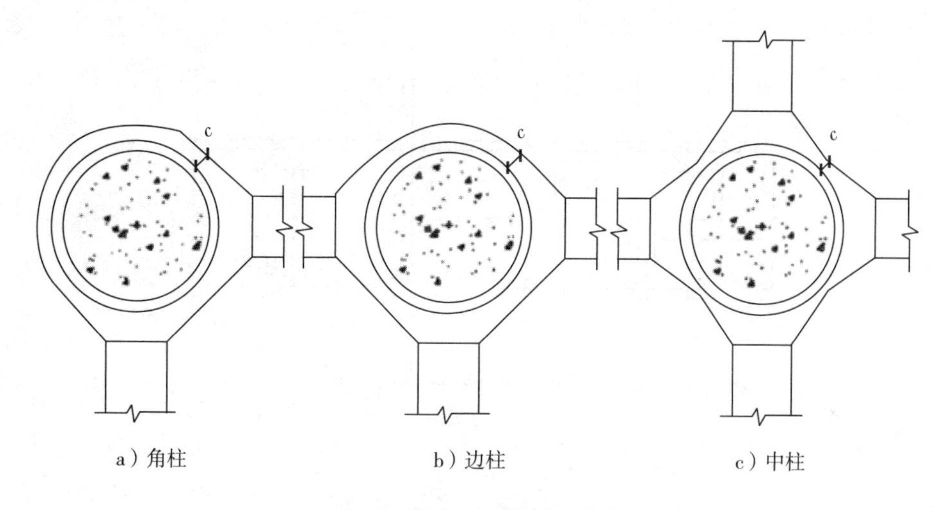

图6-5　外加强环构造示意图

管壁角焊缝连接；悬臂梁段在现场与梁拼接，可以采用栓焊连接，也可以采用全螺栓连接。

悬臂梁段可采用等截面悬臂梁段（图6-6），也可采用不等截面悬臂梁段（图6-7、图6-8），当悬臂梁段的截面高度变化时，其坡度不宜大于1∶6。采用不等截面悬臂梁段，即翼缘端部加宽或腹板加腋或同时翼缘端部加宽和腹板加腋，或采用梁端加盖板或骨形连接，均可有效转移塑性铰，避免悬臂梁段与钢管的连接破坏。

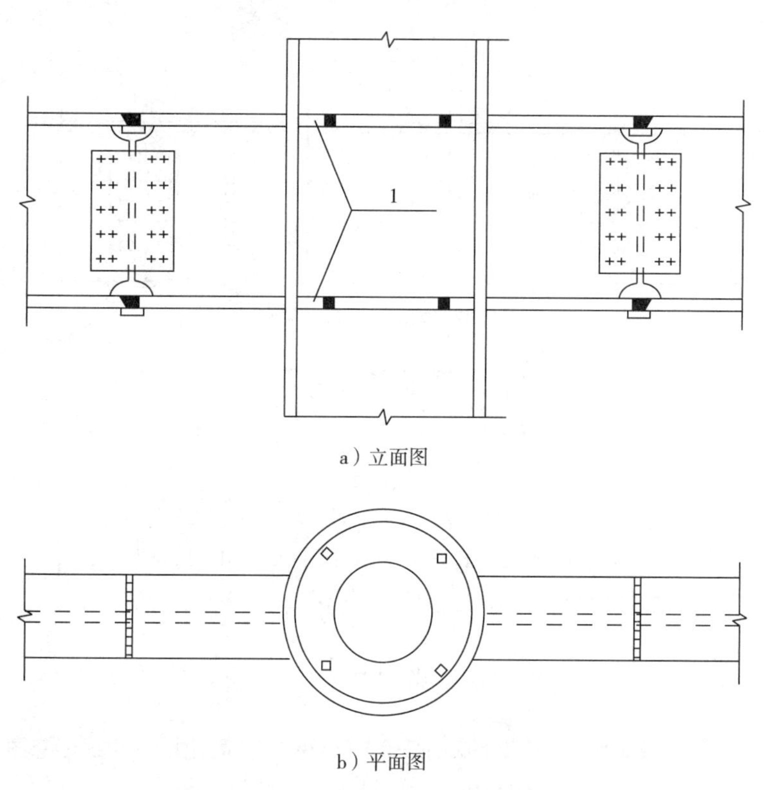

图6-6　等截面悬臂钢梁与钢管混凝土柱采用内加强环连接构造示意图

1—内加强环

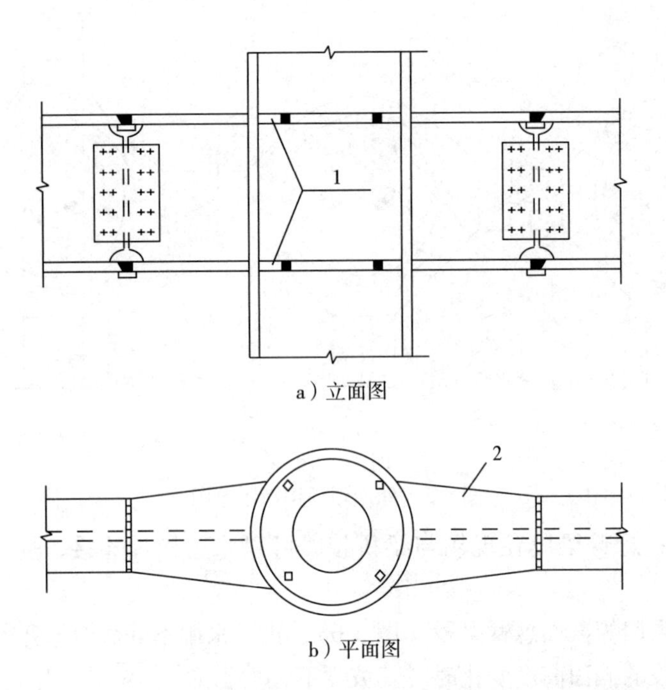

a）立面图

b）平面图

图 6-7　翼缘加宽的悬臂钢梁与钢管混凝土柱连接构造示意图

1—内加强环　2—翼缘加宽

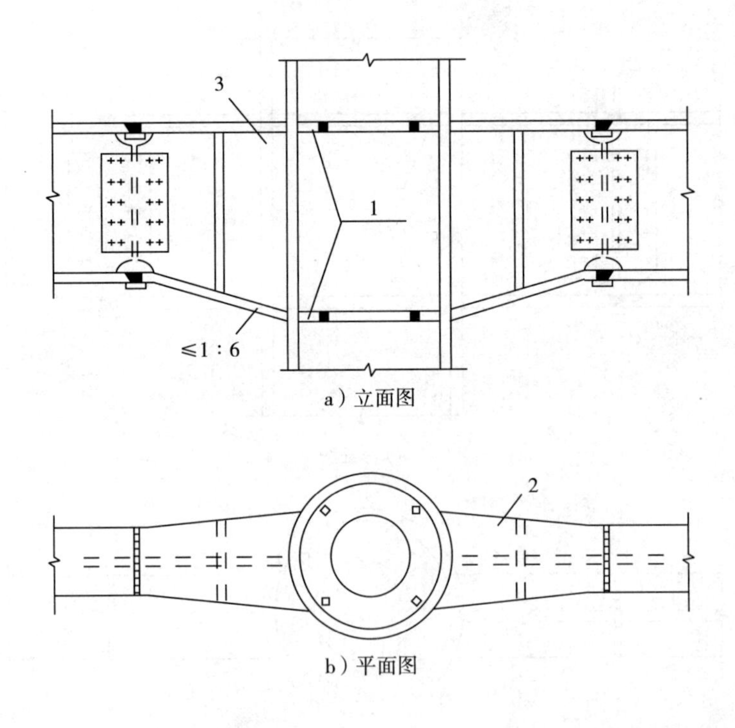

a）立面图

b）平面图

图 6-8　翼缘加宽、腹板加腋的悬臂钢梁与钢管混凝土柱连接构造示意图

1—内加强环　2—翼缘加宽　3—梁腹板加腋

（3）当钢管柱直径较大且钢梁翼缘较窄的时候可采用钢梁穿过钢管混凝土柱的连接方式，钢管壁与钢梁翼缘应采用全熔透剖口焊，钢管壁与钢梁腹板可采用角焊缝（图6-9）。

钢梁穿过钢管混凝土柱的连接，即采用钢梁贯通式节点，梁端弯矩及剪力传递直接，且梁端剪力可直接传递到钢管内混凝土上。在钢管内，也可将梁翼缘适当加厚变窄，利于混凝土浇筑。

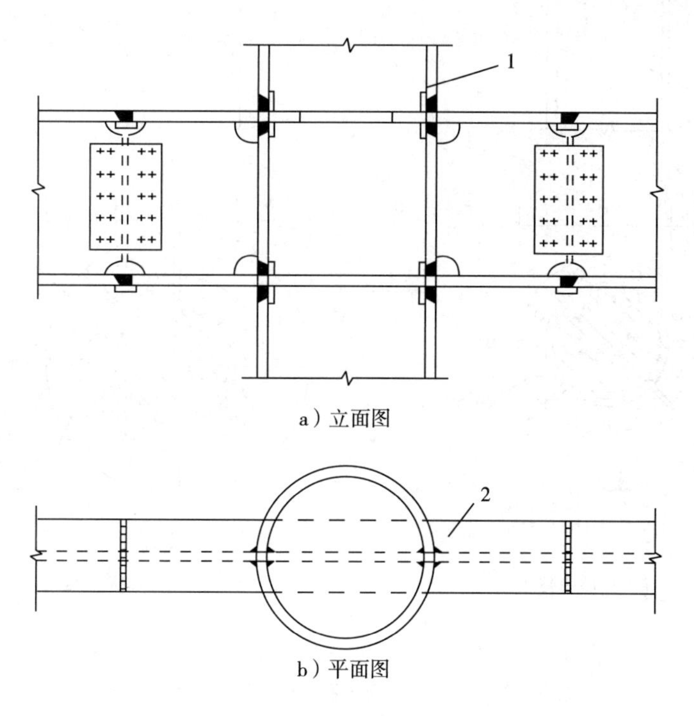

图6-9　钢梁－钢管混凝土柱穿心式连接

1—钢管混凝土柱　2—钢梁

3. 钢筋混凝土梁与钢管混凝土柱的连接构造（钢管外剪力传递）

（1）钢筋混凝土梁与钢管混凝土柱连接时，钢管外剪力传递可采用环形牛腿或承重销；钢筋混凝土无梁楼板或井式密肋楼板与钢管混凝土柱连接时，钢管外剪力传递可采用台锥式环形深牛腿。

（2）环形牛腿、台锥式环形深牛腿可由呈放射状均匀分布的肋板和上下加强环组成（图6-10）。

肋板应与钢管壁外表面及上下加强环采用角焊缝焊接，上下加强环可分别与钢管壁外表面采用角焊缝焊接。环形牛腿的上下加强环、台锥式深牛腿的下加强环应设置直径不小于50mm的圆孔。台锥式环形深牛腿下加强环的直径可由楼板的冲切强度确定。

（3）环形牛腿及台锥式环形深牛腿的受剪承载力 V_u 可按下列公式计算：

$$V_u = \min\{V_{u1}, V_{u2}, V_{u3}, V_{u4}, V_{u5}\} \tag{6-7}$$

$$V_{u1} = \pi(D + b)bf_c \tag{6-8}$$

$$V_{u2} = nh_w t_w f_v \tag{6-9}$$

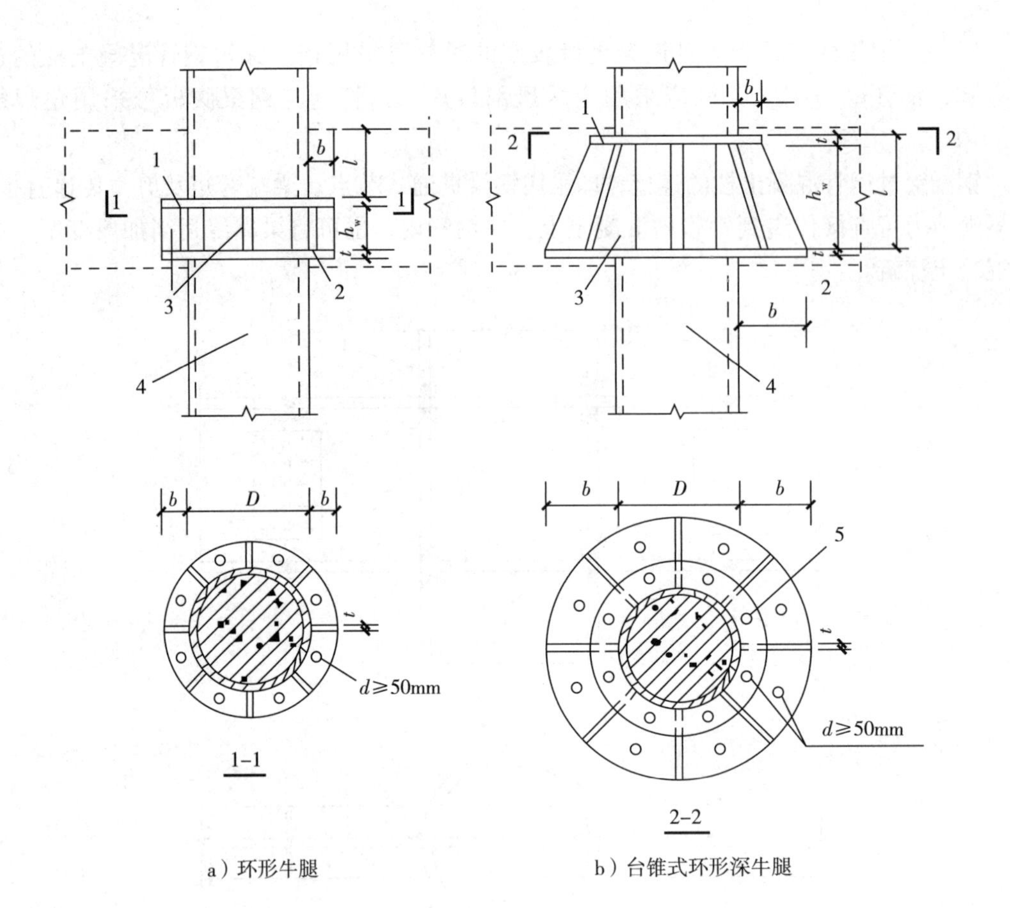

图 6-10　环形牛腿与台锥式环形深牛腿构造示意图

1—上加强环　2—下加强环　3—腹板（肋板）　4—钢管混凝土柱

5—根据上加强环宽确定是否开孔

$$V_{u3} = \sum l_w h_e f_f^w \tag{6-10}$$

$$V_{u4} = \pi(D + 2b)l \cdot 2f_t \tag{6-11}$$

$$V_{u5} = 4\pi t(h_w + t)f_s \tag{6-12}$$

式中　V_{u1}——由环形牛腿支承面上的混凝土局部承压强度决定的受剪承载力（N）；

V_{u2}——由肋板抗剪强度决定的受剪承载力（N）；

V_{u3}——由肋板与管壁的焊接强度决定的受剪承载力（N）；

V_{u4}——由环形牛腿上部混凝土的直剪（或冲切）强度决定的受剪承载力（N）；

V_{u5}——由环形牛腿上、下环板决定的受剪承载力（N）；

D——钢管的外径（mm）；

b——环板的宽度（mm）；

l——直剪面的高度（mm）；

t——环板的厚度（mm）；

n——肋板的数量；

h_w——肋板的高度（mm）；

t_w——肋板的厚度（mm）；

f_v——钢材的抗剪强度设计值（N/mm^2）；

f_s——钢材的抗拉（压）强度设计值（N/mm^2）；

$\sum l_w$——肋板与钢管壁连接角焊缝的计算总长度（mm）；

h_e——角焊缝有效高度（mm）；

f_f^w——角焊缝的抗剪强度设计值（N/mm^2）；

f_c——楼盖混凝土的抗压强度设计值（N/mm^2）；

f_t——楼盖混凝土的抗拉强度设计值（N/mm^2）。

（4）钢筋混凝土梁与钢管混凝土柱连接时，钢管外剪力传递可采用承重销；钢管混凝土柱的外径不小于600mm时可采用承重销传递剪力。由穿心腹板和上下翼缘板组成的承重销（图6-11），其截面高度宜取框架梁截面高度的0.5倍，其平面位置应根据框架梁的位置确定。翼缘板在穿过钢管壁不少于50mm后可逐渐减窄。钢管与翼缘板之间、钢管与穿心腹板之间应采用全熔透坡口焊缝焊接，穿心腹板与对面的钢管壁之间或与另一方向的穿心腹板之间应采用角焊缝焊接。

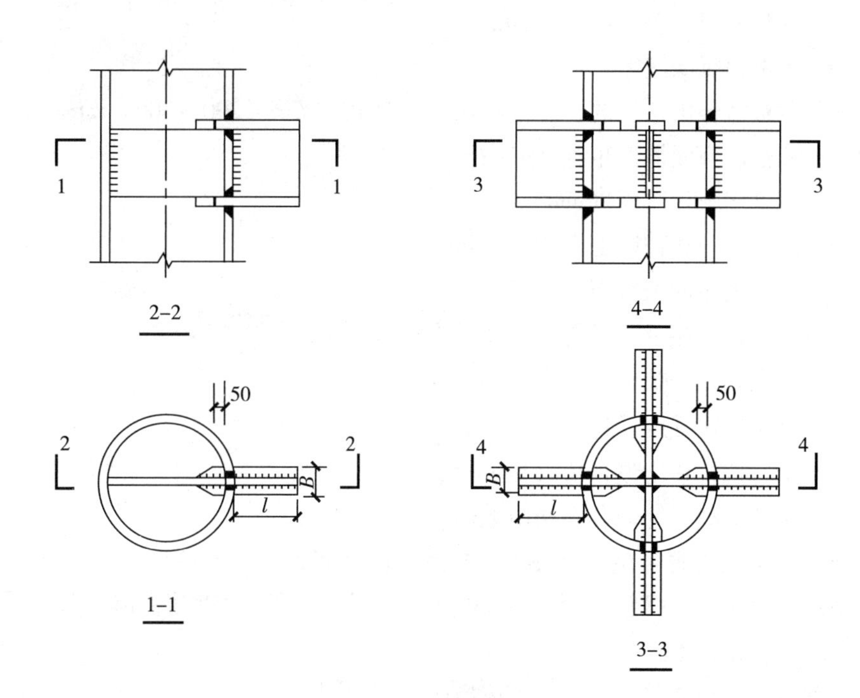

图6-11　承重销构造示意图

（5）承重销的受剪承载力 V_u 可按下列公式计算：

$$V_u = \min\{V_{u1}, V_{u2}, V_{u3}\} \tag{6-13}$$

$$V_{u1} = 0.75\beta_2 f_c A_1 \tag{6-14}$$

$$V_{u2} = \frac{Ibf_v}{S_I} \tag{6-15}$$

$$V_{u3} = \frac{Wf_s}{l - x/2} \tag{6-16}$$

$$\beta_2 = \sqrt{\frac{A_b}{A_1}} \tag{6-17}$$

$$A_1 = B \cdot l \tag{6-18}$$

$$A_b \leqslant 3A_1 \tag{6-19}$$

$$x = V/(\omega\beta_2 Bf_c) \tag{6-20}$$

式中 V_{u1}——由承重销伸出柱外的翼缘顶面混凝土的局部受压承载力决定的受剪承载力（N）；

V_{u2}——由承重销腹板决定的受剪承载力（N）；

V_{u3}——由承重销翼缘受弯承载力决定的受剪承载力（N）；

V——承重销的剪力设计值（N）；

β_2——混凝土局部受压强度提高系数；

A_b——混凝土局部受压计算底面积（mm^2）；

A_1——混凝土局部受压面积（mm^2）；

B——承重销翼缘宽度（mm）；

l——承重销伸出柱外的长度（mm），一般可取 $l=$（200～300）mm；

I——承重销截面惯性矩（mm^4）；

b——承重销腹板厚度（mm）；

S_I——承重销中和轴以上面积矩（mm^3）；

W——承重销截面抵抗矩（mm^3）；

x——梁端剪力在承重销翼缘上的分布长度（mm）；

f_c——混凝土轴心抗压强度设计值（N/mm^2）；

f_v——钢材抗剪强度设计值（N/mm^2）；

f_s——钢材抗拉强度设计值（N/mm^2）；

ω——局部荷载非均匀分布影响系数，取 $\omega=0.75$。

4. 钢筋混凝土梁与钢管混凝土柱连接构造措施（管外弯矩传递）

（1）钢筋混凝土梁与钢管混凝土柱的管外弯矩传递可采用钢筋混凝土环梁、穿筋单梁、变宽度梁或外加强环。

（2）钢筋混凝土环梁（图6-12）的构造应符合以下要求：

1）环梁截面高度宜比框架梁高50mm。

2）环梁的截面宽度不宜小于框架梁宽度。

3）框架梁的纵向钢筋在环梁内的锚固长度应满足现行国家标准《混凝土结构设计规范》GB 50010 的规定。

4）环梁上下环筋的截面积，应分别不宜小于框架梁上下纵筋截面积的0.7倍。

5）环梁内外侧应设置环向腰筋，腰筋直径不宜小于14mm，间距不宜大于150mm。

6）环梁按构造设置的箍筋直径不宜小于10mm，外侧间距不宜大于150mm。

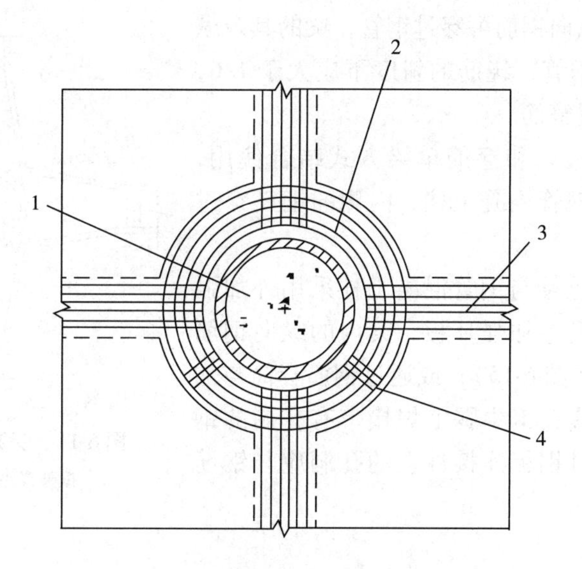

图 6-12　钢筋混凝土环梁构造示意图

1—钢管混凝土柱　2—主梁环筋　3—框架梁纵筋　4—环梁箍筋

（3）采用穿筋单梁构造时（图 6-13），在钢管开孔的区段应采用内衬管段或外套管段与钢管壁紧贴焊接，衬（套）管的壁厚不应小于钢管的壁厚，穿筋孔的环向净矩 s 不应小于孔的长径 b，衬（套）管端面至孔边的净距 w 不应小于孔长径 b 的 2.5 倍。宜采用双筋并股穿孔。

“穿筋单梁”节点增设内衬管或外套管，是为了弥补钢管开孔所造成的管壁削弱。穿筋后，孔与筋的间隙可以补焊。条件许可时，框架梁端可水平加腋，并令梁的部分纵筋从柱侧绕过，以减少穿筋的数量。

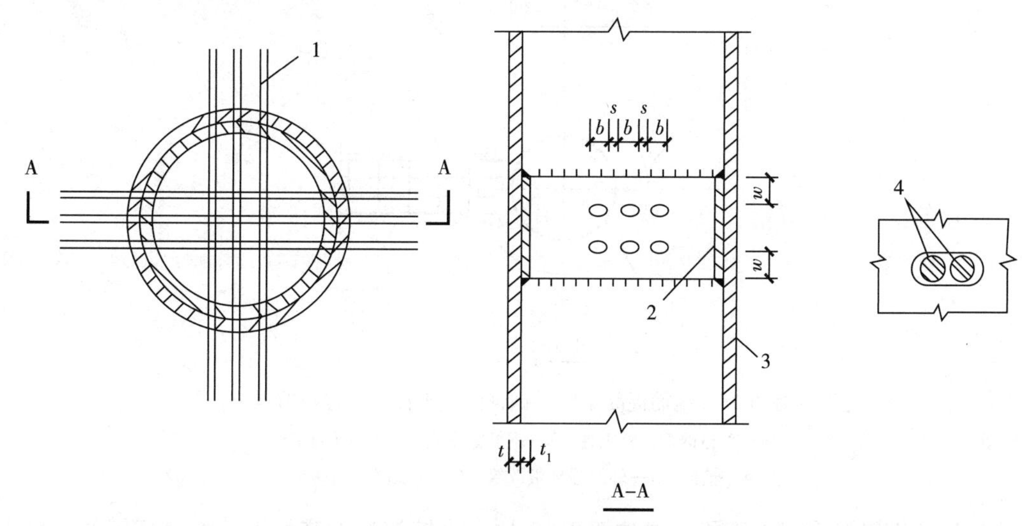

图 6-13　穿筋单梁构造示意图

1—双钢筋　2—内衬管段　3—柱钢管　4—双筋并股穿孔

（4）钢管直径较小或梁宽较大时可采用梁端加宽的变宽度梁传递管外弯矩（图 6-14），

一个方向梁的2根纵向钢筋可穿过钢管，梁的其余纵向钢筋应连续绕过钢管，绕筋的斜度不应大于1/6，应在梁变宽度处设置箍筋。

这种连接方式可以和穿筋单梁方式结合使用，梁外侧的钢筋绕过钢管混凝土柱，内侧的钢筋穿过钢管混凝土柱。

（5）钢筋混凝土梁与钢管混凝土柱采用外加强环连接时，钢管外设置加强环板，梁内的纵向钢筋可焊在加强环板上（图6-15）；或通过钢筋套筒与加强环板相连，此时应在钢牛腿上焊接带有孔洞的钢板连接件，钢筋穿过钢板连接件上的孔洞应与钢筋套筒连接。

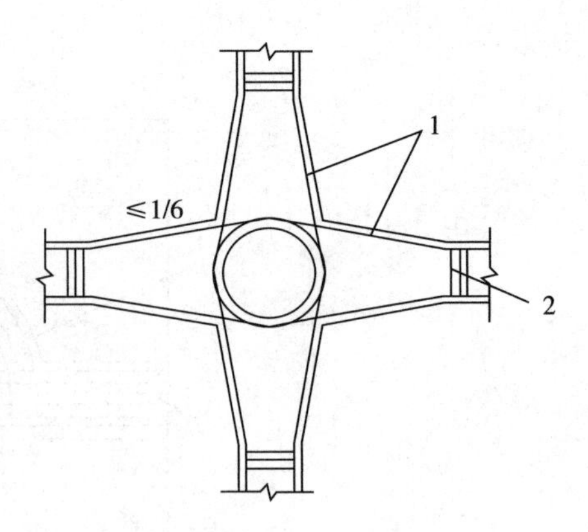

图6-14　变宽度梁构造示意图

1—框架梁纵筋　2—附加箍筋

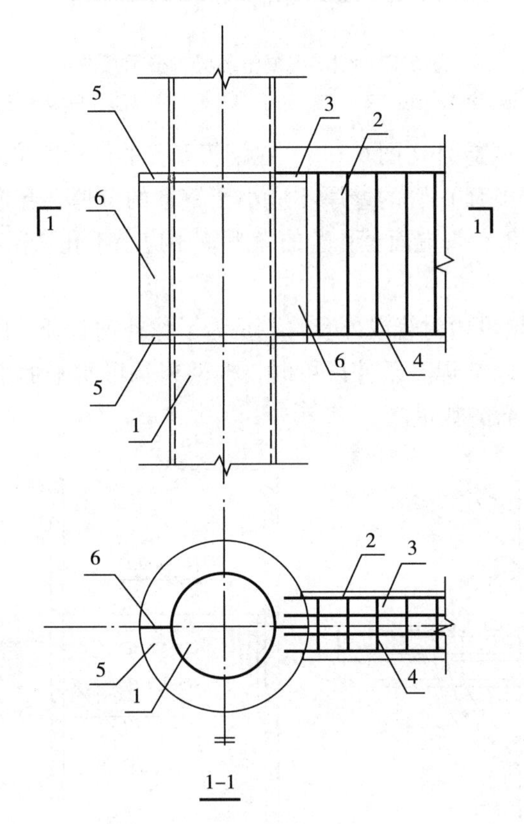

图6-15　钢筋混凝土梁－钢管混凝土柱外加强环节点

1—实心钢管混凝土柱　2—钢筋混凝土梁　3—纵向主筋

4—箍筋　5—外加强环板翼缘　6—外加强环板腹板

当受拉钢筋较多时，腹板可增加至2～3块，将钢筋焊在腹板上。加强环板的宽度b_s与钢筋混凝土梁等宽。加强环板的厚度t应符合下式规定：

$$t \geqslant \frac{A_s f_s}{b_s f} \tag{6-21}$$

式中　A_s——焊接在加强环板上全部受力负弯矩钢筋的截面面积（mm^2）；

f_s——钢筋的抗拉强度设计值（N/mm^2）；

b_s——牛腿的宽度（mm）；

f——外加强环钢材的抗拉强度设计值（N/mm^2）。

5. 阶形格构柱变截面处构造措施

单层工业厂房阶形格构式柱，在变截面处可采用肩梁支承吊车梁（图 6-16、图 6-17），并应符合以下要求：

（1）肩梁应由腹板、平台板和下部水平隔板组成，呈工字形截面。

（2）肩梁腹板可采取穿过柱肢钢管和不穿过柱肢钢管两种形式。当吊车梁梁端压力较大时，肩梁腹板宜采用穿过柱肢钢管的形式。穿过钢管的腹板应采用双面贴角焊缝与钢管相连接。当不穿过钢管的腹板时，应采用剖口焊缝与钢管全熔透焊接。

（3）腹板顶面应刨平，并应和平台板顶紧。

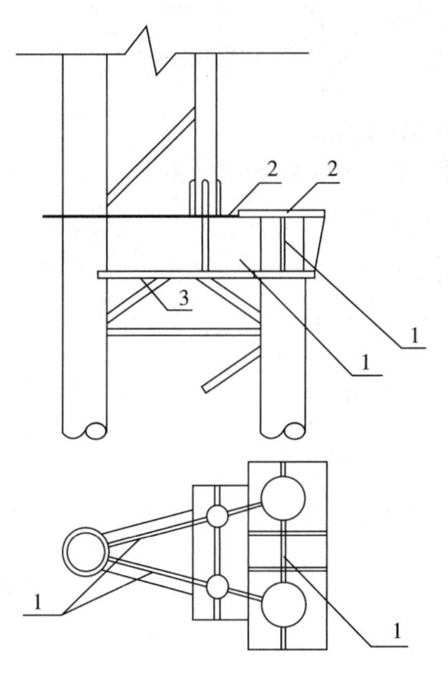

图 6-16　阶形格构柱变截面处构造

1—肩梁腹板　2—平台板　3—水平隔板

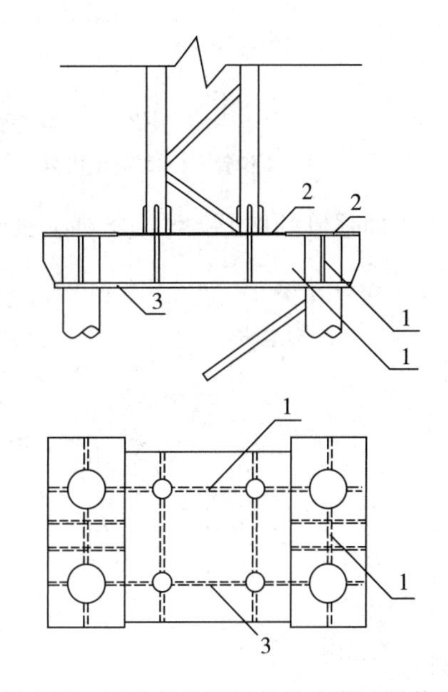

图 6-17　四肢柱阶形格构柱变截面处构造

1—肩梁腹板　2—平台板　3—水平隔板

6.3.4　空心钢管混凝土柱连接和梁柱节点

所有焊在空心钢管混凝土构件上的连接件和金属附件宜在混凝土离心成型之前完成焊接，也可在混凝土立方体抗压强度达到混凝土设计强度等级值的 70% 后进行焊接。

空心钢管混凝土构件的钢管接长宜采用直接对接焊接、套接和法兰盘螺栓连接等多种形式，也可采用剪力板螺栓连接。

1. 钢管接长（直接对接焊接）

空心钢管混凝土构件的钢管接长采用直接对接焊接时，为了不使焊接钢管时损坏内部混凝土，在管端应留一段不浇灌混凝土并采用内钢套管加强（图 6-18a），当主管直径小于 400mm 时，宜采用外加强管（图 6-18b）。

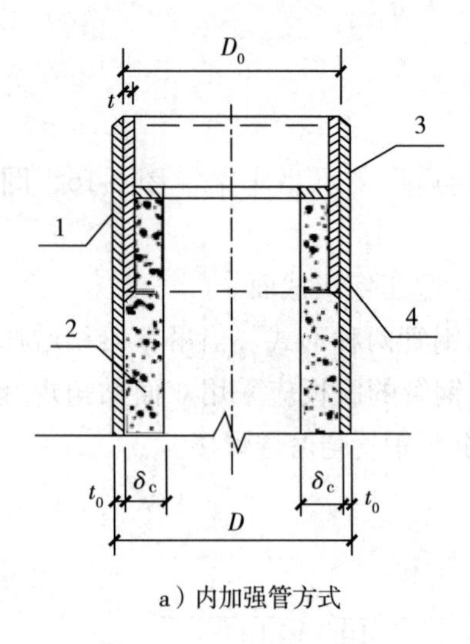

a）内加强管方式

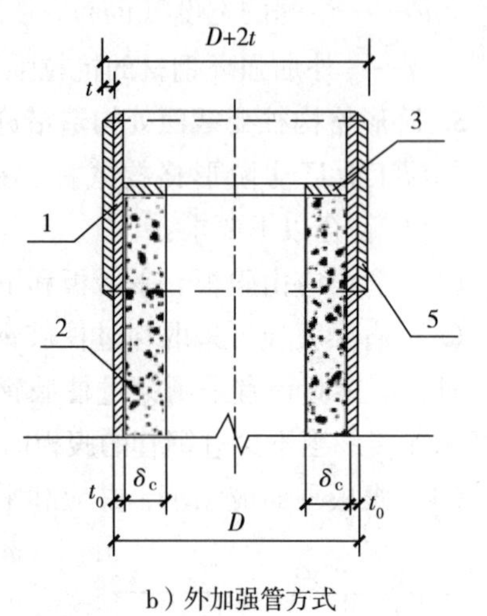

b）外加强管方式

图 6-18　空心钢管混凝土构件管端的加强

1—主钢管　2—混凝土内衬管　3—承压挡浆圈　4—内加强管　5—外加强管

（1）加强管的壁厚 t 可按下列公式计算确定：

$$t \geqslant \frac{1.9\delta_c f_c}{vf}\left(\frac{D_c}{D_s}\right) \tag{6-22}$$

且

$$t \geqslant \frac{1.69 W_{sc} f_{sc}}{\gamma_s \beta_0 D^2 f} - t_0 \tag{6-23}$$

$$f_{sc} = (1.212 + B\theta + C\theta^2) f_c \tag{6-24}$$

$$W_{sc} = \frac{\pi(r_0^4 - r_{ci}^4)}{4r_0} \tag{6-25}$$

且

$$t \geqslant \frac{n\delta_c}{\beta_0}\left(\frac{D_c}{D_s}\right)^3 \tag{6-26}$$

$$D_c = \frac{vD_0 + d}{2} \tag{6-27}$$

$$\delta_c = \frac{vD_0 - d}{2} \tag{6-28}$$

$$D_s = D - t_0 \tag{6-29}$$

$$D_0 = D - 2t_0 \tag{6-30}$$

式中　B、C——截面形状对套箍效应的影响系数，应按表 6-6 取值；

D——圆钢管的外直径，或多边形截面两对应外边至外边的距离（mm）；

D_0——圆钢管的内直径，或多边形截面两对应内边至内边的距离（mm）；

D_s——加强管的平均直径（mm）；

D_c——混凝土管的等效平均直径（mm）；

d——混凝土管的内直径（mm）；

δ_c——混凝土管的等效厚度（mm）；

t_0——钢管混凝土构件的钢管厚度（mm）；

t——加强管的厚度（mm）；

n——混凝土和钢材弹性模量之比；

v——多边形截面的等效直径系数，应按表6-7确定；

β_0——多边形截面的截面模量及惯性矩等效系数，应按表6-7确定；

γ_s——钢管截面的塑性发展系数，应按表6-7确定；

W_{sc}——空心钢管混凝土构件的截面组合模量（mm^3）；

f——钢材的抗压强度设计值（N/mm^2）；

f_c——混凝土的抗压强度设计值（N/mm^2），对于空心构件，f_c应乘以1.1；

f_{sc}——实心或空心钢管混凝土抗压强度设计值（N/mm^2）；

θ——实心或空心钢管混凝土构件的套箍系数；

r_0——等效圆半径（mm），圆形截面为半径，非圆形截面为按面积相等等效成圆形的半径；

r_{ci}——空心半径（mm），对实心构件取0。

表6-6　空心钢管混凝土构件截面形状对套箍效应的影响系数取值表

截面形式		B	C
实心	圆形和正十六边形	$0.176f/213+0.974$	$-0.104f_c/14.4+0.031$
	正八边形	$0.140f/213+0.778$	$-0.070f_c/14.4+0.026$
	正方形	$0.131f/213+0.723$	$-0.070f_c/14.4+0.026$
空心	圆形和正十六边形	$0.106f/213+0.584$	$-0.037f_c/14.4+0.011$
	正八边形	$0.056f/213+0.311$	$-0.011f_c/14.4+0.004$
	正方形	$0.039f/213+0.217$	$-0.006f_c/14.4+0.002$

注：矩形截面应换算成等效正方形截面进行计算，等效正方形的边长为矩形截面的长短边边长的乘积的平方根。

表6-7　系数β_0、v和γ_s值

系数	圆截面	多边形截面边数				
		16	12	8	6	4
β_0	1.000	1.026	1.047	1.115	1.225	1.698
v	1.000	1.006	1.012	1.027	1.050	1.130
γ_s	1.15	1.15	1.15	1.10	1.10	1.05

注：16边以上的多边形截面按圆截面取值。

（2）加强管的构造应符合以下要求：

1）加强管的最小壁厚不宜小于5mm，其高度不宜小于0.3倍主管直径，并不宜小于150mm，伸入混凝土部分的搭接长度不宜小于2倍混凝土管的等效厚度（$2\delta_c$）。

2）构件两端应设置承压挡浆板（圈），厚度不宜小于1/10混凝土管的壁厚，并不应小于5mm，承压挡浆板的宽度宜为混凝土管的壁厚，其距离杆端的距离不宜小于50mm。

3）承压挡浆板应与主钢管或内加强管满焊。

（3）采用内加强管时，当混凝土厚度较大时，承压挡浆板的内孔小，内加强管与外钢管相连的焊缝焊接困难，质量难以保证，采取把加强管下端切成锯齿形，用加长焊缝长度来补偿。

2. 空心拔梢杆构件的套接连接

空心拔梢杆构件可采用套接连接，锥形套接管应采用对接熔透焊缝焊接在上节柱的下端柱头上（图6-19），套接管的长度 L_t 不宜小于1.5D；但可根据塔架结构的不同用途，可适当增减。

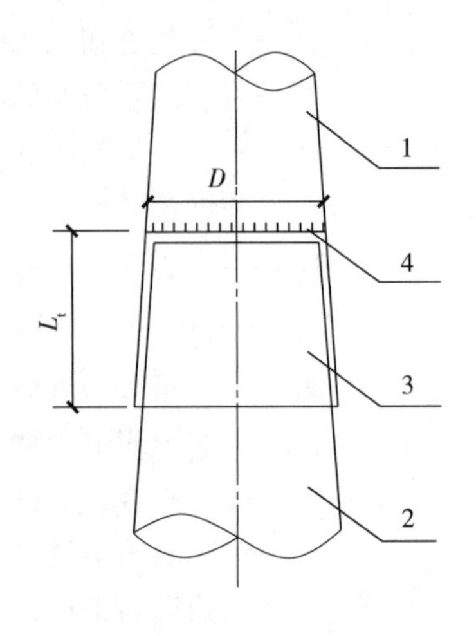

图6-19　套接连接

1—上节柱　2—下节柱

3—锥形套接管　4—对接熔透焊缝

套接钢管的厚度 t 可按下式计算：

$$t \geqslant \frac{1.72\overline{W}_{sc}f_{sc}}{\gamma_s\beta_0 D^2 f} \tag{6-31}$$

$$\overline{W}_{sc} = \frac{\pi(r_0^4 - r_{ci}^4)}{4r_0} \tag{6-32}$$

式中　D——锥形套接管的最小外直径（mm）；

$\overline{W}_{sc}$——上节柱下端最大截面处的构件的组合截面模量（mm^3）；

β_0——多边形截面的截面模量及惯性矩等效系数，应按表6-7确定；

γ_s——钢管截面的塑性发展系数，应按表6-7确定。

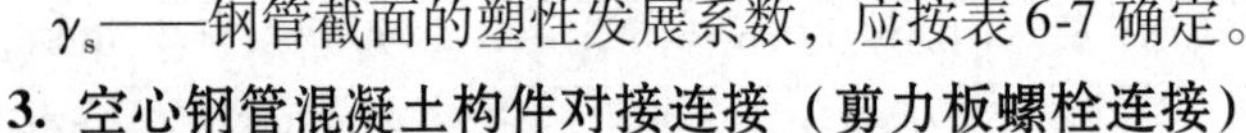

3. 空心钢管混凝土构件对接连接（剪力板螺栓连接）

对承受较大荷载，螺栓排列有困难时，且连接部位要求平整不外凸时，可采用剪力板螺栓连接（图6-20），它是在上、下柱柱端分别焊一个由连接板、剪力螺栓（沿圆周均匀布置）和内短钢管所组成的一对阴阳螺栓连接接头，到现场用螺栓相连。剪力板螺栓连接的构造和计算同普通钢结构。

空心钢管混凝土构件对接连接采用剪力板螺栓连接时，应符合以下要求：

（1）剪力板螺栓连接应由连接板、剪力螺栓板（沿圆周均匀分布）和内钢管组成。

（2）最外一排每个螺栓所承受的剪力 N_v 应按下列公式计算：

$$N_v = \max\left(\frac{M}{0.375n_0d_0} + \frac{N}{n_0}, \frac{M}{0.375n_0d_0} - \frac{N}{n_0}\right)/m \leqslant N_v^b \tag{6-33}$$

$$N_v^b = n_v(\pi d^2/4)f_v^b \tag{6-34}$$

式中　M——接头处所作用的外弯矩设计值（N·mm）；

N——接头处所作用的轴心拉（压）力设计值（N）；

d_0——螺栓所在位置中心的直径（mm）；

n_0——剪力板的组数；

m——每一排剪力板螺栓的数量；

N_v^b——一个螺栓抗剪承载力设计值（N）；

n_v——螺栓受剪面数目，单剪时 $n_v = 1$，双剪时 $n_v = 2$；

d——螺栓杆直径（mm）；

f_v^b——普通螺栓的抗剪强度设计值（N/mm^2）。

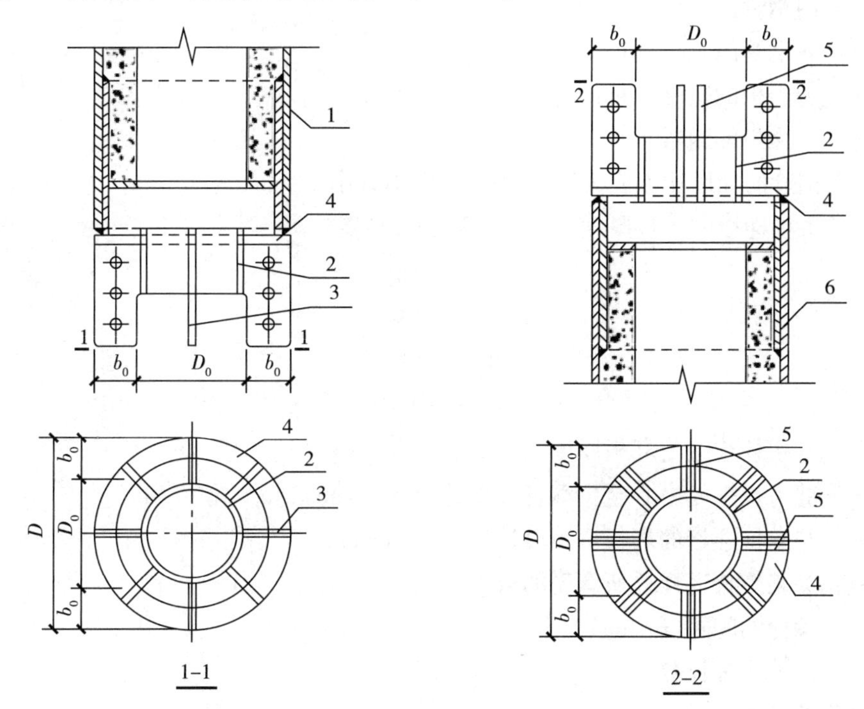

图 6-20　剪力板螺栓连接

1—上节柱　2—内短钢管　3—单剪力板　4—连接板　5—双剪力板　6—下节柱

（3）除符合计算规定外，螺栓直径不宜小于 16mm。

（4）剪力板的厚度应符合式（6-35）的要求，并不宜小于 6mm。

$$t_0 \geqslant \frac{mN_v}{\mu(b_0 - d)f} \tag{6-35}$$

剪力板孔壁承压强度应符合下式规定：

$$N_c^b = \mu d t_0 f_c^b \geqslant V \tag{6-36}$$

式中　t_0——剪力板厚度（mm）；

b_0——剪力板的最小宽度（mm）；

d——剪力螺栓的直径（mm）；

f_c^b——钢材的孔壁承压强度设计值（N/mm^2）；

N_c^b——螺栓的承压承载力设计值（N）；

μ——单剪力板 $\mu = 1$，双剪力板 $\mu = 2$。

（5）内钢管的强度可按下列公式计算：

$$\sigma = \max\left(\frac{M}{W_0} + \frac{N}{A_0}, \frac{M}{W_0} - \frac{N}{A_0}\right) \leqslant f \tag{6-37}$$

$$A_0 = \pi D_0 t + n_0 b t_0 \tag{6-38}$$

$$W_0 = \frac{\pi t \left(D_0 - t\right)^3 + n_0 t b \left(D_0 - b\right)^2}{4D} \tag{6-39}$$

式中　t——内钢管的厚度（mm）；

D_0——内钢管的直径（mm）；

b——剪力板的宽度（mm）；

n_0——剪力板的组数。

（6）内钢管的径厚比不应大于1/60，厚度不宜小于5mm。

（7）与主柱连接的环板厚度，可按下列公式计算：

$$t \geqslant \sqrt{\frac{5M_0}{sf}} \tag{6-40}$$

$$M_0 = mN_v e_0 \tag{6-41}$$

$$s = \pi D / n_0 \tag{6-42}$$

式中　t——与主柱连接的环板厚度（mm）；

e_0——剪力板螺栓中心至主钢管外壁的距离（mm）；

M_0——与主柱连接的环板弯矩设计值（N·mm）；

N_v——为某个普通螺栓所承受的剪力（N）；

s——螺栓的间距（mm）；

m——最外排螺栓数。

4. 法兰盘连接方式

法兰盘螺栓连接宜采用有加劲板连接方式，也可采用无加劲板连接方式（图6-21）。在实际工程中，尚有多种内法兰的连接方式。设有外法兰的空心钢管混凝土构件的加强管的长度，要求超过加劲肋的高度，且不宜小于100mm，以承受由加劲肋顶部产生的局部压应力。

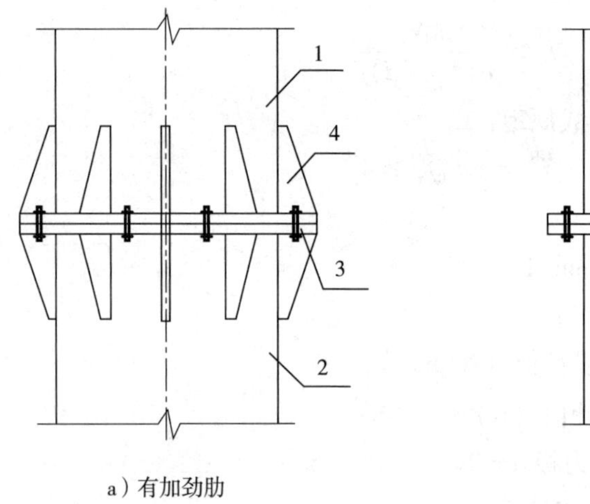

a）有加劲肋

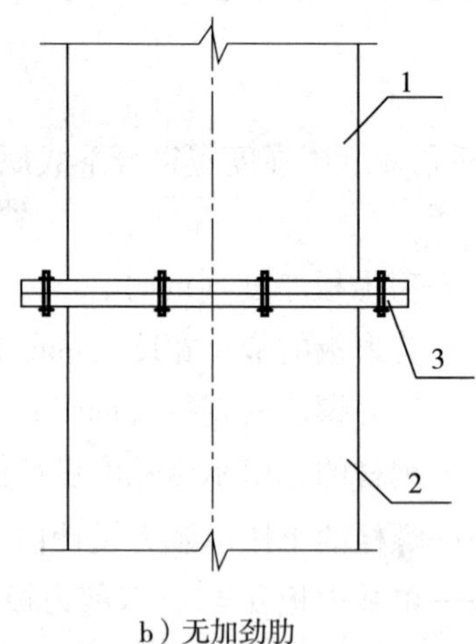

b）无加劲肋

图6-21　法兰盘螺栓连接

1—上节柱　2—下节柱　3—法兰盘　4—加劲肋

法兰盘与杆段的连接，宜采用杆段与法兰盘平接连接（图6-22a），也可采用插接连接（图6-22b）。连接法兰盘的杆端应采用内加强管或外加强管的方式加强。平接式法兰盘宜设置加劲板，加强管的高宜大于加劲板高度100mm。

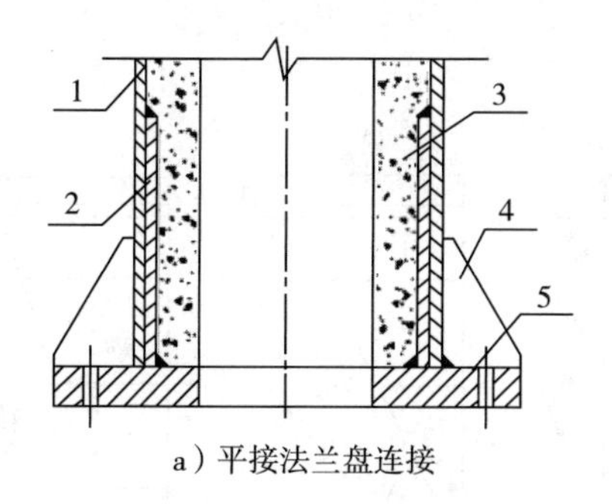

a）平接法兰盘连接

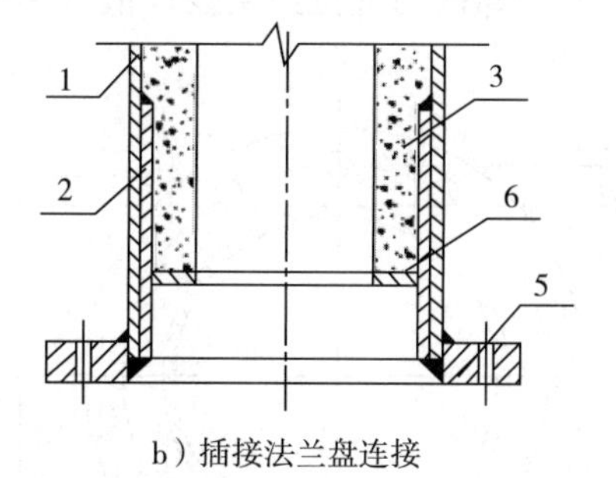

b）插接法兰盘连接

图6-22　法兰连接构造

1—主钢管　2—内钢管　3—混凝土　4—加劲板　5—法兰盘　6—承压挡浆板

5. 法兰盘连接（有加劲板）

（1）法兰螺栓可按下列公式计算（图6-23）：

1）轴心受拉作用时：

$$N_t = \frac{N}{n} \leqslant N_t^b \tag{6-43}$$

2）只受弯矩作用时：

$$N_t = \frac{M}{B_0} \leqslant N_t^b \tag{6-44}$$

$$B_0 = \frac{nD(0.75D + b)}{2(D + b)} \tag{6-45}$$

3）受拉（压）及受弯共同作用时：

当 $\frac{M}{|N|} \geqslant \frac{D}{2}$ 时：

$$N_t = \max\left(\frac{M}{B_0} + \frac{N}{n}, \frac{M}{B_0} - \frac{N}{n}\right) \leqslant N_t^b \tag{6-46}$$

当 $\frac{M}{|N|} < \frac{D}{2}$ 时，用式（6-46）计算，式中 B_0应按下式计算：

$$B_0 = \frac{n}{4}(D/2 + b) \tag{6-47}$$

式中　M——法兰盘所承受的弯矩设计值（N·mm）；

N——法兰盘所承受的轴拉（压）力设计值（N），N 为压力时取负值；

D——主钢管的外直径（mm）；

B_0——法兰盘所承受弯矩作用的有效距离（mm）；

b——钢管外壁至螺栓中心的距离（mm）；

n——法兰盘上螺栓的数量；

N_t——受力最大的一个螺栓的拉力（N）；

N_t^b——每个螺栓的受拉承载力设计值（N），$N_t^b = (\pi d_e^2/4) f_t^b$；

d_e——螺栓在螺纹处的有效直径（mm）；

f_t^b——螺栓的抗拉强度设计值（N/mm²）。

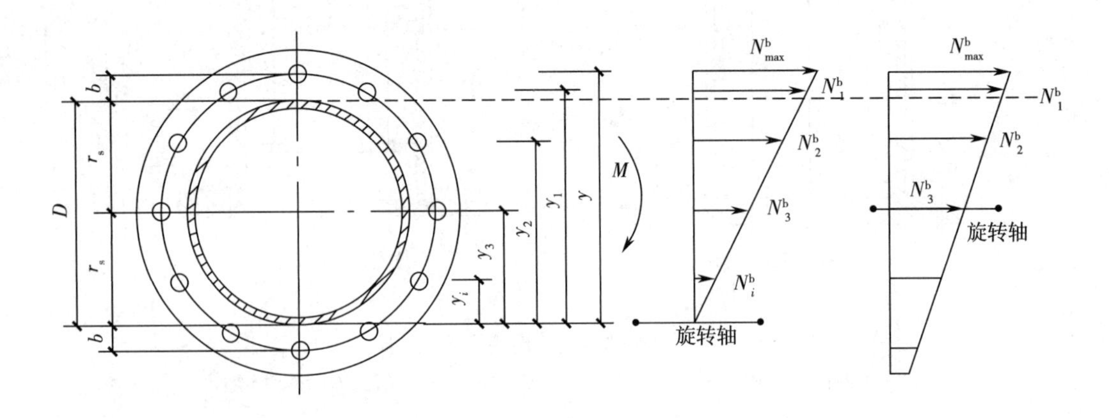

图 6-23　有加劲板法兰螺栓连接

（2）法兰盘厚度应符合下列公式规定（图 6-24）：

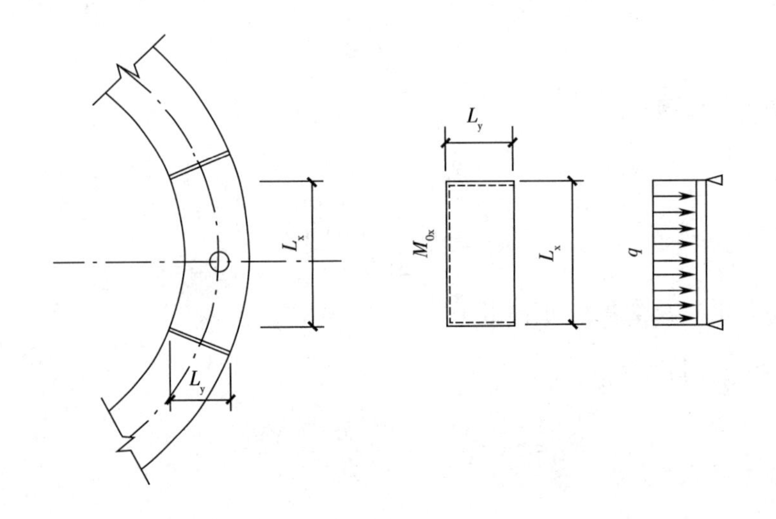

图 6-24　有加劲板法兰盘受力简图

$$t \geqslant \sqrt{\frac{5M_{0x}}{f}} \tag{6-48}$$

$$M_{0x} = \chi q L_x^2 \tag{6-49}$$

$$q = \frac{N_{max}^b}{L_x L_y} \tag{6-50}$$

式中　χ——弯矩系数，应按表 6-8 取值。

表 6-8　弯矩系数 χ

L_y/L_x	0.30	0.35	0.40	0.45	0.50	0.55	0.60	0.65
系数 β	0.027	0.036	0.044	0.052	0.060	0.068	0.075	0.081
L_y/L_x	0.70	0.75	0.80	0.85	0.90	0.95	1.00	—
系数 β	0.087	0.092	0.097	0.102	0.105	0.109	0.112	—
L_y/L_x	1.10	1.20	1.30	1.40	1.50	1.75	2.00	—
系数 β	0.117	0.121	0.124	0.126	0.128	0.130	0.132	—

（3）加劲板可按下列公式计算：

1）剪应力：

$$\tau = \frac{N_t}{ht} \leqslant f_v \tag{6-51}$$

2）正应力：

$$\sigma = \frac{5bN_t}{th^2} \leqslant f \tag{6-52}$$

式中　f_v——钢材的抗剪强度设计值（N/mm^2）；

f——钢材的抗拉强度设计值（N/mm^2）；

b——螺栓中心至钢管外壁的距离（mm）；

t、h——分别为加劲板的厚度和高度（mm）。

（4）加劲板竖向角焊缝可按下式计算：

$$\frac{N_t}{1.4h_f l_w}\sqrt{1+\left(\frac{6b}{\beta_f l_w}\right)^2} \leqslant f_f^w \tag{6-53}$$

式中　l_w——焊缝的计算长度（mm）；

h_f——角焊缝的焊脚尺寸（mm）；

β_f——正面角焊缝的强度设计值增大系数，取 1.22；

f_f^w——角焊缝的强度设计值（MPa）。

（5）加劲板除符合计算规定外，其厚度不应小于加劲板高的 1/15，并不宜小于 5mm。

6. 法兰盘连接（无加劲板）

无加劲板时，法兰盘连接（图 6-25 和图 6-26）应符合下列规定：

（1）法兰盘螺栓承载力应符合下列公式规定：

$$N_t = mN_b\frac{a+b}{a} \leqslant N_t^b \tag{6-54}$$

其中轴心受拉作用时：

$$N_b = \frac{N}{n} \tag{6-55}$$

受拉（压）、弯共同作用时：

$$N_b = \frac{1}{n}\left(\frac{M}{0.5r_s} + N\right) \tag{6-56}$$

$$N_t^b = (\pi d_e^2/4)f_t^b \tag{6-57}$$

式中 N_t——法兰盘螺栓的拉力设计值（N）；

M——法兰盘所受的弯矩（N·mm）；

N——法兰盘所受的轴心力（N），N 为压力时取负值；

r_s——钢管的半径（mm）；

n——螺栓数；

m——法兰螺栓受力修正系数，$m=0.65$；

N_t^b——一个螺栓的抗拉强度设计值（N）；

f_t^b——螺栓抗拉强度设计值（MPa）；

d_e——位于螺栓中心线处螺栓的有效直径（mm）。

（2）法兰盘应按下列公式验算：

$$\tau = 1.5\frac{R_f}{ts} \leqslant f_v \tag{6-58}$$

$$\sigma = \frac{5R_f e_0}{st^2} \leqslant f \tag{6-59}$$

$$s = \pi d_0/n \tag{6-60}$$

$$R_f = N_b\frac{b}{a} \tag{6-61}$$

式中 τ——法兰盘中正应力（MPa）；

σ——法兰盘中剪应力（MPa）；

s——螺栓的间距（mm）；

e_0——螺栓中心线的直径（mm）；

R_f——法兰盘之间的顶力（N）。

（3）无加劲板法兰盘的厚度 t 除应符合计算规定外，主柱不宜小于 16mm；腹杆不宜小于 12mm，且不宜小于螺栓的直径。

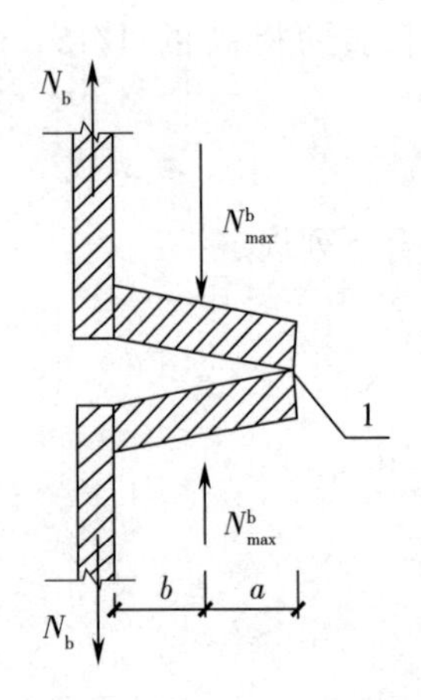

图 6-25　无加劲板法兰螺栓受力图

1—法兰盘相互顶住产生的顶力

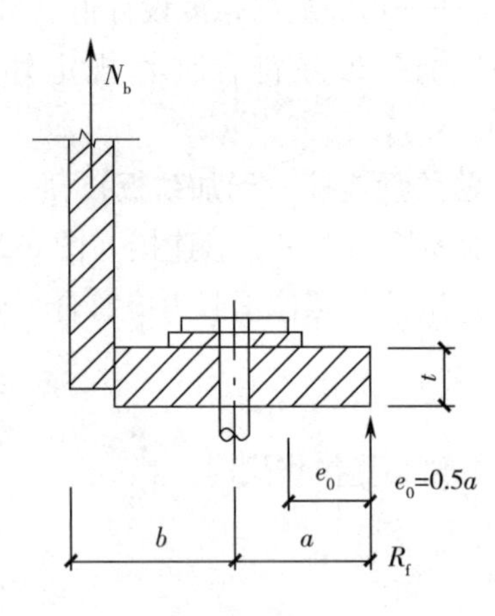

图 6-26　无加劲板法兰盘受力图

7. 空心钢管混凝土柱梁节点

工业和民用建筑中空心钢管混凝土柱梁节点可按实心钢管混凝土结构进行，且应采用外加强环的连接方式用来防止梁侧推力导致内部混凝土脱落和钢管的屈曲。

6.3.5 柱脚节点计算

多、高层建筑无地下室时，钢管混凝土柱多采用埋入式柱脚，当设置地下室且钢管混凝土框架柱伸至地下至少两层时，也可采用外包式柱脚或端承式柱脚。

1. 端承式柱脚

钢管混凝土柱的柱脚可采用端承式柱脚（图6-27），其构造应符合下列规定：

（1）环形柱脚板的厚度不宜小于钢管壁厚的1.5倍；且不应小于20mm。

（2）环形柱脚板的宽度不宜小于钢管壁厚的6倍；且不应小于100mm。

（3）加劲肋的厚度不宜小于钢管壁厚，肋高不宜小于柱脚板外伸宽度的2倍，肋距不应大于柱脚板厚度的10倍。

（4）锚栓直径不宜小于25mm，间距不宜大于200mm；锚入钢筋混凝土基础的长度不应小于$40d$及1000mm的较大者（d为锚栓直径）。

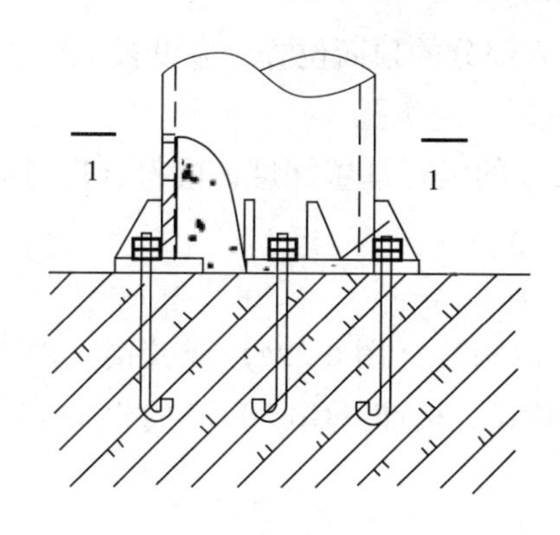

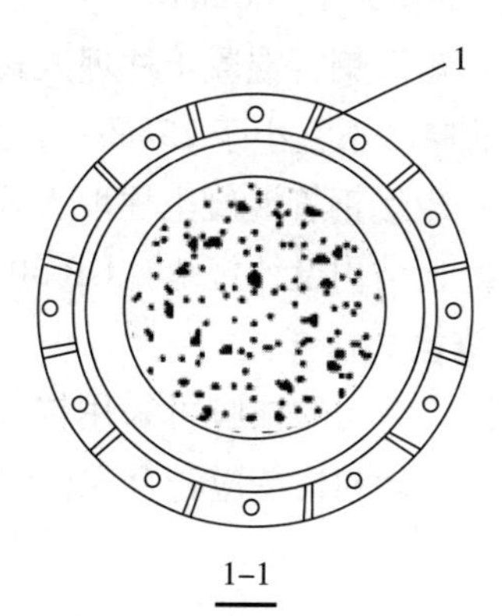

图6-27　端承式柱脚

1—肋板，厚度不小于$1.5t$（t为加劲板厚度）

2. 埋入式柱脚

（1）钢管混凝土柱的柱脚可埋入式柱脚（图6-28）。对于单层厂房，埋入式柱脚的埋入深度不应小于$1.5D$；无地下室或仅有一层地下室的房屋建筑，埋入式柱脚埋入深度不应小于$2.0D$（D为钢管混凝土柱直径）。

（2）矩形钢管混凝土偏心受压柱，其埋入式柱脚在柱轴向压力作用下，基础底板的局部受压承载力应符合现行国家标准《混凝土结构设计规范》GB 50010中有关局部受压承载力计算的规定。

（3）矩形钢管混凝土偏心受压柱，其埋入式柱脚在柱轴向压力作用下，基础底板受冲切承载力应符合现行国家标准《混凝土结构设计规范》GB 50010中有关受冲切承载力计算的规定。

（4）矩形钢管混凝土柱埋入式柱脚的钢管底板厚度，不应小于柱脚钢管壁的厚度，且不宜小于25mm。

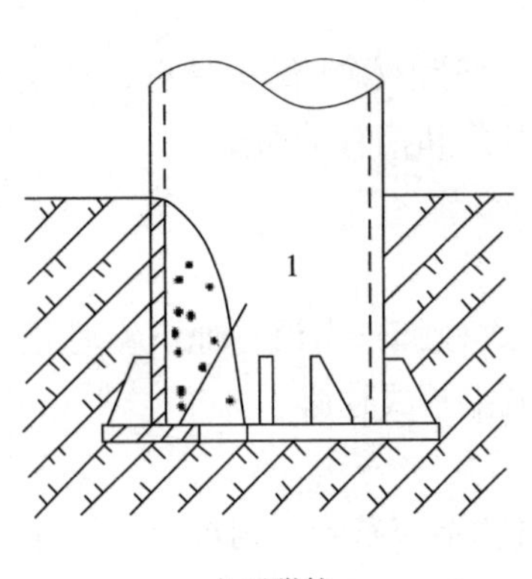

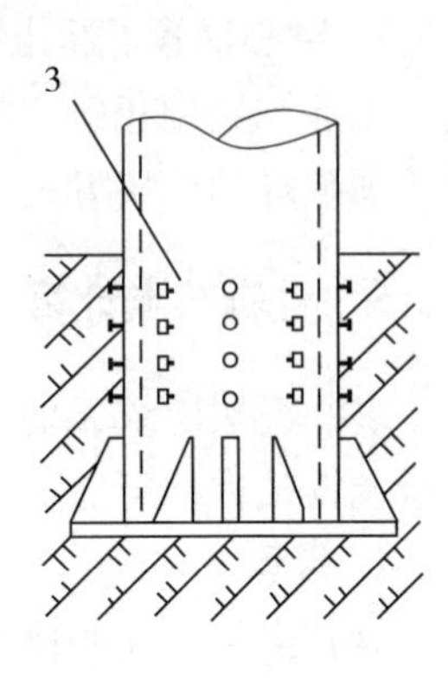

a）无附件　　b）贴焊钢筋环　　c）平头栓钉

图 6-28　埋入式柱脚

1—柱脚板　2—贴焊钢筋环　3—平头栓钉

（5）矩形钢管混凝土柱埋入式柱脚的埋置深度范围内的钢管壁外侧应设置栓钉，栓钉的直径不宜小于 19mm，水平和竖向间距不宜大于 200mm，栓钉距离侧边不宜小于 50mm 且不宜大于 100mm。

（6）矩形钢管混凝土柱埋入式柱脚，在其埋入部分的顶面位置，应设置水平加劲肋，加劲肋的厚度不宜小于 25mm，且加劲肋应留有混凝土浇筑孔。

（7）矩形钢管混凝土柱埋入式柱脚钢管底板处的锚栓埋置深度，应符合现行国家标准《混凝土结构设计规范》GB 50010 的规定。

3. 锚栓式柱脚

格构式结构的柱脚可采用锚栓式柱脚，可采用刚接（图 6-29a）或铰接（图 6-29b）的形式，设计和构造应符合现行国家标准《钢结构设计标准》GB 50017 的相关规定。

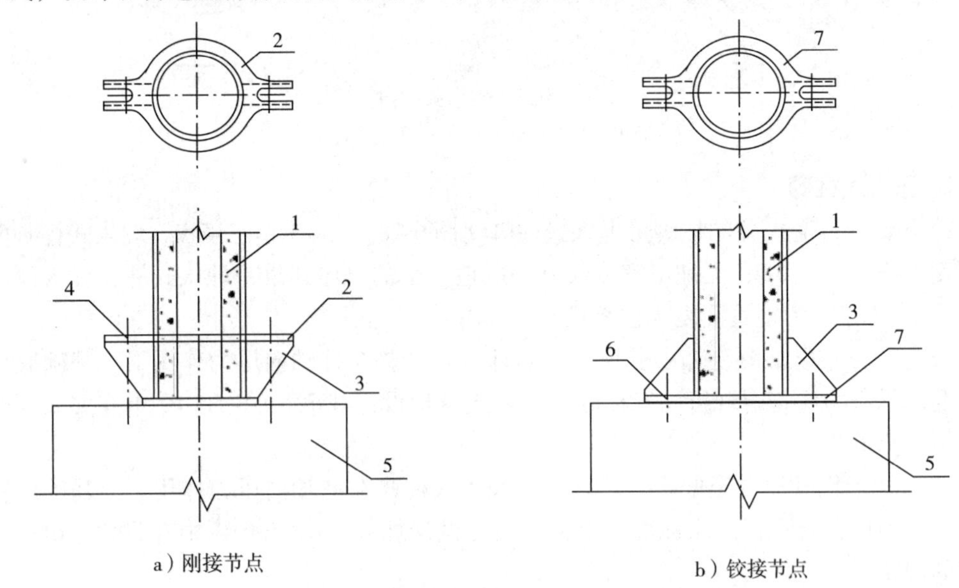

a）刚接节点　　b）铰接节点

图 6-29　锚栓式柱脚

1—空心钢管混凝土柱　2—加劲环板　3—加劲肋　4—锚栓

5—基础　6—地脚螺栓　7—柱底板（挡浆板）

（1）加劲环板的厚度不宜小于钢管壁厚的1.5 倍，宽度不宜小于钢管壁厚的6 倍。

（2）锚栓直径不宜小于25mm，间距不宜大于200mm，锚栓锚入基础的长度不宜小于40 倍锚栓直径和1000mm 的较大值。

（3）钢管壁外加劲肋厚度不宜小于钢管壁厚，加劲肋高度不宜小于柱脚板外伸宽度的2 倍，加劲肋间距不应大于柱脚底板厚度的10 倍。

4. 圆形钢管混凝土偏心受压柱柱脚的混凝土截面受剪承载力

偏心受压的钢管混凝土柱非埋入式柱脚，应满足钢管底板下截面受剪承载力的要求，其受剪承载力由柱脚钢管底板下轴压力产生的水平摩擦力和底板内贯通的钢筋混凝土直剪承载力共同承受。钢柱脚板的摩擦力取0.4 倍的压力，因贯通的混凝土内没有构造钢筋的要求，其直剪强度取$1.5f_t$。当摩擦力和混凝土直剪承载力不足以抵抗柱脚的水平剪力时，应设置抗剪连接件。

圆形钢管混凝土偏心受压柱，承受弯矩和轴心压力作用，其柱脚环形底板下混凝土截面和其环内核心混凝土截面的斜截面受剪承载力应符合下列规定：

柱脚环形底板下不设置抗剪连接件时：

$$V \leqslant 0.4N_B + 1.5f_tA_{c1} \tag{6-62}$$

柱脚环形底板下设置抗剪连接件时：

$$V \leqslant 0.4N_B + 1.5f_tA_{c1} + 0.58fA_w \tag{6-63}$$

$$N_B = N_{cmin}\left(1 - \frac{E_cA_{c1}}{E_cA_c + E_sA_a}\right) \tag{6-64}$$

式中 A_{c1}——圆形钢管混凝土柱环形底板内上下贯通的核心混凝土面积（mm^2）；

A_c——圆形钢管混凝土柱核心混凝土面积（mm^2）；

A_a——圆形钢管截面面积（mm^2）；

A_w——抗剪连接件沿剪力方向的腹板面积（mm^2）；

f_t——钢管内核心混凝土抗拉强度设计值（N/mm^2）；

f——钢管抗拉强度设计值（N/mm^2）；

N_{cmin}——圆形钢管混凝土柱最小轴心压力设计值（N）；

N_B——环形柱脚底板按弹性刚度分配的轴心压力设计值（N）。

5. 端承式及锚栓式钢管混凝土柱脚板下基础混凝土轴心压力

端承式及锚栓式钢管混凝土柱脚板下基础混凝土应符合下列公式规定：

$$N_l \leqslant \pi(D - 2t)(t + 3.5h)\beta_2f_c \tag{6-65}$$

$$N_l = N\frac{A_sE_s}{A_sE_s + A_cE_c}, N_l \leqslant A_sf \tag{6-66}$$

式中 N_l——正常使用状态下钢管承担的轴心压力设计值（N）；

N——正常使用状态下钢管混凝土柱承担的轴心压力设计值（N）；

h——柱脚板的厚度（mm）；

f_c——基础混凝土轴心抗压强度设计值（N/mm^2）；

β_2——基础混凝土局部受压强度提高系数，近似取$\beta_2=2$；

t——钢管混凝土柱脚板厚度（mm）；

A_s——钢管混凝土柱脚板截面面积（mm^2）；

E_s——钢材弹性模量（N/mm^2）。

第7章 门式刚架轻型房屋钢结构

门式刚架分为单跨、双跨、多跨刚架以及带挑檐的和带毗屋的刚架等形式。门式刚架轻型房屋钢结构，适用于房屋高度不大于18m，房屋高宽比小于1，承重结构为单跨或多跨实腹门式刚架、具有轻型屋盖、无桥式吊车或有起重量不大于20t的A1～A5工作级别桥式吊车或3t悬挂式起重机的单层钢结构房屋。

7.1 基本规定

7.1.1 设计原则

（1）门式刚架轻型房屋钢结构采用以概率理论为基础的极限状态设计方法，以可靠指标度量结构构件的可靠度，采用分项系数的设计表达式进行设计。

（2）门式刚架轻型房屋钢结构的承重构件，应按承载能力极限状态和正常使用极限状态进行设计。

（3）当结构构件按承载能力极限状态设计时，持久设计状况、短暂设计状况应满足下式要求：

$$\gamma_0 S_d \leqslant R_d \tag{7-1}$$

式中 γ_0——结构重要性系数，对安全等级为一级的结构构件不小于1.1，对安全等级为二级的结构构件不小于1.0，门式刚架钢结构构件安全等级可取二级，对于设计使用年限为25年的结构构件，γ_0不应小于0.95；

S_d——不考虑地震作用时，荷载组合的效应设计值；

R_d——结构构件承载力设计值。

（4）当结构构件按正常使用极限状态设计时，应根据现行国家标准《建筑结构荷载规范》GB 50009的规定采用荷载的标准组合计算变形，并应满足现行国家标准《门式刚架轻型房屋钢结构技术规范》GB 51022中关于变形的规定。

（5）结构构件的受拉强度应按净截面计算，受压强度应按有效净截面计算，稳定性应按有效截面计算，变形和各种稳定系数均可按毛截面计算。

7.1.2 设计指标和设计参数

1. 强度设计值

（1）门式刚架钢结构设计用钢材强度值，应按表7-1采用。

表 7-1　门式刚架钢结构设计用钢材强度值　　（单位：N/mm²）

牌号	钢材厚度或直径/mm	抗拉、抗压、抗弯强度设计值 f	抗剪强度设计值 f_v	屈服强度最小值 f_y	端面承压强度设计值（刨平顶紧）f_{ce}
Q235	≤6	215	125	235	320
	>6，≤16	215	125		
	>16，≤40	205	120	225	
Q345	≤6	305	175	345	400
	>6，≤16	305	175		
	>16，≤40	295	170	335	
LQ550	≤0.6	455	260	530	—
	>0.6，≤0.9	430	250	500	
	>0.9，≤1.2	400	230	460	
	>1.2，≤1.5	360	210	420	

注：550 级钢材定名为 LQ550 仅用于屋面及墙面板。

（2）门式刚架钢结构焊缝强度设计值应按表 7-2 采用。

表 7-2　门式刚架钢结构焊缝强度设计值　　（单位：N/mm²）

焊接方法和焊条型号	牌号	厚度或直径/mm	对接焊缝				角焊缝
			抗压 f_c^w	抗拉、抗弯 f_t^w		抗剪 f_v^w	抗拉、压、剪 f_f^w
				一、二级焊缝	三级焊缝		
自动焊、半自动焊和 E43 型焊条的手工焊	Q235	≤6	215	215	185	125	160
		>6，≤16	215	215	185	125	
		>16，≤40	205	205	175	120	
自动焊、半自动焊和 E50 型焊条的手工焊	Q345	≤6	305	305	260	175	200
		>6，≤16	305	305	265	175	
		>16，≤40	295	295	250	170	

注：1. 焊缝质量等级应符合现行国家标准《钢结构工程施工质量验收规范》GB 50205 的规定。其中厚度小于 8mm 的对接焊缝，不宜用超声波探伤确定焊缝质量等级。

2. 对接焊缝抗弯受压区强度设计值取 f_c^w，抗弯受拉区强度设计值取 f_t^w。

3. 表中厚度系指计算点钢材的厚度，对轴心受力构件系指截面中较厚板件的厚度。

（3）门式刚架钢结构螺栓连接的强度设计值应按表 7-3 采用。

表 7-3　门式刚架钢结构螺栓连接的强度设计值　　（单位：N/mm^2）

钢材牌号/或性能等级		普通螺栓						锚栓		承压型连接高强度螺栓		
		C 级螺栓			A 级、B 级螺栓							
		抗拉 f_t^b	抗剪 f_v^b	承压 f_c^b	抗拉 f_t^b	抗剪 f_v^b	承压 f_c^b	抗拉 f_t^a	抗剪 f_v^a	抗拉 f_t^b	抗剪 f_v^b	承压 f_c^b
普通螺栓	4.6 级、4.8 级	170	140	—	—	—	—	—	—	—	—	—
	5.6 级	—	—	—	210	190	—	—	—	—	—	—
	8.8 级	—	—	—	400	320	—	—	—	—	—	—
锚栓	Q235	—	—	—	—	—	—	140	80	—	—	—
	Q345	—	—	—	—	—	—	180	105	—	—	—
承压型连接高强度螺栓	8.8 级	—	—	—	—	—	—	—	—	400	250	—
	10.9 级	—	—	—	—	—	—	—	—	500	310	—
构件	Q235	—	—	305	—	—	405	—	—	—	—	470
	Q345	—	—	385	—	—	510	—	—	—	—	590

注：1. A 级螺栓用于 $d \leq 24mm$ 和 $l \leq 10d$ 或 $l \leq 150mm$（按较小值）的螺栓；B 级螺栓用于 $d > 24mm$ 和 $l > 10d$ 或 $l > 150mm$（按较小值）的螺栓。d 为公称直径，l 为螺杆公称长度。

2. A、B 级螺栓孔的精度和孔壁表面粗糙度，C 级螺栓孔的允许偏差和孔壁表面粗糙度，均应符合现行国家标准《钢结构工程施工质量验收规范》GB 50205 的要求。

（4）冷弯薄壁型钢采用电阻点焊时，每个焊点的受剪承载力设计值应符合现行国家标准《冷弯薄壁型钢结构技术规范》GB 50018 的规定。当冷弯薄壁型钢构件全截面有效时，可采用现行国家标准《冷弯薄壁型钢结构技术规范》GB 50018 规定的考虑冷弯效应的强度设计值计算构件的强度。经退火、焊接、热镀锌等热处理的构件不予考虑。

（5）钢材的物理性能指标应按现行国家标准《钢结构设计标准》GB 50017 的规定采用。

2. 强度设计值的折减

当计算下列结构构件或连接时，表 7-1 ~ 表 7-3 中的强度设计值应乘以相应的折减系数。当下列几种情况同时存在时，相应的折减系数应连乘。

（1）单面连接的角钢：

1）按轴心受力计算强度和连接时，应乘以系数 0.85。

2）按轴心受压计算稳定性时：

等边角钢应乘以系数 $0.6 + 0.0015\lambda$，但不大于 1.0。

短边相连的不等边角钢应乘以系数 $0.5 + 0.0025\lambda$，但不大于 1.0。（λ 为长细比，对中间无连系的单角钢压杆，应按最小回转半径计算确定。当 $\lambda < 20$ 时，取 $\lambda = 20$。）

长边相连的不等边角钢应乘以系数 0.70。

（2）无垫板的单面对接焊缝应乘以系数 0.85。

（3）施工条件较差的高空安装焊缝应乘以系数 0.90。

（4）两构件采用搭接连接或其间填有垫板的连接以及单盖板的不对称连接应乘以系

数0.90。

（5）平面桁架式檩条端部的主要受压腹杆应乘以系数0.85。

3. 钢材摩擦面的抗滑移系数μ

高强度螺栓连接时，钢材摩擦面的抗滑移系数μ应按表7-4的规定采用，涂层连接面的抗滑移系数μ应按表7-5的规定采用。

表7-4 钢材摩擦面的抗滑移系数μ

<table>
<tr><th colspan="2" rowspan="2">连接处构件接触面的处理方法</th><th colspan="2">构件钢号</th></tr>
<tr><th>Q235</th><th>Q345</th></tr>
<tr><td rowspan="3">普通钢结构</td><td>抛丸（喷砂）</td><td>0.35</td><td>0.40</td></tr>
<tr><td>抛丸（喷砂）后生赤锈</td><td>0.45</td><td>0.45</td></tr>
<tr><td>钢丝刷清除浮锈或未经处理的干净轧制面</td><td>0.30</td><td>0.35</td></tr>
<tr><td rowspan="3">冷弯薄壁型钢结构</td><td>抛丸（喷砂）</td><td>0.35</td><td>0.40</td></tr>
<tr><td>热轧钢材轧制面清除浮锈</td><td>0.30</td><td>0.35</td></tr>
<tr><td>冷轧钢材轧制面清除浮锈</td><td>0.25</td><td>—</td></tr>
</table>

注：1. 钢丝刷除锈方向应与受力方向垂直。

2. 当连接构件采用不同钢号时，μ按相应较低的取值。

3. 采用其他方法处理时，其处理工艺及抗滑移系数值均需要由试验确定。

表7-5 涂层连接面的抗滑移系数μ

<table>
<tr><th>表面处理要求</th><th>涂装方法及涂层厚度</th><th>涂层类别</th><th>抗滑移系数μ</th></tr>
<tr><td rowspan="8">抛丸除锈，达到Sa2 $\frac{1}{2}$ 级</td><td rowspan="3">喷涂或手工涂刷，50～75μm</td><td>醇酸铁红</td><td rowspan="3">0.15</td></tr>
<tr><td>聚氨酯富锌</td></tr>
<tr><td>环氧富锌</td></tr>
<tr><td rowspan="2">喷涂或手工涂刷，50～75μm</td><td>无机富锌</td><td rowspan="2">0.35</td></tr>
<tr><td>水性无机富锌</td></tr>
<tr><td>喷涂，30～60μm</td><td>锌加（ZINA）</td><td rowspan="2">0.45</td></tr>
<tr><td>喷涂，80～120μm</td><td>防滑防锈硅酸锌漆（HES－2）</td></tr>
</table>

注：当设计要求使用其他涂层（热喷铝、镀锌等）时，其钢材表面处理要求、涂层厚度及抗滑移系数均需由试验确定。

4. 高强度螺栓预拉力设计值

单个高强度螺栓的预拉力设计值P应按表7-6的规定采用。

表7-6 单个高强度螺栓的预拉力设计值P （单位：kN）

螺栓的性能等级	螺栓公称直径/mm					
	M16	M20	M22	M24	M27	M30
8.8级	80	125	150	175	230	280
10.9级	100	155	190	225	290	355

7.1.3 变形规定

(1) 在风荷载或多遇地震标准值作用下的单层门式刚架的柱顶位移值，不应大于表7-7规定的限值。夹层处柱顶的水平位移限值宜为$H/250$，H为夹层处柱高度。

表7-7 刚架柱顶位移限值 （单位：mm）

吊车情况	其他情况	柱顶位移限值
无吊车	当采用轻型钢墙板时	$h/60$
	当采用砌体墙时	$h/240$
有桥式吊车	当吊车有驾驶室时	$h/400$
	当吊车由地面操作时	$h/180$

注：表中h为刚架柱高度。

(2) 门式刚架受弯构件的挠度值，不应大于表7-8规定的限值。

(3) 由柱顶位移和构件挠度产生的屋面坡度改变值，不应大于坡度设计值的1/3。

表7-8 门式刚架受弯构件的挠度限值 （单位：mm）

构件类别			构件挠度限值
竖向挠度	门式刚架斜梁	仅支承压型钢板屋面和冷弯型钢檩条	$L/180$
		尚有吊顶	$L/240$
		有悬挂起重机	$L/400$
	夹层	主梁	$L/400$
		次梁	$L/250$
	檩条	仅支承压型钢板屋面	$L/150$
		尚有吊顶	$L/240$
	压型钢板屋面板		$L/150$
水平挠度	墙板		$L/100$
	抗风柱或抗风桁架		$L/250$
	墙梁	仅支承压型钢板墙	$L/100$
		支承砌体墙	$L/180$且≤50mm

注：1. 表中L为跨度。

2. 对门式刚架斜梁，L取全跨。

3. 对悬臂梁，按悬伸长度的2倍计算受弯构件的跨度。

7.1.4 荷载与作用

1. 荷载的规定

(1) 门式刚架轻型房屋钢结构采用的设计荷载应包括永久荷载、竖向可变荷载、风荷载、温度作用和地震作用。

(2) 吊挂荷载宜按活荷载考虑。当吊挂荷载位置固定不变时，如喷淋系统、机械设备、电力系统和吊顶等也可按恒荷载考虑。屋面设备荷载应按实际情况采用。

（3）竖向荷载通常是设计的控制荷载，但当风荷载较大、房屋较高或轻屋面的屋面坡度小时，尤其是部分封闭式建筑，风荷载的作用不应忽视。对于屋面檩条在上吸风力的作用下，应考虑其下冀缘可能因受压而失稳，应对其进行验算。其次，在轻屋面门式刚架中，抗震设防烈度为7度及以下，地震作用一般不起控制作用。当连有一层以上的附属建筑时，应进行抗震验算。

（4）当采用压型钢板轻型屋面时，屋面按水平投影面积计算的竖向活荷载的标准值应取0.5kN/m²；对承受荷载水平投影面积大于60m²的刚架构件，屋面竖向均布活荷载的标准值可取不小于0.3kN/m²。

（5）设计屋面板和檩条时，尚应考虑施工及检修集中荷载，其标准值应取1.0kN且作用在结构最不利位置上；当施工荷载有可能超过时，应按实际情况采用。

（6）轻型钢结构房屋对雪荷载十分敏感，尤其是严寒地区和雪荷载较大的地区。门式刚架的设计应考虑雪荷载的不均匀分布、半跨堆载和高大女儿墙处雪的堆积以及多跨门式刚架天沟处雪的堆积引起的雪荷载的增大。

2. 地震作用

门式刚架轻型房屋钢结构的抗震设防类别和抗震设防标准，应按现行国家标准《建筑工程抗震设防分类标准》GB 50223 的规定采用。门式刚架轻型房屋钢结构应按下列原则考虑地震作用：

（1）一般情况下，按房屋的两个主轴方向分别计算水平地震作用。

（2）质量与刚度分布明显不对称的结构，应计算双向水平地震作用并计入扭转的影响。

（3）抗震设防烈度为8度、9度时，应计算竖向地震作用，可分别取该结构重力荷载代表值的10%和20%，设计基本地震加速度为0.30g时，可取该结构重力荷载代表值的15%。

（4）计算地震作用时尚应考虑墙体对地震作用的影响。

3. 荷载组合

（1）荷载组合的原则：

1）屋面均布活荷载不与雪荷载同时考虑，应取两者中的较大值。

2）积灰荷载与雪荷载或屋面均布活荷载中的较大值同时考虑。

3）施工或检修集中荷载不与屋面材料或檩条自重以外的其他荷载同时考虑。

4）多台吊车的组合应符合现行国家标准《建筑结构荷载规范》GB 50009 的规定。

5）风荷载不与地震作用同时考虑。

（2）持久设计状况和短暂设计状况下，当荷载与荷载效应按线性关系考虑时，荷载基本组合的效应设计值应按下式确定：

$$S_d = \gamma_G S_{Gk} + \psi_Q \gamma_Q S_{Qk} + \psi_w \gamma_w S_{wk} \tag{7-2}$$

式中　S_d——荷载组合的效应设计值；

γ_G——永久荷载分项系数；

γ_Q——竖向可变荷载分项系数；

γ_w——风荷载分项系数；

S_{Gk}——永久荷载效应标准值；

S_{Qk}——竖向可变荷载效应标准值；

S_{wk}——风荷载效应标准值；

ψ_Q、ψ_w——分别为可变荷载组合值系数和风荷载组合值系数，当永久荷载效应起控制作用时应分别取 0.7 和 0；当可变荷载效应起控制作用时应分别取 1.0 和 0.6 或 0.7 和 1.0。

（3）持久设计状况和短暂设计状况下，荷载基本组合的分项系数应按下列规定采用：

1）永久荷载的分项系数 γ_G，当其效应对结构承载力不利时，对由可变荷载效应控制的组合应取 1.2，对由永久荷载效应控制的组合应取 1.35；当其效应对结构承载力有利时，应取 1.0。

2）竖向可变荷载的分项系数 γ_Q应取 1.4。

3）风荷载分项系数 γ_w应取 1.4。

4. 荷载和地震效应组合的效应

（1）地震设计状况下，当作用与作用效应按线性关系考虑时，荷载与地震作用基本组合效应设计值应按下式确定：

$$S_E = \gamma_G S_{GE} + \gamma_{Eh} S_{Ehk} + \gamma_{Ev} S_{Evk} \tag{7-3}$$

式中　S_E——荷载和地震效应组合的效应设计值；

S_{GE}——重力荷载代表值的效应；

S_{Ehk}——水平地震作用标准值的效应；

S_{Evk}——竖向地震作用标准值的效应；

γ_G——重力荷载分项系数；

γ_{Eh}——水平地震作用分项系数；

γ_{Ev}——竖向地震作用分项系数。

（2）当抗震设防烈度 7 度（0.15g）及以上时，应进行地震作用组合的效应验算，地震设计状况应满足下式要求：

$$S_E \leqslant R_d / \gamma_{RE} \tag{7-4}$$

式中　S_E——考虑多遇地震作用时，荷载和地震作用组合的效应设计值；

γ_{RE}——承载力抗震调整系数，门式刚架钢结构承载力抗震调整系数应按表 7-9 采用。

表 7-9　门式刚架钢结构承载力抗震调整系数 γ_{RE}

构件或连接	受力状态	γ_{RE}
梁、柱、支撑、螺栓；节点、焊缝	强度	0.85
柱、支撑	稳定	0.90

（3）地震设计状况下，荷载和地震作用基本组合的分项系数应按表 7-10 采用。当重力荷载效应对结构的承载力有利时，表 7-10 中 γ_G不应大于 1.0。

表 7-10　门式刚架钢结构地震设计状况时荷载和地震作用的分项系数

参与组合的荷载和作用	γ_G	γ_{Eh}	γ_{Ev}	说明
重力荷载及水平地震作用	1.2	1.3	—	—
重力荷载及竖向地震作用	1.2	—	1.3	8度、9度抗震设计时考虑
重力荷载、水平地震及竖向地震作用	1.2	1.3	0.5	8度、9度抗震设计时考虑

7.1.5　结构选形与布置

1. 结构选形

（1）在门式刚架轻型房屋钢结构体系中，屋盖宜采用压型钢板屋面板和冷弯薄壁型钢檩条，主刚架可采用变截面实腹刚架，外墙宜采用压型钢板墙面板和冷弯薄壁型钢墙梁。主刚架斜梁下翼缘和刚架柱内翼缘平面外的稳定性，应由隅撑保证。主刚架间的交叉支撑可采用张紧的圆钢、钢索或型钢等。

（2）多跨刚架中间柱与斜梁的连接可采用铰接。多跨刚架宜采用双坡或单坡屋盖，也可采用由多个双坡屋盖组成的多跨刚架形式。

当设置夹层时，夹层可沿纵向设置或在横向端跨设置。夹层与柱的连接可采用刚性连接或铰接。

（3）根据跨度、高度和荷载不同，门式刚架的梁、柱可采用变截面或等截面实腹焊接工字形截面或轧制H形截面。设有桥式吊车时，柱宜采用等截面构件。变截面构件宜做成改变腹板高度的楔形；必要时也可改变腹板厚度。结构构件在制作单元内不宜改变翼缘截面，当必要时，仅可改变翼缘厚度；邻接的制作单元可采用不同的翼缘截面，两单元相邻截面高度宜相等。

（4）门式刚架的柱脚宜按铰接支承设计。当用于工业厂房且有5t以上桥式吊车时，可将柱脚设计成刚接。

（5）门式刚架可由多个梁、柱单元构件组成。柱宜为单独的单元构件，斜梁可根据运输条件划分为若干个单元。单元构件本身应采用焊接，单元构件之间宜通过端板采用高强度螺栓连接。

2. 结构布置

（1）门式刚架轻型房屋钢结构的尺寸应符合下列规定：

1）门式刚架的跨度，应取横向刚架柱轴线间的距离。

2）门式刚架的高度，应取室外地面至柱轴线与斜梁轴线交点的高度。高度应根据使用要求的室内净高确定，有吊车的厂房应根据轨顶标高和吊车净空要求确定。

3）柱的轴线可取通过柱下端（较小端）中心的竖向轴线。斜梁的轴线可取通过变截面梁段最小端中心与斜梁上表面平行的轴线。

4）门式刚架轻型房屋的檐口高度，应取室外地面至房屋外侧檩条上缘的高度。门式刚架轻型房屋的最大高度，应取室外地面至屋盖顶部檩条上缘的高度。门式刚架轻型房屋的宽度，应取房屋侧墙墙梁外皮之间的距离。门式刚架轻型房屋的长度，应取两端山墙墙梁外皮之间的距离。

（2）门式刚架的单跨跨度宜为12～48m。当有根据时，可采用更大跨度。当边柱宽度不等时，其外侧应对齐。门式刚架的间距，即柱网轴线在纵向的距离宜为6～9m，挑檐长度可根据使用要求确定，宜为0.5～1.2m，其上翼缘坡度宜与斜梁坡度相同。

（3）门式刚架轻型房屋的屋面坡度宜取1/8～1/20，在雨水较多的地区宜取其中的较大值。

（4）在多跨刚架局部抽掉中间柱或边柱处，宜布置托梁或托架。

（5）屋面檩条的布置，应考虑天窗、通风屋脊、采光带、屋面材料、檩条供货规格等因素的影响。屋面压型钢板厚度和檩条间距应按计算确定。

（6）山墙可设置由斜梁、抗风柱、墙梁及其支撑组成的山墙墙架，或采用门式刚架。

（7）房屋的纵向应有明确、可靠的传力体系。当某一柱列纵向刚度和强度较弱时，应通过房屋横向水平支撑，将水平力传递至相邻柱列。

3. 伸缩缝设置

（1）纵向温度伸缩缝设置要求：

1）设置双排刚架。

2）框架纵向的檩条等构件螺栓连接处采用椭圆孔。

（2）横向温度伸缩缝设置要求：

1）屋面板宜采用浮动式屋面板体系，屋脊盖板宜采用可伸缩的形式。

2）增设双柱将框架分开。

（3）在搭接檩条的螺栓连接处宜采用长圆孔，该处屋面板在构造上应允许胀缩或设置双柱。

（4）吊车梁与柱的连接处宜采用长圆孔。

4. 墙架布置

（1）门式刚架轻型房屋钢结构侧墙墙梁的布置，应考虑设置门窗、挑檐、遮阳和雨篷等构件和围护材料的要求。

（2）门式刚架轻型房屋钢结构的侧墙，当采用压型钢板作围护面时，墙梁宜布置在刚架柱的外侧，其间距应随墙板板型和规格确定，且不应大于计算要求的间距。

（3）门式刚架轻型房屋的外墙，当抗震设防烈度在8度及以下时，宜采用轻型金属墙板或非嵌砌砌体；当抗震设防烈度为9度时，应采用轻型金属墙板或与柱柔性连接的轻质墙板。非抗震设计或抗震设防烈度为6度时，也可以采用砌体外墙或底部为砌体、上部为轻质材料的外墙。

7.1.6 门式刚架结构的计算规定

1. 门式刚架的计算

（1）门式刚架应按弹性分析方法计算。

（2）门式刚架不宜考虑应力蒙皮效应，可按平面结构分析内力。

（3）当未设置柱间支撑时，柱脚应设计成刚接，柱应按双向受力进行设计计算。

（4）当采用二阶弹性分析时，应施加假想水平荷载。假想水平荷载应取竖向荷载设计值的0.5%，分别施加在竖向荷载的作用处。假想荷载的方向与风荷载或地震作用的方向相同。

（5）变截面门式刚架内力可采用有限元法计算，计算时宜将构件分为若干段，每段的几何特征可视为等截面，也可用楔形单元。

（6）变截面门式刚架的柱顶位移应采用弹性分析方法确定。在风荷载或多遇地震标准值作用下的单层门式刚架的柱顶位移值，不应大于表 7-7 规定的限值。

2. 地震作用分析

（1）计算门式刚架地震作用时，其阻尼比取值应符合下列规定：

1）封闭式房屋可取 0.05。

2）敞开式房屋可取 0.035。

3）其余房屋应按外墙面积开孔率插值计算。

（2）单跨房屋、多跨等高房屋可采用基底剪力法进行横向刚架的水平地震作用计算，不等高房屋可按振型分解反应谱法计算。

（3）有吊车厂房，在计算地震作用时，应考虑吊车自重，平均分配于两牛腿处。

（4）当采用砌体墙做围护墙体时，砌体墙的质量应沿高度分配到不少于两个质量集中点作为钢柱的附加质量，参与刚架横向的水平地震作用计算。

（5）纵向柱列的地震作用采用基底剪力法计算时，应保证每一集中质量处，均能将按高度和质量大小分配的地震力传递到纵向支撑或纵向框架。

（6）当房屋的纵向长度不大于横向宽度的 1.5 倍，且纵向和横向均有高低跨时，宜按整体空间刚架模型对纵向支撑体系进行计算。

（7）门式刚架可不进行强柱弱梁的验算。在梁柱采用端板连接或梁柱节点处是梁柱下翼缘圆弧过渡时，也可不进行强节点弱杆件的验算。其他情况下，应进行强节点弱杆件计算，计算方法应按现行国家标准《建筑抗震设计规范》GB 50011 的规定执行。

（8）门式刚架轻型房屋带夹层时，夹层的纵向抗震设计可单独进行，对内侧柱列的纵向地震作用应乘以增大系数 1.2。

3. 温度作用分析

（1）当房屋总宽度或总长度超出以下规定的温度区段最大长度时，应采取释放温度应力的措施或计算温度作用效应。

1）纵向温度区段不宜大于 300m。

2）横向温度区段不宜大于 150m，当横向温度区段大于 150m 时，应考虑温度的影响。

3）当有可靠依据时，温度区段长度可适当加大。

（2）计算温度作用效应时，基本气温应按现行国家标准《建筑结构荷载规范》GB 50009 的规定采用。温度作用效应的分项系数宜采用 1.4。

（3）房屋纵向结构采用全螺栓连接时，可对温度作用效应进行折减，折减系数可取 0.35。

7.2　刚架构件设计

7.2.1　构件的构造要求

1. 钢结构构件的壁厚和板件宽厚比

用于檩条和墙梁的冷弯薄壁型钢，壁厚不宜小于1.5mm。用于焊接主刚架构件腹板的钢板，厚度不宜小于4mm；当有根据时，腹板厚度可取不小于3mm。

构件中受压板件的宽厚比，不应大于现行国家标准《冷弯薄壁型钢结构技术规范》GB 50018规定的宽厚比限值。主刚架构件受压板件中，工字形截面构件受压翼缘板自由外伸宽度b与其厚度t之比，不应大于$15\varepsilon_k$（注：$\varepsilon_k=\sqrt{235/f_y}$）；工字形截面梁、柱构件腹板的计算高度$h_w$与其厚度$t_w$之比，不应大于250。当受压板件的局部稳定临界应力低于钢材屈服强度时，应按实际应力验算板件的稳定性，或采用有效宽度计算构件的有效截面，并验算构件的强度和稳定性。

2. 构件长细比

门式刚架钢结构受压构件的长细比，不宜大于表7-11规定的限值。门式刚架钢结构受拉构件的长细比，不宜大于表7-12规定的限值。

表7-11　门式刚架钢结构受压构件的长细比限值

构件类别	长细比限值
主要构件	180
其他构件及支撑	220

表7-12　门式刚架钢结构受拉构件的长细比限值

构件类别	承受静力荷载或间接承受动力荷载的结构	直接承受动力荷载的结构
桁架杆件	350	250
吊车梁或吊车桁架以下的柱间支撑	300	—
除张紧的圆钢或钢索支撑外的其他支撑	400	—

注：1. 对承受静力荷载的结构，可仅计算受拉构件在竖向平面内的长细比。
2. 对直接或间接承受动力荷载的结构，计算单角钢受拉构件的长细比时，应采用角钢的最小回转半径；在计算单角钢交叉受拉杆件平面外长细比时，应采用与角钢肢边平行轴的回转半径。
3. 在永久荷载与风荷载组合作用下受压时，其长细比不宜大于250。

3. 抗震构造措施

当地震作用组合的效应控制结构设计时，门式刚架轻型房屋钢结构的抗震构造措施应符合下列规定：

（1）工字形截面构件受压翼缘板自由外伸宽度b与其厚度t之比，不应大于$13\varepsilon_k$；工字形截面梁、柱构件腹板的计算高度h_w与其厚度t_w之比，不应大于160。

（2）在檐口或中柱的两侧三个檩距范围内，每道檩条处屋面梁均应布置双侧隅撑；边柱的檐口墙檩处均应双侧设置隅撑。

（3）当柱脚刚接时，锚栓的截面面积不应小于柱子截面面积的0.15倍。

（4）纵向支撑采用圆钢或钢索时，支撑与柱子腹板的连接应采用不能相对滑动的连接。

（5）柱的长细比不应大于150。

7.2.2 刚架构件计算

1. 板件屈曲后强度利用

工字形截面构件腹板的受剪板幅，当腹板高度变化不超过60mm/m时，可考虑屈曲后强度；当满足屈曲后强度时，可不设加劲肋；当不满足时，应设置横向加劲肋，板幅的长度与板幅范围内的大端截面高度相比不应大于3。

当工字形截面构件腹板受弯及受压板幅利用屈曲后强度时，应按有效宽度计算截面特性。

2. 刚架构件加劲肋设置

梁腹板应在与中柱连接处、较大集中荷载作用处和翼缘转折处设置横向加劲肋，并符合下列规定：

（1）梁腹板利用屈曲后强度时，其中间加劲肋除承受集中荷载和翼缘转折产生的压力外，尚应承受拉力场产生的压力。该压力应按下列公式计算：

$$N_s = V - 0.9\varphi_s h_w t_w f_v \tag{7-5}$$

$$\varphi_s = \frac{1}{\sqrt[3]{0.738 + \lambda_s^6}} \tag{7-6}$$

式中 N_s——拉力场产生的压力（N）；

V——梁受剪承载力设计值（N）；

φ_s——腹板剪切屈曲稳定系数，$\varphi_s \leqslant 1.0$；

λ_s——腹板剪切屈曲通用高厚比；

h_w——腹板的高度（mm）；

t_w——腹板的厚度（mm）。

（2）当验算加劲肋稳定性时，其截面应包括每侧$15t_w\varepsilon_k$宽度范围内的腹板面积，计算长度取h_w。

3. 变截面柱的稳定性

变截面柱在刚架平面内的稳定性计算，见现行国家标准《门式刚架轻型房屋钢结构技术规范》GB 51022的有关规定。

变截面柱的平面外稳定应分段计算，当不能满足时，应设置侧向支撑或隅撑，并验算每段的平面外稳定。

4. 变截面刚架梁的稳定性

承受线性变化弯矩的楔形变截面梁段的稳定性，见现行国家标准《门式刚架轻型房屋钢结构技术规范》GB 51022的有关规定。

5. 斜梁和隅撑的设计

（1）实腹式刚架斜梁在平面内可按压弯构件计算强度，在平面外应按压弯构件计算稳定。

（2）实腹式刚架斜梁的平面外计算长度，应取侧向支承点间的距离；当斜梁两翼缘侧向支承点间的距离不等时，应取最大受压翼缘侧向支承点间的距离。

（3）当实腹式刚架斜梁的下翼缘受压时，支承在屋面斜梁上翼缘的檩条，不能单独作为屋面斜梁的侧向支承。

（4）屋面斜梁和檩条之间设置的隅撑满足下列条件时，下翼缘受压的屋面斜梁的平面外计算长度可考虑隅撑的作用。

1）在屋面斜梁的两侧均设置隅撑。

2）隅撑的上支承点的位置不低于檩条形心线。

3）符合对隅撑的设计要求。

（5）隅撑单面布置时，应考虑隅撑作为檩条的实际支座承受的压力对屋面斜梁下翼缘的水平作用。屋面斜梁的强度和稳定性计算宜考虑其影响。

（6）当斜梁上翼缘承受集中荷载处不设横向加劲肋时，除应按现行国家标准《钢结构设计标准》GB 50017 的规定验算腹板上边缘正应力、剪应力和局部压应力共同作用时的折算应力外，尚应满足下列公式要求：

$$F \leqslant 15\alpha_m t_w^2 f\sqrt{\frac{t_f}{t_w}}\sqrt{\frac{235}{f_y}} \tag{7-7}$$

$$\alpha_m = 1.5 - M/(W_e f) \tag{7-8}$$

式中　F——上翼缘所受的集中荷载（N）；

t_f、t_w——分别为斜梁翼缘和腹板的厚度（mm）；

α_m——参数，$\alpha_m \leqslant 1.0$，在斜梁负弯矩区取 1.0；

M——集中荷载作用处的弯矩（N · mm）；

W_e——有效截面最大受压纤维的截面模量（mm^3）。

7.2.3　端部刚架的设计

（1）抗风柱下端与基础的连接可铰接也可刚接。在屋面材料能够适应较大变形时，抗风柱柱顶可采用固定连接（图 7-1），作为屋面斜梁的中间竖向铰支座。

（2）端部刚架的屋面斜梁与檩条之间，除以下规定的抗风柱位置外，不宜设置隅撑。

抗风柱处，端开间的两根屋面斜梁之间应设置刚性系杆。屋脊高度小于 10m 的房屋或基本风压不小于 0.55kN/m² 时，屋脊高度小于 8m 的房屋，可采用隅撑—双檩条体系代替刚性系杆，此时隅撑应采用高强度螺栓与屋面斜梁和檩条连接，与冷弯型钢檩条的连接应增设双面填板增强局部承压强度，连接点不应低于型钢檩条中心线；在隅撑与双檩条的连接点处，沿屋面坡度方向对檩条施加隅撑轴向承载力设计值 3% 的力，验算双檩条在组合内力作用下的

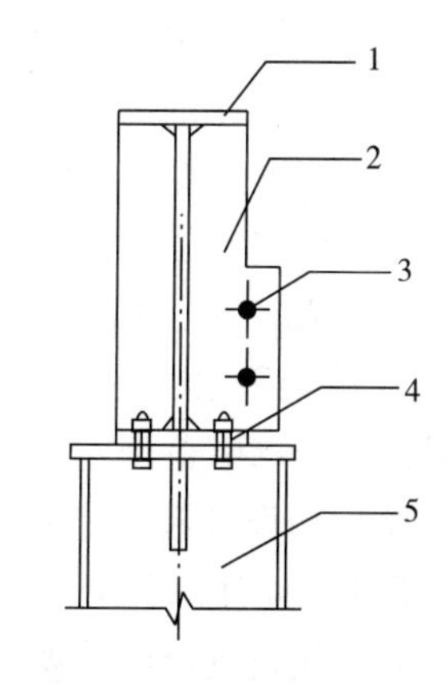

图 7-1　抗风柱与端部刚架连接
1—厂房端部屋面梁　2—加劲肋
3—屋面支撑连接孔
4—抗风柱与屋面梁的连接
5—抗风柱

强度和稳定性。

（3）抗风柱作为压弯杆件验算强度和稳定性，可在抗风柱和墙梁之间设置隅撑，平面外弯扭稳定的计算长度，应取不小于两倍隅撑间距。

7.3 支撑系统设计

门式刚架轻型房屋钢结构，每个温度区段、结构单元或分期建设的区段、结构单元应设置独立的支撑系统，与刚架结构一同构成独立的空间稳定体系。柱间支撑与屋盖横向支撑宜设置在同一开间。

7.3.1 柱间支撑系统

（1）柱间支撑宜设置在每个端部第一开间，当设置在第二开间时，应在第一开间设置刚性系杆。

（2）柱间支撑应设在侧墙柱列，当房屋宽度大于60m时，在内柱列宜设置柱间支撑。当有吊车时，每个吊车跨两侧柱列均应设置吊车柱间支撑。

（3）同一柱列不宜混用刚度差异大的支撑形式。在同一柱列设置的柱间支撑共同承担该柱列的水平荷载，水平荷载应按各支撑的刚度进行分配。

（4）柱间支撑采用的形式宜为：门式框架、圆钢或钢索交叉支撑、型钢交叉支撑、方管或圆管人字支撑等。当有吊车时，吊车牛腿以下交叉支撑应选用型钢交叉支撑。

（5）当房屋高度大于柱间距2倍时，柱间支撑宜分层设置。当沿柱高有质量集中点、吊车牛腿或低屋面连接点处应设置相应支撑点。

（6）柱间支撑的设置应根据房屋纵向柱距、受力情况和温度区段等条件确定。当无吊车时，柱间支撑间距宜取30～45m，端部柱间支撑宜设置在房屋端部第一或第二开间。当有吊车时，吊车牛腿下部支撑宜设置在温度区段中部，当温度区段较长时，宜设置在三分点内，且支撑间距不应大于50m。牛腿上部支撑设置原则与无吊车时的柱间支撑设置相同。

（7）无吊车的房屋，可采用单层柱间支撑；有吊车的厂房，两端可采用单层柱间支撑，布置在吊车梁以上部位，厂房中部宜采用双层（上、下层）柱间支撑。当房屋高度相对于柱距较大时，宜采用双层柱间支撑。

一般情况下，柱间支撑可做成单片式，支撑构件可采用型钢或十字交叉圆钢支撑，十字交叉圆钢支撑宜配置花篮螺栓或可张紧装置。支撑与主体构件间的夹角宜接近45%不超出30°～60°范围。

（8）当设有起重量不小于5t的桥式吊车时，支撑宜采用型钢；当桥式吊车起重量大于或等于10t时，下柱支撑宜设计成双片式；有抗震设防要求时，柱间支撑应符合现行国家标准《建筑抗震设计规范》GB 50011的要求。

（9）柱间支撑的设计，应按支承于柱脚基础上的竖向悬臂桁架计算；对于圆钢或钢索交叉支撑应按拉杆设计，型钢可按拉杆设计，支撑中的刚性系杆应按压杆设计。

（10）当使用要求不允许在柱间设置交叉支撑时，应设置其他形式的非交叉支撑或设置纵向框架代替支撑。

（11）设有托梁或托架的多跨门式刚架房屋，应在其中一跨斜梁两端沿托架或托梁布置纵向水平支撑。

7.3.2 屋面横向和纵向支撑系统

（1）跨度大于15m或有抗震设防要求时，应按相关标准规定设置屋盖横向支撑，以组成几何不变体系，在屋盖横向交叉支撑之间应设直的刚性系杆。

（2）屋面端部横向支撑应布置在房屋端部和温度区段第一或第二开间，当布置在第二开间时应在房屋端部第一开间抗风柱顶部对应位置布置刚性系杆。

（3）边柱柱顶、屋脊以及多跨门式刚架中间柱柱顶应沿房屋全长设置刚性系杆。

（4）屋面支撑形式可选用圆钢或钢索交叉支撑；当屋面斜梁承受悬挂吊车荷载时，屋面横向支撑应选用型钢交叉支撑。屋面横向交叉支撑节点布置应与抗风柱相对应，并应在屋面梁转折处布置节点。

（5）屋面横向支撑应按支承于柱间支撑柱顶水平桁架设计；圆钢或钢索应按拉杆设计，型钢可按拉杆设计，刚性系杆应按压杆设计。

（6）对设有带驾驶室且起重量大于15t桥式吊车的跨间，应在屋盖边缘设置纵向支撑；在有抽柱的柱列，沿托架长度应设置纵向支撑。

7.3.3 隅撑设计

（1）当实腹式门式刚架的梁、柱翼缘受压时，应在受压翼缘侧布置隅撑与檩条或墙梁相连接。

（2）隅撑应按轴心受压构件设计。轴力设计值N可按下式计算，当隅撑成对布置时，每根隅撑的计算轴力可取计算值的1/2。

$$N = Af/(60\cos\theta) \tag{7-9}$$

式中 A——被支撑翼缘的截面面积（mm^2）；

f——被支撑翼缘钢材的抗压强度设计值（N/mm^2）；

θ——隅撑与檩条轴线的夹角（°）。

7.3.4 圆钢支撑与刚架连接节点设计要求

圆钢支撑与刚架连接节点可用连接板连接。

当圆钢支撑直接与梁柱腹板连接，应设置垫块或垫板且有效几何尺寸不小于4倍圆钢支撑直径。

7.4 檩条与墙梁设计

7.4.1 实腹式檩条设计

1. 一般规定

（1）檩条宜采用实腹式构件，也可采用桁架式构件；跨度大于9m的简支檩条宜采用桁架式构件。

（2）实腹式檩条宜采用直卷边槽形和斜卷边Z形冷弯薄壁型钢，斜卷边角度宜为

60°，也可采用直卷边 Z 形冷弯薄壁型钢或高频焊接 H 型钢。

（3）实腹式檩条可设计成单跨简支构件也可设计成连续构件，连续构件可采用嵌套搭接方式组成，计算檩条挠度和内力时应考虑因嵌套搭接方式松动引起刚度的变化。

实腹式檩条也可采用多跨静定梁模式（图 7-2），跨内檩条的长度 l 宜为 0.8L，檩条端头的节点应有刚性连接件夹住构件的腹板，使节点具有抗扭转能力，跨中檩条的整体稳定按节点间檩条或反弯点之间檩条为简支梁模式计算。

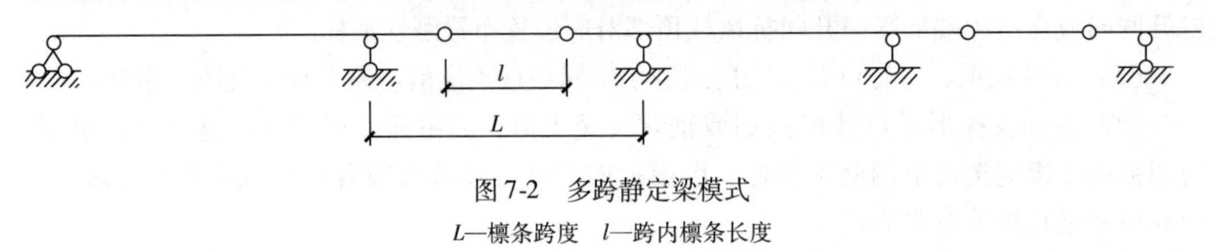

图 7-2　多跨静定梁模式

L—檩条跨度　l—跨内檩条长度

（4）实腹式檩条卷边的宽厚比不宜大于 13，卷边宽度与翼缘宽度之比不宜小于 0.25，不宜大于 0.326。

（5）檩条兼做屋面横向水平支撑压杆和纵向系杆时，檩条长细比不应大于 200。

（6）吊挂在屋面上的普通集中荷载宜通过螺栓或自攻钉直接作用在檩条的腹板上，也可在檩条之间加设冷弯薄壁型钢作为扁担支承吊挂荷载，冷弯薄壁型钢扁担与檩条间的连接宜采用螺栓或自攻钉连接。

2. 实腹式檩条计算

（1）当屋面能阻止檩条侧向位移和扭转时，实腹式檩条可仅做强度计算，不做整体稳定性计算。

檩条承受的线荷载可分解为坡度方向的分量和垂直于坡度方向的分量（图 7-3），垂直于坡度方向的分量 q_y 由檩条承担，坡度方向的分量 q_x 由拉条承担，为使两坡度方向的分量在屋脊处平衡，应将屋脊处两根脊檩连成整体。为防止檩条向屋脊方向弯扭失稳，必须在檐口处加设斜拉条和直撑杆。当设天窗架时为使屋面坡向分量传至斜梁，应在天窗缺口处增设斜拉条和直撑。当屋脊左右对称（坡向分量 q_y 相等）时可取消屋脊处的斜拉条和直撑杆，改为直拉条。

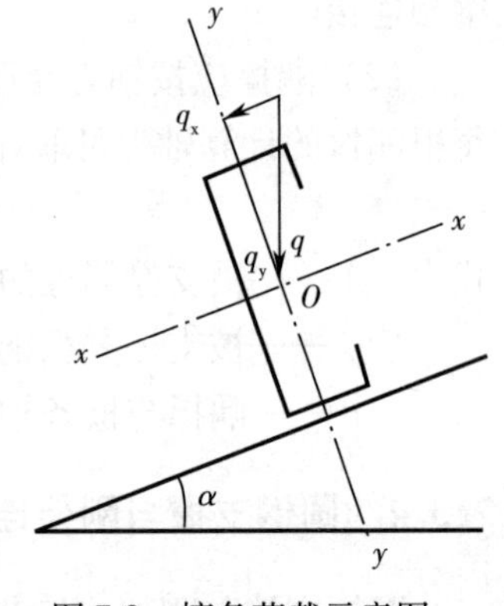

图 7-3　檩条荷载示意图

（2）当屋面不能阻止檩条侧向位移和扭转时，应按下式计算檩条的稳定性：

$$\frac{M_x}{\varphi_{by} W_{enx}} + \frac{M_y}{W_{eny}} \leqslant f \tag{7-10}$$

式中　M_x、M_y——对截面主轴 x、y 轴的弯矩设计值（N·mm）；

W_{enx}、W_{eny}——截面主轴 x、y 轴的有效净截面模量（对冷弯薄壁型钢）或净截面模量（对热轧型钢）（mm^3）；

φ_{by}——梁的整体稳定系数，冷弯薄壁型钢构件按现行国家标准《冷弯薄壁型钢结构技术规范》GB 50018，热轧型钢构件按现行国家标准《钢结构设计标准》GB 50017 的规定计算。

（3）在风吸力作用下，受压下翼缘的稳定性应按现行国家标准《冷弯薄壁型钢结构技术规范》GB 50018 的规定计算；当受压下翼缘有内衬板约束且能防止檩条截面扭转时，整体稳定性可不做计算。

（4）兼做压杆、纵向系杆的檩条应按压弯构件计算。

3. 檩条的局部屈曲承压

当檩条腹板高厚比大于 200 时，应设置檩托板连接檩条腹板传力；当腹板高厚比不大于 200 时，也可不设置檩托板，由翼缘支承传力，但应计算檩条的局部屈曲承压能力。否则，对腹板应采取局部加强措施。

4. 檩条与刚架、拉条的连接

（1）屋面檩条与刚架斜梁宜采用普通螺栓连接，檩条每端应设 2 个螺栓（图 7-4）。檩条连接宜采用檩托板，檩托可采用热轧角钢；檩条高度较大时，檩托板处宜设加劲板。嵌套搭接方式的 Z 形连续檩条，当有可靠依据时，可不设檩托，由 Z 形檩条翼缘用螺栓连于刚架上。

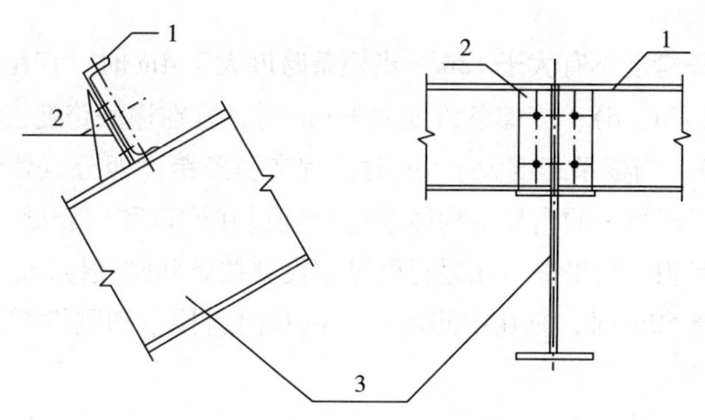

图 7-4　檩条与刚架斜梁连接

1—檩条　2—檩托　3—屋面斜梁

（2）连续檩条的搭接长度 $2a$ 不宜小于 10% 的檩条跨度（图 7-5），嵌套搭接部分的檩条应采用螺栓连接，按连续檩条支座处弯矩验算螺栓连接强度。

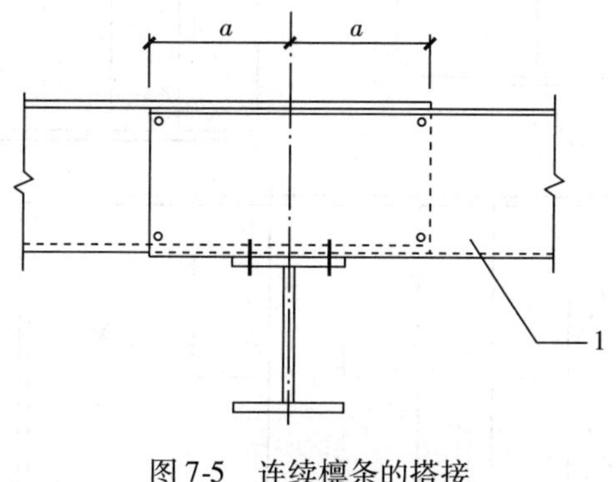

图 7-5　连续檩条的搭接

1—檩条

连续檩条在不同跨度受到不同的弯矩，其最大弯应力发生在端跨。故端跨檩条宜比中间跨檩条有更强的截面，并提供较大的搭接长度，连续檩条的搭接长度由供应厂家经试验后提供。

（3）檩条之间的拉条和撑杆应直接连于檩条腹板上，并采用普通螺栓连接，斜拉条端部宜弯折或设置垫块。

当檩条间的拉条采用圆钢时，圆钢直径不宜小于10mm。也可采用扁钢或冷弯小角钢做拉条。

（4）屋脊两侧檩条之间可用槽钢、角钢和圆钢相连（图7-6）。

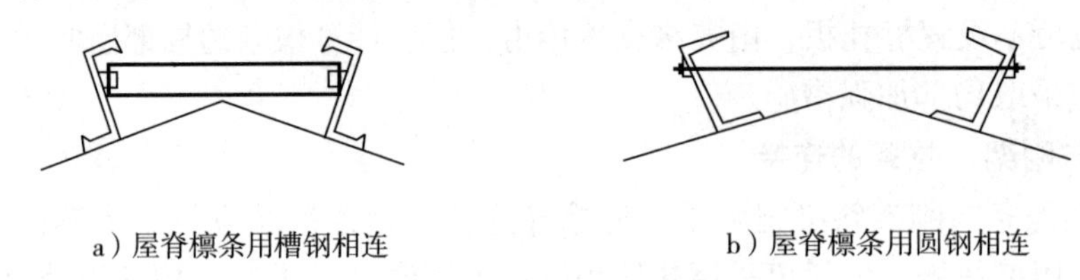

图7-6　屋脊檩条连接

7.4.2　拉条设计

（1）实腹式檩条跨度不宜大于12m，当檩条跨度大于4m时，宜在檩条间跨中位置设置拉条或撑杆（图7-7a、c）；当檩条跨度大于6m时，宜在檩条跨度三分点处各设一道拉条或撑杆（图7-7b）；当檩条跨度大于9m时，宜在檩条跨度四分点处各设一道拉条或撑杆。斜拉条和刚性撑杆组成的桁架结构体系应分别设在檐口和屋脊处（图7-8），当构造能保证屋脊处拉条互相拉结平衡，在屋脊处可不设斜拉条和刚性撑杆。

当单坡长度大于50m时，宜在中间增加一道双向斜拉条和刚性撑杆组成的桁架结构体系（图7-8）。

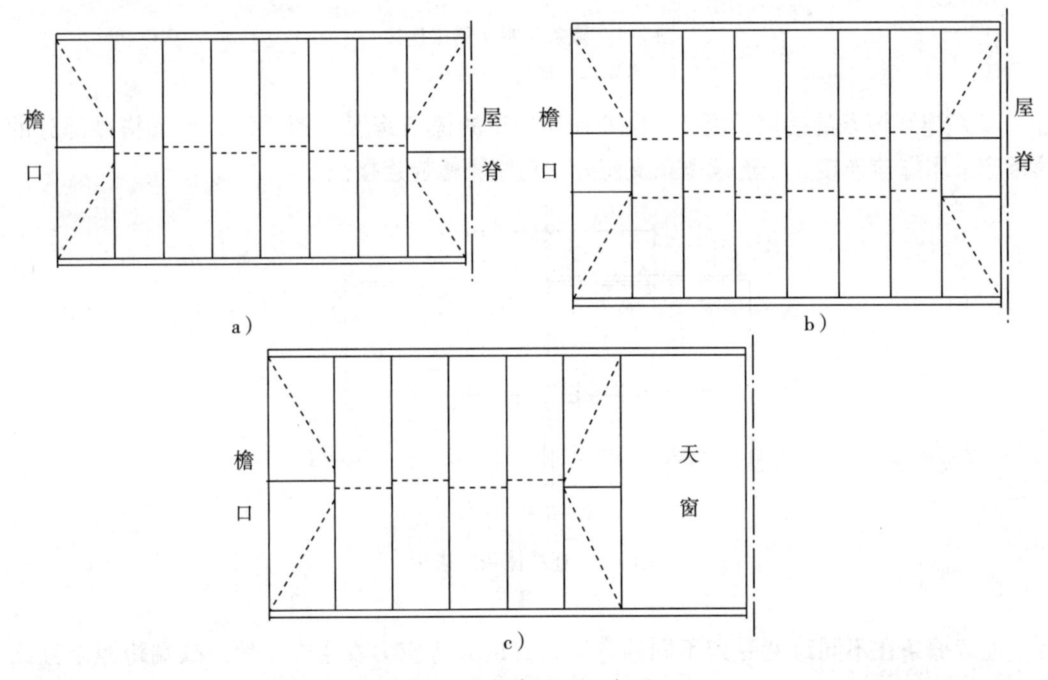

图7-7　拉条设置示意图

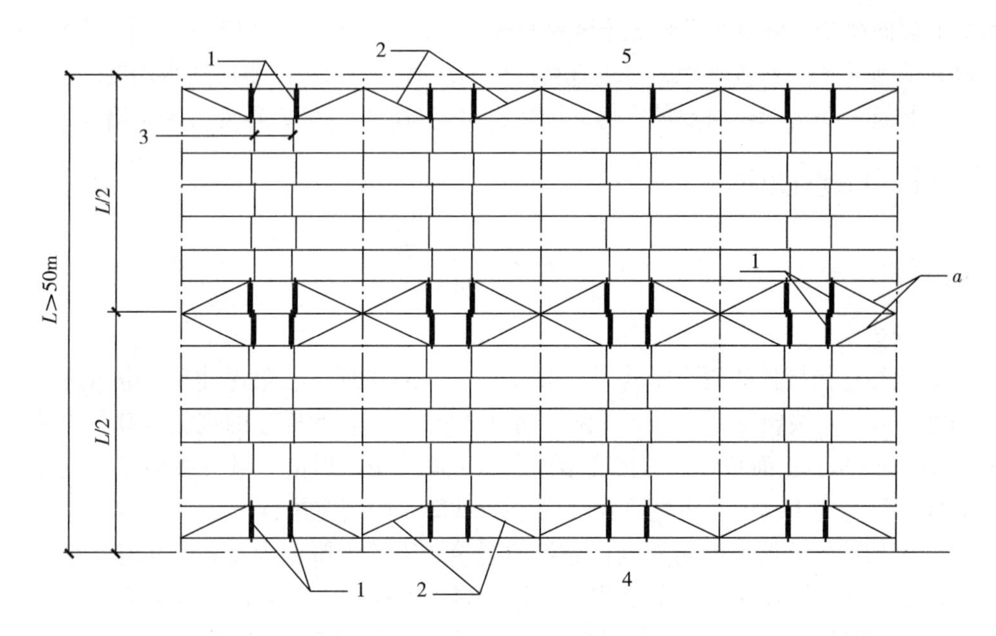

图 7-8 双向斜拉条和撑杆体系

1—刚性撑杆 2—斜拉条 3—拉条 4—檐口位置 5—屋脊位置

L—单坡长度 *a*—斜拉条与刚性撑杆组成双向斜拉条和刚性撑杆体系

（2）撑杆长细比不应大于 220；当采用圆钢做拉条时，圆钢直径不宜小于 10mm。圆钢拉条可设在距檩条翼缘 1/3 腹板高度的范围内。

（3）檩间支撑的形式可采用刚性支撑系统或柔性支撑系统。应根据檩条的整体稳定性设置一层檩间支撑或上、下二层檩间支撑。

（4）屋面对檩条产生倾覆力矩，可采取变化檩条翼缘朝向的方式使之相互平衡，当不能平衡倾覆力矩时，应通过檩间支撑传递至屋面梁，檩间支撑由拉条和斜拉条共同组成。应根据屋面荷载、坡度计算檩条的倾覆力大小和方向，验算檩间支撑体系的承载力。

7.4.3 墙梁设计

（1）门式刚架轻型房屋钢结构侧墙墙梁的布置应考虑设置门窗、挑檐、遮雨篷等构件和围护材料的要求。

（2）当侧墙采用压型金属板作围护面时，墙梁宜布置在刚架柱的外侧，其间距根据板型和规格确定，但不应大于计算要求的值。

（3）轻型墙体结构的墙梁宜采用卷边槽形或卷边 Z 形的冷弯薄壁型钢或高频焊接 H 型钢，兼做窗框的墙梁和门框等构件宜采用卷边槽形冷弯薄壁型钢或组合矩形截面构件。

（4）墙梁可设计成简支或连续构件，两端支承在刚架柱上，墙梁主要承受水平风荷载，宜将腹板置于水平面。当墙板底部端头自承重且墙梁与墙板间有可靠连接时，可不考虑墙面自重引起的弯矩和剪力。当墙梁需承受墙板重量时，应考虑双向弯曲。

（5）当墙梁跨度为 4 ~ 6m 时，宜在跨中设一道拉条；当墙梁跨度大于 6m 时，宜在跨间三分点处各设一道拉条。在最上层墙梁处宜设斜拉条将拉力传至承重柱或墙架柱；

当墙板的竖向荷载有可靠途径直接传至地面或托梁时，可不设传递竖向荷载的拉条。

（6）自承重墙，墙板落地，自重宜直接传至地面，板与板间也应适当连接。

（7）墙面开洞应提供必要的饰边，饰边材质应与墙板相同，厚度宜大于墙板。

7.5 连接和节点设计

7.5.1 焊接连接

1. 一般规定

（1）当被连接板件的最小厚度大于4mm时，其对接焊缝、角焊缝和部分熔透对接焊缝的强度，应分别按现行国家标准《钢结构设计标准》GB 50017的规定计算。当最小厚度不大于4mm时，正面角焊缝的强度增大系数β_f取1.0。焊接质量等级的要求应按现行国家标准《钢结构工程施工质量验收规范》GB 50205的规定执行。

（2）刚架构件的翼缘与端板或柱底板的连接，当翼缘厚度大于12mm时宜采用全熔透对接焊缝，并应符合现行国家标准《气焊、焊条电弧焊、气体保护焊和高能束焊的推荐坡口》GB/T 985.1和《埋弧焊的推荐坡口》GB/T 985.2的相关规定；其他情况宜采用等强连接的角焊缝或角对接组合焊缝，并应符合现行国家标准《钢结构焊接规范》GB 50661的相关规定。

（3）牛腿上、下翼缘与柱翼缘的焊接应采用坡口全熔透对接焊缝，焊缝等级为二级；牛腿腹板与柱翼缘板间的焊接应采用双面角焊缝，焊脚尺寸不应小于牛腿腹板厚度的0.7倍。

（4）柱子在牛腿上、下翼缘600mm范围内，腹板与翼缘的连接焊缝应采用双面角焊缝。

2. 单面角焊缝

当T形连接的腹板厚度不大于8mm，并符合下列规定时，可采用自动或半自动埋弧焊接单面角焊缝（图7-9）。

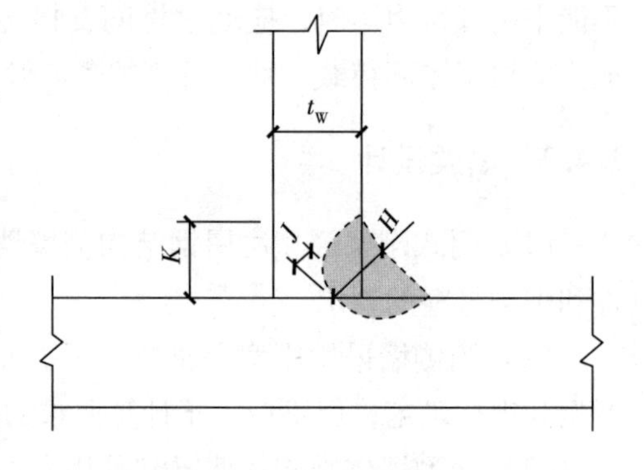

图7-9 单面角焊缝

（1）单面角焊缝适用于仅承受剪力的焊缝。

（2）单面角焊缝仅可用于承受静力荷载和间接承受动力荷载的、非露天和不接触强腐蚀介质的结构构件。

（3）焊脚尺寸、有效厚度及最小根部熔深应符合表7-13的要求。

（4）经工艺评定合格的焊接参数、方法不得变更。

（5）柱与底板的连接，柱与牛腿的连接，梁端板的连接，吊车梁及支承局部吊挂荷载的吊架等，除非设计专门规定，不得采用单面角焊缝。

（6）由地震作用控制结构设计的门式刚架轻型房屋钢结构构件不得采用单面角焊缝连接。

表 7-13　T 形连接单面角焊缝参数　　　　（单位：mm）

腹板厚度 t_w	最小焊脚尺寸 K	有效厚度 H	最小根部熔深（焊丝直径 1.2～2.0） J
3	3.0	2.1	1.0
4	4.0	2.8	1.2
5	5.0	3.5	1.4
6	5.5	3.9	1.6
7	6.0	4.2	1.8
8	6.5	4.6	2.0

3. 喇叭形焊缝

（1）喇叭形焊缝可分为单边喇叭形焊缝（图 7-10）和双边喇叭形焊缝（图 7-11）。单边喇叭形焊缝的焊脚尺寸 h_f 不得小于被连接板的厚度。

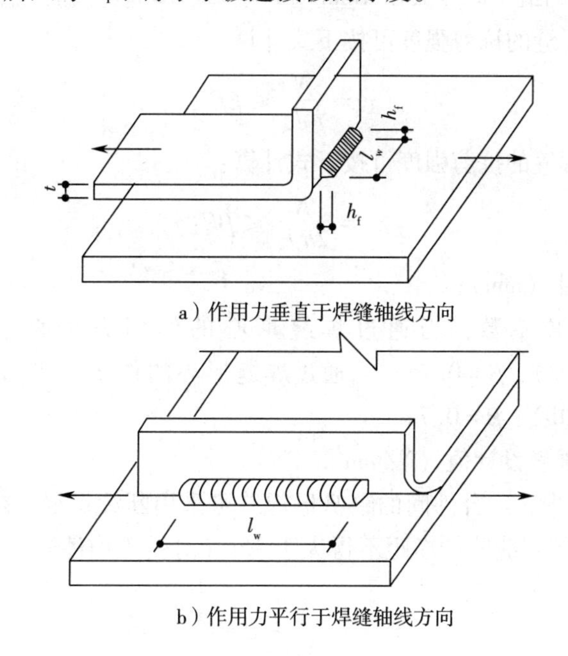

a）作用力垂直于焊缝轴线方向

b）作用力平行于焊缝轴线方向

图 7-10　单边喇叭形焊缝

t—被连接板的最小厚度　h_f—焊脚尺寸　l_w—焊缝有效长度

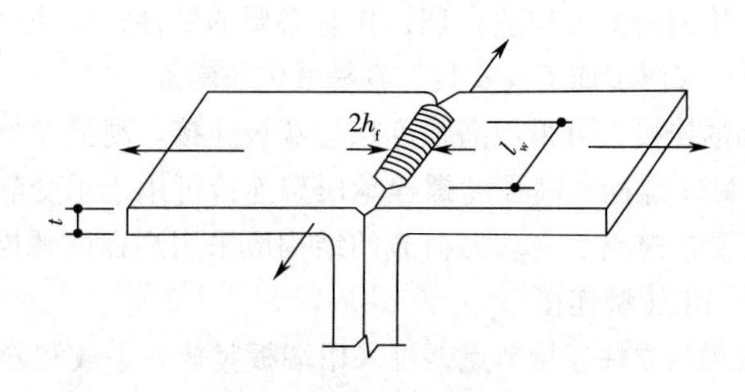

图 7-11　双边喇叭形焊缝

t—被连接板的最小厚度　h_f—焊脚尺寸　l_w—焊缝有效长度

（2）当连接板件的最小厚度不大于4mm时，喇叭形焊缝连接的强度应按对接焊缝计算，其焊缝的抗剪强度可按下式计算：

$$\tau = \frac{N}{tl_w} \leqslant \beta f_t \tag{7-11}$$

式中 N——轴心拉力或轴心压力设计值（N）；

t——被连接板件的最小厚度（mm）；

l_w——焊缝有效长度（mm），等于焊缝长度扣除2倍焊脚尺寸；

β——强度折减系数；当通过焊缝形心的作用力垂直于焊缝轴线方向时（图7-10a），$\beta=0.8$；当通过焊缝形心的作用力平行于焊缝轴线方向时（图7-10b），$\beta=0.7$；

f_t——被连接板件钢材抗拉强度设计值（N/mm^2）。

（3）当连接板件的最小厚度大于4mm时，喇叭形焊缝连接的强度应按角焊缝计算。

1）单边喇叭形焊缝的抗剪强度可按下式计算：

$$\tau = \frac{N}{h_f l_w} \leqslant \beta f_f^w \tag{7-12}$$

2）双边喇叭形焊缝的抗剪强度可按下式计算：

$$\tau = \frac{N}{2h_f l_w} \leqslant \beta f_f^w \tag{7-13}$$

式中 h_f——焊脚尺寸（mm）；

β——强度折减系数；当通过焊缝形心的作用力垂直于焊缝轴线方向时（图7-10a），$\beta=0.75$；当通过焊缝形心的作用力平行于焊缝轴线方向时（图7-10b），$\beta=0.7$；

f_f^w——角焊缝强度设计值（N/mm^2）。

（4）在组合构件中，组合件间的喇叭形焊缝可采用断续焊缝。断续焊缝的长度不得小于$8t$和40mm，断续焊缝间的净距不得大于$15t$（对受压构件）或$30t$（对受拉构件），t为焊件的最小厚度。

7.5.2 节点设计

1. 一般规定

（1）节点设计应传力简捷，构造合理，具有必要的延性；应便于焊接，避免应力集中和过大的约束应力；应便于加工及安装，容易就位和调整。

（2）刚架构件间的连接，可采用高强度螺栓端板连接。高强度螺栓直径应根据受力确定，可采用M16～M24螺栓。高强度螺栓承压型连接可用于承受静力荷载和间接承受动力荷载的结构；重要结构或承受动力荷载的结构应采用高强度螺栓摩擦型连接；用来耗能的连接接头可采用承压型连接。

（3）门式刚架横梁与立柱连接节点，可采用端板竖放、平放和斜放三种形式（图7-12）。斜梁与刚架柱连接节点的受拉侧，宜采用端板外伸式，与斜梁端板连接的柱的翼缘部位应与端板等厚；斜梁拼接时宜使端板与构件外边缘垂直，应采用外伸式连接，并使翼缘内外螺栓群中心与翼缘中心重合或接近。连接节点处的三角形短加劲板长边与短边之比宜大于1.5:1.0，不满足时可增加板厚。

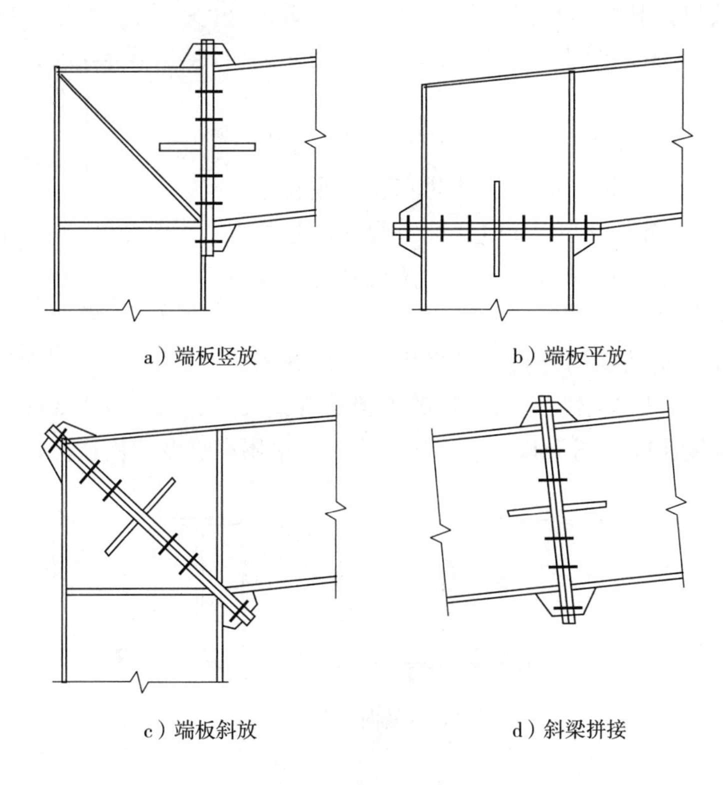

a）端板竖放　　b）端板平放

c）端板斜放　　d）斜梁拼接

图7-12　刚架连接节点

（4）端板螺栓宜成对布置。螺栓中心至翼缘板表面的距离，应满足拧紧螺栓时的施工要求，不宜小于45mm。螺栓端距不应小于2倍螺栓孔径；螺栓中距不应小于3倍螺栓孔径。当端板上两对螺栓间最大距离大于400mm时，应在端板中间增设一对螺栓。

（5）当端板连接只承受轴向力和弯矩作用或剪力小于其抗滑移承载力时，端板表面可不做摩擦面处理。当有吊车时，应采用高强度螺栓摩擦型连接。

（6）端板连接应按所受最大内力和按能够承受不小于较小被连接截面承载力的一半设计，并取两者的大值。

2. 端板连接节点设计

端板连接节点设计应包括连接螺栓设计、端板厚度确定、节点域剪应力验算、端板螺栓处构件腹板强度、端板连接刚度验算，详见现行国家标准《门式刚架轻型房屋钢结构技术规范》GB 51022的有关规定。

3. 屋面梁与摇摆柱连接节点

屋面梁与摇摆柱连接节点应设计成铰接节点，采用端板横放的顶接连接方式。

4. 吊车梁构造和连接节点

（1）焊接吊车梁的翼缘板与腹板的拼接焊缝宜采用加引弧板的熔透对接焊缝，引弧板割去处应予打磨平整。焊接吊车梁的翼缘与腹板的连接焊缝严禁采用单面角焊缝。

（2）在焊接吊车梁或吊车桁架中，焊透的T形接头宜采用对接与角接组合焊缝(图7-13)。吊车梁腹板宜机械加工开坡口，其坡口角度应按腹板厚度以焊透要求为前提，但宜满足图7-13中规定的焊脚尺寸的要求。

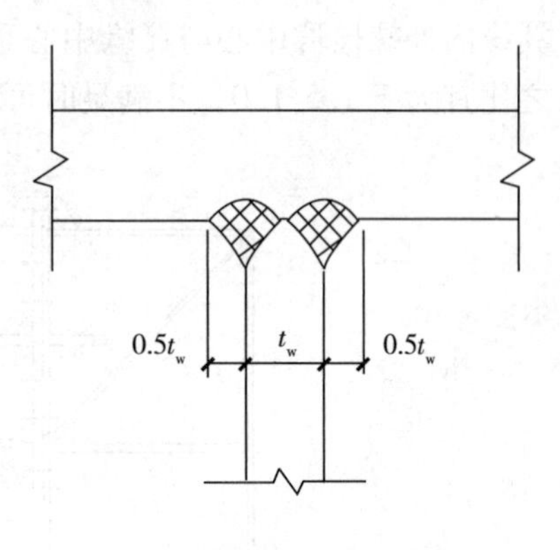

图7-13　焊透的T形连接焊缝

t_w—腹板厚度

（3）焊接吊车梁的横向加劲肋不得与受拉翼缘相焊，但可与受压翼缘焊接。横向加劲肋宜在距受拉下翼缘50～100mm处断开（图7-14），其与腹板的连接焊缝不宜在肋下端起落弧。当吊车梁受拉翼缘与支撑相连时，不宜采用焊接。

（4）吊车梁与制动梁的连接，可采用高强度螺栓摩擦型连接或焊接。吊车梁与刚架上柱的连接处宜设长圆孔（图7-15a）；吊车梁与牛腿处垫板宜采用焊接连接（图7-15b）；吊车梁之间应采用高强度螺栓连接。

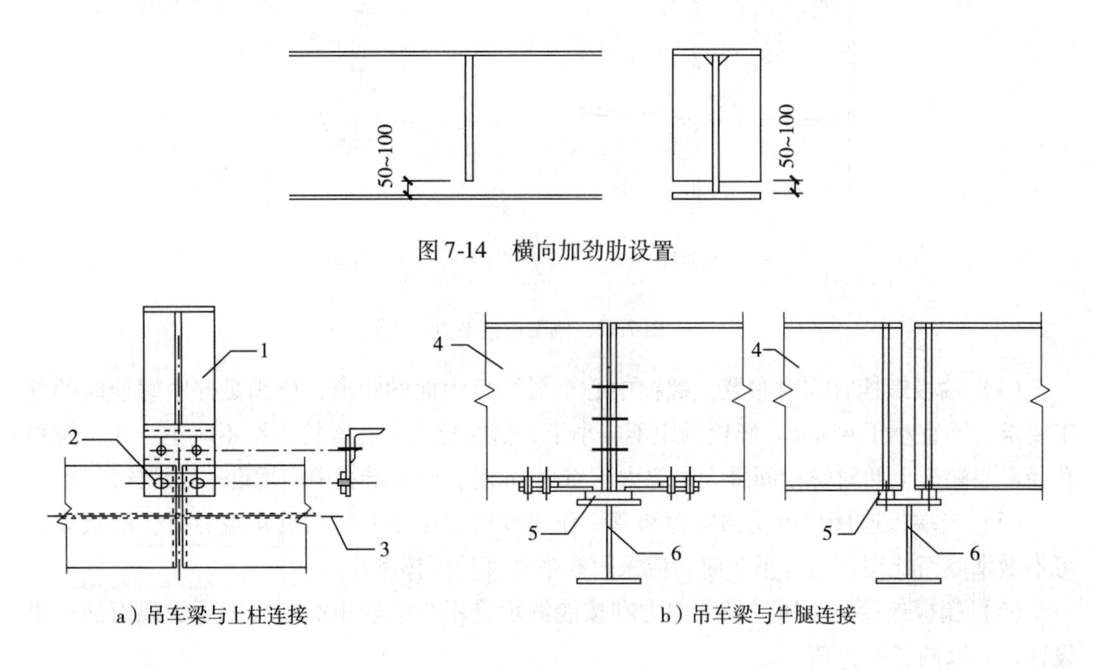

图7-14　横向加劲肋设置

a）吊车梁与上柱连接　　b）吊车梁与牛腿连接

图7-15　吊车梁连接节点

1—上柱　2—长圆孔　3—吊车梁中心线　4—吊车梁　5—垫板　6—牛腿

（5）用于支承吊车梁的牛腿可做成等截面，也可做成变截面；采用变截面牛腿时，牛腿悬臂端截面高度不应小于根部高度的1/2（图7-16）。柱在牛腿上、下翼缘的相应位置处应设置横向加劲肋；在牛腿上翼缘吊车梁支座处应设置垫板，垫板与牛腿上翼缘连接应采用围焊；在吊车梁支座对应的牛腿腹板处应设置横向加劲肋。牛腿与柱连接处承受剪力V和弯矩M的作用，其截面强度和连接焊缝应按现行国家标准《钢结构设计标准》GB 50017的规定进行计算，弯矩M应按下式计算：

$$M = Ve \tag{7-14}$$

式中　V——吊车梁传来的剪力（N）；

e——吊车梁中心线离柱面的距离（mm）。

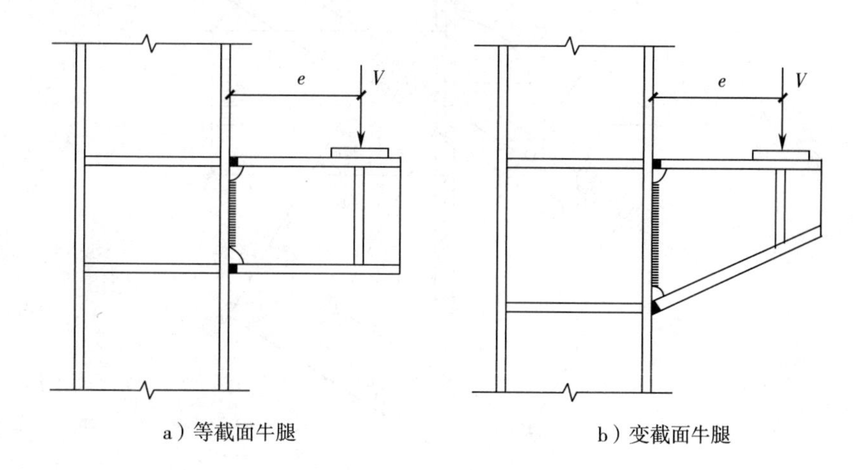

a）等截面牛腿　　b）变截面牛腿

图 7-16　牛腿节点

5. 夹层梁与柱连接节点

在设有夹层的结构中，夹层梁与柱可采用刚接，也可采用铰接。当采用刚接连接时，夹层梁翼缘与柱翼缘应采用全熔透焊接，腹板采用高强度螺栓与柱连接。柱与夹层梁上、下翼缘对应处应设置水平加劲肋。

6. 系杆与刚架梁柱连接节点

系杆与刚架梁柱连接应设计成铰接节点，可采用普通螺栓连接（图 7-17）。对于钢管系杆，钢管端部应设置封头板，对于双角钢系杆，应沿系杆长度方向每隔一定距离设置垫块以保证其协调工作。

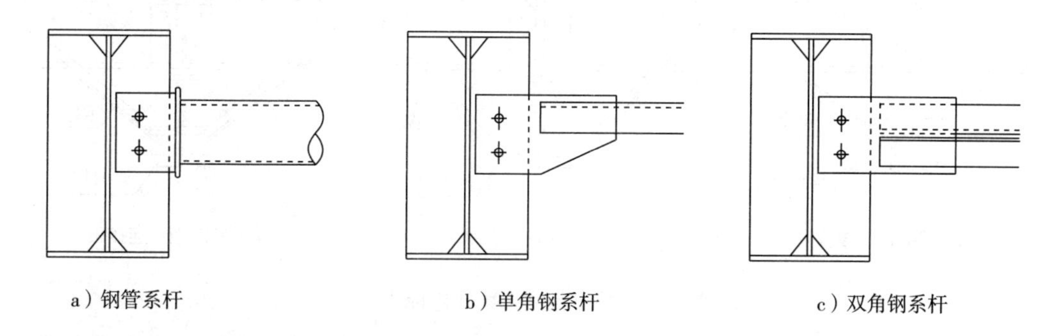

a）钢管系杆　　b）单角钢系杆　　c）双角钢系杆

图 7-17　系杆与刚架梁柱连接节点

7. 支撑与刚架构件的连接

圆钢支撑与刚架构件的连接，可设节点板，也可在刚架构件腹板外侧加弧形支承板或楔形垫块。当腹板厚度小于或等于 5mm 时，对支撑孔周围加强圆钢端部应设可张紧装置，支撑就位后，应将圆钢支撑张紧。支撑节点如图 7-18 所示。

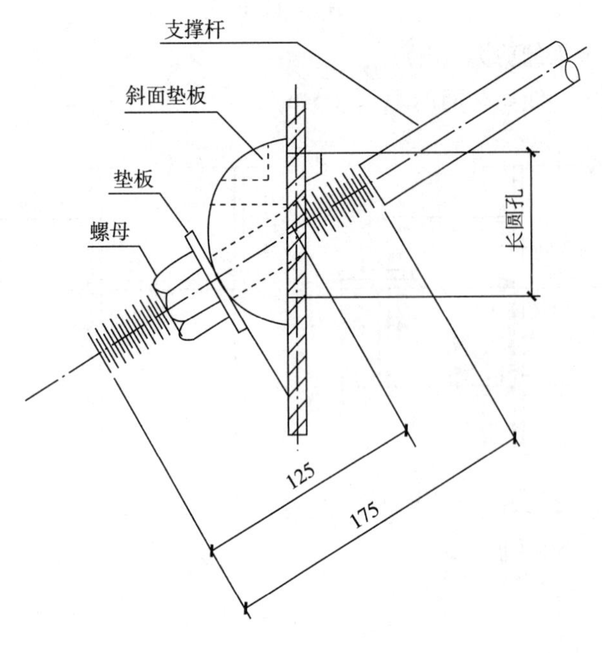

图 7-18　支撑节点

8. 隅撑与刚架连接节点

在刚架柱内侧翼缘的受压区，至少在靠近斜梁连接端下部应设置隅撑，其他处要视柱子高度和内侧翼缘受压情况决定隅撑设置的数量。如图 7-19 所示，隅撑可连接在刚架构件受压侧附近的腹板上；也可连接在受压翼缘上；也可在靠受压侧设置连接板，隅撑连接在连接板上。隅撑与刚架和檩条连接可采用普通螺栓，每端可设置一个螺栓。

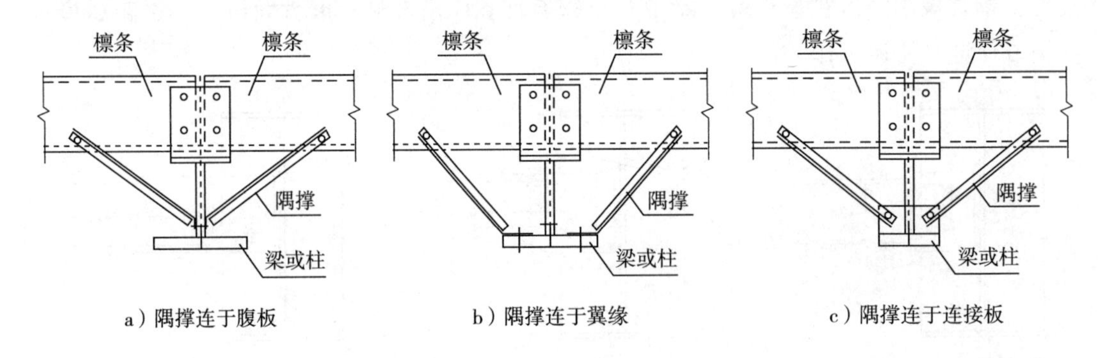

a）隅撑连于腹板　　b）隅撑连于翼缘　　c）隅撑连于连接板

图 7-19　隅撑与刚架梁柱连接节点

隅撑宜采用单角钢端部弯折与斜梁下翼缘（或柱内翼缘）螺栓连接，或在距翼缘不大于 100mm 处与腹板处相连，夹角宜为 45°（图 7-20）。

9. 托梁连接节点

抽柱处托架或托梁宜与柱采用铰接连接（图 7-21a）。当托架或托梁挠度较大时，也可采用刚接连接，但柱应考虑由此引起的弯矩影响。屋面梁搁置在托架或托梁上宜采用铰接连接（图 7-21b），当采用刚接，则托梁应选择抗扭性能较好的截面。托架或托梁连接尚应考虑屋面梁产生的水平推力。

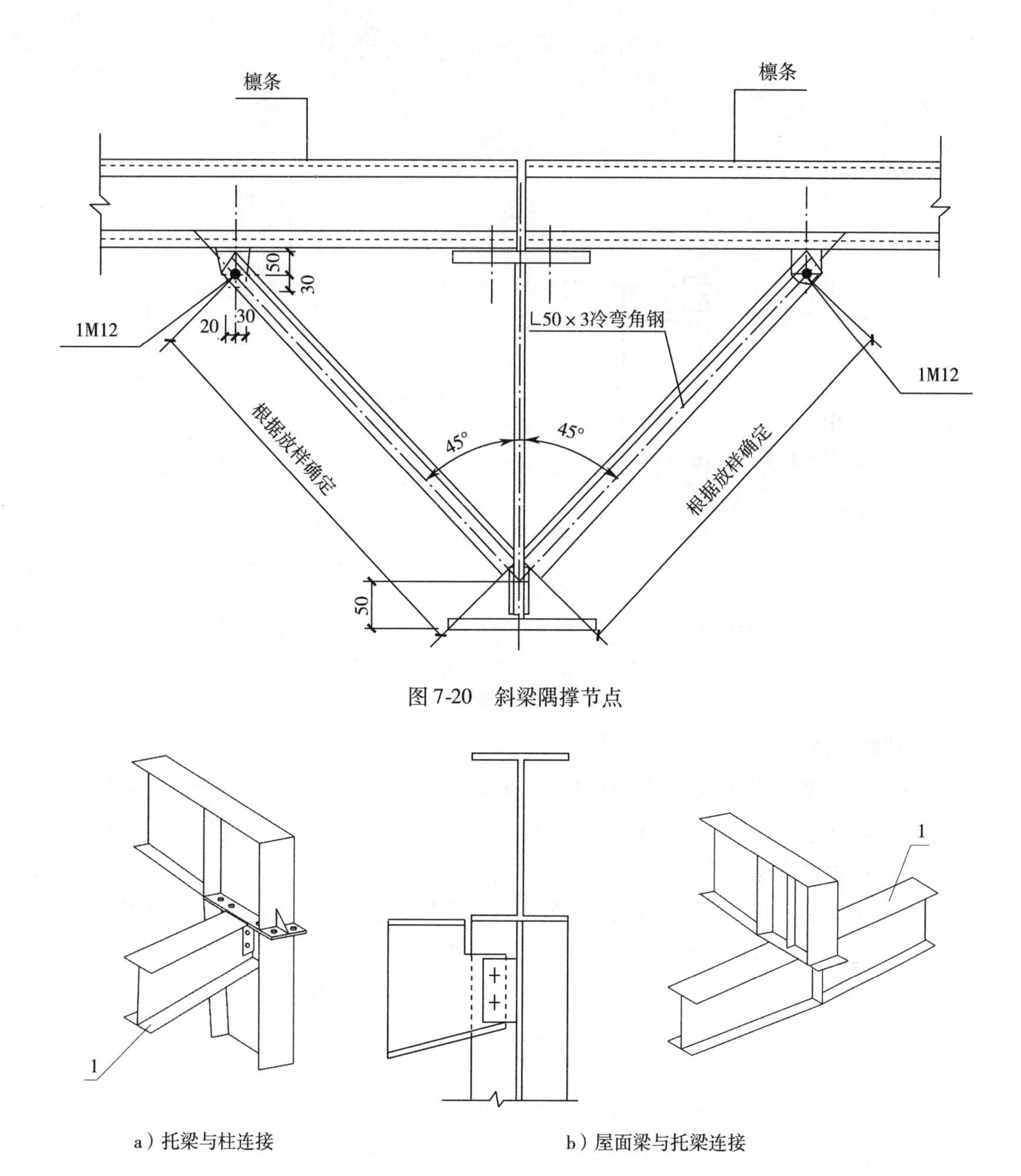

图 7-20　斜梁隅撑节点

a）托梁与柱连接

b）屋面梁与托梁连接

图 7-21　托梁连接节点

1—托梁

10. 女儿墙连接节点

女儿墙立柱可直接焊于屋面梁上（图 7-22），应按悬臂构件计算其内力，并应对女儿墙立柱与屋面梁连接处的焊缝进行计算。

11. 气楼设置

气楼或天窗可直接焊于屋面梁或槽钢托梁上，当气楼间距与屋面钢梁相同时，槽钢托梁可取消。气楼支架及其连接应进行计算。

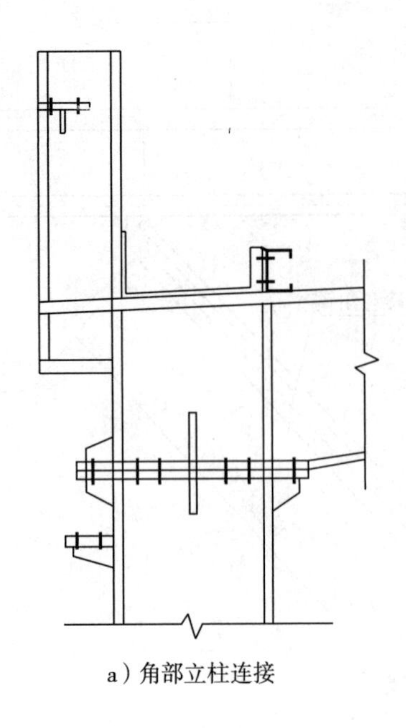

a）角部立柱连接

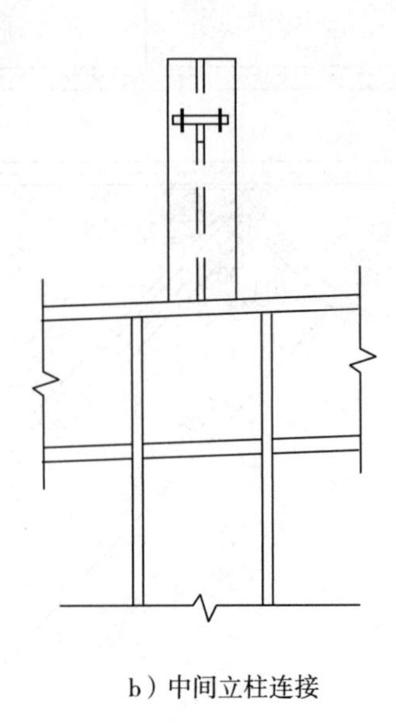

b）中间立柱连接

图 7-22　女儿墙连接节点

12. 柱脚节点

（1）门式刚架柱脚通常采用铰接柱脚，地脚螺栓的数量视柱脚大小而定，可以是一对或两对。高度较高的门式刚架以及设有吊车的工业厂房或抽柱的房屋，宜采用刚接柱脚，也可将柱脚直接埋入基础中，成为埋入式柱脚。

（2）计算带有柱间支撑的柱脚锚栓在风荷载作用下的上拔力时，应计入柱间支撑产生的最大竖向分力，且不考虑活荷载、雪荷载、积灰荷载和附加荷载影响，恒载分项系数应取 1.0。计算柱脚锚栓的受拉承载力时，应采用螺纹处的有效截面面积。

（3）柱脚底板的厚度按计算求得，一般底板厚度不小于 16mm，且不小于柱翼缘厚度的 1.5 倍。

（4）带靴梁的锚栓不宜受剪，柱底受剪承载力按底板与混凝土基础间的摩擦力取用，摩擦系数可取 0.4，计算摩擦力时应考虑屋面风吸力产生的上拔力的影响。当剪力由不带靴梁的锚栓承担时，应将螺母、垫板与底板焊接，柱底的受剪承载力可按 0.6 倍的锚栓受剪承载力取用。当柱底水平剪力大于受剪承载力时，应设置抗剪键。

当需要设置抗剪键时，抗剪键可采用钢板、角钢或工字钢等垂直焊于柱底板的底面，并应对其截面和连接焊缝的受剪承载力进行计算。抗剪键不应与基础表面的定位钢板接触。

（5）门式刚架钢结构柱脚锚栓按承受拉力设计，计算时不考虑锚栓承受水平力。锚栓直径的确定除按计算求得外，还应考虑构造要求，以及工程上实际可能承受部分剪力等不利因素，直径不宜太小。锚栓应采用双螺母，锚栓应有足够锚固长度或在端部设置锚板，且应符合现行国家标准《混凝土结构设计规范》GB 50010 的有关规定。锚栓的最

小锚固长度 l_a（投影长度）应符合表 7-14 的规定，且不应小于 200mm。锚栓直径 d 不宜小于 24mm，且应采用双螺母。

表 7-14　门式刚架钢结构柱脚锚栓的最小锚固长度

螺栓钢材	混凝土强度等级					
	C25	C30	C35	C40	C45	≥C50
Q235	$20d$	$18d$	$16d$	$15d$	$14d$	$14d$
Q345	$25d$	$23d$	$21d$	$19d$	$18d$	$17d$

第8章 多层钢结构

GB 50017—2017将10层以下、总高度小于24m的民用建筑和6层以下、总高度小于40m的工业建筑定义为多层钢结构。其中民用建筑层数和高度的界限与我国建筑防火规范相协调，工业建筑一般层高较高，根据实际工程经验确定。

8.1 基本规定

8.1.1 一般规定

（1）非抗震设计的多层钢结构可用纯框架体系，柱与梁均采用刚接，当框架计算方向的柱子数较多时，可采用部分铰接。

（2）非抗震设计的多层钢结构，也可采用梁柱均铰接的框架体系，但宜在部分柱间设置中心支撑组成支撑框架。

（3）有抗震设防要求的多层钢结构，可采用两向均为刚接的框架体系。多层及较低的高层钢结构，在低烈度设防地区，框架的部分跨间或某一方向的梁柱之间可采用部分铰接，同时设置中心支撑承担水平力。

（4）在非抗震设防区或7度（含7度）以下抗震设防区的多层结构中，各层楼盖可采用叠合板上浇整浇层的后浇整体式组合楼盖，但预制叠合板应与楼面钢梁可靠连接，以保持钢梁的稳定和楼面的整体性。当楼面开孔对上述功能有影响时，则应增设楼面水平支撑加强。对8度（含8度）以上的抗震设防区，宜采用钢梁上现浇板的组合楼盖。

侧向支撑体系的设置，应考虑结构刚度、传力直接、平面与竖向布置不产生偏心与突变等要求外，尚须使侧向传力体系之间楼盖的长宽比不宜大于3。

（5）多层房屋框架的布置应遵循下列原则：

1）框架布置除考虑结构设计原则外尚应考虑建筑物内房间的划分、建筑物的平立面设计等使用功能要求，并与建筑物整体布置综合考虑确定。

2）合理的确定柱距柱网、平面模数（即采用同一或乘以系数的尺寸）与基本区格，使结构成为布置有序、承载可靠的工作体系。并与电（楼）梯间等有特殊功能的隔间相配合，使建筑物内的结构件、隔墙、楼盖等均可形成有规则的标准尺寸。

柱网的最优间距要注意到建筑的耗钢量，一般建筑物愈低，其柱网尺寸宜偏小。当有地下车库时柱距尚应考虑停车位的净空要求。

3）立面布置时应使柱能沿建筑物全高通过而不致中途切断，即避免出现悬空柱和高度不一致的错层。当房屋纵向高低相差较大或刚度相差较大时，宜设防震缝分隔为两个结构单元。房屋横向高差较大时，宜设置传递水平力的体系。

4）多层钢结建筑物的最大伸缩缝区段长度一般可为150m左右，当外墙为砖墙时一般可取60~90m。此外，在同一多层建筑中当高度相差较多时，为了避免不均匀沉降的影响，可设置自上而下的沉降缝（兼作防震缝）分离建筑物。

5）对多层钢结构的变位及振幅的限制，可采用控制水平荷载作用下的位移限值予以保证。当为多层民用建筑时，其在风荷载组合下的框架柱顶总侧移不宜超过1/500H（H为框架总高度），层间相对水平位移不宜超过1/400h（h为层间高度）。当装饰要求较高时，其层间相对位移宜适当从严限制。

（6）楼盖梁的布置宜采用平接方案，即主梁和次梁均布置在同一层平面内；次梁与主梁的连接一般为铰接构造，有必要时，也可采用次梁端为刚接连接的连续构造。

（7）多层钢结构采用的钢材，可采用Q235或Q345等牌号钢。位于地震区重要的多层建筑的钢材，可选用符合现行行业标准《高层建筑结构用钢板》YB 4104的板材。当板材厚度等于或大于40mm，并要求抗层状撕裂性能时，应选用要求具有厚度方向性能的钢材。

（8）多层建筑的基本风压值W_0应按现行国家标准《建筑结构荷载规范》GB 50009中规定的数值采用，对重要建筑可乘以系数1.1采用。当建筑物高度大于30m，且高宽比H/B大于1.5时，计算风荷载时应计入顺风向的风振系数。

8.1.2 支撑体系

（1）支撑的截面宜选用抗压、抗拉承载性能良好的型钢截面，如宽翼缘H型钢或槽钢、角钢组合截面以及焊接H型钢截面。

（2）非抗震设防区结构的中心支撑，当按拉杆设计时其长细比宜不大于350 $\sqrt{235/f_y}$，当按压杆设计时其长细比宜不大于150 $\sqrt{235/f_y}$。

（3）十字形交叉支撑宜按拉杆设计，其两交叉支撑杆应取相同截面并均不中断，当交叉支撑的杆件长细比等于或小于150时，在计算交叉支撑的强度和刚度时应计及另一杆（压杆）的强度和刚度。

（4）人字形支撑的斜杆应同时分别按拉杆和压杆计算，并按压杆选择截面，其长细比不宜大于120 $\sqrt{235/f_y}$。当楼盖梁兼作支撑横杆时，斜杆尚应计及楼盖梁传来的垂直荷载。横杆在交叉点应连续贯通不得断开。楼盖梁兼作支撑横杆时，其计算应不考虑人字支撑的支承作用。

（5）V形支撑的设计与人字形支撑相同。但当斜杆与横梁的连接采用只传递水平力不传递垂直力的构造时，则斜杆可不考虑横梁传来的垂直力。

（6）当多层钢结构的柱计算计及$p-\Delta$效应，即框架整体按弱支撑计算时，垂直支撑的计算尚应计入因水平位移由重力荷载所产生的楼层附加剪力。

（7）当多层房屋钢结构的层数较少时（如5层及以下），由重力荷载使柱产生弹性压缩变形，而引起柱间支撑产生的附加压应力可忽略不计。

8.1.3 柱及框架

（1）一般常用的柱截面形式如图8-1所示，有H型钢（热轧或焊接）柱、箱形（或方管混凝土）柱、十字形柱（H型钢与剖分T型钢组合）与圆管（或钢管混凝土）柱等。

图8-1 常用的柱截面形式

（2）非抗震设计时，柱的长细比不宜大于120 $\sqrt{235/f_y}$，其组成板件的宽厚比的限值应符合现行国家标准《钢结构设计标准》GB 50017。

（3）多层钢结构房屋的结构分析，应根据其抗侧力体系的类型分别按下列情况进行计算：

1）框架结构应根据现行国家标准《钢结构设计标准》GB 50017的规定采用一阶弹性分析或二阶弹性分析。

2）框架－支撑体系和垂直支撑＋框架体系，应按现行国家标准《钢结构设计标准》GB 50017的规定确定其为强支撑体系和弱支撑体系。

当为强支撑体系时，框架柱在垂直荷载下按无侧移框架计算，其侧力按框架与支撑刚度进行分配后的值计算，或为安全计框架侧力按不小于0.2总侧力计算，支撑则按承受全部侧力进行计算。

当为弱支撑体系时，框架柱在垂直荷载下的计算按有侧移框架计算，支撑除承受由刚度分配得来的剪力外，尚应增加按有侧移框架所产生的剪力。

（4）采用以上不同的框架计算方法时，柱的计算长度系数应按现行国家标准《钢结构设计标准》GB 50017确定。

8.2 节点构造

8.2.1 梁与柱连接节点

（1）梁与柱连接的节点，根据多层钢结构体系的情况，节点可分为框架梁柱刚接节点和梁与柱铰接节点。梁与柱的连接宜采用柱贯通型。

（2）柱在两个互相垂直的方向都与梁刚接时宜采用箱形截面，并在梁翼缘连接处设置隔板；隔板采用电渣焊时，柱壁板厚度不宜小于16mm，小于16mm时可改用工字形柱或采用贯通式隔板。当柱仅在一个方向与梁刚接时，宜采用工字形截面，并将柱腹板置于刚接框架平面内。

（3）工字形柱（绕强轴）和箱形柱与梁刚接时（图8-2），应符合下列要求：

1）梁翼缘与柱翼缘间应采用全熔透坡口焊缝；一、二级时，应检验焊缝的V形切口冲击韧性，其夏比冲击韧性在 -20℃时不低于27J。

2）柱在梁翼缘对应位置应设置横向加劲肋（隔板），加劲肋（隔板）厚度不应小于梁翼缘厚度，强度与梁翼缘相同。

3）梁腹板宜采用摩擦型高强度螺栓与柱连接板连接（经工艺试验合格能确保现场焊接质量时，可用气体保护焊进行焊接）；腹板角部应设置焊接孔，孔型应使其端部与梁翼缘和柱翼缘间的全熔透坡口焊缝完全隔开。

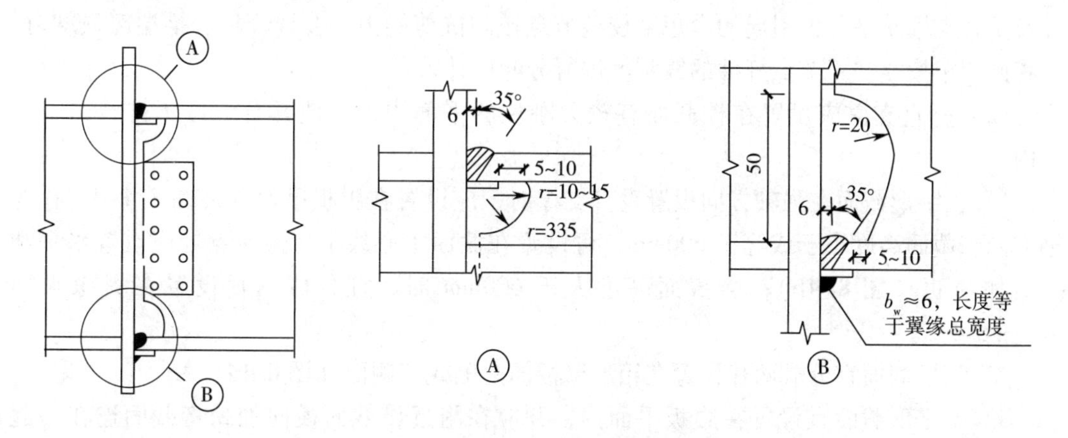

图8-2　框架梁与柱的现场连接

4）腹板连接板与柱的焊接，当板厚不大于16mm时应采用双面角焊缝，焊缝有效厚度应满足等强度要求，且不小于5mm；板厚大于16mm时采用K形坡口对接焊缝。这两种焊缝宜采用气体保护焊，且板端应绕焊。

5）焊缝质量等级为一级和二级时，宜采用能将塑性按自梁端外移的端部扩大形连接、梁端加盖板或骨形连接。

（4）框架梁采用悬臂梁段与柱刚性连接时，悬臂梁段与柱应采用全焊接连接，此时上下翼缘焊接孔的形式宜相同；梁的现场拼接可采用翼缘焊接腹板螺栓连接或全部螺栓连接（图8-3）。

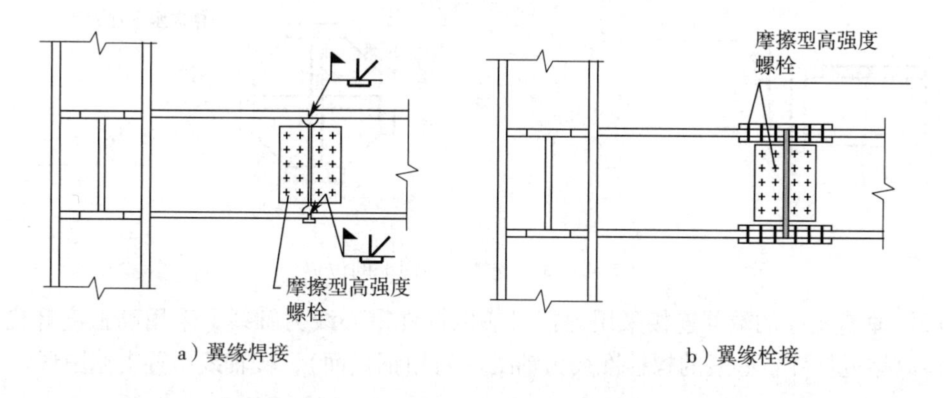

a）翼缘焊接　　　　b）翼缘栓接

图8-3　框架柱与梁悬臂段的连接

（5）箱形柱在与梁翼缘对应位置设置的隔板，应采用全熔透对接焊缝与壁板相连。工字形柱的横向加劲肋与柱翼缘，应采用全熔透对接焊缝连接，与腹板可采用角焊缝连接。

8.2.2 垂直支撑

（1）垂直支撑宜按以梁、柱重心线的交点来确定几何图形。当梁为组合梁且截面高度较高，按相交于梁柱重心来设计垂直支撑会在节点构造上引起很大的不便时，可使支撑交汇于梁上下翼缘延长线与柱重心线的相交点来确定几何图形。此时，节点域计算应计及垂直支撑水平分力引起的弯矩来校核节点域的抗剪能力。在计算柱、梁端部强度时，应将此弯矩按相交于节点杆件的线刚度进行分配后计入。

（2）垂直支撑应设置在柱截面有较大刚性的平面内，并使其合力位于柱截面重心线内。

1）工字形截面在强轴方向设置垂直支撑时，应设置在腹板平面内（图 8-4a）；在弱轴方向当截面高度小于或等于 600mm，可设置在截面中心线上，但节点处应设置水平和垂直加劲肋（图 8-4b）；当截面高度大于 600mm 时，宜分成两片设置在翼缘平面内(图 8-4c)。

2）箱形截面宜分成两片设置在箱形壁板的一侧或其侧面（图 8-4d）。

3）十字形截面宜设置在腹板平面内，并应在附近设截面横向加劲将截面连在一起(图 8-4e)。

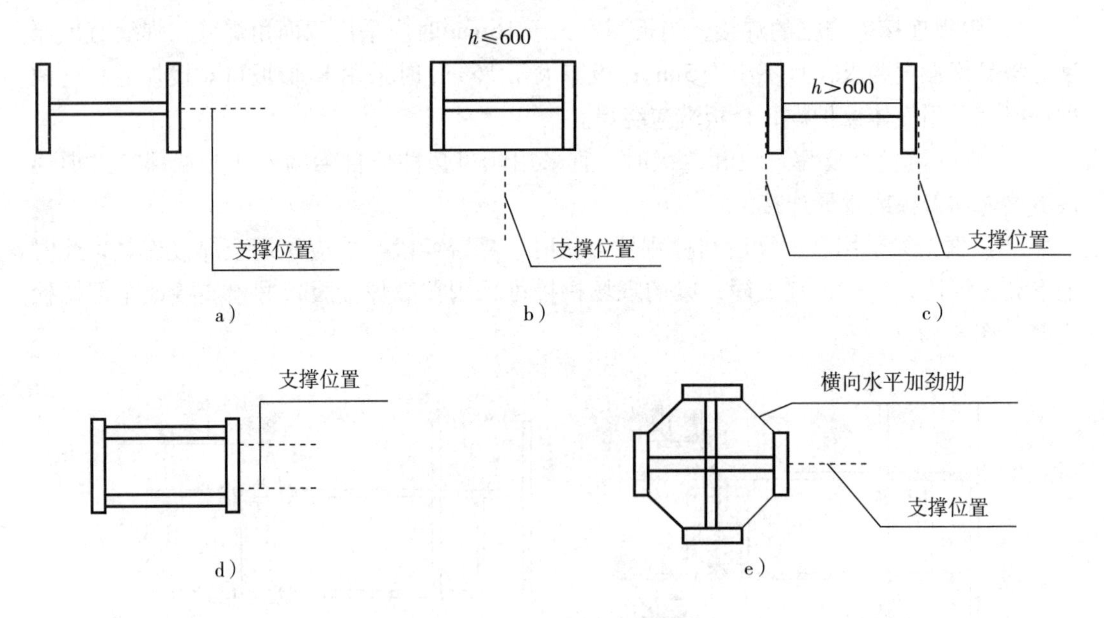

图 8-4　垂直支撑在截面上的位置

（3）垂直支撑的端部连接采用焊接时应以杆件重心线为轴线，采用高强度螺栓连接时，应以靠近杆件重心线的螺栓准线为轴线（对角钢截面），按轴线布置支撑图形。

8.2.3 框架柱

（1）柱的安装段一般取柱长为 10～12m，即 3～4 层楼层设置一现场接头，位置距楼层面为1~1.3m，其接头详细构造与高层建筑钢结构相同，接头宜按等强度设计，如有确实依据亦可按节点处的最不利弯矩、轴力与剪力组合来设计接头连接。

（2）多层厂房沿柱全高需变换截面时，一般采用两种办法：

1）变翼缘厚度，变换位置可在刚架节点附近。

2）变换截面高度，位置在刚架节点处。

8.2.4 梁柱构件的侧向支承

（1）梁柱构件受压翼缘应根据需要设置侧向支承。

（2）梁柱构件在出现塑性铰的截面，上下翼缘均应设置侧向支承。

（3）相邻两侧向支承点间的构件长细比，应符合现行国家标准《钢结构设计标准》GB 50017 的有关规定。

8.2.5 水平支撑

楼盖开孔设置楼盖水平支撑时，一般宜设置在次梁下翼缘平面内，亦可利用次梁作为撑杆，次梁与主梁的连接应为平接，并应对连接进行所传递水平力的验算。当次梁长度内有水平支撑的相交节点时，应在次梁相交节点的相应上、下翼缘间设横向加劲肋，以减少截面的差异变形。

8.2.6 柱脚

框架柱的柱脚宜采用刚接的外露式柱脚，当有条件时亦可采用外包式柱脚。外露式柱脚宜采用带靴梁的构造。当一个方向的弯矩（M_x）远大于另一个方向的弯矩（M_y），或仅有一个方向有弯矩时，其柱脚的构造可参考单层工业厂房刚接柱的柱脚构造；当两个方向的弯矩接近时，可参考高层钢结构的刚性柱脚构造。

当柱脚剪力 V 大于 $0.4N$（N 为相应组合的轴力）时，柱脚底部应设置抗剪键以传递剪力。$V \leqslant 0.4N$ 时可按柱底摩擦力传力计算。柱脚设靴梁时应假定弯矩全部由靴梁传递。

8.3 抗震措施

8.3.1 一般规定

（1）位于地震区的多层钢结构，其整体布置应符合抗震概念设计的要求。尤其要注意多层钢结构的平面布置应考虑柱网及梁系布置合理，每层楼盖平面内的主要框架柱的两个主轴方向均应有平台梁或特设压杆支撑，建筑物平面及竖向规则，抗侧力体系所形成的刚度中心与建筑物形心宜接近，构件传力明确类型统一，节点构造简捷可靠。

（2）各层楼（屋）盖应采用刚性铺板，如现浇钢筋混凝土板或装配整体式结构，楼板主、次梁的布置宜采用平接连接。当楼盖开孔较大或可能产生较大地震作用的部位，应布置楼面水平传力体系（如支撑）并进行验算。现浇或装配式楼板应与主次梁锚接。

（3）多层钢结构的抗侧力体系采用垂直支撑时宜采用中心支撑，并宜布置在荷载较大的柱间，且在同一柱间上、下贯通连续布置。其支撑形式应优先选用十字交叉支撑，亦可选用单斜杆支撑或人字形支撑，采用单斜杆支撑时应在相对应的柱间成对反向设置，并应控制其截面面积差不得超过10%。

（4）多层钢结构的楼层宜布置在同一水平标高面，当不得已采用错层时，除在构造上尽量予以加强（如加隅撑等）外，并应复核错层所形成节点域的抗剪能力。

8.3.2 荷载作用要求

（1）多层建筑钢结构竖向作用中各楼层的活荷载、自重、雪荷载的标准值应按现行国家标准《建筑结构荷载规范》GB 50009 的规定采用，在计算各层的活荷载标准值时应计入该规范规定的折减系数。

（2）按竖向荷载计算构件效应时，可仅考虑各跨满载的情况。但当无地震作用组合时，其各跨活荷载的布置应按构件不利状态考虑。

（3）多层建筑钢结构任意高度处的风荷载标准值中的风振系数 β_z，仅在建筑高度大于30m 且高宽比大于1.5 时考虑，其他情况按 $\beta_z = 1.0$ 考虑。

（4）地震作用计算中重力荷载代表值应取结构自重和活荷载（可变荷载）组合值之和；其组合值系数见现行国家标准《建筑抗震设计规范》GB 50011 的规定。

8.3.3 作用效应计算要求

（1）按多遇地震作用计算多层钢结构的作用效应时，应将各层荷载分层集中于楼面或屋面形成质点，将质点荷载转化为水平地震作用再进行地震作用效应计算。

（2）按多遇地震作用计算多层钢结构时，应分别按结构的两个主轴计算地震作用效应（一般为结构的纵轴与横轴）计算，此时，应按此两个方向布置的抗侧力体系来分析。

（3）当结构不能按平面结构假定，即质点变位为二维或三维或结构沿立面刚度有变化时，其水平地震作用可采用振型分解反应谱法。

（4）多层房屋钢结构求得水平地震作用后，尚应按标准荷载组合验算结构的层间侧移标准值，不得超过结构层高的1/300。当以钢筋混凝土结构为主要抗侧力构件时，其侧移限值应符合现行行业标准《高层建筑混凝土结构技术规程》JGJ 3 的规定。

8.3.4 构件设计要求

（1）当钢结构房屋的抗侧力体系为纯框框架结构时，可考虑采用二阶弹性分析。计算结构的侧移时可不考虑梁柱节点域变形的影响。

（2）框架柱的长细比限值和梁柱板件的宽厚比限值，应符合现行国家标准《钢结构设计标准》GB 50017 和《建筑抗震设计规范》GB 50011 的规定。

（3）结构构件和连接在包括地震作用的组合下的抗震验算，应计入抗震调整系数 γ_{RE}，其数值按现行国家标准《建筑抗震设计规范》GB 50011 取用。

（4）中心支撑的长细比和板件宽厚比限值按现行国家标准《钢结构设计标准》GB 50017 取用，计算有地震作用组合的支撑压杆截面时，应按现行行业标准《高层民用建筑钢结构技术规程》JGJ 99 的规定取用。

8.3.5 钢框架结构抗震构造要求

（1）房屋钢结构主要构件的工厂拼接，一般采用加引弧板的全熔透焊接连接，其节点连接可采用焊接、高强螺栓连接或栓焊连接。

结构构件的连接应按地震组合内力进行设计，并应进行最大承载力的验算。

（2）当节点域的腹板厚度不满足抗震承载力验算的规定时，应采取加厚柱腹板或采取贴焊补强板的措施。补强板的厚度及其焊缝应按传递补强板所分担剪力的要求设计。

（3）梁与柱刚性连接时，柱在梁翼缘上下各 500mm 的范围内，柱翼缘与柱腹板间或箱形柱壁板间的连接焊缝应采用全熔透坡口焊缝。

（4）框架柱的接头距框架梁上方的距离，可取 1.3m 和柱净高一半两者的较小值。

上下柱的对接接头应采用全熔透焊缝，柱拼接接头上下各 100mm 范围内，工字形柱翼缘与腹板间及箱形柱角部壁板间的焊缝，应采用全熔透焊缝。

（5）钢结构的刚接柱脚宜采用埋入式，也可采用外包式；抗震设防烈度为 6 度、7 度且高度不超过 50m 时也可采用外露式。

（6）在有地震作用组合的支撑节点及其连接，应对支撑节点板的厚度、支撑杆件与节点板的连接、节点板与梁（或柱）的连接分别进行验算。

（7）为了防止在梁柱节点附近出现塑性铰时平面外侧向无支承而失稳（需截面上、下翼缘处均有支承），在一般情况下，楼面梁布置时，优先考虑将靠近节点的次梁形成能支承主梁的侧向支承。

要求采用罕遇地震作用计算的框架系统，应注意梁、柱构件的侧向支承，并使其符合可能出现塑性铰对支承点及支承长度的要求。

第9章 高层房屋钢结构

现行行业标准《高层民用建筑钢结构技术规程》JGJ 99 规定：高层民用建筑系指10层及10层以上或房屋高度大于28m的住宅建筑以及房屋高度大于24m的其他高层民用建筑。房屋高度系指自室外地面至房屋主要屋面的高度，不包括突出屋面的电梯机房、水箱、构架等高度。

9.1 基本规定

9.1.1 一般规定

（1）高层民用建筑的抗震设防烈度必须按国家审批、颁发的文件确定。一般情况下，抗震设防烈度应采用根据中国地震动参数区划图确定的地震基本烈度。

（2）抗震设计的高层民用建筑，应按现行国家标准《建筑工程抗震设防分类标准》GB 50223 的规定确定其抗震设防类别。

（3）抗震设计的高层民用建筑的结构体系应符合以下要求：

1）应具有明确的计算简图和合理的地震作用传递途径。

2）应具有必要的承载能力，足够大的刚度，良好的变形能力和消耗地震能量的能力。

3）应避免因部分结构或构件的破坏而导致整个结构丧失承受重力荷载、风荷载和地震作用的能力。

4）对可能出现的薄弱部位，应采取有效的加强措施。

（4）高层民用建筑的结构体系尚宜符合以下要求：

1）结构的竖向和水平布置宜使结构具有合理的刚度和承载力分布，避免因刚度和承载力突变或结构扭转效应而形成薄弱部位。

2）抗震设计时宜具有多道防线。

（5）高层民用建筑的填充墙、隔墙等非结构构件宜采用轻质板材，应与主体结构可靠连接。房屋高度不低于150m的高层民用建筑外墙宜采用建筑幕墙。

（6）高层民用建筑钢结构构件的钢板厚度不宜大于100mm。

9.1.2 结构体系和选型

（1）高层民用建筑钢结构可采用下列结构体系：

1）框架结构。

2）框架－支撑结构，包括框架－中心支撑、框架－偏心支撑和框架－屈曲约束支撑结构。

3）框架－延性墙板结构。

4）筒体结构，包括框筒、筒中筒、桁架筒和束筒结构。

5）巨型框架结构。

（2）房屋高度不超过50m的高层民用建筑可采用框架、框架－中心支撑或其他体系的结构；超过50m的高层民用建筑，抗震设防烈度为8度、9度时宜采用框架－偏心支撑、框架－延性墙板或屈曲约束支撑等结构。高层民用建筑钢结构不应采用单跨框架结构。

（3）非抗震设计和抗震设防烈度为6度至9度的乙类和丙类高层民用建筑钢结构适用的最大高度应符合表9-1的规定。

表9-1　高层民用建筑钢结构适用的最大高度　（单位：m）

结构体系	6度、7度	7度	8度		9度	非抗震设计
	(0.10g)	(0.15g)	(0.20g)	(0.30g)	(0.40g)	
框架	110	90	90	70	50	110
框架－中心支撑	220	200	180	150	120	240
框架－偏心支撑、框架－屈曲约束支撑、框架－延性墙板	240	220	200	180	160	260
筒体（框筒、筒中筒、桁架筒、束筒），巨型框架	300	280	260	240	180	360

注：1. 房屋高度指室外地面到主要屋面板板顶的高度（不包括局部突出屋顶部分）。

2. 超过表内高度的房屋，应进行专门研究和论证，采取有效的加强措施。

3. 表内筒体不包括混凝土筒。

4. 框架柱包括全钢柱和钢管混凝土柱。

5. 甲类建筑，6度、7度、8度时宜按本地区抗震设防烈度提高1度后符合本表要求，9度时应专门研究。

（4）高层民用建筑钢结构的高宽比不宜大于表9-2的规定。

表9-2　高层民用建筑钢结构适用的最大高宽比

烈度	6、7	8	9
最大高宽比	6.5	6.0	5.5

注：1. 计算高宽比的高度从室外地面算起。

2. 当塔形建筑底部有大底盘时，计算高宽比的高度从大底盘顶部算起。

9.1.3　水平位移限值

在正常使用条件下，高层民用建筑钢结构应具有足够的刚度，避免产生过大的位移而影响结构的承载能力、稳定性和使用要求。高层民用建筑钢结构层间位移限值见表9-3。

表 9-3　高层民用建筑钢结构层间位移限值

受力情况	项目	层间位移与层高之比	备注
风荷载和多遇地震情况	弹性层间位移与层高之比	≤1/250	顺风向风振：顺风向层间位移分别满足 扭转风振：顺风向、横风向层间位移分别满足 顺风向＋横风向风振：顺风向、横风向层间位移分别满足
罕遇地震情况	薄弱层或薄弱部位弹塑性层间位移与层高之比	≤1/50	

9.1.4　承载力设计限值

现行行业标准《高层民用建筑钢结构技术规程》JGJ 99—2015 对构件承载力设计限值，见表 9-4。

表 9-4　高层民用建筑钢结构承载力设计限值

设计情况	承载力设计要求		相关条文	备注
持久设计状况、短暂设计状况	$\gamma_0 S_d \leqslant R_d$		3.6.1	安全等级一级时：$\gamma_0 \geqslant 1.1$ 安全等级二级时：$\gamma_0 \geqslant 1.0$
地震设计状况	$S_d \leqslant R_d/\gamma_{RE}$		3.6.1	结构构件和连接强度计算：$\gamma_{RE}=0.75$ 柱和支撑稳定计算：$\gamma_{RE}=0.8$ 仅计算竖向地震作用：$\gamma_{RE}=1.0$
抗连续倒塌设计	拆除构件时，剩余结构的承载力要求	$R_d \geqslant \beta S_d$	3.9.3	中部水平构件：$\beta=0.67$ 其他构件：$\beta=1.0$
	若 $R_d \geqslant \beta S_d$ 不满足，表面施加偶然作用的承载力要求	$R_d \geqslant S_d$	3.9.6	偶然作用施加对象为：拆除某构件，按 $R_d \geqslant \beta S_d$ 验算如不满足该式，则在该构件上施加偶然作用（不拆除）
抗火设计	$R_d \geqslant S_m$		11.1.2	

9.1.5　抗震等级

（1）各抗震设防类别的高层民用建筑钢结构的抗震措施应分别符合现行国家标准《建筑工程抗震设防分类标准》GB 50223 和《建筑抗震设计规范》GB 50011 的有关规定。

（2）当建筑场地为Ⅲ、Ⅳ类时，对设计基本地震加速度为 0.15g 和 0.30g 的地区，宜分别按抗震设防烈度 8 度（0.2g）和 9 度时各类建筑的要求采取抗震构造措施。

（3）抗震设计时，高层民用建筑钢结构应根据抗震设防分类、烈度和房屋高度采用不同的抗震等级，并应符合相应的计算和构造措施要求。丙类建筑的抗震等级应按现行国家标准《建筑抗震设计规范》GB 50011 的有关规定确定。对甲类建筑和房屋高度超过 50m、抗震设防烈度 9 度时的乙类建筑应采取更有效的抗震措施。

现行国家标准《建筑工程抗震设防分类标准》GB 50223、《建筑抗震设计规范》GB 50011 及现行行业标准《高层民用建筑钢结构技术规程》JGJ 99—2015 关于抗震措施的抗震设防烈度调整，见表 9-5 和表 9-6。

表 9-5 抗震措施的抗震设防烈度调整（非抗震构造措施）

抗震设防类别	抗震设防烈度（基本设防烈度）	抗震措施采用的烈度	相关条文
甲类、乙类	6、7（0.1g、0.15g）、8（0.2g、0.3g）	7、8、9	JGJ 99—2015 中的第 3.7.1 条和 GB50223、GB50011 中相关规定
	9	比 9 度更高的要求	
丙类	6、7（0.1g、0.15g）、8（0.2g、0.3g）、9	6、7、8、9	

表 9-6 抗震构造措施的抗震设防烈度调整

场地类别	抗震设防类别	抗震设防烈度（基本设防烈度）	抗震构造措施采用的烈度	相关条文
Ⅰ类	甲类、乙类	6、7（0.1g、0.15g）、8（0.2g、0.3g）、9	6、7、8、9	JGJ 99—2015 中的第 3.7.1 条、第 3.7.2 条和 GB50011 中相关规定
	丙类	6.7（0.1g、0.15g）、8（0.2g、0.3g）、9	6、6、7、8	
Ⅱ类	甲类、乙类	6、7（0.1g、0.15g）、8（0.2g.0.3g）、9	7、8、9、比 9 度更高的要求	
	丙类	6、7（0.1g、0.15g）、8（0.2g.0.3g）、9	6、7、8、9	
Ⅲ类、Ⅳ类	甲类、乙类	6、7（0.10g）、8（0.2g）、9	7、8、9、比 9 度更高的要求	
		7（0.15g）、8（0.3g）	9、比 9 度更高的要求	
	丙类	6、7（0.10g）、8（0.2g）、9	6、7、8、9	
		7（0.15g）、8（0.3g）	8、9	

9.1.6 材料选用与设计指标

1. 材料选用

现行行业标准《高层民用建筑钢结构技术规程》JGJ 99—2015 关于材料的选用要求，见表 9-7 ~ 表 9-11。

表 9-7　高层民用建筑钢结构钢材牌号、标准及选用

构件类别	选材要求	标准名称及编号	现行版本	备注
主要承重构件	宜选用 Q345、Q390	《低合金高强度结构钢》GB/T 1591	2018	
	较厚的板材宜选用 GJ 钢板	《建筑结构用钢板》GB/T 19879	2015	
一般构件	宜选用 Q235	《碳素结构钢》GB/T 700	2006	Q235A 或 Q235B 级应选镇静钢
外露承重钢结构	可选用 Q235NHQ355NH、Q415NH 等	《耐候结构钢》GB/T 4171	2008	宜附加要求：晶粒度 ≥ 7，耐腐蚀指数≥6.0

表 9-8　高层民用建筑钢结构钢材性能等级及选用

构件类别	选用情况	质量等级
承重构件		不低于 B 级
主要抗侧力构件（框架梁、柱、抗侧力支撑等）	抗震等级一级、二级	不低于 C 级
承重构件中的受拉板件	t≥40 且工作温度低于 -20℃	适当提高质量等级

表 9-9　高层民用建筑钢结构钢材选材要求及标准

构件类别	选材要求	标准名称及编号	现行版本	备注
铸钢件	宜选用：ZG270 - 480H、ZG300 - 500H、ZG340 - 550H	《焊接结构用铸钢件》GB/T 7659	2010	用于铸钢节点
压型钢板组合楼板	宜选用：闭口型压型钢板	《建筑用压型钢板》GB/T 12755	2008	
箱形截面框架柱	宜选用：直接成方工艺成型的冷弯方（矩）形焊接钢管，产品等级 I 级	《建筑结构用冷弯矩形钢管》JG/T 178	2005	t≤20
圆钢管框架柱	宜选用：直缝焊接圆钢管	《建筑结构用冷成型焊接圆钢管》JG/T 381	2012	
T 形或十字形接头	断面收缩率 ≥ Z15 级允许限值	《厚度方向性能钢板》GB/T 5313	2010	

表 9-10　高层民用建筑钢结构焊接材料标准

连接材料	标准名称及编号	现行版本	备注
焊条	《非合金钢及细晶粒钢焊条》GB/T 5117	2012	用于焊条电弧焊
	《热强钢焊条》GB/T 5118	2012	
焊丝	《熔化焊用钢丝》GB/T 14957	1994	
	《气体保护电弧焊用碳钢、低合金钢焊丝》GB/T 8110	2008	
	《非合金钢及细晶粒钢药芯焊丝》GB/T 10045	2018	
	《热强钢药芯焊丝》GB/T 17493	2018	

（续）

连接材料	标准名称及编号	现行版本	备注
埋弧焊用焊丝与焊剂	《埋弧焊用非合金钢及细晶粒钢实心焊丝、药芯焊丝和焊丝－焊剂组合分类要求》GB/T 5293	2018	
	《埋弧焊用热强钢实心焊丝、药芯焊丝和焊丝－焊剂组合分类要求》GB/T 12470	2018	

表 9-11　高层民用建筑钢结构紧固件标准

紧固件类别		标准名称及编号	现行版本	备注
普通螺栓	《紧固件机械性能 螺栓、螺钉和螺柱》GB/T 3098.1		2010	普通螺栓宜采用 4.6 级或 4.8 级 C 级螺栓
	A 级、B 级	《六角头螺栓》GB/T 5782	2016	
	C 级	《六角头螺栓 C 级》GB/T 5780	2016	
高强度螺栓	大六角	《钢结构用高强度大六角头螺栓》GB/T 1228	2006	
		《钢结构用高强度大六角螺母》GB/T 1229	2006	
		《钢结构用高强度垫圈》GB/T 1230	2006	
		《钢结构用高强度大六角螺栓、大六角螺母、垫圈技术条件》GB/T 1231	2006	
	扭剪型	《钢结构用扭剪型高强度螺栓连接副》GB/T 3632	2008	
圆柱头焊钉	《电弧螺柱焊用圆柱头焊钉》GB/T 10433		2002	
锚栓用钢材	Q235	《碳素结构钢》GB/T 700	2006	宜选 Q345、Q390，可选 Q235（构造或增加柱脚刚度）
	Q345、Q390 或更高强度	《低合金高强度结构钢》GB/T 1591	2018	

2. 材料设计指标

（1）各牌号钢材的设计用强度值应按表 9-12 采用。

表 9-12　高层民用建筑钢结构设计用钢材强度值　　（单位：N/mm^2）

钢材牌号		钢材厚度或直径/mm	钢材强度		钢材强度设计值		
			抗拉强度最小值 f_u	屈服强度最小值 f_y	抗拉、抗压、抗弯 f	抗剪 f_v	端面承压（刨平顶紧）f_{ce}
碳素结构钢	Q235	≤16	370	235	215	125	320
		>16，≤40		225	205	120	
		>40，≤100		215	200	115	
低合金高强度结构钢	Q345	≤16	470	345	305	175	400
		>16，≤40		335	295	170	
		>40，≤63		325	290	165	
		>63，≤80		315	280	160	

（续）

钢材牌号		钢材厚度或直径/mm	钢材强度		钢材强度设计值		
			抗拉强度最小值 f_u	屈服强度最小值 f_y	抗拉、抗压、抗弯 f	抗剪 f_v	端面承压（刨平顶紧）f_{ce}
低合金高强度结构钢	Q345	>80，≤100	470	305	270	155	400
	Q390	≤16	490	390	345	200	415
		>16，≤40		370	330	190	
		>40，≤63		350	310	180	
		>63，≤100		330	295	170	
	Q420	≤16	520	420	375	215	440
		>16，≤40		400	355	205	
		>40，≤63		380	320	185	
		>63，≤100		360	305	175	
建筑结构用钢板	Q345GJ	>16，≤50	490	345	325	190	415
		>50，≤100		335	300	175	

注：表中厚度系指计算点的钢材厚度，对轴心受拉和受压杆件系指截面中较厚板件的厚度。

（2）冷弯成型的型材与管材，其强度设计值应按现行国家标准《冷弯薄壁型钢结构技术规范》GB 50018 的规定采用。

（3）焊接结构用铸钢件的强度设计值应按表 9-13 采用。

表 9-13　高层民用建筑钢结构焊接结构用铸钢件的强度设计值

（单位：N/mm^2）

铸钢件牌号	抗拉、抗压和抗弯 f	抗剪 f_v	端面承压（刨平顶紧）f_{ce}
ZG270－480H	210	120	310
ZG300－500H	235	135	325
ZG340－550H	265	150	355

注：本表适用于厚度为 100mm 以下的铸件。

（4）高层民用建筑钢结构设计用焊缝的强度值应按表 9-14 采用。

表 9-14　高层民用建筑钢结构设计用焊缝强度值　　（单位：N/mm^2）

焊接方法和焊条型号	构件钢材		对接焊缝抗拉强度最小值 f_u	对接焊缝强度设计值				角焊缝强度设计值
	钢材牌号	厚度或直径/mm		抗压 f_c^w	焊缝质量为下列等级时抗拉、抗弯 f_t^w		抗剪 f_v^w	抗拉、抗压和抗剪 f_f^w
					一级、二级	三级		
F4××－H08A 焊剂焊丝自动焊、半自动焊 E43 型焊条手工焊	Q235	≤16	370	215	215	185	125	160
		>16，≤40		205	205	175	120	
		>40，≤100		200	200	170	115	

（续）

焊接方法和焊条型号	构件钢材		对接焊缝抗拉强度最小值 f_u	对接焊缝强度设计值				角焊缝强度设计值
	钢材牌号	厚度或直径/mm		抗压 f_c^w	焊缝质量为下列等级时抗拉、抗弯 f_t^w		抗剪 f_v^w	抗拉、抗压和抗剪 f_f^w
					一级、二级	三级		
F48××-H08MnA 或 F48××-H10Mn2 焊剂-焊丝自动焊、半自动焊 E50 型焊条手工焊	Q345	≤16	470	305	305	260	175	200
		>16，≤40		295	295	250	170	
		>40，≤63		290	290	245	165	
		>63，≤80		280	280	240	160	
		>80，≤100		270	270	230	155	
F55××-H10Mn2 或 F55××-H08MnMoA 焊剂-焊丝自动焊、半自动焊 E55 型焊条手工焊	Q390	≤16	490	345	345	295	200	220
		>16，≤40		330	330	280	190	
		>40，≤63		310	310	265	180	
		>63，≤100		295	295	250	170	
	Q420	≤16	520	375	375	320	215	220
		>16，≤40		355	355	300	205	
		>40，≤63		320	320	270	185	
		>63，≤100		305	305	260	175	
	Q345GJ	>16，≤50	490	325	325	275	185	200
		>50，≤100		300	300	255	170	

注：1. 焊缝质量等级应符合现行国家标准《钢结构焊接规范》GB 50661 的规定，其检验方法应符合现行国家标准《钢结构工程施工质量验收规范》GB 50205 的规定。其中厚度小于 8mm 钢材的对接焊缝，不应采用超声波探伤确定焊缝质量等级。

2. 对接焊缝在受压区的抗弯强度设计值取 f_c^w，在受拉区的抗弯强度设计值取 f_t^w。

3. 表中厚度系指计算点的钢材厚度，对轴心受拉和轴心受压构件系指截面中较厚板件的厚度。

4. 进行无垫板的单面施焊对接焊缝的连接计算时，上表规定的强度设计值应乘折减系数 0.85。

5. Q345GJ 钢与 Q345 钢焊接时，焊缝强度设计值按较低者采用。

（5）高层民用建筑钢结构设计用螺栓的强度值应按表 9-15 采用。

表 9-15　高层民用建筑钢结构设计用螺栓的强度值　（单位：N/mm^2）

螺栓的钢材牌号（或性能等级）和连接构件的钢材牌号		螺栓的强度设计值											锚栓、高强度螺栓钢材的抗拉强度最小值 f_u^b
		普通螺栓						锚栓		承压型连接高强螺栓			
		C 级螺栓			A 级、B 级螺栓								
		抗拉 f_t	抗剪 f_v^b	承压 f_c^b	抗拉 f_t^b	抗剪 f_v^b	承压 f_c^b	抗拉 f_t^b	抗剪 f_v^b	抗拉 f_t^b	抗剪 f_v^b	承压 f_c^b	
普通螺栓	4.6 级 4.8 级	170	140	—	—	—	—	—	—	—	—	—	—
	5.6 级	—	—	—	210	190	—	—	—	—	—	—	
	8.8 级	—	—	—	400	320	—	—	—	—	—	—	

（续）

螺栓的钢材牌号（或性能等级）和连接构件的钢材牌号		螺栓的强度设计值											锚栓、高强度螺栓钢材的抗拉强度最小值 f_u^b
		普通螺栓						锚栓		承压型连接高强螺栓			
		C 级螺栓			A 级、B 级螺栓								
		抗拉 f_t^b	抗剪 f_v^b	承压 f_c^b	抗拉 f_t^b	抗剪 f_v^b	承压 f_c^b	抗拉 f_t^b	抗剪 f_v^b	抗拉 f_t^b	抗剪 f_v^b	承压 f_c^b	
锚栓	Q235 钢	—	—	—	—	—	—	140	80	—	—	—	370
	Q345 钢	—	—	—	—	—	—	180	105	—	—	—	470
	Q390 钢	—	—	—	—	—	—	185	110	—	—	—	490
承压型连接的高强度螺栓	8.8 级									400	250	—	830
	10.9 级	—	—	—	—	—	—	—	—	500	310	—	1040
所连接构件钢材牌号	Q235 钢	—	—	305	—	—	405	—	—	—	—	470	—
	Q345 钢	—	—	385	—	—	510	—	—	—	—	590	
	Q390 钢	—		400	—	—	530	—	—	—	—	615	
	Q420 钢	—	—	425	—	—	560	—	—	—	—	655	
	Q345GJ 钢	—	—	400	—	—	530	—	—	—	—	615	

注：1. A 级螺栓用于 $d \leqslant 24\text{mm}$ 和 $l \leqslant 10d$ 或 $l \leqslant 150\text{mm}$（按较小值）的螺栓；B 级螺栓用于 $d > 24\text{mm}$ 或 $l > 10d$ 或 $l > 150\text{mm}$（按较小值）的螺栓。d 为公称直径，l 为螺杆公称长度。

2. B 级螺栓孔的精度和孔壁表面粗糙度及 C 级螺栓孔的允许偏差和孔壁表面粗糙度，均应符合现行国家标准《钢结构工程施工质量验收规范》GB 50205 的规定。

3. 摩擦型连接的高强度螺栓钢材的抗拉强度最小值与表中承压型连接的高强度螺栓相应值相同。

9.2 荷载与作用

9.2.1 竖向荷载和温度作用取值

现行行业标准《高层民用建筑钢结构技术规程》JGJ 99—2015 对竖向荷载和温度作用取值要求，见表 9-16。

表 9-16 高层民用建筑钢结构竖向荷载和温度作用取值

荷载	取值	备注
楼面活荷载、屋面活荷载、雪荷载	按 GB 50009—2012	楼面活荷载 $>4\text{kN/m}^2$ 时，考虑楼面活荷载的不利布置；可将框架梁弯矩乘以放大系数，取 1.1～1.3（JGJ 3—2010）
旋转餐厅轨道和驱动设备自重	按实际情况确定	
擦窗机等清洁设备		
塔墙，爬塔等起重机械或其他施工设备		

（续）

荷载	取值	备注
直升机	取右栏两项的较大值	（1）有机型技术资料：局部荷载标准值（由实际最大起飞重量计算）×动力系数 无机型技术资料：局部荷载标准值（JGJ 99—2015 的表5.1.6） （2）均布荷载 5kN/m^2
施工阶段和使用阶段温度作用	宜考虑	温度作用的考虑，详见 GB 50009—2012

9.2.2 风荷载相关取值

现行行业标准《高层民用建筑钢结构技术规程》JGJ 99—2015 及相关现行标准关于风荷载体型系数及风荷载的规定，见表9-17。

表9-17 高层民用建筑钢结构风荷载体型系数及风荷载

结构			风荷载体型系数/风荷载		相关条文	备注
主体结构	单体建筑	总体计算	圆形	$\mu_s=0.8$	5.2.5	
			正三角形、正多边形	$\mu_s=0.8+1.2/\sqrt{n}$		n 为正多边形的边数
			矩形、方形、十字形且高宽比 $H/B\leqslant4$	$\mu_s=1.3$		
			V形、Y形、弧形、双十字形和井字形的建筑 L形和槽形及高宽比 H/B 大于4的平面为十字形的建筑 高宽比 H/B 大于4、长宽比 L/B 不大于1.5的平面为矩形和鼓形的建筑	$\mu_s=1.4$		
			$H>200\text{m}$ 平面形状不规则，立面形状复杂 立面开洞或连体建筑 周围地形和环境较复杂	风荷载：风洞试验或数值技术	5.2.7	
		细致计算	μ_s：风洞试验确定		5.2.5	
	群体建筑		宜考虑群体效应：μ_s×增大系数，增大系数由边界层风洞试验或数值技术确定		5.2.6	
围护结构	檐口、雨篷、遮阳板、阳台等		局部上浮风荷载计算：$\mu_s\leqslant-2.0$		5.2.8	
	幕墙结构		玻璃幕墙风荷载≥1.0kN/m^2		5.2.9	JGJ 102—2013 第5.3.2条
			金属与石材幕墙风荷载≥1.0kN/m^2			JGJ 133—2013 第4.2.4条
			人造板材幕墙风荷载：风洞试验			JGJ 336—2016 第5.3.3条

9.2.3 阻尼比取值

现行行业标准《高层民用建筑钢结构技术规程》JGJ 99—2015 关于阻尼比取值要求，见表 9-18。

表 9-18 高层民用建筑钢结构阻尼比取值

计算情况	适用条件	阻尼取值		备注	相关条文
多遇地震	除 $M_r/M>0.5$ 的偏心支撑框架以外	$H\leqslant 50m$	0.04		5.4.6
		$50m<H<200m$	0.03		
		$H\geqslant 200m$	0.02		
	$M_r/M>0.5$ 的偏心支撑框架	$H\leqslant 50m$	0.045	M_r：偏心支撑框架部分承担的地震倾覆力矩 M：地震总倾覆力矩	
		$50m<H<200m$	0.035		
		$H\geqslant 200m$	0.025		
罕遇地震		0.05			
结构顶点的顺风向和横风向振动最大加速度计算		$H<100m$	0.015		3.5.5 及其条文说明
		$H\geqslant 100m$	0.01		

9.3 结构计算分析

9.3.1 节点域剪切变形对侧移影响的考虑方法

现行行业标准《高层民用建筑钢结构技术规程》JGJ 99—2015 关于节点域剪切变形对侧移影响的考虑方法，见表 9-19。

表 9-19 高层民用建筑钢结构节点域剪切变形对侧移影响的考虑方法

方法				备注
将节点域作为一个单独的剪切单元进行结构整体分析				
近似计算	结构弹性分析模型能计算节点域的剪切变形	箱形截面柱	按轴线尺寸进行分析，节点域作为刚域 刚域总长度：取柱截面宽度和梁截面高度的一半两者的较小值	
		H 形截面柱	按轴线尺寸进行分析，不考虑刚域	
	结构弹性分析模型不能计算节点域的剪切变形	钢框架侧移：楼层最大层间位移角 $+\theta_m$		由 JGJ 99—2015 中的式（6.2.5）计算

9.3.2 罕遇地震作用下的变形计算规定

现行行业标准《高层民用建筑钢结构技术规程》JGJ 99—2015 关于罕遇地震作用下的变形计算规定，见表 9-20。

表 9-20　罕遇地震作用下的高层民用建筑钢结构变形计算规定

分析方法	计算方向		输入	备注
静力弹塑性分析法	两主轴分别计算		水平力	水平力作用在各层楼盖质心；可不考虑偶然偏心的影响
弹塑性时程分析法	一般情况	两主轴分别计算	地震波	
	体型复杂或特别不规则的结构	双向计算或三向计算		

9.4 钢构件设计计算

9.4.1 钢构件计算

现行行业标准《高层民用建筑钢结构技术规程》JGJ 99—2015 关于钢构件计算的规定，见表 9-21。

表 9-21　高层民用建筑钢结构钢构件计算的规定

构件类别	计算内容	相关条文/公式	备注
梁	抗弯强度	7.1.1	
	整体稳定	7.1.2	
	抗剪强度	7.1.5	
轴压柱	稳定性	7.2.1	
框架柱	强度	7.3.1	参见 GB 50017—2017
	稳定性	7.3.2	
	抗震承载力验算	7.3.3	
梁柱刚接节点域	抗剪承载力	7.3.5	
	稳定性	7.3.7	
	屈服承载力	7.3.8	
中心支撑	受压承载力（多遇地震效应组合）	7.5.5	
消能梁段	受剪承载力	7.6.2、7.6.3	
	受弯承载力	7.6.4	
偏心支撑斜杆	轴向承载力	7.6.6	
偏心支撑框架的梁、柱	承载力	7.6.7	参见 GB 50017—2017
消能梁端与支撑连接处侧向支撑	轴向承载力	8.8.8	
消能梁端同跨梁的侧向支撑	轴向承载力	8.8.9	

9.4.2 杆件长细比限值

现行行业标准《高层民用建筑钢结构技术规程》JGJ 99—2015 对框架柱长细比限值的要求，见表9-22。

表 9-22 高层民用建筑钢结构框架柱长细比限值

<table>
<tr><th colspan="2">杆件名称</th><th>限值</th><th>相关条文</th><th colspan="2">备注</th></tr>
<tr><td colspan="2">轴心受压柱</td><td>$120\varepsilon_k$</td><td>7.2.2</td><td colspan="2"></td></tr>
<tr><td rowspan="4">框架柱</td><td>一级</td><td>$60\varepsilon_k$</td><td rowspan="4">7.3.9</td><td>$60\varepsilon_k$</td><td rowspan="4">左侧为 GB 50011—2010 第 8.3.1 条相关的相应抗震等级的框架柱长细比限值</td></tr>
<tr><td>二级</td><td>$70\varepsilon_k$</td><td>$80\varepsilon_k$</td></tr>
<tr><td>三级</td><td>$80\varepsilon_k$</td><td>$100\varepsilon_k$</td></tr>
<tr><td>四级及非抗震</td><td>$100\varepsilon_k$</td><td>$120\varepsilon_k$</td></tr>
<tr><td rowspan="2">中心支撑</td><td>压杆</td><td>$120\varepsilon_k$</td><td rowspan="2">7.5.2</td><td colspan="2">GB 50011—2010 第 8.4.1 条</td></tr>
<tr><td>拉杆</td><td>180</td><td colspan="2">一、二、三级抗震不得采用拉杆设计</td></tr>
<tr><td colspan="2">偏心支撑框架的支撑</td><td>$120\varepsilon_k$</td><td>8.8.2</td><td colspan="2"></td></tr>
<tr><td>梁受压翼缘在支撑连接点间的长度与其宽度之比</td><td>一级、二级、三级抗震</td><td>GB 50017 关于塑性的长细比要求</td><td>7.1.4</td><td colspan="2"></td></tr>
</table>

注：1. 关于框架柱的长细比限值，《建筑抗震设计规范》GB 50011—2010（2016 年版）第 8.3.1. 条比 JGJ 99—2015 的限值宽松。对于高层民用建筑钢结构，建议按照 JGJ 99—2015 的限值设计。

2. 第7.2.2条等条款长细比限值中的 $\varepsilon_k = \sqrt{235/f_y}$，其中 f_y 为钢材的名义屈服强度，如对Q345，取 f_y 为 345N/mm^2。

3. 一阶分析时，框架柱计算长度按现行国家标准《钢结构设计标准》GB 50017 取值，即柱的几何长度和计算长度系数的乘积。

9.4.3 宽厚比（径厚比）限值

（1）现行行业标准《高层民用建筑钢结构技术规程》JGJ 99—2015 关于板件宽厚比（径厚比）限值，见表9-23～表9-25。

表 9-23 高层民用建筑钢结构板件宽厚比（径厚比）限值

<table>
<tr><th>板件类别</th><th colspan="2">宽厚比（径厚比）限值</th><th>相关条文</th><th>备注</th></tr>
<tr><td>钢框架梁、柱板件</td><td colspan="2">见表9-24</td><td>7.4.1</td><td>GB 50011 相关</td></tr>
<tr><td rowspan="3">非抗侧力构件（如非框架梁，摇摆柱等）板件</td><td rowspan="2">工字形</td><td>当梁截面计算不考虑塑性发展时，$b/t \leqslant 15$</td><td rowspan="3">7.4.2</td><td rowspan="3">GB 50017—2017 的规定：
b/t 和 b_0/t 的数值适用于 Q235 钢，当材料为其他牌号时，应乘以 $\sqrt{235/f_y}$</td></tr>
<tr><td>当梁截面计算考虑塑性发展时，$b/t \leqslant 13$</td></tr>
<tr><td>箱形</td><td>$b_0/t \leqslant 13$</td></tr>
<tr><td>中心支撑板件</td><td colspan="2">见表9-25</td><td>7.5.3</td><td></td></tr>
<tr><td>梁柱刚接的梁翼缘水平加劲肋（或隔板）</td><td colspan="2">同梁翼缘板件（表9-24）</td><td>8.3.6</td><td></td></tr>
</table>

（续）

板件类别	宽厚比（径厚比）限值		相关条文	备注
消能梁段及同跨非耗能梁段板件	见表 9-26		8.8.1	
偏心支撑的板件	符合 GB 50017—2017 的规定		8.8.2	
钢板剪力墙区格	开口加劲肋，$(a_x+a_y)/t\leqslant 220$		B.5.1	
	闭口加劲肋，$(a_t+a_y)/t\leqslant 250$			
无粘结内藏钢板支撑墙板的钢板支撑	$5\leqslant b/t\leqslant 19$		C.2.3	
屈曲约束支撑的核心单元的板件	一字形截面	$10\leqslant b/t\leqslant 20$	E.2.9	
	十字形截面	$5\leqslant b/t\leqslant 10$		
	环形截面	径厚比：$D/t\leqslant 22$		
	其他截面形式	按表 9-25 的一级中心支撑板件		

表 9-24　高层民用建筑钢结构钢框架梁、柱板件宽厚比限值

板件名称		抗震等级				非抗震设计
		一级	二级	三级	四级	
柱	工字形截面翼缘外伸部分	10	11	12	13	13
	工字形截面腹板	43	45	48	52	52
	箱形截面壁板	33	36	38	40	40
	冷成型方管壁板	32	35	37	40	40
	圆管（径厚比）	50	55	60	70	70
梁	工字形截面和箱形截面翼缘外伸部分	9	9	10	11	11
	箱形截面翼缘在两腹板之间部分	30	30	32	36	36
	工字形截面和箱形截面腹板	$72-120\rho$	$72-100\rho$	$80-110\rho$	$85-120\rho$	$85-120\rho$

注：1. $\rho=N/(Af)$ 为梁轴压比。

2. 表列数值适用于 Q235 钢，采用其他牌号应乘以 $\sqrt{235/f_y}$，圆管应乘以 $235/f_y$。

3. 冷成型方管适用于 Q235GJ 或 Q345GJ 钢。

4. 工字形梁和箱形梁的腹板宽厚比，对一、二、三、四级分别不宜大于 60、65、70、75。

表 9-25　高层民用建筑钢结构中心支撑板件宽厚比限值

板件名称	一级	二级	三级	四级、非抗震设计
翼缘外伸部分	8	9	10	13
工字形截面腹板	25	26	27	33
箱形截面壁板	18	20	25	30
圆管外径与壁厚之比	38	40	40	42

注：表中数值适用于 Q235 钢，采用其他牌号钢材应乘以 $\sqrt{235/f_y}$，圆管应乘以 $235/f_y$。

（2）消能梁段及与消能梁段同一跨内的非消能梁段，其板件的宽厚比不应大于表 9-26 规定的限值。偏心支撑杆件的板件宽厚比不应大于现行国家标准《钢结构设计标准》GB 50017规定的轴心受压构件在弹性设计时的宽厚比限值。

表 9-26　高层民用建筑钢结构偏心支撑框架梁板件宽厚比限值

板件名称		宽厚比限值
翼缘外伸部分		8
腹板	当 $N/(Af) \leqslant 0.14$ 时	$90 \times [1-1.65N/(Af)]$
	当 $N/(Af) > 0.14$ 时	$33 \times [2.3-N/(Af)]$

注：表列数值适用于 Q235 钢，当材料为其他钢号时应乘以 $\sqrt{235/f_y}$，$N/(Af)$ 为梁轴压比。

9.5　钢构件连接

9.5.1　一般规定

（1）高层民用建筑钢结构的连接，非抗震设计的结构应按现行国家标准《钢结构设计标准》GB 50017 的有关规定执行。抗震设计时，构件按多遇地震作用下内力组合设计值选择截面；连接设计应符合构造措施要求，按弹塑性设计，连接的极限承载力应大于构件的全塑性承载力。

（2）钢框架抗侧力构件的梁与柱连接应符合以下要求：

1）梁与 H 形柱（绕强轴）刚性连接以及梁与箱形柱或圆管柱刚性连接时，弯矩由梁翼缘和腹板受弯区的连接承受，剪力由腹板受剪区的连接承受。

2）梁与柱的连接宜采用翼缘焊接和腹板高强度螺栓连接的形式，也可采用全焊接连接。一、二级时梁与柱宜采用加强型连接或骨式连接。

3）梁腹板用高强度螺栓连接时，应先确定腹板受弯区的高度，并应对设置于连接板上的螺栓进行合理布置，再分别计算腹板连接的受弯承载力和受剪承载力。

（3）钢框架抗侧力结构构件的连接系数 α，见表 9-27。

表 9-27　钢框架抗侧力结构构件连接的连接系数 α

母材牌号	梁端焊接时		支撑连接/构件拼接		柱脚	
	母材破坏	高强螺栓破坏	母材破坏	高强螺栓破坏	埋入式/外包式	外露式
Q235	1.40	1.45	1.25	1.30	1.2（1.0）	—
Q345	1.35	1.40	1.20	1.25		
Q345GJ	1.25	1.30	1.10	1.15	—	1.0

注：1. 屈服强度高于 Q345 的钢材，按 Q345 的规定采用；屈服强度高于 Q345GJ 的 GJ 钢材，按 Q345GJ 的规定采用。

2. 外露式柱脚是指刚接柱脚，6、7 度且高度不超过 50m 时可采用外露式柱脚。

3. 括号内数字用于箱形柱和圆管柱。

（4）梁与柱刚性连接时，梁翼缘与柱的连接、框架柱的拼接、外露式柱脚的柱身与底板的连接（图 9-1）以及伸臂桁架等重要受拉构件的拼接，均应采用一级全熔透焊缝，其他全熔透焊缝为二级。非熔透的角焊缝和部分熔透的对接与角接组合焊缝的外观质量标准应为二级。现场一级焊缝宜采用气体保护焊。

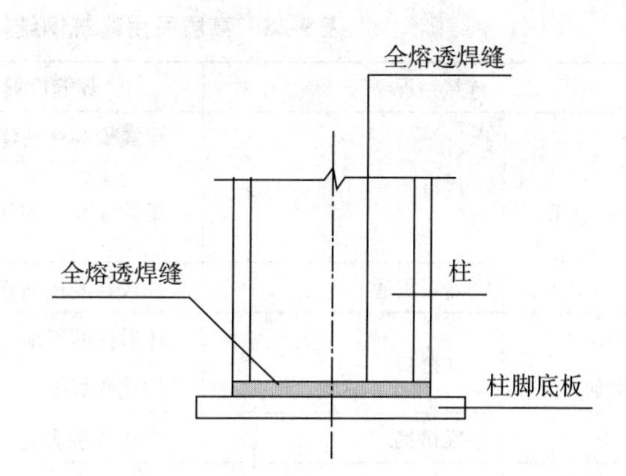

图 9-1　梁柱刚接——外露式柱脚

梁翼缘与柱翼缘间应采用全熔透坡口焊缝，抗震等级一、二级时，应检验焊缝的 V 形切口冲击韧性，其夏比冲击韧性在 -20℃时不低于 27J。

梁与 H 形柱（绕弱轴）刚性连接时，加劲肋应伸至柱翼缘以外 75mm，并以变宽度形式伸至梁翼缘，与后者用全熔透对接焊缝连接（图 9-2）。

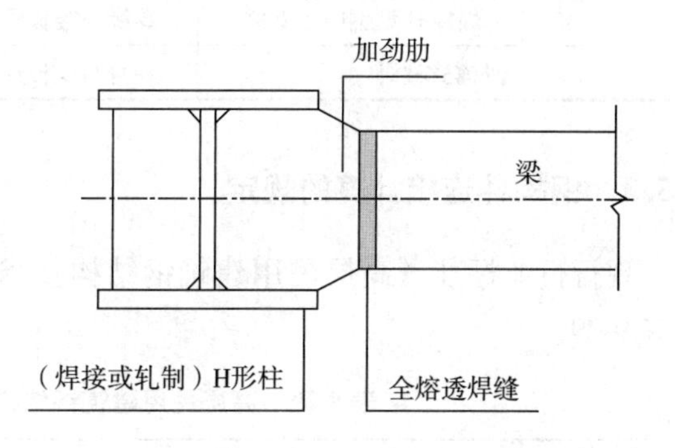

图 9-2　梁与 H 形柱（绕弱轴）刚性连接时，梁与柱加劲肋焊缝

焊缝的坡口形式和尺寸，宜根据板厚和施工条件，按现行国家标准《钢结构焊接规范》GB 50661 的要求选用。

（5）冷成型箱形柱应在梁对应位置设置隔板，并应采用隔板贯通式连接。柱段与隔板的连接应采用全熔透对接焊缝（图 9-3）。

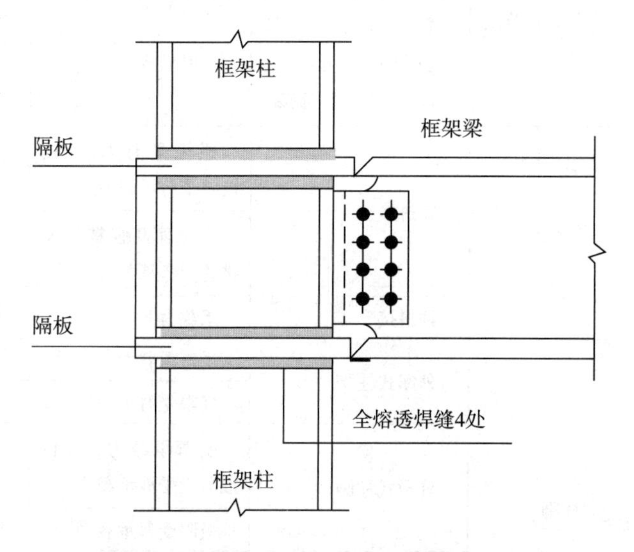

图 9-3　隔板贯通时，柱段与隔板焊缝

（6）高层民用建筑钢结构承重构件的螺栓连接，应采用高强度螺栓摩擦型连接。考虑罕遇地震时连接滑移，螺栓杆与孔壁接触，极限承载力按承压型连接计算。

9.5.2　要求全熔透的焊缝

现行行业标准《高层民用建筑钢结构技术规程》JGJ 99—2015 要求全熔透的焊缝，见表 9-28。

表 9-28　高层民用建筑钢结构要求全熔透的焊缝

连接情况		焊缝位置	相关条文	备注
梁、柱节点	柱贯通	梁翼缘与柱翼缘焊缝	8.1.4，8.3.3	梁柱刚接时
		梁翼缘与柱加劲肋焊缝	8.3.5	梁与 H 型钢柱弱轴刚接时
	隔板贯通	柱段与隔板的连接焊缝	8.3.2	
拼接	柱拼接	H 形柱的工地接头焊缝	8.4.5	
		柱接头焊缝	8.4.1，8.4.5	
	梁拼接	翼缘拼接焊缝	8.5.1	
焊接构件	箱形柱（工地组焊）	组焊焊缝	8.4.6	
	箱形柱（与梁连接上下）	组焊焊缝	8.4.2	
	焊接 H 型钢中心支撑	翼缘与腹板焊缝	8.7.3	
外露式柱脚		柱身与底板焊缝	8.1.4	

9.5.3　钢构件连接计算的规定

现行行业标准《高层民用建筑钢结构技术规程》JGJ 99—2015 对钢构件连接计算，见表 9-29。

表 9-29　高层民用建筑钢结构钢构件连接计算的规定

连接	计算内容		相关条文/公式	备注
梁、柱节点	受弯承载力		8.2.2	弹性设计
	极限受弯承载力		8.2.1，8.2.4	弹塑性设计
	梁腹板与 H 形柱（绕强轴）、箱形柱、圆管柱高强螺栓连接	受剪承载力	8.2.5	弹性设计
梁柱拼接	梁拼接	极限受弯承载力、极限受剪承载力	式（8.5.2-1），式（8.5.2-2）	弹塑性设计
		全截面高强螺栓连接的受弯承载力	式（8.5.2-3）～式（8.5.2-5）	弹性设计
	柱拼接	承载力	8.4.1 第 3 款	弹性设计
柱脚	外露式柱脚	受弯承载力	式（8.6.2-1）	弹性设计
		极限受弯承载力	式（8.6.2-2）	弹塑性设计
	外包式柱脚	受弯承载力、外包混凝土受剪承载力	式（8.6.3-1），式（8.6.3-6） 式（8.6.3-7）	弹性设计
		极限受弯承载力	式（8.6.3-2）～式（8.6.3-5）	弹塑性设计
	埋入式柱脚	局部承压	GB 50010	弹性设计
		极限受弯承载力和对应的剪力	式（8.6.4-1）～式（8.6.4-3）	弹塑性设计

9.5.4 梁、柱截面

1. 框架梁截面与跨度选择

框架梁一般采用H形截面，受力很大或高度受限制时，可采用箱形截面。大跨度梁及抽柱楼层的转换梁，可采用桁架式钢梁。H形主梁的经济跨度为6～12m；H形次梁的经济跨度为8～15m。

一般情况下，框架梁高度取$L/20+100\text{mm}$，L为跨度。当荷载偏大时可适当加大上下翼缘的厚度及宽度，荷载特别大时需要适当加大梁高。

一般情况下，两端简支的次梁高度取$L/30 \sim L/20$。当其他专业需要在腹板上开小洞时，次梁高度基本接近框架梁高度，使得孔洞中心线标高接近同一值。

2. 钢柱截面形式

高层建筑需要承担风荷载、地震作用产生的侧向作用力，框架柱在承受竖向重力荷载的同时，还要承受单向或双向弯矩。因此，确定钢柱的截面形式时，应根据它是作为承受侧向力的主框架柱，还是仅承担重力荷载的次框架柱而定。钢柱截面形式主要有以下几种：

（1）轧制宽冀缘H型钢钢柱截面是高层建筑框架柱最常用的截面形式。其优点是：

1）轧制成型，加工量少。

2）翼缘宽而等厚，截面经济合理。

3）截面是开口的，杆件连接较容易。

4）规格尺寸多，可直接选用。缺点是截面性能（抗弯刚度和受弯承载力）分强轴和弱轴。

（2）焊接H形钢柱截面是按照受力要求采用钢板焊接而成的钢柱的截面，用于承受不同荷载的柱。

（3）采用箱形截面。箱形截面的受弯承载力较强，而且截面性能可无强轴、弱轴之分。截面尺寸可以按照两个方向的刚度、强度要求而定，经济、合理，但需要加工、拼装、焊接，工作量较大，工艺要求高。

（4）由4个角钢拼焊而成的十字形截面，宜用于仅承受较小重力荷载的次框架中的轴向受压柱，特别适用于隔墙交叉点处的柱，与隔墙连接方便。

（5）由一个窄翼缘H型钢和两个部分T型钢拼焊而成的带翼缘十字形截面，多用于型钢混凝土结构，以及由底部型钢混凝土柱向上部钢柱转换时的过渡层柱。

9.5.5 梁与柱的连接构造

（1）梁与柱的连接应根据柱的不同形式采用柱贯通型或隔板贯通型。

在互相垂直的两个方向都与梁刚性连接时，宜采用箱形柱。箱形柱壁厚不大于16mm时，不宜采用电渣焊焊接隔板。

（2）梁与柱的节点设计应满足强节点弱杆件，可采用控制梁端塑性铰的位置，塑性铰向节点外移动的设计方法。这样强震时塑性铰先在距离梁柱节点不远处的梁端出现，可以避免节点的焊缝出现裂缝和脆性断裂。

（3）梁与柱的连接可采用翼缘焊接、腹板高强螺栓连接或全焊接连接的形式。抗震等级一、二级时梁与柱宜采用加强型连接或骨式连接。

（4）梁与柱刚性连接时，梁翼缘与柱翼缘间应采用全熔透坡口焊缝。抗震等级一、二级时应检验焊缝的V形切口冲击韧性，其夏比冲击韧性在－20℃时不低于27J。

9.5.6 柱与柱的连接

1. 柱与柱的连接要求

（1）钢框架宜采用H形柱、箱形柱或圆管柱，钢骨混凝土柱中钢骨宜采用H形或十字形。当高层民用建筑钢结构底部有钢骨混凝土结构层时，H形截面钢柱延伸至钢骨混凝土中仍为H形截面，而箱形柱延伸至钢骨混凝土中，应改用十字形截面，以便于与混凝土结合成整体。

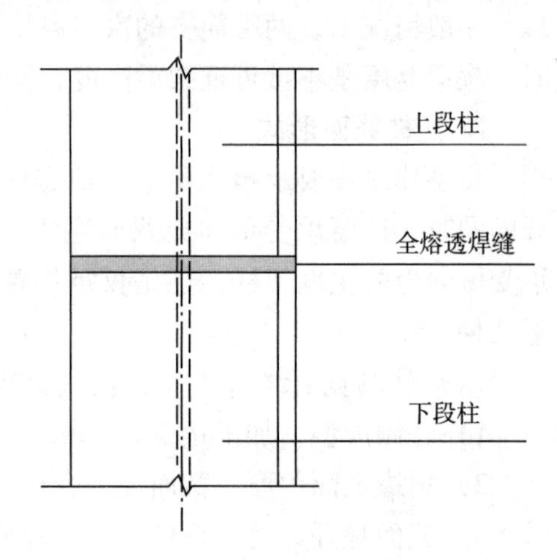

图9-4　H形柱拼接

（2）框架柱的拼接处至梁面的距离应为1.2～1.3m或柱净高的一半，取二者的较小值。抗震设计时，框架柱的拼接应采用坡口全熔透焊缝（图9-4）。非抗震设计时，柱拼接也可采用部分熔透焊缝。

（3）采用部分熔透焊缝进行柱拼接时，应进行承载力验算。当内力较小时，设计弯矩不得小于柱全塑性弯矩的一半。

（4）箱形柱宜为焊接柱，其角部的组装焊缝一般应采用V形坡口部分熔透焊缝。当箱形柱壁板的Z向性能有保证，通过工艺试验确认不会引起层状撕裂时，可采用单边V形坡口焊缝。

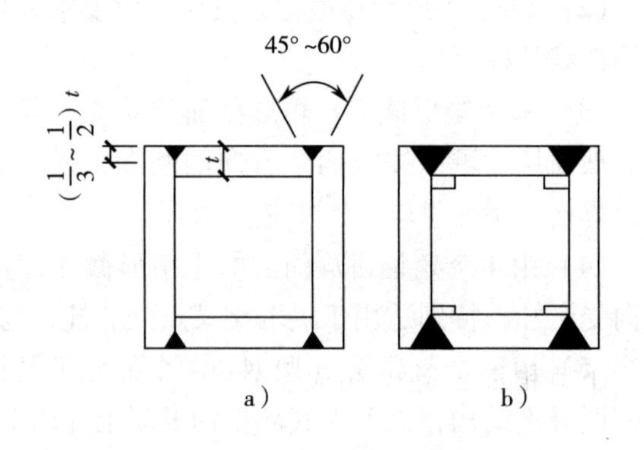

图9-5　箱形组合柱的角部组装焊缝

箱形柱含有组装焊缝一侧与框架梁连接后，其抗震性能低于未设焊缝的一侧，应将不含组装焊缝的一侧置于主要受力方向。

组装焊缝厚度不应小于板厚的1/3，且不应小于16mm，抗震设计时不应小于板厚的1/2（图9-5a）。当梁与柱刚性连接时，在框架梁翼缘的上、下500mm范围内，应采用全熔透焊缝；柱宽度大于600mm时，应在框架梁翼缘的上、下600mm范围内采用全熔透焊缝（图9-5b）。

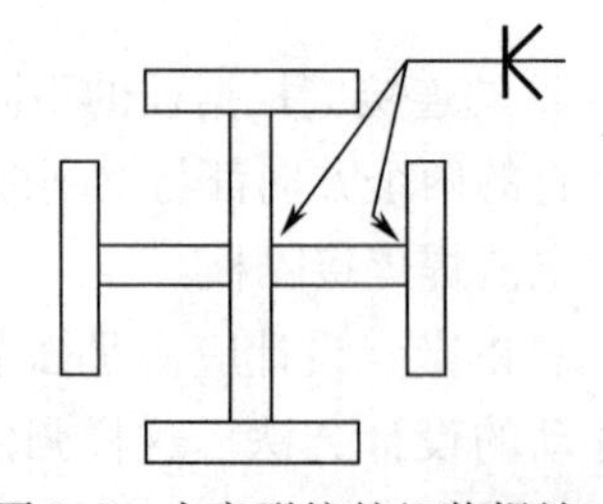
图9-6　十字形柱的组装焊缝

十字形柱应由钢板或两个H形钢

焊接组合而成（图9-6）；组装焊缝均应采用部分熔透的K形坡口焊缝，每边焊接深度不应小于1/3板厚。

（5）非抗震设计的高层民用建筑钢结构，当柱的弯矩较小且不产生拉力时，可通过上下柱接触面直接传递25%的压力和25%的弯矩，此时柱的上下端应磨平顶紧，并应与柱轴线垂直。坡口焊缝的有效深度t_e不宜小于板厚的1/2（图9-7）。

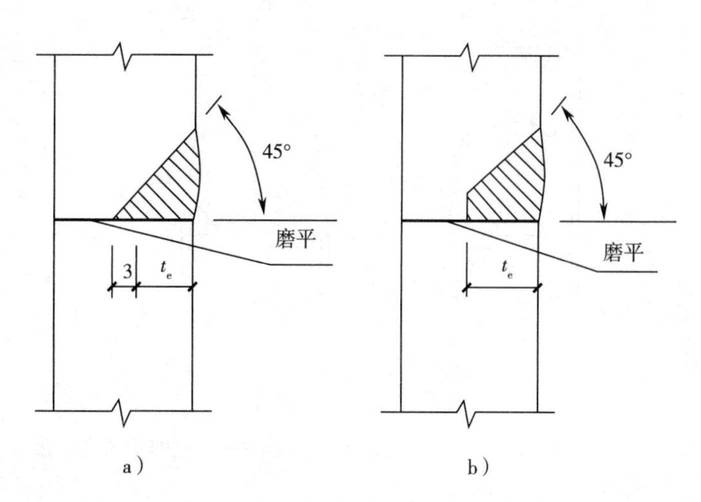

图9-7　柱接头的部分熔透焊缝

2. 柱的工地接头

（1）在柱的工地接头处应设置安装耳板，耳板厚度应根据阵风和其他施工荷载确定，并不得小于10mm。耳板宜仅设于柱的一个方向的两侧。

（2）H形柱在工地的接头，弯矩应由翼缘和腹板承受，剪力应由腹板承受，轴力应由翼缘和腹板分担。翼缘接头宜采用坡口全熔透焊缝，腹板可采用高强度螺栓连接。当采用全焊接接头时，上柱翼缘应开V形坡口，腹板应开K形坡口。

（3）箱形柱的工地接头应全部采用焊接（图9-8）。非抗震设计时，可按上述“1. 柱与柱的连接要求”中第（5）条执行。

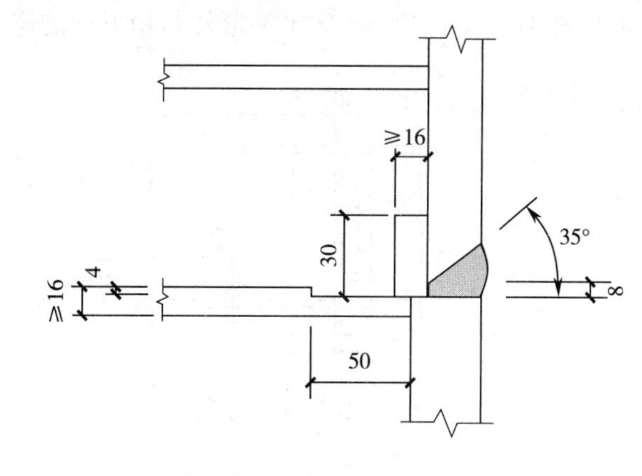

图9-8　箱形柱的工地焊接

下节箱形柱的上端应设置隔板，并应与柱口齐平，厚度不宜小于16mm。其边缘应与柱口截面一起刨平。在上节箱形柱安装单元的下部附近，尚应设置上柱隔板，其厚度不宜小于10mm。柱在工地接头的上下侧各100mm范围内，截面组装焊缝应采用坡口全熔透焊缝。

3. 柱的变截面连接

当需要改变柱截面积时，柱截面高度宜保持不变而改变翼缘厚度。当需要改变柱截面高度时，对边柱宜采用图9-9a所示的做法，对中柱宜采用图9-9b所示的做法，变截面的上下端均应设置隔板。当变截面段位于梁柱接头时，可采用图9-9c所示的做法，变截面两端距梁翼缘不宜小于150mm。

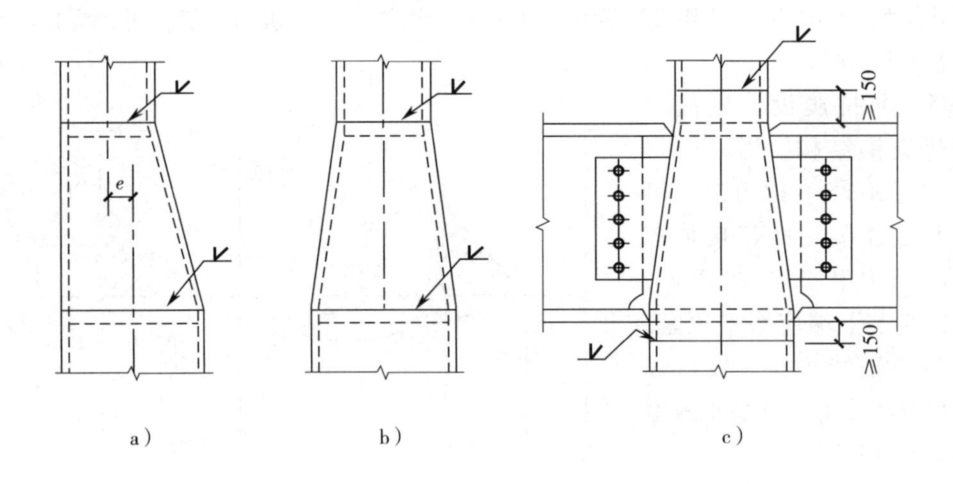

图 9-9　柱的变截面连接

4. 十字形柱与箱形柱的连接

十字形柱与箱形柱相连处，在两种截面的过渡段中，十字形柱的腹板应伸入箱形柱内，其伸入长度不应小于钢柱截面高度加 200mm。与上部钢结构相连的钢骨混凝土柱，沿其全高应设栓钉，栓钉间距和列距在过渡段内宜采用 150mm，最大不得超过 200mm；在过渡段外不应大于 300mm。十字形柱与箱形柱的连接如图 9-10 所示。

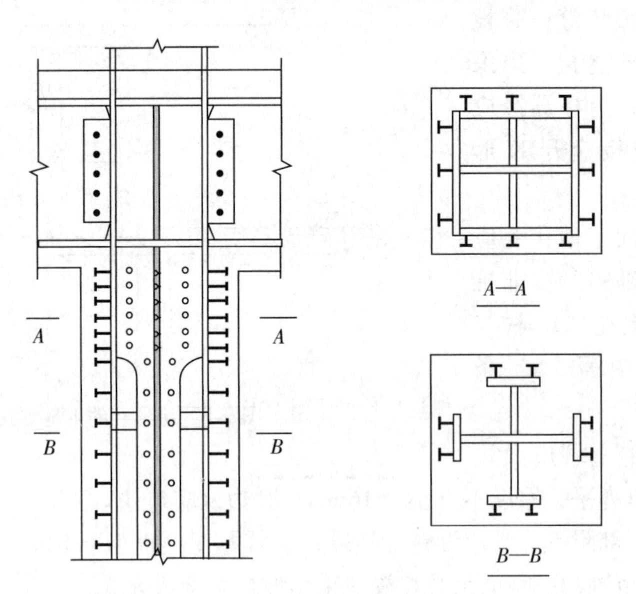

图 9-10　十字形柱与箱形柱的连接

9.5.7　梁的拼接

（1）翼缘采用全熔透对接焊缝，腹板用高强度螺栓摩擦型连接（图 9-11）。

（2）翼缘和腹板均采用高强度螺栓摩擦型连接（图 9-12）。

（3）三、四级和非抗震设计时可采用全截面焊接。

（4）抗震设计时，应先做螺栓连接的抗滑移承载力计算，然后再进行极限承载力计算；非抗震设计时，可只做抗滑移承载力计算。

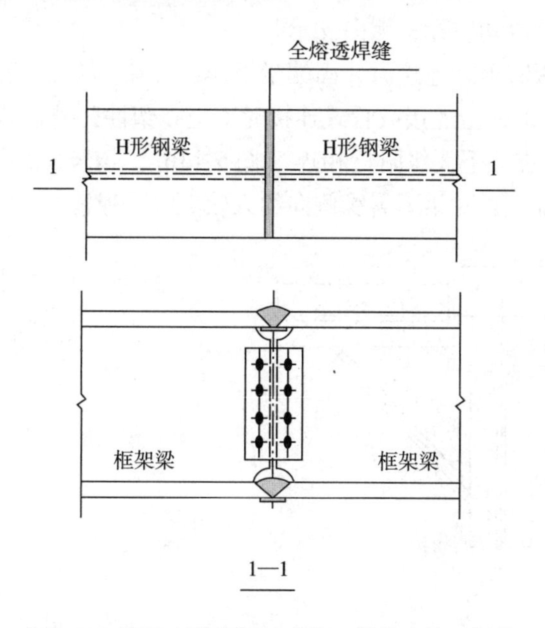

图 9-11　腹板高强度螺栓连接，翼缘全熔透焊接

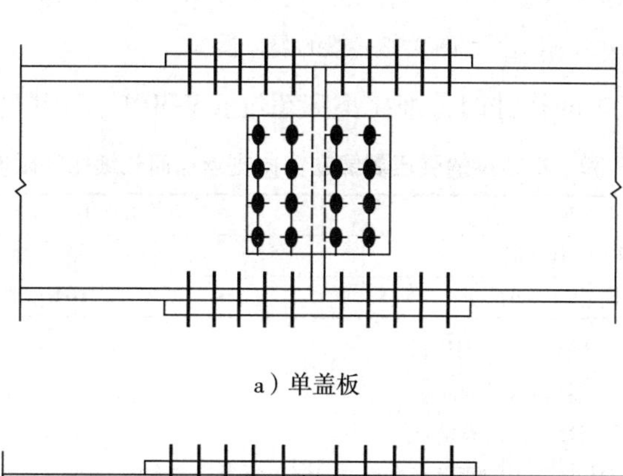

a）单盖板

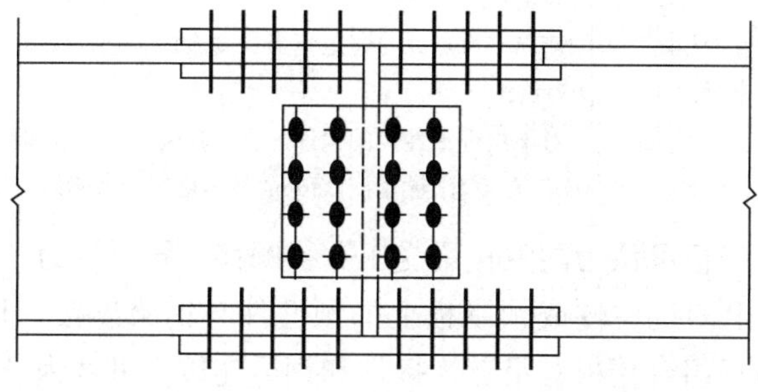

b）双盖板

图 9-12　梁全栓拼接

9.5.8 框架梁的侧向支承要求

（1）抗震设计时，框架梁受压翼缘应根据需要设置侧向支承（图9-13），在出现塑性铰的截面处，其上下翼缘均应设置侧向支承。

当梁上翼缘与楼板有可靠连接时，固端梁下翼缘在梁端0.15倍梁跨附近宜设置隅撑（图9-13a）；梁端采用加强型连接或骨式连接时，应在塑性区外设置竖向加劲肋，隅撑与偏置45°的竖向加劲肋在梁下翼缘附近相连（图9-13b），该竖向加劲肋不应与翼缘焊接。梁端下翼缘宽度局部加大，对梁下翼缘侧向约束较大时，视情况也可不设隅撑。

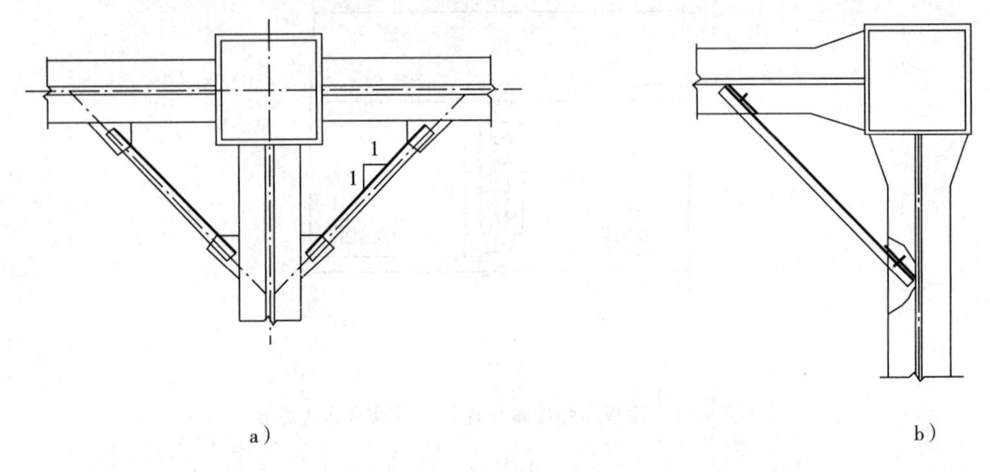

图9-13 梁的隅撑设置

（2）相邻两支承点之间构件的长细比不应超过表9-30规定的限值。

表9-30 框架梁的受压翼缘在侧向支承点间长细比的限值

条件	弯矩作用平面外的长细比 λ_y
当 $-1 \leqslant M_1/W_{px}f \leqslant 0.5$ 时	$(60-40M_1/W_{px}f)\sqrt{235/f_y}$
当 $0.5 < M_1/W_{px}f \leqslant 1.0$ 时	$(45-10M_1/W_{px}f)\sqrt{235/f_y}$

注：式中 λ_y——弯矩作用平面外的长细比；

f——钢材强度设计值（N/mm^2）；

W_{px}——对 x 轴的塑性毛截面模量；

M_1——与塑性铰相距为 l_1 的侧向支承点处的弯矩；当长度 l_1 内为同向曲率时，$M_1/W_{px}f$ 为正；当为反向曲率时，$M_1/W_{px}f$ 为负；

l_1——侧向支承点间距离；对不出现塑性铰的构件区段，其侧向支承点间距应由现行国家标准《钢结构设计标准》GB 50017 有关弯矩作用平面外的整体稳定计算确定。

（3）现浇混凝土楼板可认为能阻止梁受压翼缘侧移，即可认为“可靠连接”；预制混凝土楼板，通过钢梁上的抗剪件或预制板上的预埋件与钢梁连接，且数量足够，可认为“可靠连接”；压型钢板组合楼板有足够连接件和钢梁连接，可认为“可靠连接”。

9.5.9 梁腹板设孔的补强

当管道需穿过钢梁时，钢梁腹板可开孔口并应予补强。补强时，弯矩可仅由翼缘承担，剪力由孔口截面的腹板和补强板共同承担，并符合下列规定：

（1）不应在距梁端相当于梁高的范围内设孔，抗震设计的结构不应在隅撑范围内设孔。孔口直径不得大于梁高的1/2。相邻圆形孔口边缘间的距离不得小于梁高，孔口边缘至梁翼缘外皮的距离不得小于梁高的1/4。

圆形孔直径小于或等于1/3梁高时，可不予补强。当大于1/3梁高时，可用环形加劲肋加强，也可用套管或环形补强板加强。

圆形孔口加劲肋截面不宜小于100mm×10mm，加劲肋边缘至孔口边缘的距离不宜大于12mm。圆形孔口用套管补强时，其厚度不宜小于梁腹板厚度。用环形板补强时，若在梁腹板两侧设置，环形板的厚度可稍小于腹板厚度，其宽度可取75～125mm。

（2）矩形孔口与相邻孔口间的距离不得小于梁高或矩形孔口长度之较大值。孔口上下边缘至梁翼缘外皮的距离不得小于梁高的1/4。矩形孔口长度不得大于750mm，孔口高度不得大于梁高的1/2，其边缘应采用纵向和横向加劲肋加强。

矩形孔口上下边缘的水平加劲肋端部宜伸至孔口边缘以外各300mm。当矩形孔口长度大于梁高时，其横向加劲肋应沿梁全高设置（图9-14）。

矩形孔口加劲肋截面不宜小于125mm×18mm。当孔口长度大于500mm时，应在梁腹板两侧设置加劲肋。

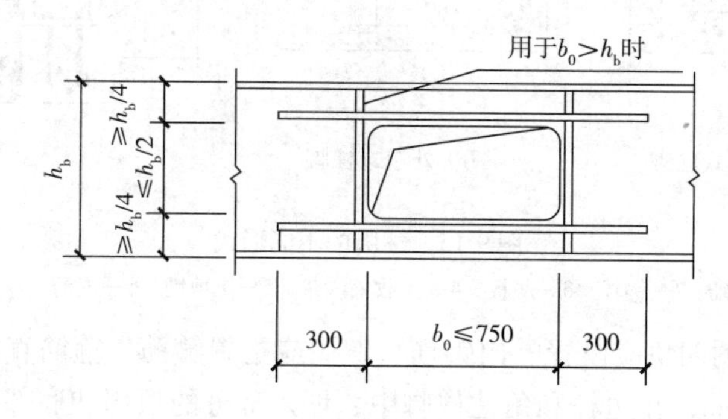

图9-14　梁腹板矩形孔口的补强

9.5.10　钢柱脚

钢柱脚包括外露式柱脚、外包式柱脚和埋入式柱脚三类（图9-15）。抗震设计时，宜优先采用埋入式；外包式柱脚可在有地下室的高层民用建筑中采用。各类柱脚均应进行受压、受弯、受剪承载力计算，其轴力、弯矩、剪力的设计值取钢柱底部的相应设计值。

各类柱脚构造应分别符合下列规定：

（1）钢柱外露式柱脚应通过底板锚栓固定于混凝土基础上（图9-15a），高层民用建筑的钢柱应采用刚接柱脚。三级及以上抗震等级时，锚栓截面面积不宜小于钢柱下端截面积的20%。

（2）钢柱外包式柱脚由钢柱脚和外包混凝土组成，位于混凝土基础顶面以上（图9-15b），钢柱脚与基础的连接应采用抗弯连接。外包混凝土的高度不应小于钢柱截面高度的2.5倍，且从柱脚底板到外包层顶部箍筋的距离与外包混凝土宽度之比不应小于1.0。外包层内纵向受力钢筋在基础内的锚固长度（l_a，l_{aE}）应根据现行国家标准《混凝土结构设计规范》GB 50010 的有关规定确定，且四角主筋的上、下都应加弯钩，弯钩投影长度不应小于 $15d$；外包层中应配置箍筋，箍筋的直径、间距和配箍率应符合现行国家标准《混凝土结构设计规范》GB 50010 中钢筋混凝土柱的要求；外包层顶部箍筋应加密且不应少于 3 道，其间距不应大于 50mm。外包部分的钢柱翼缘表面宜设置栓钉。

（3）钢柱埋入式柱脚是将柱脚埋入混凝土基础内（图 9-15c），H 形截面柱的埋置深度不应小于钢柱截面高度的 2 倍，箱形柱的埋置深度不应小于柱截面长边的 2. 5 倍，圆管柱的埋置深度不应小于柱外径的 3 倍；钢柱脚底板应设置锚栓与下部混凝土连接。钢柱埋入部分的侧边混凝土保护层厚度要求（图 9-16a）：C_1 不得小于钢柱受弯方向截面高度的一半，且不小于 250mm；C_2 不得小于钢柱受弯方向截面高度的 2/3，且不小于 400mm。

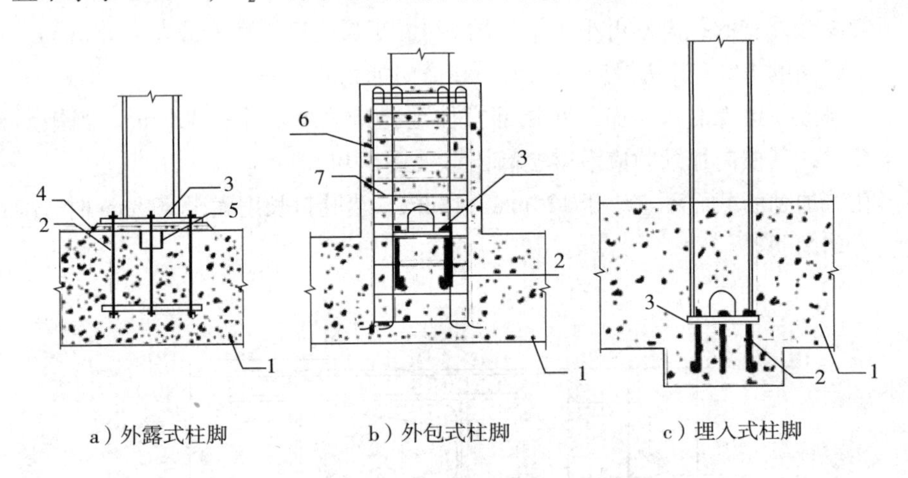

图 9-15　柱脚的不同形式

1—基础　2—锚栓　3—底板　4—无收缩砂浆　5—抗剪键　6—主筋　7—箍筋

钢柱埋入部分的四角应设置竖向钢筋，四周应配置箍筋，箍筋直径不应小于 10mm，其间距不大于 250mm；在边柱和角柱柱脚中，埋入部分的顶部和底部尚应设置 U 形钢筋（图 9-16b），U 形钢筋的开口应向内；U 形钢筋的锚固长度应从钢柱内侧算起，锚固长度（l_a，l_{aE}）应根据现行国家标准《混凝土结构设计规范》GB 50010 的有关规定确定。埋入部分的柱表面宜设置栓钉。

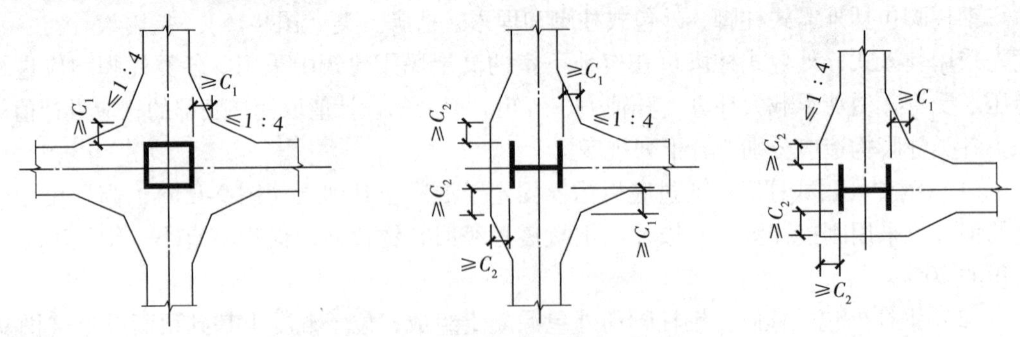

a）埋入式钢柱脚的保护层厚度

图 9-16　埋入式柱脚的其他构造要求

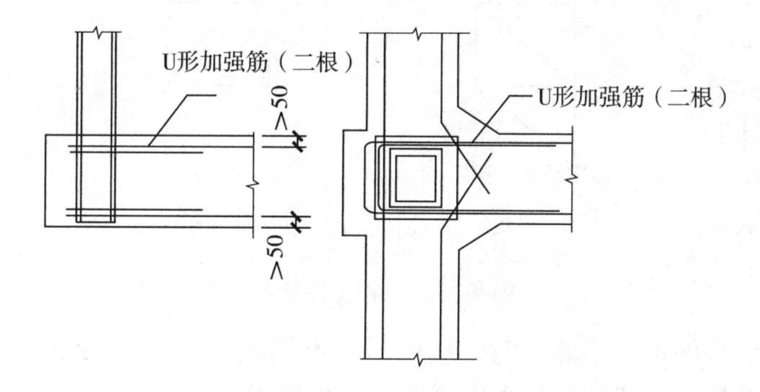

b）边柱U形加强筋的设置示意

图9-16　埋入式柱脚的其他构造要求（续）

在混凝土基础顶部，钢柱应设置水平加劲肋。当箱形柱壁板宽厚比大于30时，应在埋入部分的顶部设置隔板；也可在箱形柱的埋入部分填充混凝土，当混凝土填充至基础顶部以上1倍箱形截面高度时，埋入部分的顶部可不设隔板。

（4）钢柱柱脚的底板均应布置锚栓按抗弯连接设计（图9-17），锚栓埋入长度不应小于其直径的25倍，锚栓底部应设锚板或弯钩，锚板厚度宜大于1.3倍锚栓直径。应保证锚栓四周及底部的混凝土有足够厚度，避免基础冲切破坏；锚栓应按混凝土基础要求设置保护层。

（5）埋入式柱脚不宜采用冷成型箱形柱。

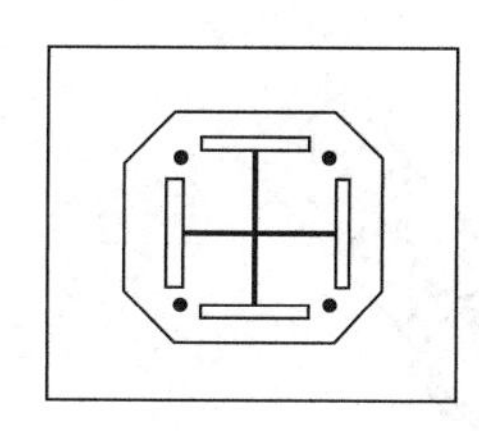
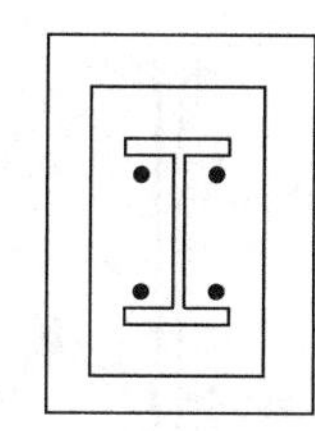
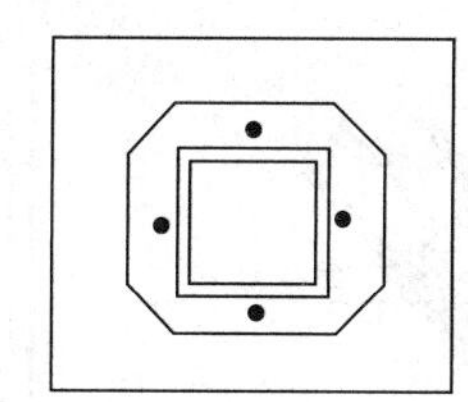
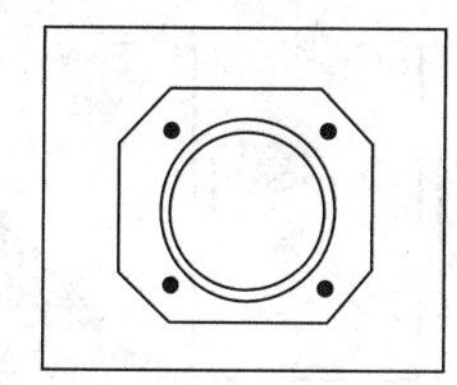

图9-17　抗弯连接钢柱底板形状和锚栓的配置

9.6　框架支撑体系

9.6.1　中心支撑的构造要求

（1）有抗震设防要求的多层钢结构，可采用两向均为刚接的框架体系。多层及较低的高层钢结构，在低烈度设防地区，框架的部分跨间或某一方向的梁柱之间可采用部分铰接，同时设置中心支撑承担水平力。

（2）高层民用建筑钢结构的中心支撑宜采用：十字交叉斜杆（图9-18a）、单斜杆（图9-18b）、人字形斜杆（图9-18c）或V形斜杆体系。中心支撑斜杆的轴线应交汇于框架梁柱的轴线上。抗震设计的结构不得采用K形斜杆体系（图9-18d）。

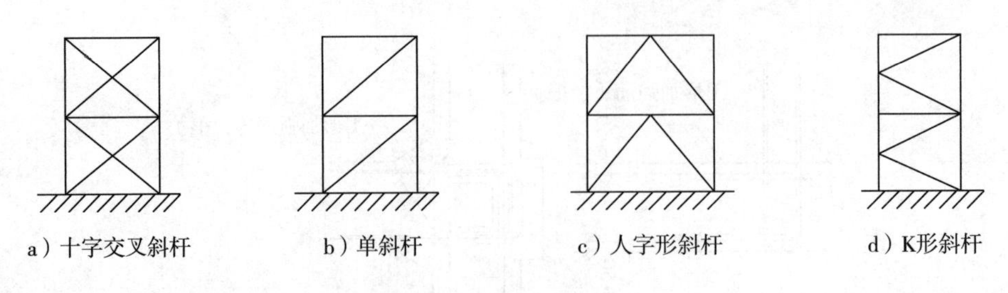

图 9-18　中心支撑类型

当采用只能受拉的单斜杆体系时，应同时设不同倾斜方向的两组单斜杆（图 9-19），且每层不同方向单斜杆的截面面积在水平方向的投影面积之差不得大于 10%。

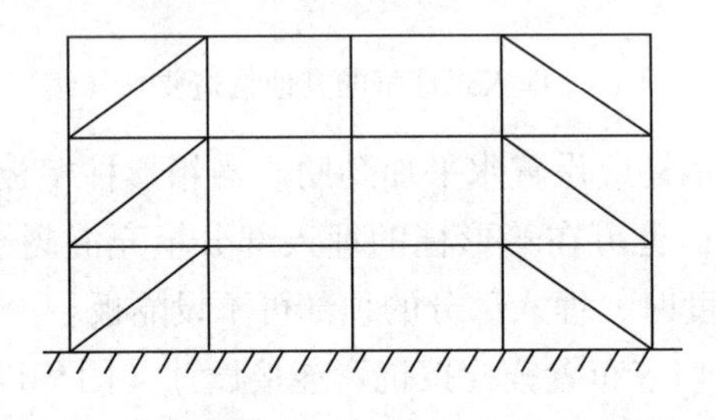

图 9-19　单斜杆支撑

（3）中心支撑的轴线应该交汇于梁柱构件轴线的交点。确有困难时偏离中心不得超过支撑杆件宽度，并计入由此产生的附加弯矩。

1）在框架梁端部，梁、柱、斜杆的三杆件轴线交于一点（图 9-20）。

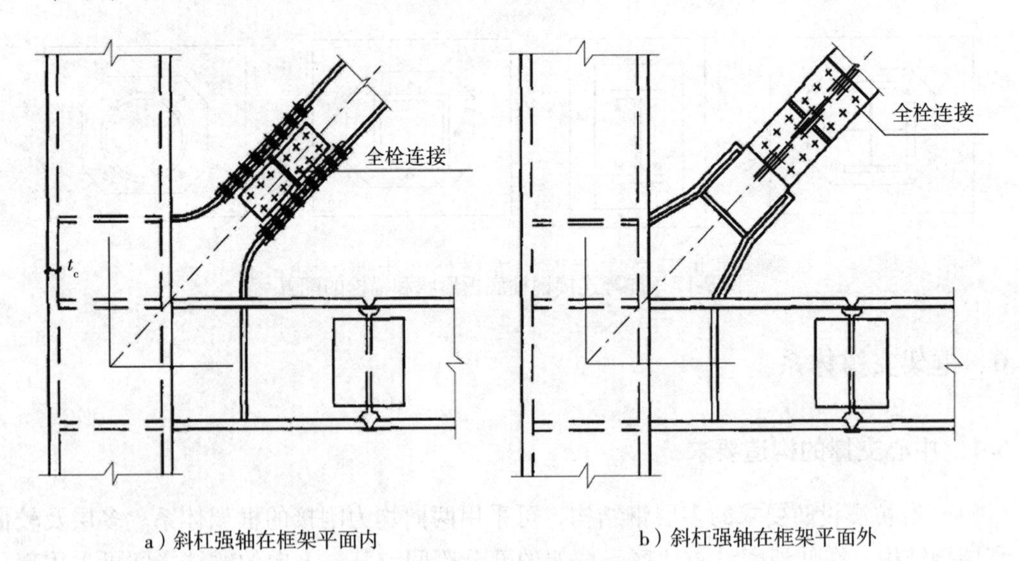

图 9-20　梁、柱、斜杆的连接

2）在框架梁中部，梁与两根斜杆的三杆件轴线交于一点（图 9-21）。

（4）中心支撑斜杆的长细比，按压杆设计时，不应大于 120 $\sqrt{235/f_y}$，一、二、三级中心支撑斜杆不得采用拉杆设计，非抗震设计和四级采用拉杆设计时，其长细比不应大

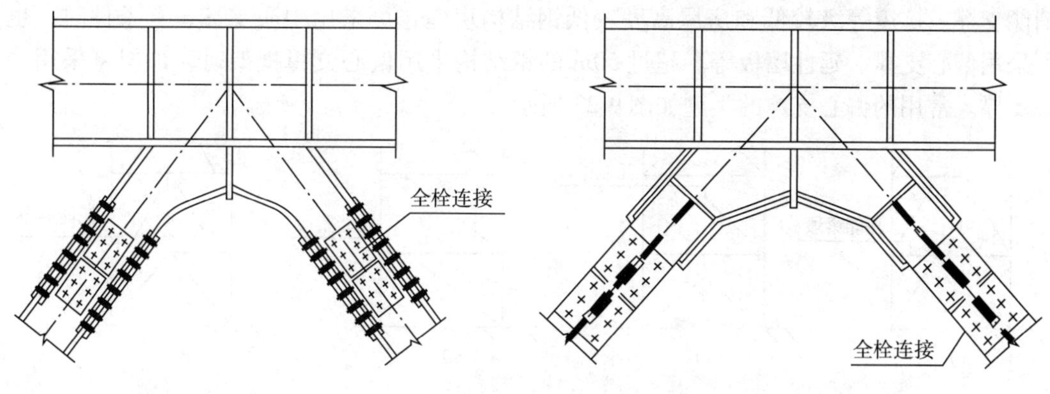

a）斜杆强轴在框架平面内　　b）斜杆强轴在框架平面外

图 9-21　梁与两根斜杆的连接

于 180。

（5）中心支撑斜杆的板件宽厚比，不应大于表 9-25 规定的限值。

（6）在抗震设防的结构中，支撑宜采用 H 型钢制作，在构造上两端应刚接。梁柱与支撑连接处应设置加劲肋。当采用焊接组合截面时，其翼缘与腹板应采用全熔透焊缝连接（图 9-22）。H 形截面支撑与框架连接处，支撑杆端宜做成圆弧。H 形截面连接时，在柱壁板的相应位置应设置隔板。

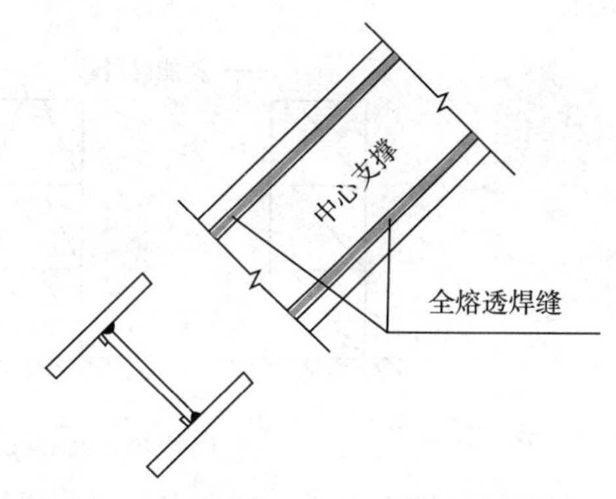

图 9-22　H 型钢中心支撑翼缘与腹板焊缝

（7）梁在其与 V 形支撑或人字形支撑相交处，应设置侧向支承。该支承点与梁端支承点间的侧向长细比，不应该超过表 9-30 规定的限值。

（8）抗震等级在四级以上的结构，当支撑为梁板连接的双肢组合构件时，填板间的单肢杆件长细比对于支撑屈曲后会在填板的连接处产生剪力时，不应大于组合支撑杆件控制长细比的 0.4 倍；对于支撑屈曲后不在填板连接处产生剪力处产生剪力时，不应大于组合支撑杆件的控制长细比的 0.75 倍。

（9）当支撑翼缘朝向框架平面外，且采用支托式连接时，其平面外计算长度可取轴线长度的 0.7 倍；当支撑腹板位于框架平面内时，其平面外计算长度可取轴线的 0.9 倍。

（10）当支撑杆件为填板连接的组合截面时，可采用节点板进行连接。支撑通过节点板连接时，节点板边缘与支撑轴线的夹角不应小于 30°。为保证支撑两端的节点板不发生出平面失稳，在支撑端部与节点板约束点连线之间应留有 2 倍节点板厚度的间隙。节点板约束点连线应与支撑杆端平行，以免支撑受扭。

9.6.2　偏心支撑的构造要求

（1）抗震等级较高或房屋高度较高钢结构房屋，可采用偏心支撑、延性墙板或其他消能支撑。抗震等级较低和房屋高度较低钢结构房屋，可采用中心支撑，有条件时，也可采用偏心支撑、延性墙板等。超过 50m 的钢结构采用偏心支撑框架时，顶层可采用中心支撑。常用的偏心支撑的类型如图 9-23 所示。

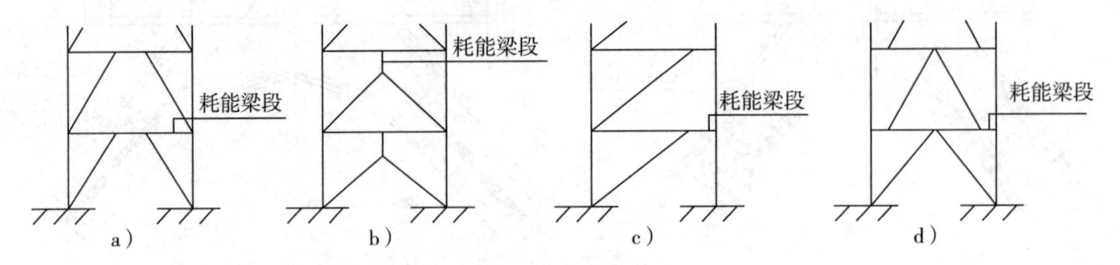

图 9-23　偏心支撑的类型

（2）偏心支撑框架中的支撑斜杆，应至少有一端与梁连接，并在支撑与梁交点和柱之间或支撑同一跨内另一支撑与梁交点之间形成耗能梁段（图 9-24）。每根支撑应至少有一端与耗能梁段连接。耗能梁段宜设计成剪切屈服型，当其与柱连接时，不应设计成弯曲屈服型。

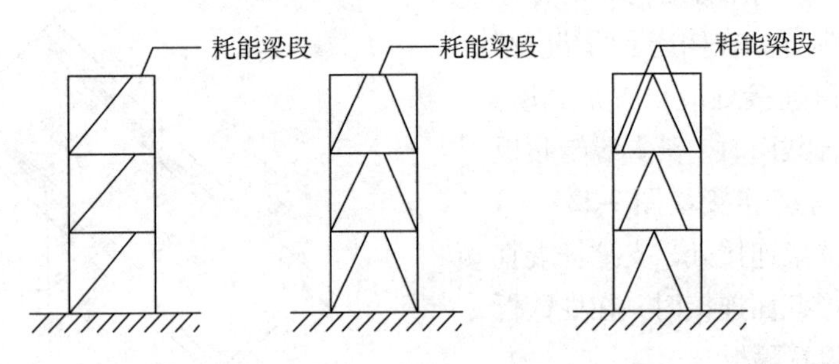

图 9-24　偏心支撑框架立面图

1）在框架梁端部，梁、柱交点与梁、斜杆交点在梁的端部有一段水平距离，形成一段耗能梁段（图 9-25）。

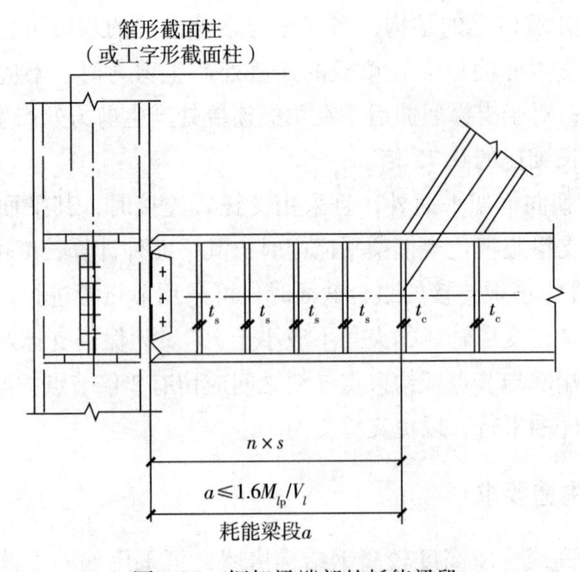

图 9-25　框架梁端部的耗能梁段

2）在框架梁中部，梁、左斜杆交点与梁、右斜杆交点间的部分，形成耗能梁段（图9-26）。

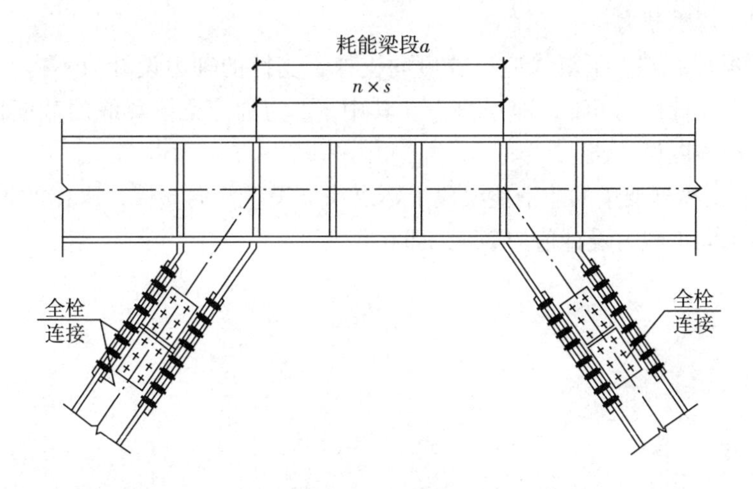

图9-26　框架梁中部的耗能梁段

（3）偏心支撑杆件的长细比及消能梁段和与消能梁段同一跨的非消能梁段，其板件的宽厚比不应大于表9-26规定的限值。

（4）消能梁段钢材的屈服强度不应大于235MPa。

（5）消能梁段的腹板不得贴焊朴强板，也不得开洞。

（6）偏心支撑的节点连接在多遇地震效应组合作用下，应将下列各杆件的内力设计值做如下调整后进行弹性设计。

1）支撑斜杆的轴力设计值，应取与支撑斜杆相连的消能梁段达到受剪承载力时支撑斜杆轴力与增大系数的乘积。此增大系数在一级时应不小于1.4，二级时不应小于1.3，三级时应不小于1.2，四级时不应小于1.0。

2）位于消能梁段同一跨的框架梁弯矩设计值，应取消能梁段达到受剪承载力时框架梁内力与增大系数的乘积。此增大系数在一级时应不小于1.3，二、三、四级时不应小于1.2。

3）框架柱的弯矩、轴力设计值，应取消能梁段达到受剪承载力时柱内力与增大系数的乘积。此增大系数在一级时应不小于1.3，二、三、四级时不应小于1.2。

（7）支撑斜杆与消能梁段连接的承载力不得小于支撑的承载力，若支撑需抵抗弯矩，支撑与梁的连接应按抗压弯连接设计。

（8）消能梁段与柱的连接应符合下列要求：

1）消能梁段与柱连接时，其长度不得大于$1.6M_{lp}/V_l$，且其抗剪承载力应满足规范要求。（M_{lp}为消能梁段的全塑性受弯承载力；$V_l=0.58A_wf_y$；A_w为消能梁段腹板的截面面积。）

2）消能梁段翼缘与柱翼缘之间应采用坡口全熔透对接焊缝连接。消能梁段腹板与柱之间应采用角焊缝连接。角焊缝的承载力不得小于消能梁段腹板的轴向承载力、受剪承载力和受弯承载力。

3）消能梁段与柱腹板连接时，消能梁段翼缘与连接板间应采用坡口全熔透焊缝，消能梁段腹板与柱间应采用角焊缝。角焊缝的承载力不得小于消能梁段腹板的轴向承载力、受剪承载力和受弯承载力。

（9）消能梁段两端上下翼缘应设置侧向支撑，支撑的轴力设计值不得小于消能梁段翼缘轴向承载力设计值的6%，即0.06Af。其中，A 为消能梁段翼缘的截面面积，f 为框架梁钢材的抗拉强度设计值。

（10）偏心支撑框架梁的非消能梁段上下翼缘应设置侧向支撑，支撑的轴力设计值不得小于梁翼缘轴向承载力设计值的2%，即0.02Af。

第10章

楼（屋）盖结构及围护系统

钢结构的楼（屋）盖结构中的钢筋混凝土楼板，可采用钢筋桁架楼承板上的现浇板、压型钢板上的现浇板、支模式现浇板和叠合板等。

钢结构的围护墙体可采用各种砌体块材、混凝土板材、金属复合材板。宜优先选用金属面复合夹芯板、加气板材、轻骨料混凝土小型空心砌块和加气砌块等。

10.1 楼（屋）盖结构基本要求

10.1.1 楼（屋）盖形式选用

1. 单层与多层轻型钢结构房屋

在单层与多层轻型钢结构房屋设计中，以热轧轻型型钢、轻型焊接和高频焊接型钢、冷弯薄壁型钢以及薄钢板和薄壁钢管等材料作为主要受力构件时，其楼（屋）盖设计应符合以下规定：

（1）屋盖结构一般采用有檩体系。屋面宜采用自重轻、耐火保温及防水性能好、构造简单、施工方便并能工业化生产的建筑材料。

（2）屋盖支撑的布置应能保证结构的整体刚度和稳定性，使其形成空间整体，有效地传递风荷载、吊车荷载和地震作用。用作屋面的压型钢板应按施工阶段和使用阶段的不同工况进行强度和变形验算，尤其应注意风压产生的吸力，加强屋面压型钢板与支承构件的连接。以有效宽厚比确定的有效截面按受弯构件计算时，其挠度与跨度之比，当屋面坡度<1/20时不应超过1/300；当屋面坡度≥1/20时不应超过1/250。当采用长尺压型钢板且侧向搭接采用咬边机连接时，上述限值可增加20%。

（3）屋架结构的选用取决于所采用的屋面材料和房屋的使用要求，一般有三角形屋架、梯形屋架、三角拱屋架和菱形屋架等形式。常用的屋面材料及屋面坡度可按表10-1采用。

表10-1 常用屋面材料及屋面坡度

序号	屋面材料	坡度 i	檩距/m
1	压型钢板	1/30～1/10	1.5～6.0
2	瓦楞铁（玻璃钢瓦）	1/5～1/3	0.75（0.5）
3	钢丝网水泥波形瓦	1/3	1.5
4	钢筋混凝土槽形或加气混凝土板	1/12～1/8	—

（4）楼板结构主要有钢筋桁架楼承板上的现浇板、组合楼板、支模式现浇板，以及其他轻质楼板等。

钢筋桁架楼承板上现浇板：由工厂焊接在薄钢板（采用 Q235 镀锌薄板，板厚 0.4 ~ 0.6mm）上的钢筋桁架（楼板施工时作为受力骨架，施工后作为楼板受力钢筋）组成，具有普遍适应性，不需现场支模，现场焊栓钉，楼板施工最快。

组合楼板：即压型钢板上浇混凝土板，不需现场支模，现场只需绑扎板钢筋、焊栓钉等，因此施工较快。

支模式现浇板：栓钉预先焊在钢梁上，板配筋与混凝土结构相同，配筋最合理，节省钢板，但需现场支模板（可利用钢梁下翼缘作为支点进行支模或采用吊模）及现场绑扎板钢筋，经济性最好，但楼板施工稍慢。

2. 高层民用建筑钢结构

在高层民用建筑钢结构房屋中，楼（屋）盖宜采用钢筋桁架楼承板上的现浇板、压型钢板上的现浇板、支模式现浇板和叠合板等，不宜采用预制钢筋混凝土楼板。当采用预应力叠合楼板加混凝土现浇层或一般现浇钢筋混凝土楼板时，楼板与钢梁应有可靠连接。高层民用建筑钢结构房屋楼板形式选用要求，见表 10-2 及以下规定。

表 10-2　高层民用建筑钢结构房屋楼板形式选用

<table>
<tr><th>选用要求</th><th>楼板形式</th><th>设计要求</th><th>备注</th></tr>
<tr><td>宜选用</td><td>压型钢板现浇钢筋混凝土组合楼板；现浇钢筋桁架混凝土楼板；现浇钢筋混凝土楼板</td><td>楼板与钢梁有可靠连接</td><td rowspan="2">转换层楼盖或楼板有大洞口，宜在楼板内设置钢水平支撑</td></tr>
<tr><td>6、7 度，$H \leqslant 50\text{m}$：可选用</td><td>装配整体式钢筋混凝土楼板；装配式楼板；轻型楼盖</td><td>楼板预埋件与钢梁焊接或其他保证楼盖整体性的措施</td></tr>
</table>

（1）高层钢框架－筒体结构，在必要时可设置由筒体外伸的刚臂或外伸刚臂和周边桁架组成的加强层。外伸刚臂应横贯楼层连续布置。

（2）对转换层或设备、管道孔洞较多的楼层，应采用现浇混凝土楼板或设水平刚性支撑。

（3）建筑物中有较大的中庭时，可在中庭的上端楼层采用水平桁架将中庭开口连接，或采用其他增强结构抗扭刚度的有效措施。

3. 楼（屋）盖设计要求

（1）楼板应与楼面钢梁可靠连接，以保持钢梁的稳定和楼面的整体件。对高度超过 50m 的钢结构，必要时可设置水平支撑。

（2）若楼板开洞较多，对楼层刚度削弱较大时，应采用现浇钢筋混凝土楼板或设水平刚性支撑予以加强。

（3）建筑物中设有较大天井（中庭）时，可在天井上下两端的楼层标高处，设置水平桁架，将楼层开口处连接，或采取其他增强结构抗扭转刚度的有效措施。

（4）地下室顶板以及地上钢结构和地下混凝土结构相衔接的过渡层楼盖，宜采用钢筋混凝土结构。

（5）楼盖的主梁与次梁宜采用平接方案，即主梁和次梁顶部为同一标高；连接一般为铰接构造，当为悬臂梁时，其与主梁的连接构造应为刚接构造。

10.1.2 楼（屋）盖钢梁的布置

1. 楼盖梁布置应考虑的因素

（1）应有利于结构的整体性和柱的稳定性。

1）内筒和外筒或外框架的柱子宜直接用钢梁与之对应连接，以使两者更好地共同工作和传递水平力。

2）宜使每一柱子的侧向（两向）均有梁与其连接，减小柱的长细比，提高柱的承载力和侧向稳定件。

（2）合理的布置主次梁，使每个柱子承担的楼面竖向荷载值接近。

1）外框架－内筒体系在四角区域布置次梁时，宜使次梁传递至这个区域柱子上的楼面荷载尽可能均匀，避免一些柱子因承担过多的楼面荷载而相应地产生较大的轴向变形。为此，可采用上下层主次梁的设置方向成交替布置的形式（图10-1）。对于框筒束体系中的次梁布置可采用的交替布置的形式（图10-2），以使柱子所承担的楼面荷载均匀些。

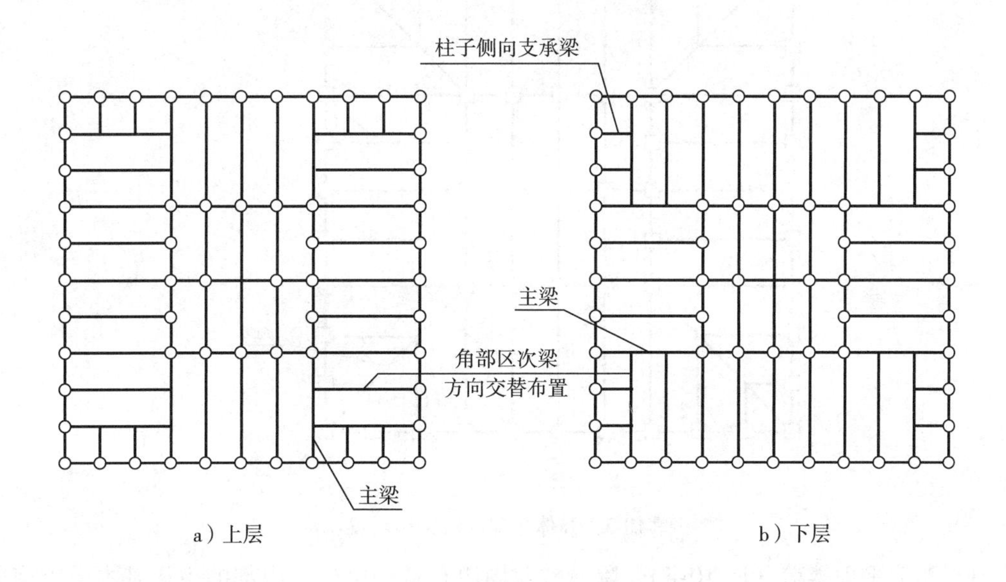

图10-1 外框架－内筒体系角部区域上、下层主次梁方向交替布置

2）外筒体系和筒中筒体系在四角区域的次梁布置，也可采用上述方法，将相邻层次梁方向交替布置。当采用筒体角部区域斜梁方式布置（图10-3），通过加大支承对角线斜梁角柱的轴向压力值，以平衡一部分水平荷载作用下角柱所产生的拉力时，应考虑水平荷载作用所产生的轴向力不是拉力而是压力时的不利情况；同时也应考虑斜梁与两端柱子非正交相连时连接构造较复杂的情况，以及由于斜梁承受的荷载和其跨度均较大，斜梁的截面高度过高将减小建筑有效层高度的情况。

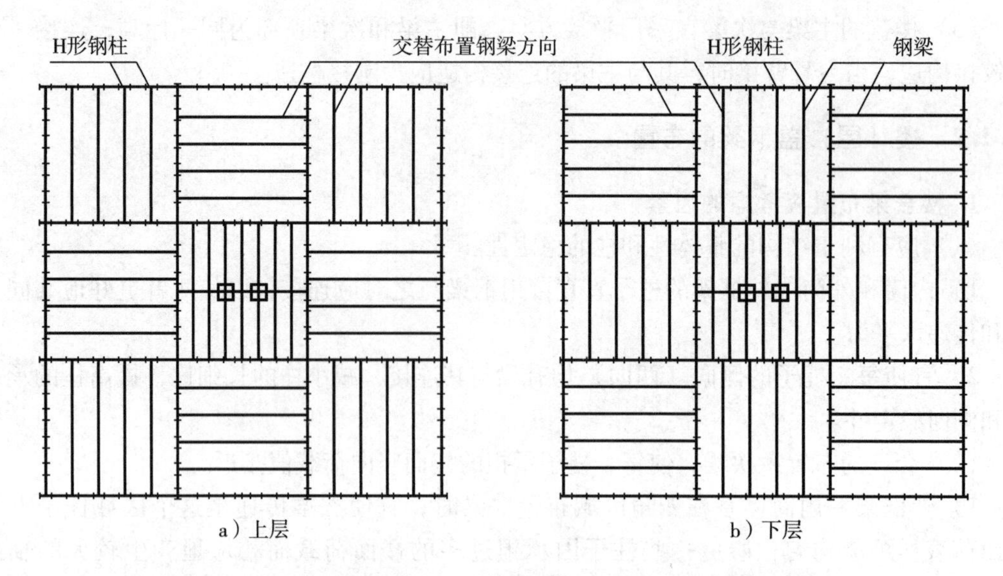

图 10-2　框筒束体系上、下层楼面钢梁方向的交替布置图

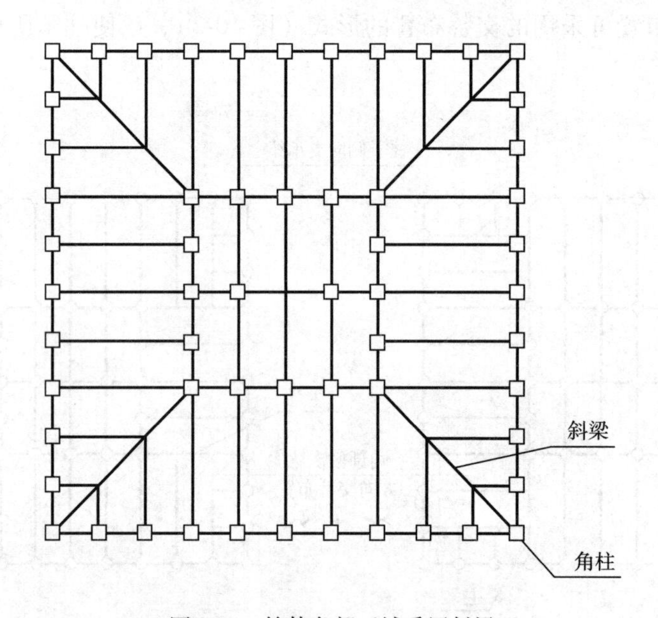

图 10-3　筒体角部区域采用斜梁

3）船形平面楼盖（图 10-4），除沿楼盖周边布置钢梁外，内部的主梁基本上沿横向布置，使每根框架柱沿纵、横两个主轴方向均有钢主梁与之连接，次梁则是根据楼板的经济跨度布置。

4）三角形平面。

①当楼层采用三角形平面时，宜将尖角切去，并向内凹进，以缓解倾覆力矩作用下角柱的高峰轴向应力。

②采用核心式建筑布置方案的三角形楼层平面，核心部分的钢梁采用正交方式布置；外圈则沿周边框架所在轴线布置，核心部位与外圈框架之间的楼面梁沿垂直于外圈框架的方向布置（图 10-5）。

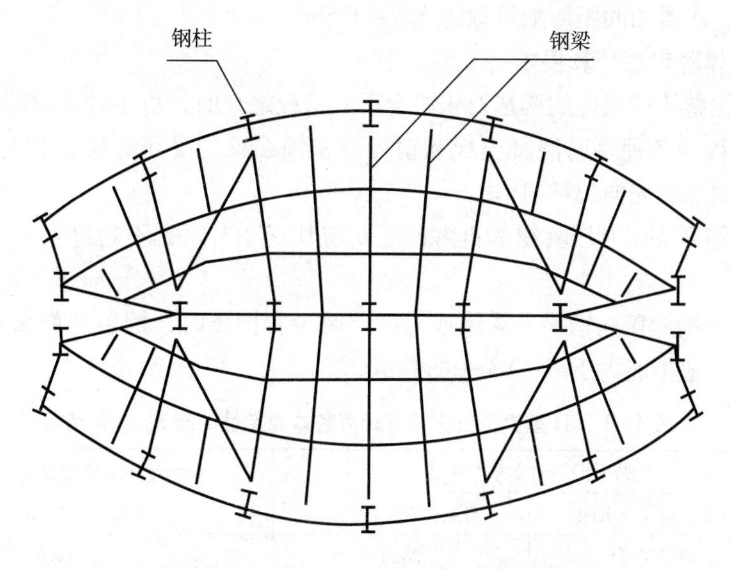

图 10-4　船形平面楼盖的钢梁布置

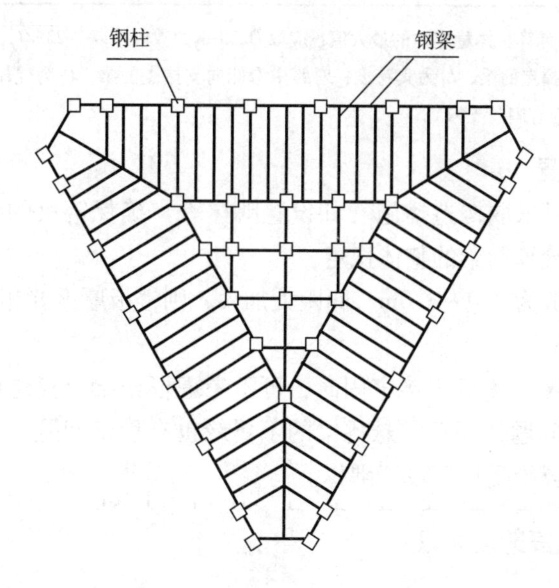

图 10-5　三角形平面楼盖的钢梁布置

（3）应有利于简化次梁两端的连接构造。

1）除一端有悬臂梁外，次梁一般宜与主梁铰接连接，并与楼板形成简支组合梁，以提高梁的承载力和减小梁的挠度。连续的组合梁虽可减小梁的跨中弯矩和挠度，但与主梁的连接按受弯节点要求而采用栓焊法或在钢梁上下翼缘设置钢盖板法相连时，将增加较多的焊接工作量。

2）为简化次梁两端与主梁的连接构造，高层建筑钢结构中的楼盖结构不宜采用网格梁或井字梁结构。

（4）次梁的间距控制。采用压型钢板时，次梁的间距尚应考虑压型钢板在施工阶段的受弯承载力及挠度值。如采用板肋较高的或其他一些平面刚度大的压型钢板，则可增大次梁的间距，次梁的间距一般可取为2.5～3.5m。

2. 梁的整体稳定性计算要求

不考虑钢梁整体稳定性的构造要求符合下列情况之一时，可不计算梁的整体稳定性：

（1）有铺板（各种钢筋混凝土板和钢板）密铺在梁的受压翼缘上并与其牢固相连、能阻止梁受压翼缘的侧向位移时。

（2）H型钢简支梁受压翼缘的自由长度 L_1 与其宽度 b_1 之比不超过表10-3所规定的数值时。

（3）大跨度钢屋盖在钢梁上翼缘或桁架上弦设置檩条时，檩条的最大间距 L_1 与受压翼缘宽度 b_1 的比值不能大于表10-3中的数值。

表10-3　H型钢简支梁不需计算整体稳定性的最大 L_1/b_1 值

钢号	跨中无侧向支撑点的梁		跨中受压翼缘有侧向支撑点的梁，不论荷载作用于何处
	荷载作用在上翼缘	荷载作用在下翼缘	
Q235	13.0	20.0	16.0
Q345	10.5	16.5	13.0

注：1．其他钢号的梁不计算整体稳定性的最大值，应取Q235钢的数值乘以 $\sqrt{235/f_y}$，f_y 为钢材的屈服强度。

2. 对跨中无侧向支撑点的梁，L_1 为其跨度；对跨中有侧向支撑点的梁，L_1 为受压翼缘侧向支撑点间的距离（梁在支座处视为有侧向支撑）。

3. 钢梁隅撑的设置

一般情况下应通过采取构造措施（如设置隅撑等）确保钢梁的整体稳定性，否则应在结构整体计算中，验算钢梁的整体稳定。

钢次梁的间距一般为2.0～3.0m，间距大加大，则楼板厚度要相应加大，需要降低钢梁顶面标高。

当框架梁的上翼缘与楼板连接牢固时，可不考虑框架梁上翼缘的稳定问题，但应考虑梁端下翼缘的稳定问题，同理，悬挑梁的下翼缘也有稳定问题，构造上解决稳定问题的方法就是在梁端下翼缘受压区设置隅撑。

10.1.3　楼盖结构的舒适度要求

楼盖结构（尤其是大跨度结构）应具有适宜的舒适度，楼盖结构的竖向振动频率不宜小于3Hz。

当钢结构楼梯未采用钢筋混凝土踏步板时，应特别注意舒适度要求；对不上人的屋盖结构可不考虑舒适度要求。

10.2　压型金属板屋面

压型金属板系指金属板经辊压冷弯，沿板宽方向形成连续波形或其他截面的成型金属板（俗称压型钢板）。压型金属板可采用的板材包括镀锌钢板、镀铝锌钢板、铝合金板、彩色涂层钢板和彩色涂层铝合金板。建筑用压型钢板适用于建筑物围护结构（屋面、墙面）及组合楼盖。

压型金属板板型按照连接方式分为搭接型板、扣合型板和咬合型板。搭接板系指成型板纵向边为可相互搭合的压型边，板与板自然搭接后通过紧固件与结构连接的压型金属板。扣合板系指成型板纵向边为可相互搭接的压型边，板与板安装时经扣压结合并通过固定支架与结构连接的压型金属板。咬合板系指成型板纵向边为可相互搭接的压型边，板与板自然搭接后，经专用机具沿长度方向卷边咬合并通过固定支架与结构连接的压型金属板。

10.2.1 一般规定

1. 压型金属板厚度与宽度要求

（1）屋面压型钢板，重要建筑宜采用彩色涂层钢板，一般建筑可采用热镀铝锌合金或热镀锌镀层钢板。压型钢板厚度应通过设计计算确定，外层板公称厚度重要建筑不应小于0.6mm，一般建筑不宜小于0.6mm；内层板公称厚度重要建筑不应小于0.5mm，一般建筑不宜小于0.5mm。

（2）压型钢板板型展开宽度（基板宽度）宜符合600mm、1000mm或1200mm系列基本尺寸的要求。

（3）屋面用压型铝合金板的厚度应通过计算确定。重要建筑的外层板公称厚度不应小于1.0mm，一般建筑的外层板公称厚度不宜小于0.9mm；内层板公称厚度不宜小于0.9mm。

2. 压型金属板屋面坡度

（1）压型金属板屋面的坡度，应根据屋面结构形式、屋面板板型、连接构造、排水方式以及所处气候条件等通过计算确定。

（2）压型金属板屋面坡度不应小于5%；当压型金属板采用紧固件连接时，屋面坡度不宜小于10%。

（3）在腐蚀性粉尘环境中，压型金属板屋面坡度不宜小于10%；当腐蚀性等级为强、中环境时，压型金属板屋面坡度不宜小于8%。

（4）当确定压型金属板的屋面坡度时，应考虑压型金属板波高与排水能力的关系，当屋面坡度较缓时，宜选用高波板。

3. 压型金属板屋面板型、板长

（1）压型金属板屋面防水等级和构造要求，见表10-4。

表10-4 压型金属板屋面防水等级和构造要求

防水等级	防水层设计使用年限	防水层构造要求
一级	≥20年	应设非明钉固定且咬边连接大于180°的压型金属板和防水垫层或防水透汽层
二级	≥10年	压型金属板宜设防水垫层或防水透汽层

（2）应根据当地的积雪厚度、暴雨强度、风荷载及屋面形状等选择板型。

（3）屋面用外层板宜采用波高大于50mm的高波板；屋面用内层板可采用波高小于或等于50mm的低波板。

（4）搭接型及扣合型压型金属板不宜用于形状复杂的屋面。

（5）曲形屋面宜采用扇形或弧形板布置。

（6）滑动式连接的压型金属板屋面板长：压型钢板单板长度不宜超过75m，压型铝合金板单板长度不宜超过50m；采用固定式连接的压型金属屋面板单板长度不宜超过36m。

4. 压型金属板搭接

作为承力板使用的压型金属板屋面底板和墙面内层板的长度方向搭接长度不宜小于80mm。

当屋面及墙面压型金属板的长度方向连接采用搭接连接时，搭接端应设置在支撑构件上，并应与支撑构件有可靠连接。当采用螺钉或铆钉固定搭接时，搭接部位应设置防水密封胶带。压型金属板长度方向的搭接长度应符合下列规定：

（1）当屋面坡度小于或等于1/10时，压型金属板搭接长度不宜小于250mm。

（2）当屋面坡度大于1/10时，压型金属板搭接长度不宜小于200mm。

（3）墙板的压型金属板搭接长度不宜小于120mm。

（4）当采用焊接搭接时，压型金属板搭接长度不宜小于50mm。

5. 固定支架及紧固件的选择

（1）压型金属板系统应根据被固定构件的材质和厚度选择相应规格型号的固定支架及紧固件。

（2）固定支架及紧固件应采用避免与其他构件连接时产生电化学腐蚀作用的材质。

（3）屋面压型金属板搭接板中的高波板、扣合型及咬合型板，应每波设置固定支架，并应与结构构件连接；屋面压型金属板搭接板中的低波板和墙面压型金属板，应每波或隔波设置紧固件与结构构件连接。

（4）屋面压型金属板用紧固件应采用带有防水密封胶垫的自攻螺钉。

10.2.2 压型金属板结构设计

1. 结构设计原则

（1）压型金属板结构设计应采用以概率理论为基础的极限状态设计方法，应以分项系数设计表达式进行设计计算。

（2）压型金属板构件应按承载力极限状态和正常使用极限状态进行设计。

（3）当按承载力极限状态设计压型金属板构件时，应考虑荷载效应的基本组合或荷载效应的偶然组合，并应采用荷载设计值和强度设计值进行计算。当按正常使用极限状态设计压型金属板构件时，应考虑荷载效应的标准组合，并应采用荷载标准值和变形限值进行计算。当设计计算时，相应取值应符合现行国家标准《建筑结构荷载规范》GB 50009的有关规定。

（4）压型金属板屋面系统，宜经抗风揭试验验证系统的整体抗风揭能力。

（5）压型金属板屋面边部和角部区域，应根据设计计算加密支撑结构及连接。

（6）压型金属板屋面的连接及紧固件选择应通过设计计算确定。

（7）压型金属穿孔板不宜作为受力构件使用。

2. 强度设计值

钢材的强度设计值和铝合金的强度设计值应分别符合表 10-5 和表 10-6 的规定。

表 10-5　压型金属板结构钢材的强度设计值　　（单位：N/mm^2）

钢板强度级别	抗拉、抗压和抗弯 f	抗剪 f_v	端面承压（磨平顶紧）f_{ce}
250	215	125	270
350	300	175	345

表 10-6　压型金属板结构铝合金的强度设计值　　（单位：N/mm^2）

铝合金材料			抗拉、抗压和抗弯	抗剪	局部承压	焊件热影响区抗拉、抗压和抗弯	焊件热影响区抗剪
牌号	状态	厚度/mm	f	f_v	f_{ce}	$f_{u,haz}$	$f_{v,haz}$
6061	T6	所有	200	115	205	100	60
3003	H24	≤4	100	60	110	20	10
3004	H34	≤4	145	85	175	35	20
	H36	≤3	160	95	190	40	20

3. 挠度与跨度之比限值

压型金属板屋面挠度与跨度之比不宜超过 1/150。

4. 板件宽厚比限值

压型金属板（图 10-6）受压翼缘板件的最大宽厚比限值应符合表 10-7 的规定，压型钢板非加劲腹板的宽厚比不宜超过 $250\sqrt{235/f_y}$，压型铝合金板非加劲腹板的宽厚比不宜超过 $0.5E/f_{0.2}$。其中，E 为铝合金材料弹性模量；$f_{0.2}$ 为铝合金材料的规定非比例伸长应力，也称为名义屈服强度。

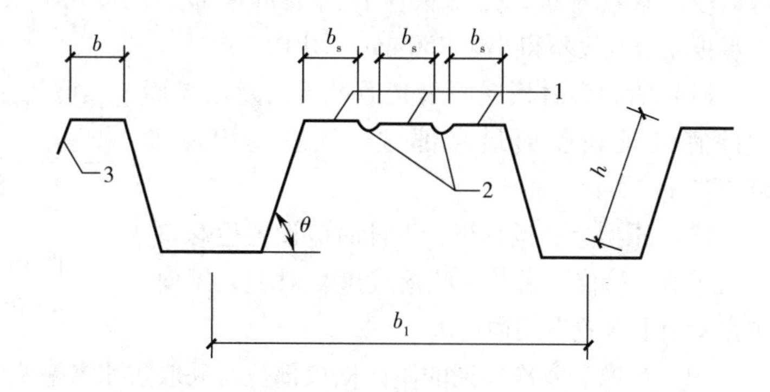

图 10-6　压型金属板的截面形状

1—子件板　2—中间加劲肋　3—边加劲肋　b—边加劲板件的宽度　b_s—子板件的宽度　b_1—压型金属板的波距　h—腹板的宽度　θ—腹板倾角

表 10-7　压型金属板受压翼缘板件的最大宽厚比限值

板件类别 \ 板强度级别		钢板 250MPa	钢板 350MPa	铝合金
非加劲板件		45	35	$45\times0.583\sqrt{235/f_{0.2}}$
部分加劲板件		60	50	$60\times0.583\sqrt{235/f_{0.2}}$
加劲板件	无中间加劲肋	250	200	$250\times0.583\sqrt{235/f_{0.2}}$
	有中间加劲肋	400	350	

注：$f_{0.2}$ 为铝合金材料的名义屈服强度。

10.2.3 细部构造

（1）屋面压型金属板应伸入天沟内或伸出檐口外，出挑长度应通过计算确定且不小于120mm；屋面压型金属板伸出固定支架的悬挑长度应通过计算确定。

（2）压型金属板系统檐口构造应有相应封堵构件或封堵措施。

（3）屋脊节点构造应有相应封堵构件或封堵措施。

（4）屋面泛水板立边有效高度应不小于250mm，并应有可靠连接。

（5）压型金属板系统泛水板设计

1）泛水板宜采用与屋面板、墙面板相同材质材料制作。

2）泛水板与屋面板、墙面板及其他设施的连接应固定牢固、密封防水，并应采取措施适应屋面板、墙面板的伸缩变形。

3）当设置泛水板时，下部应有硬质支撑。

4）采用滑动式连接的屋面压型金属板，沿板型长度方向与墙面间的泛水板应为滑动式连接，并宜符合构造要求。

（6）在压型金属板屋面与突出屋面设施相交处，应考虑屋面板断开、伸缩等构造处理。连接构造应设置泛水板，泛水板应有向上折弯部分，泛水板立边高度不得小于250mm（图10-7）。

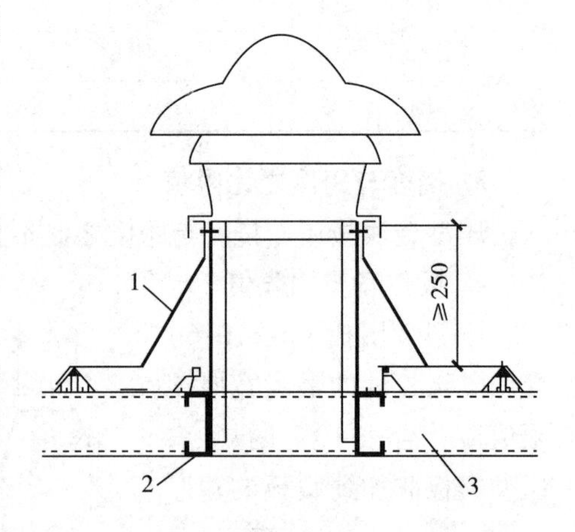

图10-7 突出屋面设施节点构造

1—泛水板 2—附加檩条 3—檩条

（7）压型金属板屋面采光通风天窗及出屋面构件宜设置在屋面最高部位，且宜高出屋面板250mm。

（8）压型金属板系统，设计时应设置检修口、上人通道、检修通道及防坠落设施。对上人屋面，应在屋面上设置专用通道。

（9）严寒和寒冷地区的屋面檐口部位应采取防冰雪融坠的安全措施。

10.3 组合楼板

组合楼板系指压型钢板上现浇混凝土组成压型钢板与混凝土共同承受载荷的楼板。

10.3.1 一般规定

1. 设计规定

（1）楼盖结构应具有良好的水平刚度和整体性，其楼面宜采用组合楼板或现浇钢筋混凝土楼板；采用组合楼板时，对转换层、加强层以及有大开洞楼层，宜增加组合楼板的有效厚度或采用现浇钢筋混凝土楼板。

（2）压型钢板质量应符合现行国家标准《建筑用压型钢板》GB/T 12755的规定，压型钢板的基板应选用热浸镀锌钢板，不宜选用镀铝锌板。镀锌层应符合现行国家标准《连续热镀锌钢板及钢带》GB/T 2518的规定。

（3）组合楼板用压型钢板应根据腐蚀环境选择镀锌量，可选择两面镀锌量为275g/m²的基板。组合楼板不宜采用钢板表面无压痕的光面开口型压型钢板，且基板净厚度不应小于0.75mm。作为永久模板使用的压型钢板基板的净厚度不宜小于0.5mm。

（4）压型钢板浇筑混凝土面的槽口宽度（图10-8）：开口型压型钢板凹槽重心轴处宽度 b_r、缩口型压型钢板和闭口型压型钢板槽口最小浇筑宽度 b_r 不应小于50mm。当槽内放置栓钉时，压型钢板总高 h_s（包括压痕）不宜大于80mm。

（5）组合楼板总厚度 h 不应小于90mm，压型钢板肋顶部以上混凝土厚度 h_c 不应小于50mm。

（6）组合楼板中的压型钢板肋顶以上混凝土厚度 h_c 为50～100mm时，组合楼板可沿强边（顺肋）方向按单向板计算。

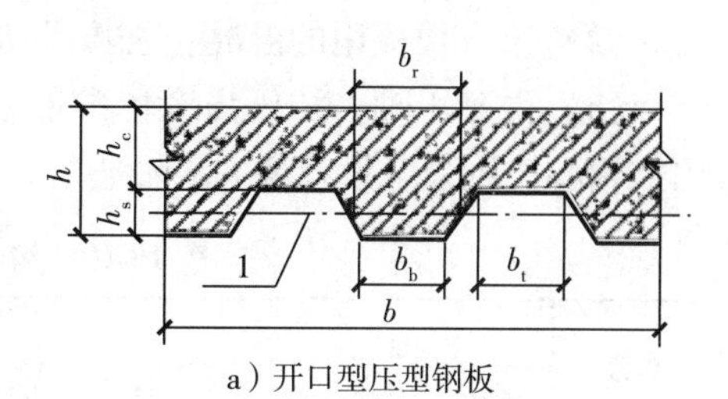

a）开口型压型钢板

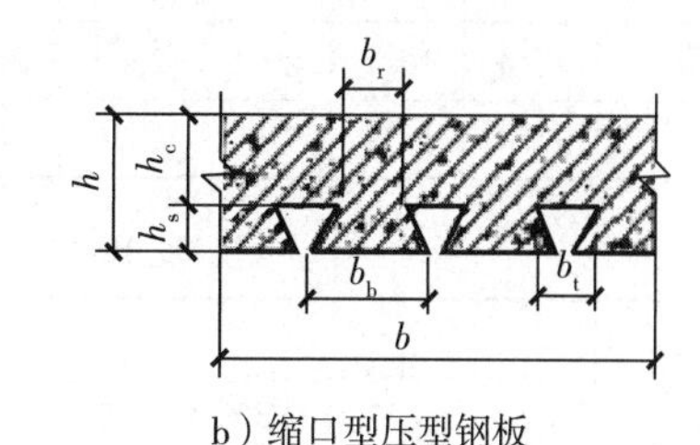

b）缩口型压型钢板

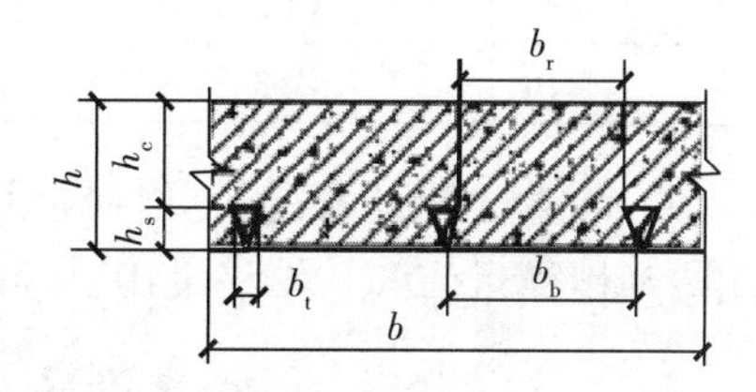

c）闭口型压型钢板

图10-8　组合楼板截面凹槽宽度示意图

1—压型钢板重心轴

2. 挠度限值

组合楼板的最大挠度，应按荷载效应的准永久组合，并考虑荷载长期作用的影响进行计算，其计算值不应超过表10-8规定的挠度限值。

表10-8　组合楼板挠度限值

跨度/m	挠度限值（以计算跨度 l_0 计算）/mm
$l_0<7$	$l_0/200$（$l_0/250$）
$7\leq l_0\leq9$	$l_0/250$（$l_0/300$）
$l_0>9$	$l_0/300$（$l_0/400$）

注：1. 表中 l_0 为构件的计算跨度；悬臂构件的 l_0 按实际悬臂长度的2倍取用。

2. 构件有起拱时，可将计算所得挠度值减去起拱值。

3. 表中括号中的数值适用于使用上对挠度有较高要求的构件。

3. 强度标准值、设计值

（1）压型钢板宜采用符合现行国家标准《连续热镀锌钢板及钢带》GB/T 2518规定的S250（S250GD+Z、S250GD+ZF）、S350（S350GD+Z，S350GD+ZF），S550（S550GD+Z，S550GD+ZF）牌号的结构用钢，其强度标准值、设计值应按表10-9的规定采用。

表10-9　压型钢板强度标准值、设计值　　（单位：N/mm²）

牌号	强度标准值	强度设计值	
	抗拉、抗压、抗弯 f_{ak}	抗拉、抗压、抗弯 f_a	抗剪 f_{av}
S250	250	205	120
S350	350	290	170
S550	470	395	230

（2）组合楼板用的混凝土强度等级不应低于C20。

（3）混凝土轴心抗压强度标准值f_{ck}、轴心抗拉强度标准值f_{tk}应按表10-10的规定采用；轴心抗压强度设计值f_c、轴心抗拉强度设计值f_t应按表10-11的规定采用。

表10-10　组合楼板用混凝土强度标准值　（单位：N/mm^2）

强度	混凝土强度等级												
	C20	C25	C30	C35	C40	C45	C50	C55	C60	C65	C70	C75	C80
f_{ck}	13.4	16.7	20.1	23.4	26.8	29.6	32.4	35.5	38.5	41.5	44.5	47.4	50.2
f_{tk}	1.54	1.78	2.01	2.20	2.39	2.51	2.64	2.74	2.85	2.93	2.99	3.05	3.11

表10-11　组合楼板用混凝土强度设计值　（单位：N/mm^2）

强度	混凝土强度等级												
	C20	C25	C30	C35	C40	C45	C50	C55	C60	C65	C70	C75	C80
f_c	9.6	11.9	14.3	16.7	19.1	21.1	23.1	25.3	27.5	29.7	31.8	33.8	35.9
f_t	1.10	1.27	1.43	1.57	1.71	1.80	1.89	1.96	2.04	2.09	2.14	2.18	2.22

（4）混凝土受压和受拉弹性模量应按表10-12的规定采用，混凝土的剪切变形模量可按相应弹性模量值的0.4倍采用，混凝土泊松比可按0.2采用。

表10-12　组合楼板用混凝土弹性模量　（单位：$\times 10^4 N/mm^2$）

混凝土强度等级	C20	C25	C30	C35	C40	C45	C50	C55	C60	C65	C70	C75	C80
E_c	2.55	2.80	3.00	3.15	3.25	3.35	3.45	3.55	3.60	3.65	3.70	3.75	3.80

4. 承载力计算

组合楼板的承载力计算应符合现行行业标准《组合结构设计规范》JGJ 138的规定，具体计算项目如下：

（1）组合楼板截面在正弯矩作用下，其正截面受弯承载力计算。

（2）组合楼板截面在负弯矩作用下，可不考虑压型钢板受压，将组合楼板截面简化成等效T形截面，其正截面承载力的计算。

（3）组合楼板斜截面受剪承载力的计算。

（4）组合楼板中压型钢板与混凝土间的纵向剪切粘结承载力计算。

（5）在局部集中荷载作用下，组合楼板应对作用力较大处进行单独验算，其有效工作宽度的计算。

在局部集中荷载作用下的受冲切承载力应符合现行国家标准《混凝土结构设计规范》GB 50010的有关规定，混凝土板的有效高度可取组合楼板肋以上混凝土厚度。

5. 正常使用极限状态验算

组合楼板的正常使用极限状态验算应符合现行行业标准《组合结构设计规范》JGJ 138的规定，具体计算项目如下：

（1）组合楼板负弯矩区最大裂缝宽度计算。

（2）使用阶段组合楼板挠度应按结构力学的方法计算，组合楼板在准永久荷载作用下的截面抗弯刚度计算。

（3）组合楼板长期荷载作用下截面抗弯刚度计算。

10.3.2　构造措施

（1）组合楼板正截面承载力不足时，可在板底沿顺肋方向配置纵向抗拉钢筋，钢筋保护层净厚度不应小于15mm，板底纵向钢筋与上部纵向钢筋间应设置拉筋。

（2）组合楼板在有较大集中（线）荷载作用部位应设置横向钢筋，其截面面积不应小于压型钢板肋以上混凝土截面面积的0.2%，延伸宽度不应小于集中（线）荷载分布的有效宽度。钢筋间距不宜大于150mm，直径不宜小于6mm。

（3）组合楼板支座处构造钢筋及板面温度钢筋配置应符合现行国家标准《混凝土结构设计规范》GB 50010 的有关规定。

（4）组合楼板支承于钢梁上时，其支承长度对边梁不应小于75mm（图10-9a）；对中间梁，当压型钢板不连续时不应小于50mm（图10-9b），当压型钢板连续时不应小于75mm（图10-9c）。

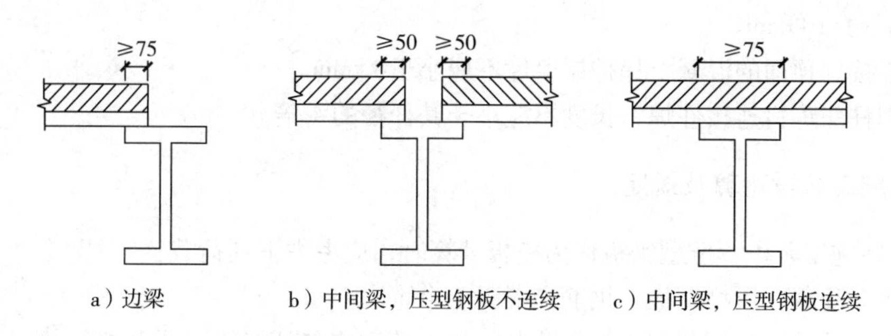

图10-9　组合楼板支承于钢梁上

（5）组合楼板支承于混凝土梁上时，应在混凝土梁上设置预埋件，预埋件设计应符合现行国家标准《混凝土结构设计规范》GB 50010 的规定。由于膨胀螺栓不能承受振动荷载，故不得采用膨胀螺栓固定预埋件。

组合楼板在混凝土梁上的支承长度，对边梁不应小于100mm（图10-10a）；对中间梁，当压型钢板不连续时不应小于75mm（图10-10b），当压型钢板连续时不应小于100mm（图10-10c）。

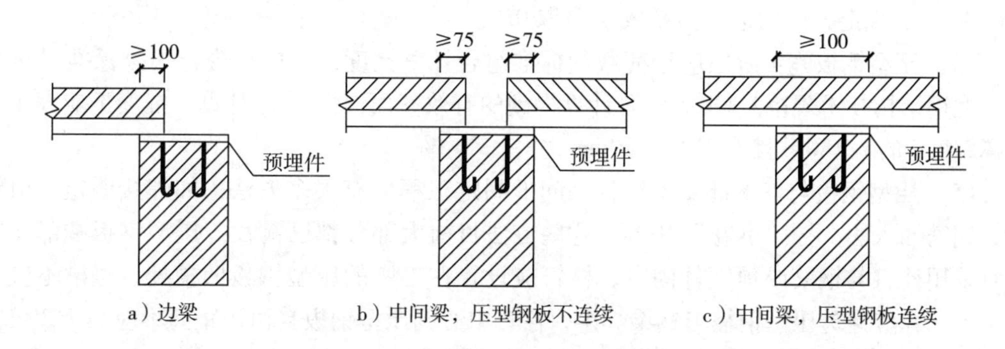

图10-10　组合楼板支承于混凝土梁上

（6）组合楼板支承于砌体墙上时，应在砌体墙上设混凝土圈梁，并在圈梁上设置预埋件，组合楼板应支承于预埋件上。

（7）组合楼板支承于剪力墙侧面时，宜支承在剪力墙侧面设置的预埋件上，剪力墙内宜预留钢筋并与组合楼板负弯矩钢筋连接，埋件设置以及预留钢筋（图10-11）的锚固长度应符合现行国家标准《混凝土结构设计规范》GB 50010 的规定。

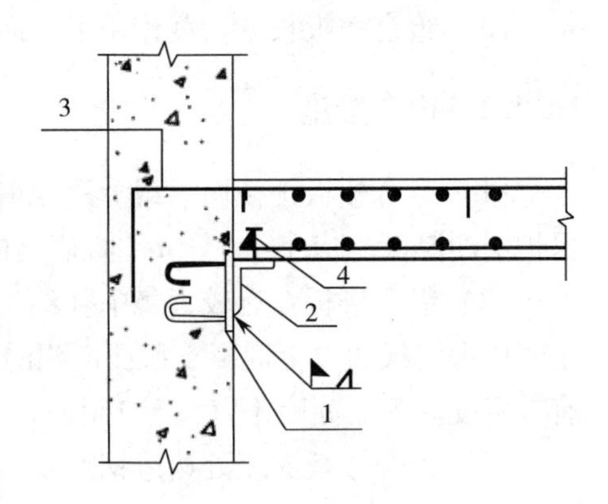

图10-11 组合楼板与剪力墙连接构造

1—预埋件 2—角钢或槽钢

3—剪力墙内预留钢筋 4—栓钉

（8）组合楼板栓钉的设置应符合以下规定：

1）连接件的外侧边缘与钢梁翼缘边缘之间的距离不应小于20mm。

2）连接件的外侧边缘至混凝土翼板边缘间的距离不应小于100mm。

3）连接件顶面的混凝土保护层厚度不应小于15mm。

4）圆柱头焊钉连接件焊钉长度不应小于其杆径的4倍。

10.3.3 施工阶段验算及规定

（1）在施工阶段，压型钢板作为模板计算时，应考虑下列荷载：

1）永久荷载：压型钢板、钢筋和混凝土自重。

2）可变荷载：施工荷载与附加荷载。施工荷载应包括施工人员和施工机具等，并考虑施工过程中可能产生的冲击和振动。当有过量的冲击、混凝土堆放以及管线等应考虑附加荷载。可变荷载应以工地实际荷载为依据。

3）当没有可变荷载实测数据或施工荷载实测值小于1.0kN/m^{2}时，施工荷载取值不应小于1.0kN/m^2。

（2）混凝土在浇筑过程中，处于非均匀的流动状态，可能造成单块楼承板受力较大，为保证安全，计算压型钢板施工阶段承载力时，湿混凝土荷载分项系数应取1.4。

（3）压型钢板在施工阶段承载力应符合现行国家标准《冷弯薄壁型钢结构技术规范》GB 50018 的规定，结构重要性系数γ_0可取0.9。

（4）压型钢板施工阶段应按荷载的标准组合计算挠度，并应按现行国家标准《冷弯薄壁型钢结构技术规范》GB 50018 计算得到的有效截面惯性矩I_{ae}计算，挠度不应大于板支撑跨度l的1/180，且不应大于20mm。

（5）压型钢板与其下部支承结构之间的固定工程中有很多方法，如焊接固定、射钉法、钢筋插入法、拧“麻花”法等，这些方法目前大部分都已淘汰。压型钢板端部支座处宜采用栓钉与钢梁或预埋件固定，栓钉应设置在支座的压型钢板凹槽处，每槽不应少于1个，并应穿透压型钢板与钢梁焊牢，栓钉中心到压型钢板自由边距离不应小于2倍栓钉直径。栓钉直径可根据楼板跨度按表10-13采用。

（6）压型钢板侧向在钢梁上的搭接长度不应小于25mm，在预埋件上的搭接长度不应小于50mm。组合楼板压型钢板侧向与钢梁或预埋件之间应采取有效固定措施。当采用点焊焊接固定时，点焊间距不宜大于400mm。当采用栓钉固定时，栓钉间距不宜大于400mm；栓钉直径应符合表10-13的规定。

表10-13 固定压型钢板的栓钉直径限值

楼板跨度 l/m	栓钉直径/mm
$l<3$	13
$3\leqslant l\leqslant 6$	16，19
$l>6$	19

10.4 装配式钢结构建筑外围护系统

10.4.1 一般规定

（1）装配式钢结构建筑应合理确定外围护系统的设计使用年限，住宅建筑的外围护系统的设计使用年限应与主体结构相协调。

外围护系统的设计使用年限是确定外围护系统性能要求、构造、连接的关键，设计时应明确。住宅建筑中外围护系统的设计使用年限应与主体结构相协调，这主要是指住宅建筑中外围护系统的基层板、骨架系统、连接配件的设计使用年限应与建筑物主体结构一致。为满足使用要求，外围护系统应定期维护，接缝胶、涂装层、保温材料应根据材料特性，明确使用年限，并应注明维护要求。

（2）外围护系统的立面设计应综合装配式钢结构建筑的主体结构类型、建筑使用功能、构成条件、装饰颜色与材料质感等设计要求。

（3）外围护系统的设计应符合模数协调和标准化要求，并应满足建筑立面效果、制作工艺、运输及施工安装的条件。

（4）外围护系统设计应包括下列内容：

1）外围护系统的性能要求：主要为安全性、功能性和耐久性等。

2）外墙板及屋面板的模数协调要求：包括尺寸规格、轴线分布、门窗位置和洞口尺寸等，设计应标准化，兼顾其经济性，同时还应考虑外墙板及屋面板的制作工艺、运输及施工安装的可行性。

3）屋面结构支承构造节点：屋面围护系统与主体结构、屋架与屋面板的支承要求，以及屋面上放置重物的加强措施。

4）外墙板连接、接缝及外门窗洞口等构造节点。

5）阳台、空调板、装饰件等连接构造节点。

（5）在50年重现期的风荷载或多遇地震作用下，外墙板不得因主体结构的弹性层间位移而发生塑性变形、板面开裂、零件脱落等损坏；当主体结构的层间位移角达到1/100时，外墙板不得掉落。

10.4.2 外围护系统性能要求

外围护系统应根据建筑所在地区的气候条件、使用功能等综合确定抗风性能、抗震性能、耐撞击性能、防火性能、水密性能、气密性能、隔声性能、热工性能和耐久性能等要求，屋面系统还应满足结构性能要求。

外围护系统的材料种类多种多样，施工工艺和节点构造也不尽相同，在设计时，外围护系统应根据不同材料特性、施工工艺和节点构造特点明确具体的性能要求。性能要求主要包括安全性、功能性和耐久性等，同时屋面系统还应增加结构性能要求。

1. 安全性能要求

安全性能要求是指关系到人身安全的关键性能指标，对于装配式钢结构建筑外围护体系而言，应符合基本的承载力要求以及防火要求，具体可以分为抗风压性能、抗震性能、耐撞击性能以及防火性能四个方面。外墙板应采用弹性方法确定承载力与变形，并明确荷载及作用效应组合。在荷载及作用的标准组合作用下，墙板的最大挠度不应大于板跨度的1/200，且不应出现裂缝；计算外墙板与结构连接节点承载力时，荷载设计值应该乘以1.2的放大系数。在50年重现期风荷载或多遇地震作用下，外墙板不得因主体结构的弹性层间变形而发生开裂、起鼓、零件脱落等损坏；当遭受相当于本地区抗震设防烈度的地震作用时，外墙板不应发生掉落。

抗风性能中风荷载标准值应符合现行国家标准《建筑结构荷载规范》GB 50009中有关外围护系统风荷载的规定，并可参照现行国家标准《建筑幕墙》GB/T 21086的相关规定，不应小于1kN/m^2，同时应考虑偶遇阵风情况下的荷载效应。

抗震性能应满足现行行业标准《非结构构件抗震设计规范》JGJ 339中的相关规定。

耐撞击性能应根据外围护系统的构成确定。对于幕墙体系，可参照现行国家标准《建筑幕墙》GB/T 21086中的相关规定，撞击能量最高为900J，降落高度最高为2m，试验次数不小于10次，同时试件的跨度及边界条件必须与实际工程相符。除幕墙体系外的外围护系统，应提高耐撞击的性能要求。外围护系统的室内外两侧装饰面，尤其是类似薄抹灰做法的外墙保温饰面层，还应明确抗冲击性能要求。

防火性能应符合现行国家标准《建筑设计防火规范》GB 50016中的相关规定，试验检测应符合现行国家标准《建筑构件耐火试验方法　第1部分：通用要求》GB/T 9978.1和《建筑构件耐火试验方法　第8部分：非承重垂直分隔构件的特殊要求》GB/T 9978.8的相关规定。

2. 功能性要求

功能性要求是指作为外围护体系应该满足居住使用功能的基本要求。具体包括水密性能、气密性能、隔声性能、热工性能四个方面。

水密性能包括外围护系统中基层板的不透水性以及基层板、外墙板或屋面板接缝处的止水、排水性能。对于建筑幕墙系统，应参照现行国家标准《建筑幕墙》GB/T 21086中的相关规定。

气密性能主要为基层板、外墙板或屋面板接缝处的空气渗透性能。对于建筑幕墙系统，应参照现行国家标准《建筑幕墙》GB/T 21086中的相关规定。

隔声性能应符合现行国家标准《民用建筑隔声设计规范》GB 50118的相关规定。

热工性能应符合国家现行标准《公共建筑节能设计标准》GB 50189以及现行行业标准《严寒和寒冷地区居住建筑节能设计标准》JGJ 26、《夏热冬冷地区居住建筑节能设计标准》JGJ 134 和《夏热冬暖地区居住建筑节能设计标准》JGJ 75 的相关规定。

3. 耐久性要求

耐久性要求直接影响到外围护系统使用寿命和维护保养时限。不同的材料，对耐久性的性能指标要求也不尽相同。经耐久性试验后，还需对相关力学性能进行复测，以保证使用的稳定性。对于以水泥基类板材作为基层板的外墙板，应符合现行行业标准《外墙用非承重纤维增强水泥板》JG/T 396 的相关规定，满足抗冻性、耐热性能、耐水性能以及耐干湿性能的要求。

4. 结构性能

结构性能应包括可能承受的风荷载、积水荷载、雪荷载、冰荷载、遮阳装置及照明装置荷载、活荷载及其他荷载，并按现行国家标准《建筑结构荷载规范》GB 50009 和《建筑抗震设计规范》GB 50011 的规定对承受的各种荷载和作用以垂直于屋面的方向进行组合，并取最不利工况下的组合荷载标准值为结构性能指标。

10.4.3 外围护系统选型

外围护系统选型应根据不同的建筑类型及结构形式而定。外墙系统与结构系统的连接形式可采用内嵌式、外挂式、嵌挂结合式等，并宜分层悬挂或承托。外墙可选用预制墙体、条板墙体、现场组装骨架墙体、建筑幕墙、一体化组合外墙等类型，屋面可选用金属屋面、混凝土组合屋面、一体化组合成品屋面、单层屋面系统等类型；也可采用多种类型组合使用。

不同类型的外墙围护系统具有不同的特点，按照外墙围护系统在施工现场有无骨架组装的情况，分为预制外墙类、现场组装骨架外墙类、建筑幕墙类。

预制外墙类外墙围护系统在施工现场无骨架组装工序，根据外墙板的建筑立面特征又细分为整间板体系和条板体系。现场组装骨架外墙类外墙围护系统在施工现场有骨架组装工序，根据骨架的构造形式和材料特点又细分为金属骨架组合外墙体系和木骨架组合墙体系。建筑幕墙类外墙围护系统在施工现场可包含骨架组装工序，也可不包含骨架组装工序，根据主要支承结构形式又细分为构件式幕墙、点支承幕墙、单元式幕墙。

整间板体系包括预制混凝土外墙板、拼装大板。预制混凝土外墙板按照混凝土的体积密度分为普通型和轻质型。普通型多以预制混凝土夹芯保温外挂墙板为主，中间夹有保温层，室外侧表面自带涂装或饰面做法；轻质型多以蒸压加气混凝土板为主。拼装大板中支承骨架的加工与组装、面板布置、保温层设置均在工厂完成生产，施工现场仅需连接、安装即可。

条板体系包括预制整体条板、复合夹芯条板。条板可采用横条板或竖条板的安装方式。预制整体条板按主要材料分为含增强材料的混凝土类和复合类；混凝土类预制整体条板又可按照混凝土的体积密度细分为普通型和轻质型。普通型混凝土类预制外墙板中混凝土多以硅酸盐水泥、普通硅酸盐水泥、硫铝酸盐水泥等为原料而生产的；轻质型混凝土类预制外墙板多以蒸压加气混凝土板为主，也可采用轻骨料混凝土。增强材料可采用金属骨架、钢筋或钢丝（含网片形式）、玻璃纤维、无机矿物纤维、有机合成纤维、纤维素纤维等。蒸压加气混凝土板是由蒸压加气混凝土制成，根据构造要求，内配置经防腐处理的不同数量钢筋网片；断面构造形式可为实心或空心；可采用平板模具生产，也可采用挤塑成型的加工工艺生产。复合类预制整体条板多以阻燃木塑、石塑等为主要材料，常采用挤塑成型的加工工艺生产，外墙板内部腔体中可填充保温绝热材料。复合夹芯条板是由面板和保温夹芯层构成。

建筑幕墙类中无论采用构件式幕墙、点支承幕墙或单元式幕墙，其非透明部位一般宜设置外围护基层墙板。

10.4.4 外墙板

1. 外墙板与主体结构的连接

(1) 连接节点在保证主体结构整体受力的前提下，应牢固可靠、受力明确、传力简捷、构造合理。连接节点的设置不应使主体结构产生集中偏心受力，应使外墙板实现静定受力。

(2) 连接节点应具有足够的承载力。承载能力极限状态下，连接节点不应发生破坏；当单个连接节点失效时，外墙板不应掉落。

(3) 连接部位应采用柔性连接方式，连接节点应具有适应主体结构变形的能力。外墙板可采用平动或转动的方式与主体结构产生相对变形。外墙板应与周边主体结构可靠连接并能适应主体结构不同方向的层间位移，必要时应做验证性试验。采用柔性连接的方式，以保证外墙板应能适应主体结构的层间位移，连接节点尚需具有一定的延性，避免承载能力极限状态和正常施工极限状态下应力集中或产生过大的约束应力。

(4) 连接节点设计应考虑防火、防水和防腐要求，宜采用隐蔽式设计，避免外露，主受力连接件材质应具备相关证明文件或通过系统性能检测合格。

(5) 宜采用预设连接件卡座、连接件等便于装配的连接方式，连接形式可采用内嵌式、外挂式、嵌挂结合式等，宜分层悬挂或承托。

(6) 外墙板与主体结构的连接处应采用断热、隔声和减振处理措施，避免产生热桥和声桥效应。

(7) 外墙板与楼板之间连接缝应采取防水措施；阳台的外沿板底应设置滴水线。

(8) 节点设计应便于工厂加工、现场安装就位和调整；宜减少采用现场焊接形式和湿作业连接形式。

(9) 连接件宜采用不锈钢或镀锌防腐，耐久性应满足设计使用年限的要求。连接件的耐久性应满足设计使用年限的要求。连接件除不锈钢及耐候钢外，其他钢材应进行表面热浸镀锌处理、富锌涂料处理或采取其他有效的防腐防锈措施。

2. 外墙板接缝

(1) 接缝处应根据当地气候条件合理选用构造防水、材料防水相结合的防排水措施。满足构造、热工、防水及建筑装修等要求，墙缝的防裂措施应按设计要求执行。

(2) 接缝宽度及接缝材料应根据外墙板材料、立面分格、结构层间位移、温度变形等综合因素确定；所选用的接缝材料及构造应满足防水、防渗、抗裂、耐久等要求；接缝材料应与外墙板具有相容性；外墙板在正常使用状况下，接缝处的弹性密封材料不应破坏。

（3）外墙板的接缝（包括女儿墙、阳台、勒脚等处的竖缝、水平缝及十字缝）及窗口处必须做防水处理。

（4）外墙板在正常使用状况下，接缝处的弹性密封材料不应破坏。

3. 外门窗

（1）应采用在工厂生产的标准化系列部品，并应采用带有批水板的外门窗配套系列部品。采用在工厂生产的外门窗配套系列部品可以有效避免施工误差，提高安装的精度，保证外围护系统具有良好的气密性能和水密性能要求。

（2）门窗洞口与外门窗框接缝是节能及防渗漏的薄弱环节，接缝处的气密性能、水密性能和保温性能直接影响到外围护系统的性能要求。为此，外门窗应与墙体可靠连接，门窗洞口与外门窗框接缝处的气密性能、水密性能和保温性能不应低于外门窗的相关性能。

（3）预制外墙中的外门窗宜采用企口或预埋件等方法固定，外门窗可采用预装法或后装法施工。采用预装法时，外门窗框应在工厂与预制外墙整体成型；采用后装法时，预制外墙的门窗洞口应设置预埋件。

门窗与墙体在工厂同步完成的预制混凝土外墙，在加工过程中能够更好地保证门窗洞口与框之间的密闭性，避免形成热桥，质量控制有保障，能够较好地解决外门窗的渗漏水问题，从而改善建筑的性能，有助于建筑品质的提升。

（4）铝合金门窗的设计应符合现行行业标准《铝合金门窗工程技术规范》JGJ 214 的规定。

（5）塑料门窗的设计应符合现行行业标准《塑料门窗工程技术规程》JGJ 103 的规定。

10.4.5 预制外墙

（1）预制外墙用材料要求：

1）预制混凝土外墙板用材料应符合现行行业标准《装配式混凝土结构技术规程》JGJ 1 的规定。

2）拼装大板用材料包括龙骨、基板、面板、保温材料、密封材料、连接固定材料等，各类材料应符合国家现行有关标准的规定。

3）整体预制条板和复合夹芯条板应符合国家现行相关标准的规定。

（2）露明的金属支撑件及外墙板内侧与主体结构的调整间隙，应采用燃烧性能等级为 A 级的材料进行封堵，封堵构造的耐火极限不得低于墙体的耐火极限，封堵材料在耐火极限内不得开裂、脱落。

露明的金属支撑件及外墙板内侧与梁、柱及楼板间的调整间隙，是防火安全的薄弱环节。露明的金属支撑件应设置构造措施，避免在遇火或高温下导致支撑件失效，进而导致外墙板掉落。外墙板内侧与梁、柱及楼板间的调整间隙，也是蹿火的主要部位，应设置构造措施，防止火灾蔓延。

（3）防火性能应按非承重外墙的要求执行，当夹芯保温材料的燃烧性能等级为 B_1 或 B_2 级时，内、外叶墙板应采用不燃材料且厚度均不应小于 50mm。

（4）块材饰面应采用耐久性好、不易污染的材料；当采用面砖时，应采用反打工艺在工厂内完成，面砖应选择背面设有粘结后防止脱落措施的材料。

（5）预制外墙板接缝要求：

1）接缝位置宜与建筑立面分格相对应。

2）竖缝宜采用平口或槽口构造，水平缝宜采用企口构造。

3）当板缝空腔需设置导水管排水时，板缝内侧应增设密封构造。

4）宜避免接缝跨越防火分区；当接缝跨越防火分区时，接缝室内侧应采用耐火材料封堵。

（6）蒸压加气混凝土外墙板的性能、连接构造、板缝构造、内外面层做法等应符合现行行业标准《蒸压加气混凝土建筑应用技术规程》JGJ/T 17 的有关规定，并符合下列规定：

1）可采用拼装大板、横条板、竖条板的构造形式。

2）当外围护系统需同时满足保温、隔热要求时，板厚应满足保温或隔热要求的较大值。

3）可根据技术条件选择钩头螺栓法、滑动螺栓法、内置锚法、摇摆型工法等安装方式；国内工程钩头螺栓法应用普遍，其特点是施工方便、造价低，缺点是损伤板材，连接节点不属于真正意义上的柔性节点，属于半刚性连接节点，应用多层建筑外墙是可行的；对高层建筑外墙宜选用内置锚法、摇摆型工法。

4）外墙室外侧板面及有防潮要求的外墙室内侧板面应用专用防水界面剂进行封闭处理。

蒸压加气混凝土外墙板吸水后会导致其强度降低，外表面防水涂膜是其保证结构正常特性的保障，防水封闭是保证加气混凝土板耐久性（防渗漏、防冻融）的关键技术措施。通常情况下，室外侧板面宜采用性能匹配的柔性涂料饰面。

10.4.6 现场组装骨架外墙

1. 一般要求

（1）骨架应具有足够的承载力、刚度和稳定性，并应与主体结构可靠连接；骨架应进行整体及连接节点验算。骨架是现场组装骨架外墙中承载并传递荷载作用的主要材料，与主体结构有可靠、正确的连接，才能保证墙体正常、安全地工作。骨架整体验算及连接节点是保证现场组装骨架外墙安全性的重点环节。

（2）墙内敷设电气线路时，应对其进行穿管保护。

（3）宜根据基层墙板特点及形式进行墙面整体防水，应符合现行行业标准《建筑外墙防水工程技术规程》JGJ/T 235 的规定。

2. 轻钢龙骨式复合墙

金属骨架应设置有效的防腐蚀措施；骨架外部、中部和内部可分别设置防护层、隔离层、保温隔汽层和内饰层，并根据使用条件设置防水透汽材料、空气间层、反射材料、结构蒙皮材料和隔汽材料等。

以厚度为 0.8~1.5mm 的镀锌轻钢龙骨为骨架，由外面层、填充层和内面层所组成的复合墙体，一般是在现场安装密肋布置的龙骨后安装各层次，也有在工厂预制成条板或大板后在现场整体装配。

（1）轻钢龙骨式复合墙板作为承重墙时应设置承重立柱、支撑、拉条和撑杆等受力结构，其轴向承压能力不应低于设计要求的极限承载力，可通过受力计算或试验进行确定。

（2）墙内敷设电气线路时，应对其进行穿管保护。

（3）宜根据基层墙板特点及形式进行墙面整体防水，金属骨架应设置有效的防腐蚀措施。

（4）连接宜采用高强螺栓、抽芯铆钉、锚栓、自攻螺钉或卡件等进行紧固，连接强度应满足抗风抗震的极限承载力要求，尚应满足抗撞击性能要求。

（5）连接节点应满足国家现行标准规定的耐久性、防火性、气密性、水密性等性能要求，可采用包覆法、屏蔽法和多重防水措施等。

3. 现场组装条板外墙

（1）外墙条板可采用内嵌、外挂等方式通过分层悬挂或承托方式与主结构进行固定，可采用钢卡件、预埋件、钩头螺栓等连接方式。

（2）墙体连接件应有可靠的防松弛、防滑脱措施。

（3）采用接板安装的外墙板，其安装高度应符合下列规定：

1）90mm、100mm 厚墙板，其接板安装高度不应大于 3. 6m。

2）120mm、125mm 厚墙板，其接板安装高度不应大于 4. 5m。

3）150mm 厚墙板，其接板安装高度不应大于 4. 8m。

4）180mm 厚墙板，其接板安装高度不应大于 5. 4m。

5）其他厚度墙板的接板安装高度，施工单位可与设计单位协商，另行设计，并应提交抗冲击性能检测报告。

（4）墙板设计应明确材料吊挂力和抗撞性能要求，墙板上需要吊挂重物或设备时，应在设计时考虑加固措施，不得单点固定，且两点的间距应大于 300mm。

（5）墙板亦可采用预设预埋管线。当单层墙板作外墙时不宜采用横向布置水管，可采用局部双体墙构造设计，或采用明装方式敷设管线和设备。

（6）外墙条板宜选用实心条板或实心夹心复合条板等非空心条板材料，接缝处应采取耐候密封胶防水和构造防水相结合的做法；当板缝空腔需设置导水管排水时，板缝内侧应增设气密条密封构造。

（7）条板外墙应做饰面防护层，外饰面应满足建筑设计美观要求。

4. 木骨架组合墙

木骨架组合墙体系指在木骨架外部覆盖墙面板，并可在木骨架构件之间的空隙内填充保温隔热及隔声材料而构成的非承重墙体。

（1）木骨架木材材质等级和强度等级、含水率，连接件防腐防锈措施、构件设计、热工设计、隔声设计、防火设计连接构造、板缝构造等应符合现行国家标准《木骨架组合墙体技术标准》GB/T 50361 的规定。

（2）木骨架组合墙体的安全等级不应低于三级。

（3）木骨架组合墙体除自重外，不应作为剪力墙或支撑系统承受主体结构传递的荷载。木骨架组合墙体用作外墙时，应计入风荷载作用，墙面板应具有足够强度和刚度将风荷载传递到木骨架。

（4）木骨架组合墙体应具有足够的承载能力、刚度和稳定性，并应与主体结构的构件可靠连接。木骨架组合墙体及其与主体结构构件的连接，应进行抗震设计。

（5）木骨架组合墙体设置时，应考虑对主体结构抗震的不利影响，应避免不合理设置而导致主体结构的破坏。

（6）材料选用要求：

1）木骨架组合墙体宜采用岩棉、矿渣棉、玻璃棉等。

2）木骨架组合墙体隔声吸声材料宜采用岩棉、矿渣棉、玻璃棉和纸面石膏板，也可采用符合设计要求的其他具有隔声吸声功能的材料。

3）木骨架组合墙体所采用的各种防火产品应为检验合格的产品。

4）木骨架组合墙体的防火材料宜采用纸面石膏板。采用其他材料时，材料的燃烧性能应符合现行国家标准《建筑材料及制品燃烧性能分级》GB 8624 中对 A 级材料的规定。

5）木骨架组合墙体填充材料的燃烧性能应为 A 级。

（7）墙面材料选用要求：

1）分户墙、房间隔墙和外墙内侧的墙面材料宜采用纸面石膏板。纸面石膏板应根据墙体的性能要求分别采用普通型、耐火型或耐水型。

2）外墙外侧墙面材料宜选用耐水型纸面石膏板。耐水型纸面石膏板的厚度不应小于9.5mm。

3）当外墙外侧覆面板采用木基结构板时，木基结构板应符合国家现行相关产品标准的规定。进口木基结构板应有经过认可的认证标识、板材厚度以及板材的使用条件等相关说明。

4）分户墙和房间隔墙的墙面板采用纸面石膏板时，墙体两面宜采用单层板；当隔声级别为II_n级及以上级别时，墙体两面均宜采用双层板。

5）当要求墙体防潮、防水、挡风时，墙面板应采用耐水型纸面石膏板。

6）当建筑的耐火等级为三级及以上级别时，墙面板应采用耐火型纸面石膏板。

7）当墙骨柱中心间距为610mm 和405mm 时，木骨架宜采用宽度为1220mm 的墙面板覆面。当墙骨柱中心间距为450mm 时，木骨架宜采用宽度为900mm 的墙面板覆面。

（8）密封防护材料选用要求：

1）当采用建筑密封胶或密封条等密封材料时，建筑密封胶应在有效期内使用，密封条的厚度宜为 4 ~20mm，并应符合现行国家标准《建筑门窗、幕墙用密封胶条》GB/T 24498 的规定。

2）外墙隔汽和窗台、门槛及底层地面防渗、防潮材料宜采用厚度不小于0.2mm 的耐候型塑料薄膜。

3）挡风材料宜采用防水透气膜、纤维布、耐水石膏板或其他具有挡风防潮功能的材料。

4）墙面板连接缝的密封材料及钉头覆盖材料宜采用石膏粉密封膏或弹性密封膏。

5）墙面板连接缝的密封材料宜采用能透气的弹性纸带、玻璃棉条和纤维布。弹性纸带的厚度宜为0.2mm，宽度宜为50mm。

（9）构件设计要求：

1）墙骨柱截面尺寸应根据热工设计、隔声设计和防火设计确定；墙骨柱截面尺寸应根据地震作用、风荷载作用进行验算。

2）木骨架组合墙体的面板、直接连接面板的墙骨柱及连接，其风荷载标准值应按现行国家标准《建筑结构荷载规范》GB 50009 中规定的围护结构风荷载标准值确定，且不应小于1.0kN/m^2。

3）墙骨柱挠度验算时，可仅考虑风荷载作用。水平方向的变形效应，应按风荷载的标准值进行计算。

4）墙骨柱应按两端铰接的受弯构件验算承载力，计算长度应为墙骨柱长度。

5）木骨架组合墙体连接件与主体结构的锚固承载力设计值应大于连接件本身的承载力设计值；连接承载力计算时，应计入重力荷载、地震作用，外墙还应计入风荷载；墙体与主体结构的连接承载力验算时，可仅验算墙体上下两端的连接承载力。

（10）构造要求：

1）木骨架组合墙体为分户墙、房间隔墙时，与主体结构的连接可采用墙体上下两边连接的方式；木骨架组合墙体为外墙时，与主体结构的连接宜采用墙体周围四边连接的方式。

2）分户墙及房间隔墙的连接设计可不进行验算。当设计需要验算时，应按相关规定进行计算。

3）木骨架组合墙体的分户墙、房间隔墙与主体结构的连接应采用螺栓连接、自钻自攻螺钉连接和销钉连接。这四种连接方式也可用于外墙与主体结构的连接，但采用的紧固件直径不应小于10mm。紧固件数量和直径应按现行国家标准《木结构设计标准》GB 50005的有关规定确定。

4）墙体内设管道、电气线路、接线箱、接线盒或管道、电气线路穿过墙体时，应对管道和电气线路进行绝缘保护。管道、电气线路与墙体之间的缝隙应采用防火封堵材料填塞密实。

（11）墙体防护要求：

1）外墙隔汽层和墙体局部防渗防潮宜采用厚度不小于0.2mm的耐候型塑料薄膜。

2）墙体与主体结构的连接缝、墙体与建筑门窗的连接缝应采用建筑密封胶或密封条等密封材料进行封堵。

3）墙面板对接的连接缝宜采用石膏粉密封膏或弹性密封膏进行填缝，并宜采用弹性纸带、玻璃棉条或纤维布进行密封。

4）用于固定石膏板的螺钉头宜采用石膏粉密封膏或防锈密封膏覆盖，覆盖面积应大于两倍钉头的面积；螺钉头也可采用其他防锈保护措施。

5）木骨架组合墙体外墙木构架的边框不得直接与混凝土或砖砌体接触，接触面应采取防止墙体受潮的保护措施。

10.4.7 建筑幕墙

（1）应根据建筑物的使用要求、建筑造型，合理选择幕墙形式，宜采用单元式幕墙系统。

（2）应根据不同的面板材料，选择相应的幕墙结构、配套材料和构造方式等。

（3）应具有适应主体结构层间变形的能力；主体结构中连接幕墙的预埋件、锚固件应能承受幕墙传递的荷载和作用，连接件与主体结构的锚固极限承载力应大于连接件本身的全塑性承载力。

（4）玻璃幕墙的设计应符合现行行业标准《玻璃幕墙工程技术规范》JGJ 102 的规定。

（5）金属与石材幕墙的设计应符合现行行业标准《金属与石材幕墙工程技术规范》JGJ 133 的规定。

（6）人造板材幕墙的设计应符合现行行业标准《人造板材幕墙工程技术规范》JGJ 336 的规定。

10.4.8 建筑屋面

（1）应根据现行国家标准《屋面工程技术规范》GB 50345 中规定的屋面防水等级进行防水设防，并应具有良好的排水功能，宜设置有组织排水系统。

（2）太阳能系统应与屋面进行一体化设计，电气性能应满足国家现行标准《民用建筑太阳能热水系统应用技术标准》GB 50364 和《民用建筑太阳能光伏系统应用技术规范》JGJ 203 的规定。

（3）采光顶与金属屋面的设计应符合现行行业标准《采光顶与金属屋面技术规程》JGJ 255 的规定。

10.5 围护结构与钢结构的连接

10.5.1 基本要求

1. 钢结构围护墙体的要求

钢结构的围护墙体可采用各种砌体块材和混凝土板材，也可采用金属复合材板。宜优先选用金属面复合夹芯板、加气板材、轻骨料混凝土小型空心砌块和加气砌块等。

围护墙体与钢结构梁、柱构件的连接构造，应避免破坏钢构件的防火和防腐涂装。

2. 高层钢结构围护结构要求

高层钢结构的外墙宜采用幕墙，其与框架的连接应采用活动连接，以避免围护结构产生裂纹和增加侧向刚度变化的不利影响。同时，钢结构围护墙体的连接与构造应保证其节能保温指标。

50m 以下的高层房屋钢结构在采用墙板和砌体时，也应考虑以上因素。

3. 多层房屋钢结构围护结构要求

多层房屋钢结构围护结构采用的材料一般有预制钢筋混凝土大型墙板、压型钢板和保温夹芯板。

预制钢筋混凝土大型墙板一般主要用于工业建筑，长度一般与柱距相同，宽度为0.9～1.2m，此时可不设置檩条。

压型钢板和保温夹芯板各类型建筑均可使用，为悬挂此类构件一般均需设檩条，檩条按强度与挠度设计。

10.5.2 砌体围护墙体与钢结构的连接与构造

1. 一般规定

（1）钢结构砌体围护墙体可采用以下两种类型：

1）自承重砌体围护墙体，即各层围护墙体竖向连续，自重荷载直接传至基础。自承重砌体围护墙体在抗震设防地区不应超过二层，高度不宜超过6m；非抗震设计时不应超过三层，高度不宜超过9m。

2）砌体填充围护墙体，即首层围护墙体自重荷载直接传至基础，二层以上围护墙体自重荷载传至本层楼板或钢梁上。

（2）当选用砌体作为钢结构的围护墙体时，宜优先采用与钢构件留设隔离缝的外包式墙体做法。当采用在钢结构梁柱间嵌填砌体的做法时，应对外露的钢梁、钢柱进行特殊的保温处理。

（3）采用砌体结构作为钢结构的围护墙体时，宜优先选用轻质的、非黏土类墙体块材。

（4）各种砌体围护墙体可外包或内嵌于混凝土结构。宜优先选用砌体围护墙体外包框架梁柱的做法。当采用砌体围护墙体嵌填在框架结构柱间的做法时，应根据热工设计，对外露的混凝土框架梁柱进行保温处理。

（5）当外墙出现热桥时，应根据各地节能标准要求，对混凝土热桥部位采用高效保温材料进行处理。可采用保温砂浆或其他高效保温材料，如EPS板等。当砌体围护墙体的材料为加气砌块时，混凝土热桥部位可采用与墙体材料一致的低密度加气混凝土保温块。在夏热冬暖和夏热冬冷地区，可采用内保温形式；在寒冷和严寒地区，宜采用外保温形式。

2. 设计要点

（1）砌体围护墙体应按现行国家标准《砌体结构设计规范》GB 50003以及现行行业标准《混凝土小型空心砌块建筑技术规程》JGJ/T 14和《蒸压加气混凝土建筑应用技术规程》JGJ/T 17等相应标准规范的要求对砌体围护墙体在其自重的作用下，进行受压承载力验算。

（2）应按上述相应标准规范的要求对围护墙体进行高厚比验算。

（3）应按现行国家标准《建筑结构荷载规范》GB 50009对围护结构计算风荷载的要求，对砌体围护墙体在风荷载作用下，进行受弯及受剪承载力验算。

（4）抗震设防地区砌体围护墙体的抗震构造措施应符合现行国家标准《建筑抗震设计规范》GB 50011的要求：采用混凝土小型空心砌块和多孔砖时，尚应符合现行行业标准《混凝土小型空心砌块建筑技术规程》JGJ/T 14中有关抗震构造措施的要求。

（5）应按有关规范的规定对砌体围护墙体采取有效的防裂措施，如设置构造柱或芯柱，设置水平钢筋带或系梁等。

（6）砌体围护墙体的厚度，应满足强度、刚度、热工、隔声等方面的要求。当作为防火墙使用时，其厚度应满足有关防火规范的要求。

（7）砌体围护墙体温度区段长度（伸缩缝间距）不宜大于60m，且相应的钢结构也宜以同样间距设置变形缝。

（8）砌体围护墙体与钢构件直接相连时应采用柔性连接，连接件应具有足够的延性和适当的转动能力，宜满足在风荷载、地震作用下的主体结构层间变形的要求。采用自承重砌体围护墙体时尚应与钢结构在全部高度上柔性连接。

（9）在供暖地区，当单一材料的砌体围护墙体不满足现行行业标准《严寒和寒冷地区居住建筑节能设计标准》JGJ 26 规定的指标时，应另行采取保温措施，并宜优先选用外墙外保温做法，但要保证外墙与门窗接缝、与幕墙连接节点，以及变形缝、伸缩缝、抗震缝、阳台板、窗台板、遮阳板、室外空调挂机支架及水电管线等细部结构的密封、防水及保温性能，同时，也要避免以上部位出现“冷桥”现象。

3. 构造要求

（1）当围护墙体采用砖砌体时，其强度等级不宜小于 MU10.0；混凝土砌块的强度等级不宜小于 MU7.5。砂浆强度等级不宜小于 M5.0。

（2）地面以下或防潮层以下的砌体，应采用水泥砂浆砌筑，且不宜采用多孔砖；当采用混凝土空心砌块砌体时，其孔洞应采用强度等级不低于 C20 的混凝土逐孔灌实。地面以上或防潮层以上的砖砌体，宜采用混合砂浆砌筑；混凝土砌块应采用专用砌筑砂浆砌筑，砂浆应具有一定的黏结性，良好的和易性和保水性。

（3）砌体围护墙体的厚度，应满足强度、刚度、节能、隔声等各方面的要求。

（4）设计中应对短窄的小墙肢、悬臂墙体等采取加强措施，如在端部增设构造柱或芯柱等，以确保墙体的稳定性。

（5）砌体围护墙体中设置的构造柱或芯柱，水平钢筋带或系梁等构件所采用的混凝土强度等级不应小于 C20；钢筋应采用 HPB300 和 HRB335 级钢筋，钢筋网片采用镀锌的钢筋点焊网片。钢筋的搭接和在主体结构中的锚固应满足相关规范的要求。

（6）当构造柱或芯柱、水平钢筋带或系梁、过梁等构件在砌体围护墙体中形成热桥时，应根据各地不同的节能要求，对其采取适当的保温措施。

（7）有抗震设防要求的砌体围护墙体的尽端至门窗洞边的最小距离为 1.0m。

（8）砌体围护墙体上设有门窗洞口时，应根据工程实际情况对洞边采取加固措施，如设置钢筋混凝土抱框等。

（9）砌体围护墙体应采取措施减少对钢结构的不利影响，并应按照设计规范要求设置拉结筋、水平系梁、圈梁、构造柱等与钢结构可靠拉结。

（10）由于砌体与钢结构的变形差异较大，围护墙体顶部的连接及侧向与柱的连接，宜优先选用柔性节点。

（11）当砌体直接砌筑在钢梁上时，宜对钢梁表面进行界面处理，以增加钢材表面与水泥砂浆的粘结能力。

（12）砌体围护墙体与钢柱连接时，可采用拉结钢筋或 L 形钢质连接件。拉结钢筋和 L 形连接件可直接焊接在钢柱上。

（13）加气砌块围护墙体外包于钢结构时，应砌筑在地梁及每层的楼板上，不应在竖向砌筑成连续墙体。

10.5.3 金属复合板材与钢结构的连接与构造

1. 一般规定

（1）用于钢结构工程中具有保温隔热性能的轻质金属复合板材主要有：

1）金属面夹芯板。

2）现场复合的压型金属板。

（2）在下列部位应优先采用金属复合板材：

1）钢结构的非承重围护墙体。

2）8、9 度抗震设防地区的不等高钢结构的高跨封墙和纵、横向交接处的悬墙。

2. 设计要点

（1）作为围护墙体的金属复合板材可采用标准连接件将金属板固定于支承结构（墙梁）的外表面，支承结构与主体钢结构可靠连接，形成完整的围护结构体系，达到保温隔热及内外装修的多重功效。

墙梁宜采用卷边槽形（C 形）或斜卷边 Z 形的冷弯薄壁型钢，可按简支或连续构件设计，两端支承在钢柱上。墙梁设计时，应验算水平荷载和竖向荷载作用下的构件强度，以及在风吸力作用下的稳定性。

（2）在主体结构抗震设计中，采用金属复合板材的墙体宜按柔性连接的建筑构件考虑，不计入其刚度作用，也不计入其抗震承载力。但在地震作用力计算时，应计入墙体的全部自重。支承墙体的结构构件，应将墙体的地震作用效应作为附加作用对待，并满足连接件的锚固要求。

（3）当有条形窗或楼层较高且墙梁跨度较大时，应根据计算在墙梁间增设墙架柱。

（4）应根据当地的热工分区、建筑物的功能要求和施工条件，合理地选取金属复合板材的种类和保温层的厚度。在运输、吊装条件允许的情况下，应优先采用较长尺寸的金属复合板材，以减少纵向连接接缝，防止渗漏并提高保温效果。

（5）金属复合板材由于质量轻而对风荷载比较敏感。我国沿海地区出现过在大风状态下，金属复合板材的围护结构被掀掉的情况。所以在设计中，应重视连接件的设置和承载力计算。

（6）新型的金属复合板材在大跨度、大空间的公用建筑中也已广泛使用。公用建筑的使用功能要求板材应满足热工性能和隔声性能，而带有保温层、防潮层和吸音层的双层复合保温板能较好地满足以上诸方面的要求。

3. 构造要求

（1）金属夹芯板用作墙板时，外形为平板式，并宜采用隐藏式连接方式。在夹芯板墙面的纵向搭接处宜设置双墙梁或附加支承构件，两块板均应伸至支承构件上，每块板支座长度不宜小于 50mm。夹芯板墙面的横向连接一般为插接，连接方向宜与主导风向一致。搭接部位均应设密封带或防水密封胶密封。

（2）墙板用现场复合的压型金属板，在纵向搭接处，宜设置双墙梁或附加支承构件，搭接部位应设防水密封胶带，搭接长度不宜小于120mm。压型金属板的横向连接宜采用搭接连接，搭接长度一般为一个波峰，板与板之间的连接件可设在波峰，也可设在波谷。连接件宜采用带有防水密封胶垫的自攻螺钉。

（3）施工前应进行排板设计，同一墙面宜采用同种板型，尽量减少板材现场切割的数量。在较大洞口处，四边均应设置墙梁，洞口边连接用的自攻螺钉需适当加密。

（4）金属复合板材的连接节点类型较多，节点设计时可参照相关设计图集的节点做法。

（5）在施工安装时，应注意保持保温层铺设的连续性，尤其在一些细部节点处应采取有效的保温隔热措施，如设置保温隔热垫等，避免出现局部热桥、结露等现象。

（6）夹芯板中的芯材和现场复合板中的玻璃纤维棉在生产、运输与贮存过程中，应注意保持干燥、通风，避免雨淋。

（7）对于现场复合的压型金属板，当保温材料选用玻璃纤维棉时，宜在玻璃纤维棉靠室内一侧设置防潮层。防潮层能有效限制建筑物内部的水汽，避免出现冷凝现象。

4. 连接与密封材料

（1）连接件主要用于金属夹芯板与承重构件的固定，或金属夹芯板与彩钢板等附件的连接。连接件的种类有：自攻螺钉、拉铆钉、膨胀螺栓等。

（2）自攻螺钉应配备具有防水性能的密封橡胶盖垫。

（3）拉铆钉外露钉头处应涂满密封胶。

（4）所有的钢质连接件均应进行镀锌保护。

（5）防水密封材料可采用密封胶和密封胶带，保温隔热密封材料可采用泡沫堵头、聚乙烯棒、岩棉板及聚氨酯现场发泡封堵材料等。

10.5.4 蒸压加气混凝土板材与钢结构的连接与构造

1. 一般规定

（1）采用加气板材作为钢结构的围护墙体时，加气板材应具有与加气砌块相同的物理性能。

（2）加气板材可外包或内嵌于混凝土柱间，宜优先选用加气板材外包混凝土结构的做法。加气板材一般不适用于剪力墙、短肢剪力墙及异型柱框架结构。

（3）使用加气板材时，可采取以下措施，以满足节能标准的要求：

1）当加气板材本身厚度不能满足当地节能标准的要求时，宜增加轻钢龙骨加石膏板体系（内填岩棉）的内保温措施。

2）采用加气板材内嵌于混凝土结构时，应根据当地节能标准的要求，对热桥部分采取辅助保温措施。

（4）如无切实可靠的措施，在围护墙体的下列部位不应使用加气板材：

1）建筑物防潮层以下的外墙。

2）长期处于浸水和化学侵蚀的环境。

（5）加气板材可外包、内包或内嵌于钢结构中作为围护墙体，并宜优先选用外包方式。

2. 设计要点

现以工字钢（或H型钢）为例介绍，对其他的钢结构形式，在设计连接与构造时，应做适当调整。

（1）加气板材应用于钢结构时，由于钢结构的允许变形较大，加气板材与钢构件直接相连时应采用柔性连接。

（2）采用加气板材作为围护墙体时，应按模数进行设计，并做排板设计，尽量减少板材的规格和现场切割的数量。加气板材宽度宜符合600mm的模数要求，洞口边处宜安装整块板。

（3）所有加气板材墙体构件均应满足承载能力极限状态和正常使用极限状态的要求，同时应根据出釜和吊装时的受力情况进行承载力验算。有关计算方法和参数应按照现行行业标准《蒸压加气混凝土建筑应用技术规程》JGJ/T 17的规定进行。

（4）加气外墙板材作为受弯构件，应满足在风荷载作用下平面外的抗弯强度和变形要求，其最大挠度计算值不应超过加气外墙板材计算跨度的1/200。同时应按荷载效应的标准组合，考虑荷载长期作用的影响进行变形验算，具体方法应按照现行行业标准《蒸压加气混凝土建筑应用技术规程》JGJ/T 17的规定进行。

（5）加气墙体板材在抗震设计中应视作为柔性连接的建筑构件。进行主体结构抗震计算时，可不计入板材的刚度，也不计入其抗震承载力。支撑加气板材的结构构件，应将加气板材引起的地震作用效应作为附加作用计算。

（6）当加气板材作为防火墙时，其厚度应根据国家防火规范的要求和有关试验确定。

（7）当管道必须埋设在墙板中时，宜增加钢筋外加气混凝土保护层厚度，此时，在加气板材选用或受力计算时，不应计入增加的加气混凝土厚度。

（8）加气墙体板材的配筋应符合以下要求：

1）钢筋应符合现行国家标准《钢筋混凝土用钢　第1部分：热轧光圆钢筋》GB 1499.1中关于HPB300级钢筋的规定。钢筋应做防锈处理，并符合现行国家标准《蒸压加气混凝土板》GB 15762的规定。

2）加气墙体板材中应采用焊接网和焊接骨架配筋，不得采用绑扎的钢筋网片和骨架。

3）加气墙体板材应根据受力特性和荷载进行配筋。外墙板材由于受正负风压，应配置双层网片，两层网片钢筋数量相同。隔墙板材长度、厚度较小时，在满足受力要求的情况下，允许配置单层网片，否则宜配置双层网片。

4）加气墙体板材切割后的钢筋露出部分应做防腐防锈处理，如满涂防锈漆等。

（9）加气墙体板材与主体结构的连接应考虑在确保节点承载力的可靠性、安全性的基础上，同时保证加气墙体板材连接节点在平面内的可转动性及延性，以确保加气墙体板材能适应主体结构不同方向的层间位移，满足在不同抗震设防烈度下主体结构层间位移角的要求。

（10）加气墙体板材的接缝处理。

1）板材与板材长边的拼缝：加气外墙板材长边一般设计有专门的倒三角槽或密封槽。应对槽进行界面处理（刷底涂）后，在其中采用建筑密封胶进行防水处理。

2）其他接缝，包括板材与板材端部的接缝、板材与混凝土的接缝、温度控制缝等，一般宽度为10～20mm，宜采用柔性连接，即内部用聚氨酯（PU）发泡剂或防火棉填充，用聚乙烯（PE）棒填塞后，在加气板材部分涂刷底涂一次，然后用建筑密封胶密封。

（11）加气板材的基础（楼地面、地梁、结构梁等）顶面可用1∶3水泥砂浆或C20细石混凝土找平，并复核尺寸和位置。找平层达到一定强度后，方可安装加气墙体板材。

（12）加气板材在做饰面前，应对缺棱掉角部位进行修补。

（13）加气墙体板材用于浴厕间和有防水要求房间的墙体时，应做好防水处理，避免墙面干湿交替或局部冻融的破坏。

（14）加气墙体板材与建筑配件的连接（如门、窗、热水器、脱排油烟机附墙管道、管线支架、卫生设备等）应牢固可靠，并应采用符合加气混凝土板特性的螺栓及其他连接件。

（15）在加气外墙板材上开槽时，宜沿板的纵向切槽，深度不大于1/3板厚；当必须沿板的横向切槽时，外墙板槽长不大于1/2板宽，槽深不大于20mm，槽宽不大于30mm。任何情况下，均不得切断板内钢筋。

（16）在混凝土结构施工前，应按照加气墙体板材的排板图和连接节点形式，确定混凝土中应预埋的钢筋、钢板或角铁的位置。加气墙体板材与主体结构之间的连接件应满足现行规范对锚固及焊接的要求。

（17）加气板材的安装是拼装式的，在较低气温下也可进行安装，但在安装过程中的修补、坐浆或灌浆、建筑密封胶施工、表面抹灰或装饰施工等工作，不宜在低温（小于5℃）下操作。因此，在冬期施工时，应合理安排工期。

3. 加气外墙板材构造要求

（1）根据钢结构的结构形式和建筑物的特点，宜选择以下板材的连接节点形式，并进行排板图设计。施工前，在钢结构上宜标注安装用角钢的位置。

1）连接件法：适用于高度不大于30m的建筑物。可在钢结构上直接焊接C形连接槽。连接件的一侧插入C形槽内，另一端用3根空心钉打入横板固定。为防止楼地面上的第一块横板下部产生垂直于板面的滑移，可用钩头螺栓作固定。

2）螺栓固定法：对中小型建筑物，可用直径2mm的钩头螺栓直接钩在工字形钢梁上；若不能直接钩住，则应在钢结构上焊接连接用角钢，钩头螺栓再钩在通长角钢上。

外墙板内侧与工字形钢梁宜保留30mm间隙。工字形钢梁上混凝土楼板端部宜距墙板100mm，待焊接角钢、外墙板安装完成后，用1∶3水泥砂浆填实。以下各种节点均有此要求。

3）竖板插入钢筋法：在工字形钢梁上，焊接∟63×6通长角钢。在板的拼缝处，把专用托板焊接在通长角钢上。C形板搁置在专用托板上，用长1000mm的$\phi 8$接缝钢筋穿过托板，伸入上、下两块板各500mm。在C形板间的槽口中灌砂浆。

4）摇摆工法（ADR法）：在板中适当部位置入专用连接杆（也称钢管锚），用专用螺栓穿上专用压板拧在钢管锚上（不能拧紧），待板材安装就位后，将专用压板压在通长角钢上并焊接，再将螺栓拧紧。

（2）加气外墙板材的厚度，应满足强度、刚度、保温、隔热、隔声等方面的要求，且不宜小于150mm。

根据节能要求，当加气板材需要作复合墙体时，复合墙体应能满足热工、隔声等标准、规范的要求。

（3）加气外墙板材与主体结构构件（如柱、梁或楼板等）之间应有牢固可靠的连接。

（4）加气外墙板材在混凝土结构上可横向安装（以下简称横板），也可竖向安装（以下简称竖板）。

横板或竖板与混凝土柱的连接采用连接件法时，适用于高度不大于30m的建筑物。

（5）为把加气外墙板材的自重传递给受力结构，应采取每3~5块横板下设置专用托板（又称支撑角钢），每块竖板下设置承托的措施。专用托板应与混凝土柱中的预埋钢板焊接。

（6）采用横板时，屋面檐口、屋面梁或板底下的最后一块加气外墙板材，由于安装（起吊）的空间狭隘，施工时较难操作，宜用相同材质砌块镶砌，并每隔1200mm（两块砌块长）用L形铁件与屋面梁或板底固定。外表采用专用腻子抹灰装饰。

（7）加气外墙板材上的门窗洞口，应用扁钢或角钢进行加强。应根据风压、板长和洞口大小计算确定加强用钢材的尺寸和节点形式。

（8）加气外墙板材饰面做法和要求：

1）加气外墙板材外表面应做涂料或其他饰面层。饰面应能对冻融交替、干湿循环，自然碳化和磕碰磨损等起有效的保护作用，并要求饰面材料与基层粘结良好，不空鼓开裂。

2）建筑外立面设计时，宜保留加气板材的外观尺寸，即接缝处用密封胶密封后不做抹灰等处理。

板面本身可用外墙防水腻子（用普通外墙腻子时，涂抹一道抗渗剂）批刮后涂刷外墙弹性涂料。

3）加气外墙板材的室内侧，进行批刮或粉刷时，可参见相关图集的有关做法。

（9）加气外墙板材室外侧面水平方向的凹凸部分（如线脚、雨罩、出檐、窗台等）应做泛水和滴水，以避免积水后渗入加气墙体板材，并产生如霉变、渗漏、冻融破坏等有害影响。

4. 加气内隔墙板材构造要求

（1）加气内隔墙板材的厚度，应满足强度、刚度、保温、隔热、隔声等方面的要求，且不宜小于75mm。

（2）加气内隔墙板材为无槽口平板时，应在两板侧面接缝处涂抹黏结剂，缝宽不应大于3mm。内隔墙板为T形板时，王接相互拼装，不用黏结剂。内隔墙板为C形板时，两板间槽口中应浇灌水泥砂浆。

（3）加气内隔墙板材的侧面与柱或其他结构墙体的连接，可用U形卡、半U形卡连接固定。卡子安装位置宜在距板材上下端各600~700mm处。内隔墙板高度大于4m时，应在1/2墙高处增设一个卡子。

（4）加气内隔墙板材侧面无固定时，可在板下端用专用底板固定。内隔墙板可搁置在专用底板的向上的槽口中，并在专用底板伸出板面的钉孔中，用射钉或专用钢钉将专用底板固定在楼地面混凝土上。

（5）加气内隔墙板材的顶端应与主体结构可靠连接，可选择U形卡节点、专用卡节点、钩头螺栓节点、Z形压板节点、带膨胀头的接缝钢筋节点（适用于C形隔墙板）等。

（6）安装加气内隔墙板材时，可用木楔在下部顶紧，做临时固定。板材与下面混凝土梁或楼板的间隙用1:3水泥砂浆嵌填密实。木楔在砂浆凝固后取出，再用相同水泥砂浆填补。对高度大于4m的加气内隔墙板材下部也可用连接件固定，具体方法同顶端。

（7）内隔墙墙长大于6m时，宜沿板高度方向设置10~15mm的弹性控制缝，以防止墙体产生变形裂缝。

（8）单网片配筋的加气内隔墙板材上的开槽深度不应大于板厚的1/3，并不得破坏钢筋的保护层。

5. 连接与密封材料

（1）连接用钢筋。连接用钢筋及预埋件锚筋应采用HPB300级钢筋，其强度标准值、设计值、弹性模量等应符合现行国家标准《混凝土结构设计规范》GB 50010的要求。

（2）连接用钢材。连接用钢材及预埋件锚板应采用碳素结构钢Q235-B级钢材，其强度标准值、设计值、弹性模量等应按现行国家标准《钢结构设计标准》GB 50017执行。

（3）金属配件。金属配件的材质、形状、大小尺寸和防腐处理等应符合有关设计文件或图集的要求。

（4）焊条。焊条应采用E43型，其质量应符合国家标准《非合金钢及细晶粒钢焊条》GB/T 5117的有关规定。

（5）坐浆及灌缝用砂浆。板底与主体结构之间的坐浆以及C形板与C形板之间灌缝用砂浆可采用1:3水泥砂浆。

（6）安装用锚栓、自攻螺丝。墙板安装用锚栓应采用符合国家标准的膨胀型金属螺栓，膨胀型锚栓最小有效锚固长度不小于60mm，具体尺寸应按工程设计计算确定。

（7）密封材料。应采用弹性模量较低的丙烯酸类或聚氨酯类专用密封胶。

第 11 章 钢结构防护

钢结构的抗火性能较差，一方面是钢材热传导系数很大，火灾下钢构件升温快；另一方面是钢材强度随温度升高而迅速降低，致使钢结构不能承受外部荷载作用而失效破坏。无防火保护的钢结构的耐火时间通常仅为 15～20min，极易在火灾中损坏。

11.1 抗火设计

钢结构工程中常用的防火保护措施有：外包混凝土或砌筑砌体、涂覆防火涂料、包覆防火板、包覆柔性毡状隔热材料等。这些保护措施各有其特点及适用条件。钢结构抗火设计时应立足于保护有效的条件下，针对现场的具体条件，考虑构件的具体承载形式、空间位置及环境因素等，选择施工简便、易于保证施工质量的方法。

11.1.1 一般规定

1. 设计规定

（1）钢结构构件的设计耐火极限应根据建筑的耐火等级，按现行国家标准《建筑设计防火规范》GB 50016 的规定确定。柱间支撑的设计耐火极限应与柱相同，楼盖支撑的设计耐火极限应与梁相同，屋盖支撑和系杆的设计耐火极限应与屋顶承重构件相同。

表 11-1 列出了现行国家标准《建筑设计防火规范》GB 50016—2014（2018 年修订版）对各类结构构件的耐火极限要求，并结合钢结构特点，补充增加了柱间支撑、楼盖支撑、屋盖支撑等的规定。

表 11-1 构件的设计耐火极限 （单位：h）

<table>
<tr><th rowspan="2">构件类型</th><th colspan="6">建筑耐火等级</th></tr>
<tr><th>一级</th><th>二级</th><th colspan="2">三级</th><th colspan="2">四级</th></tr>
<tr><td>柱、柱间支撑</td><td>3.00</td><td>2.50</td><td colspan="2">2.00</td><td colspan="2">0.50</td></tr>
<tr><td>楼面梁、楼面桁架、楼盖支撑</td><td>2.00</td><td>1.50</td><td colspan="2">1.00</td><td colspan="2">0.50</td></tr>
<tr><td rowspan="2">楼板</td><td rowspan="2">1.50</td><td rowspan="2">1.00</td><td>厂房、仓库</td><td>民用建筑</td><td>厂房、仓库</td><td>民用建筑</td></tr>
<tr><td>0.75</td><td>0.50</td><td>0.50</td><td>不要求</td></tr>
<tr><td rowspan="2">屋顶承重构件、屋盖支撑、系杆</td><td rowspan="2">1.50</td><td rowspan="2">1.00</td><td>厂房、仓库</td><td>民用建筑</td><td colspan="2" rowspan="2">不要求</td></tr>
<tr><td>0.50</td><td>不要求</td></tr>
<tr><td>上人平屋面板</td><td>1.50</td><td>1.00</td><td colspan="2">不要求</td><td colspan="2">不要求</td></tr>
</table>

（续）

<table>
<tr><td rowspan="2">构件类型</td><td colspan="5">建筑耐火等级</td></tr>
<tr><td>一级</td><td>二级</td><td colspan="2">三级</td><td>四级</td></tr>
<tr><td rowspan="2">疏散楼梯</td><td rowspan="2">1.50</td><td rowspan="2">1.00</td><td>厂房、仓库</td><td>民用建筑</td><td rowspan="2">不要求</td></tr>
<tr><td>0.75</td><td>0.50</td></tr>
</table>

注：1. 建筑物中的墙等其他建筑构件的设计耐火极限应符合现行国家标准《建筑设计防火规范》GB 50016 的规定。

2. 一、二级耐火等级的单层厂房（仓库）的柱，其设计耐火极限可按表中规定降低 0.50h。

3. 一级耐火等级的单层、多层厂房（仓库）设置自动喷水灭火系统时，其屋顶承重构件的设计耐火极限可按表中规定降低 0.50h。

4. 吊车梁的设计耐火极限不应低于表中梁的设计耐火极限。

（2）钢结构构件的耐火极限经验算低于设计耐火极限时，应采取防火保护措施。

通常，无防火保护钢构件的耐火时间为 0.25～0.50h，达不到绝大部分建筑构件的设计耐火极限，需要进行防火保护。防火保护应根据工程实际选用合理的防火保护方法、材料和构造措施，做到安全适用、技术先进、经济合理。防火保护层的厚度应通过构件耐火验算确定，保证构件的耐火极限达到规定的设计耐火极限。

保证钢结构在火灾下的安全，对于防止和减少建筑钢结构的火灾危害、保护人身和财产安全极为重要。钢结构在火灾下的破坏，本质上是由于随着火灾下钢结构温度的升高，钢材强度下降，其承载力随之下降，而导致的钢结构不能承受外部荷载作用而失效破坏。因此，对于耐火极限不满足要求的钢构件，必须进行科学的防火设计，采取安全可靠、经济合理的防火保护措施，以延缓钢构件升温，提高其耐火极限。

（3）钢结构节点的防火保护应与被连接构件中防火保护要求最高者相同。

钢结构节点是钢结构的一个基本组成部分，必须保证钢结构节点在高温作用下的安全。但是火灾下钢结构节点受力复杂，耐火验算工作量大。钢结构节点处构件、节点板、加劲肋等聚集，其截面形状系数小于邻近构件，节点升温较慢。为了简化设计，基于“强节点、弱构件”的设计原则，规定节点的防火保护要求及其耐火性能均不应低于被连接构件中要求最高者。例如，采用防火涂料保护时，节点处防火涂层的厚度不应小于所连接构件防火涂层的最大厚度。

（4）在钢结构设计文件中，应注明结构的设计耐火等级，构件的设计耐火极限、所需要的防火保护措施及其防火保护材料的性能要求。

防火保护措施及防火材料的性能要求包括：防火保护层的等效热阻、防火保护材料的等效热传导系数、防火保护层的厚度、防火保护的构造等。

（5）构件采用防火涂料进行防火保护时，其高强度螺栓连接处的涂层厚度不应小于相邻构件的涂料厚度。

（6）当施工所用防火保护材料的等效热传导系数与设计文件要求不一致时，应根据防火保护层的等效热阻相等的原则确定保护层的施用厚度，并应经设计单位认可。

对于膨胀型防火涂料，其等效热传导系数与防火保护层厚度有关，可根据涂层的等效热阻直接确定其施用厚度。

对于非膨胀型钢结构防火涂料、防火板，其等效热传导系数与防火保护层厚度无关，可按下式确定防火保护层的施用厚度：

$$d_{i2} = d_{i1}(\lambda_{i2}/\lambda_{i1}) \tag{11-1}$$

式中 d_{i1}——钢结构防火设计技术文件规定的防火保护层的厚度（mm）；

d_{i2}——防火保护层实际施用厚度（mm）；

λ_{i1}——钢结构防火设计技术文件规定的非膨胀型防火涂料、防火板的等效热传导系数［W/（m·℃)］；

λ_{i2}——施工采用的非膨胀型防火涂料、防火板的等效热传导系数［W/（m·℃)］。

2. 耐火承载力极限状态判定

钢结构应按结构耐火承载力极限状态进行耐火验算与防火设计。钢结构在火灾下的破坏，本质上是由于随着火灾下钢结构温度的升高，钢材强度下降，其承载力随之下降，而导致的钢结构不能承受外部荷载、作用而失效破坏。因此，为保证钢结构在设计耐火极限时间内的承载安全，必须进行承载力极限状态验算。

（1）当满足下列条件之一时，应视为钢结构整体达到耐火承载力极限状态：

1）钢结构产生足够的塑性铰形成可变机构。

2）钢结构整体丧失稳定。

（2）当满足下列条件之一时，应视为钢结构构件达到耐火承载力极限状态：

1）轴心受力构件截面屈服。

2）受弯构件产生足够的塑性铰而成为可变机构。

3）构件整体丧失稳定。

4）构件达到不适于继续承载的变形。

随着温度的升高，钢材的弹性模量急剧下降，在火灾下构件的变形显著大于常温受力状态，按正常使用极限状态来设计钢构件的防火保护是过于严苛的。因此，火灾下允许钢结构发生较大的变形，不要求进行正常使用极限状态验算。

3. 荷载（作用）效应组合的设计值

根据现行国家标准《建筑可靠度统一设计标准》GB 50068、《建筑结构荷载规范》GB 50009 中关于偶然设计状况的荷载（作用）效应组合原则，恒载、楼面或屋面活荷载和风荷载等取火灾发生时的最可能出现的值，即钢结构耐火承载力极限状态的最不利荷载（作用）效应组合设计值，应考虑火灾时结构上可能同时出现的荷载（作用），且应按下列组合值中的最不利值确定：

$$S_m = \gamma_{0T}(\gamma_G S_{Gk} + S_{Tk} + \phi_f S_{Qk}) \tag{11-2}$$

$$S_m = \gamma_{0T}(\gamma_G S_{Gk} + S_{Tk} + \phi_q S_{Qk} + \phi_w S_{Wk}) \tag{11-3}$$

式中 S_m——荷载（作用）效应组合的设计值；

S_{Gk}——按永久荷载标准值计算的荷载效应值；

S_{Tk}——按火灾下结构的温度标准值计算的作用效应值；

S_{Qk}——按楼面或屋面活荷载标准值计算的荷载效应值；

S_{Wk}——按风荷载标准值计算的荷载效应值；

γ_{0T}——结构重要性系数；对于耐火等级为一级的建筑，$\gamma_{0T}=1.1$；对于其他建筑，$\gamma_{0T}=1.0$；

γ_G——永久荷载的分项系数，一般可取 =1.0；当永久荷载有利时，取 $\gamma_G=0.9$；

ϕ_w——风荷载的频遇值系数，取 $\phi_w=0.4$；

ϕ_f——楼面或屋面活荷载的频遇值系数，应按现行国家标准《建筑结构荷载规范》GB 50009 的规定取值；

ϕ_q——楼面或屋面活荷载的准永久值系数，应按现行国家标准《建筑结构荷载规范》GB 50009 的规定取值。

4. 防火设计方法的选用

根据验算对象和层次的不同，钢结构防火设计可分为基于整体结构耐火验算的防火设计方法和基于构件耐火验算的防火设计方法。

钢结构的防火设计应根据结构的重要性、结构类型和荷载特征等选用基于整体结构耐火验算或基于构件耐火验算的防火设计方法。对于跨度不小于 60m 的大跨度钢结构，宜采用基于整体结构耐火验算的防火设计方法；对于预应力钢结构和跨度不小于 120m 的大跨度建筑中的钢结构，应采用基于整体结构耐火验算的防火设计方法。

（1）基于整体结构耐火验算。基于整体结构耐火验算的防火设计方法适用于各类形式的结构。当有充分的依据时（例如，周边结构对局部子结构的受力影响不大时），可采用子结构耐火分析与验算替代整体结构耐火分析与验算。基于整体结构耐火验算的设计方法应考虑结构的热膨胀效应、结构材料性能受高温作用的影响，先施加永久荷载、楼面活荷载等，再逐步施加与时间相关的温度作用进行结构弹塑性分析，验算结构的耐火承载力。

基于整体结构耐火验算的钢结构防火设计方法，各防火分区应分别作为一个火灾工况并选用最不利火灾场景进行验算；应考虑结构的热膨胀效应、结构材料性能受高温作用的影响，必要时，还应考虑结构几何非线性的影响。

（2）基于构件耐火验算。基于构件耐火验算的防火设计方法的关键，是计算钢构件在火灾下的内力（荷载效应组合）。考虑钢构件热膨胀型温度内力时，结构中相当多的钢构件将进入弹塑性受力状态，或是受压失稳。

计算火灾下构件的组合效应时，对于受弯构件、拉弯构件和压弯构件等以弯曲变形为主的构件（如钢框架结构中的梁、柱），可不考虑热膨胀效应（这是因为当构件两端的连接承载力不低于构件截面的承载力时，可通过构件的塑性变形、大挠度变形来抵消其热膨胀变形），且火灾下构件的边界约束和在外荷载作用下产生的内力可采用常温下的边界约束和内力，计算构件在火灾下的组合效应；对于轴心受拉、轴心受压等以轴向变形为主的构件，应考虑热膨胀效应对内力的影响。

计算火灾下构件的承载力时，构件温度应取其截面的最高平均温度，并应采用结构材料在相应温度下的强度与弹性模量。但是，对于截面上温度明显不均匀的构件（例如组合梁），计算构件的抗力时宜考虑温度的不均匀性，取最不利部件进行验算。对于变截面构件，则应对各不利截面进行耐火验算。

5. 耐火验算和防火设计方法

钢结构构件的耐火验算和防火设计，可采用耐火极限法、承载力法或临界温度法。

（1）耐火极限法。耐火极限法是通过比较构件的实际耐火极限和设计耐火极限，来判定构件的耐火性能是否符合要求，并确定其防火保护。结构受火作用是一个恒载升温的过程，即先施加荷载，再施加温度作用。模拟恒载升温，对于试验来说操作方便，但是对于理论计算来说则需要进行多次计算比较。为了简化计算，可采用直接验算构件在设计耐火极限时间内是否满足耐火承载力极限状态要求。火灾下随着构件温度的升高，材料强度下降，构件承载力也将下降；当构件承载力降至最不利组合效应时，构件达到耐火承载力极限状态。构件从受火到达到耐火承载力极限状态的时间即为构件的耐火极限；构件达到其耐火承载力极限状态时的温度即为构件的临界温度。

在设计荷载作用下，火灾下钢结构构件的实际耐火极限不应小于其设计耐火极限，并应按下式进行验算。其中，构件的实际耐火极限可按现行国家标准《建筑构件耐火试验方法　第1部分：通用要求》GB/T 9978.1、《建筑构件耐火试验方法　第5部分：承重水平分隔构件的特殊要求》GB/T 9978.5、《建筑构件耐火试验方法　第6部分：梁的特殊要求》GB/T 9978.6、《建筑构件耐火试验方法　第7部分：柱的特殊要求》GB/T 9978.7通过试验测定，或按有关规定计算确定。

$$t_m \geqslant t_d \tag{11-4}$$

（2）承载力法。在设计耐火极限时间内，火灾下钢结构构件的承载力设计值不应小于其最不利的荷载（作用）组合效应设计值，并应按下式进行验算。

$$R_d \geqslant S_m \tag{11-5}$$

（3）临界温度法。在设计耐火极限时间内，火灾下钢结构构件的最高温度不应高于其临界温度，并应按下式进行验算。

$$T_d \geqslant T_m \tag{11-6}$$

因此，式（11-4）~式（11-6）的耐火验算结果是完全相同的，耐火验算时只需采用其中之一即可。

式中　t_m——火灾下钢结构构件的实际耐火极限；

t_d——钢结构构件的设计耐火极限，应按表11-1确定；

S_m——荷载（作用）效应组合的设计值，应按式（11-2）和式（11-3）确定；

R_d——结构构件抗力的设计值；

T_m——在设计耐火极限时间内构件的最高温度；

T_d——构件的临界温度。

11.1.2　防火保护措施

钢结构防火保护措施及其构造应根据工程实际，考虑结构类型、耐火极限要求、工作环境等因素，按照安全可靠、经济合理的原则确定。例如：防火保护施工时，不产生对人体有害的粉尘或气体；钢构件受火后发生允许变形时，防火保护不发生结构性破坏与失效；施工方便且不影响前面已完工的施工及后续施工；具有良好的耐久、耐候性能等。

1. 钢结构防火保护的常用措施

外包防火材料是绝大部分钢结构工程采用的防火保护方法。根据防火材料的不同，又可分为：喷涂（抹涂、刷涂）防火涂料，包覆防火板，包覆柔性毡状隔热材料，外包混凝土、砂浆或砌筑砖砌体等。钢结构的防火保护可采用上述措施之一或其中几种的复（组）合。

以上方法的特点及适用范围，见表 11-2。

表 11-2　钢结构防火保护方法的特点与适用范围

<table>
<tr><th>项次</th><th colspan="2">防火保护方法</th><th colspan="2">特点及适用范围</th></tr>
<tr><td rowspan="2">1</td><td rowspan="2">喷涂防火涂料</td><td>膨胀型（薄型、超薄型）</td><td rowspan="2">重量轻、施工简便，适用于任何形状、任何部位的构件，应用广，但对涂敷的基底和环境条件要求严。用于室外、半室外钢结构时，应选择合适的产品</td><td>宜用于设计耐火极限要求低于 1.50h 的钢构件和要求外观好、有装饰要求的外露钢结构</td></tr>
<tr><td>非膨胀型（厚型）</td><td>耐久性好、防火保护效果好</td></tr>
<tr><td>2</td><td colspan="2">包覆防火板</td><td colspan="2">预制性好，完整性优，性能稳定，表面平整、光洁，装饰性好，施工不受环境条件限制，特别适用于交叉作业和不允许湿法施工的场合</td></tr>
<tr><td>3</td><td colspan="2">包覆柔性毡状隔热材料</td><td colspan="2">隔热性好，施工简便，造价较高，适用于室内不易受机械伤害和免受水湿的部位</td></tr>
<tr><td>4</td><td colspan="2">外包混凝土、砂浆或砌筑砖砌体</td><td colspan="2">保护层强度高、耐冲击，占用空间较大，在钢梁和斜撑上施工难度大，适用于容易碰撞、无护面板的钢柱防火保护</td></tr>
<tr><td rowspan="2">5</td><td rowspan="2">复合防火保护</td><td>非膨胀型（厚型）+包覆防火板</td><td colspan="2">有良好的隔热性和完整性、装饰性，适用于耐火性</td></tr>
<tr><td>非膨胀型（厚型）+包覆柔性毡状隔热材料</td><td colspan="2">耐火性能要求高，并有较高装饰要求的钢柱、钢梁</td></tr>
</table>

2. 喷涂（抹涂、刷涂）防火涂料

在钢构件表面涂覆防火涂料，形成隔热防火保护层，这种方法施工简便、重量轻，且不受钢构件几何形状限制，具有较好的经济性和适应性。长期以来，喷涂防火涂料一直是应用最多的钢结构防火保护手段。

（1）钢结构防火涂料分类。钢结构防火涂料的品种较多，根据高温下涂层变化情况分非膨胀型和膨胀型两大类（表 11-3）；另外，按涂层厚薄、成分、施工方法及性能特征不同可进一步分成不同类别。现行国家标准《钢结构防火涂料》GB 14907 根据涂层使用厚度将防火涂料分为超薄型（小于或等于 3mm）、薄型（大于 3mm，且小于或等于 7mm）和厚型（大于 7mm）防火涂料三种。

表 11-3　钢结构防火涂料的分类

类型	代号	涂层特性	主要成分	说明
膨胀型	B	遇火膨胀，形成多孔碳化层，涂层厚度一般小于 7mm	有机树脂为基料，还有发泡剂、阻燃剂、成炭剂等	又称超薄型、薄型防火涂料
非膨胀型	H	遇火不膨胀，自身有良好的隔热性，涂层厚 7 ~ 50mm	无机绝热材料（如膨胀蛭石、飘珠、矿物纤维）为主，还有无机黏结剂等	又称厚型防火涂料

非膨胀型防火涂料，国内称厚型防火涂料，其主要成分为无机绝热材料，遇火不膨胀，其防火机理是利用涂层固有的良好的绝热性以及高温下部分成分的蒸发和分解等烧蚀反应而产生的吸热作用，来阻隔和消耗火灾热量向基材的传递，延缓钢构件升温。非膨胀型防火涂料一般不燃、无毒、耐老化、耐久性较可靠，适用于永久性建筑中的钢结构防火保护。非膨胀型防火涂料涂层厚度一般为 7 ~ 50mm，对应的构件耐火极限可达到 0.50 ~ 3.00h。

非膨胀型防火涂料可分为两类：一类是以矿物纤维为主要绝热骨料，掺加水泥和少量添加剂、预先在工厂混合而成的防火材料，需采用专用喷涂机械按干法喷涂工艺施工；另一类是以膨胀蛭石、膨胀珍珠岩等颗粒材料为主要绝热骨料的防火涂料，可采用喷涂、抹涂等湿法施工。矿物纤维类防火涂料的隔热性能良好，但表面疏松，只适合于完全封闭的隐蔽工程，另外干式喷涂时容易产生细微纤维粉尘，对施工人员和环境的保护不利。目前在国内大量推广应用非膨胀型防火涂料主要为湿法施工：一是以珍珠岩为骨料，水玻璃（或硅溶胶）为黏结剂，属双组分包装涂料，采用喷涂施工；另一类是以膨胀蛭石、珍珠岩为骨料，水泥为黏结剂的单组分包装涂料，到现场只需加水拌匀即可使用，能喷也能抹，手工涂抹施工时涂层表面能达到光滑平整。水泥系防火涂料中，密度较高的品种具有优良的耐水性和抗冻融性。

膨胀型防火涂料，国内称超薄型、薄型防火涂料，其基料为有机树脂，配方中还含有发泡剂、阻燃剂、成碳剂等成分，遇火后自身会发泡膨胀，形成比原涂层厚度大数倍到数十倍的多孔碳质层。多孔碳质层可阻挡外部热源对基材的传热，如同绝热屏障。膨胀型防火涂料在一定程度上可起到防腐中间漆的作用，可在外面直接做防腐面漆，能达到很好的外观效果（在外观要求不是特别高的情况下，某些产品可兼作面漆使用）。采用膨胀型防火涂料时，应特别注意防腐涂料、防火涂料的相容性问题。膨胀型防火涂料在设计耐火极限不高于 1.50h 时，具有较好的经济性。目前国际上也有少数膨胀型防火涂料产品，能满足设计耐火极限 3.00h 的钢构件的防火保护需要，但是其价格较高。

应特别注意防火涂料与防腐涂料的相容性问题，尤其是膨胀型防火涂料，因为它与防腐油漆同为有机材料，可能发生化学反应。在不能出具第三方证明材料证明“防火涂料、防腐涂料相容”的情况下，应委托第三方进行试验验证。膨胀型防火涂料、防腐油漆的施工顺序为：防腐底漆、防腐中间漆、防火涂料、防腐面漆，在施工时应控制防腐底漆、中间漆的厚度，避免由于防腐底漆、中间漆的高温变性导致防火涂层的脱落，避免因面漆过厚、过硬而影响膨胀型防火涂料的发泡膨胀。

非膨胀型防火涂料为无机材料，耐久性、耐老化性能良好。膨胀型防火涂料中有机高分子成分高，耐老化问题可能较为突出，应引起足够的重视。

(2) 防火涂料的选用

钢结构采用喷涂防火涂料保护时，应符合下列规定：

1) 室内隐蔽构件，宜选用非膨胀型防火涂料。

2) 设计耐火极限大于1.50h的构件，不宜选用膨胀型防火涂料。

3) 室外、半室外钢结构采用膨胀型防火涂料时，应选用符合环境对其性能要求的产品。

4) 非膨胀型防火涂料涂层的厚度不应小于10mm。

5) 防火涂料与防腐涂料应相容、匹配。

(3) 防火涂料保护构造

钢结构采用喷涂非膨胀型防火涂料保护时，有下列情况之一时，宜在涂层内设置与钢构件相连接的镀锌铁丝网或玻璃纤维布：

1) 构件承受冲击、振动荷载。

2) 防火涂料的黏结强度不大于0.05MPa。

3) 构件的腹板高度大于500mm且涂层厚度不小于30mm。

4) 构件的腹板高度大于500mm且涂层长期暴露在室外。

3. 包覆防火板

采用防火板将钢构件包覆封闭起来，可起到很好的防火保护效果，且防火板外观良好、可兼做装饰，施工为干作业，综合造价有一定的优势，尤其适用于钢柱的防火保护。

(1) 防火板的分类。防火板根据其密度可分为低密度、中密度和高密度防火板，根据其使用厚度可分为防火薄板、防火厚板两大类（表11-4）。表11-5列出了常用防火板的主要技术性能参数。

表11-4 防火板的分类和主要技术性能

分类		性能特点			
		密度/（kg/m³）	厚度/mm	抗折强度/MPa	热传导系数/[W/（m·℃）]
厚度	防火薄板	400~1800	5~20	—	0.16~0.35
	防火厚板	300~500	20~50	—	0.05~0.23
密度	低密度防火板	<450	20~50	0.8~2.0	—
	中密度防火板	450~800	20~30	1.5~10	—
	高密度防火板	>800	9~20	>10	—

表11-5 常用防火板主要技术性能参数

防火板类型	常用外形尺寸（长×宽×厚）/mm	密度/（kg/m³）	最高使用温度/℃	热传导系数/[W/（m·℃）]	执行标准
纸面石膏板	3600×1200×（9~18）	800	600	0.19左右	GB/T 9775
纤维增强水泥板	2800×1200×（4~8）	1700	600	0.35左右	JC 412

（续）

防火板类型	常用外形尺寸（长×宽×厚）/mm	密度/（kg/m^3）	最高使用温度/℃	热传导系数/［W/（m·℃）］	执行标准
纤维增强硅酸钙板	3000×1200×（5~20）	1000	600	≤0.28	JC/T 564
蛭石防火板	1000×610×（20~65）	430	1000	0.11左右	—
硅酸钙防火板	2440×1220×（12~50）	400	1100	≤0.08	—
玻镁平板	2500×1250×（10~15）	1200~1500	600	≤0.29	JC 688

防火薄板有纸面石膏板、纤维增强水泥板、玻镁平板等，其密度为800~1800kg/m^3，使用厚度大多为6~15mm。这类板材的使用温度不大于600℃，不适用于单独作为钢结构的防火保护，常用作轻钢龙骨隔墙的面板、吊顶板以及钢梁、钢柱经非膨胀型防火涂料涂覆后的装饰面板。

防火厚板的特点是密度小、热传导系数小、耐高温（使用温度可达1000℃以上），其使用厚度可按设计耐火极限确定，通常在10~50mm之间，由于本身具有优良耐火隔热性，可直接用于钢结构防火，提高结构耐火时间。目前，比较成熟的防火厚板主要有硅酸钙防火板、膨胀蛭石防火板两种，这两种防火板的成分也基本上和非膨胀型防火涂料相近。

（2）包覆防火板的规定：

1）防火板应为不燃材料，且受火时不应出现炸裂和穿透裂缝等现象。

2）防火板的包覆应根据构件形状和所处部位进行构造设计，并应采取确保安装牢固稳定的措施。

3）固定防火板的龙骨及黏结剂应为不燃材料。龙骨应便于与构件及防火板连接，黏结剂在高温下应能保持一定的强度，并应能保证防火板的包敷完整。

（3）防火厚板包覆的构造要求。防火板对钢结构做防火包覆时，为施工方便，一般采用单层包覆。包覆板材通过与防火板材同材质的无机龙骨、轻钢龙骨与钢结构连接。板材与板材之间的连接宜采用钢钉或自攻螺钉；板材与钢龙骨之间的连接宜采用自攻螺钉；钢龙骨与墙体的连接宜采用射钉连接；钢龙骨与钢构件的连接采用点焊或卡条连接固定。

龙骨骨架安装完毕之后必须对龙骨骨架尺寸进行验收，板材与龙骨之间要紧贴。防火板对接时宜靠紧，不留缝隙，但不能强压就位；如有缝隙，缝隙宽应小于5mm。相邻面板层的错缝间距应大于300mm。固定连接件（自攻螺钉、钢钉）与板材边缘的距离为10~20mm，每个固定连接件沉入板面1mm，宜采用耐高温黏结剂封堵螺眼，固定件间距为100~200mm。当采用预焊钢制螺栓连接时，应采用耐高温黏结剂封堵螺眼。

（4）防火薄板包覆的构造要求。采用防火薄板对钢结构做防火包覆时，如无填充隔热材料（岩棉、矿棉等）的情况下，一般采用双层对钢构件包覆来满足构件的耐火极限要求。包覆板材通过无机龙骨（材质同板材本身）、轻钢龙骨以及配套钢抱箍与钢结构连接。除圆钢柱外的钢构件主要采用无机龙骨辅助固定防火板材，圆柱主要采用配套轻钢龙骨、钢抱箍等辅助固定板材。配套轻钢龙骨与钢抱箍在圆柱方包时使用。与钢结构连接固定轻钢龙骨和钢抱箍时不允许焊接，应采用钢制螺钉及自攻螺钉。防火薄板通过无机龙骨与钢构件连接时，应采用自攻螺钉及耐高温无机黏结剂。

龙骨骨架安装完毕之后必须对龙骨骨架尺寸进行验收，板材与龙骨之间要紧贴。防火板对接时宜靠紧不留缝隙，但不能强压就位；如有缝隙，缝隙宽应小于5mm。内外层以及相邻面板层的错缝间距应大于300mm。自攻螺钉距板材边缘为10～20mm，间距为100～150mm；位于板缝两侧自攻螺钉应错位，间距10～20mm。自攻螺钉沉入板材1mm，宜采用耐高温黏结剂封堵螺眼。

（5）耐高温黏结剂和嵌缝剂。耐高温黏结剂一般采用硅酸盐类黏结剂，其成分由各板材生产厂商专门配置。嵌缝剂可采用耐高温黏结剂。

1）黏结剂。黏结剂适用于无机龙骨与钢构件之间（图11-1）以及防火板材与板材（图11-2、图11-3)之间的连接。

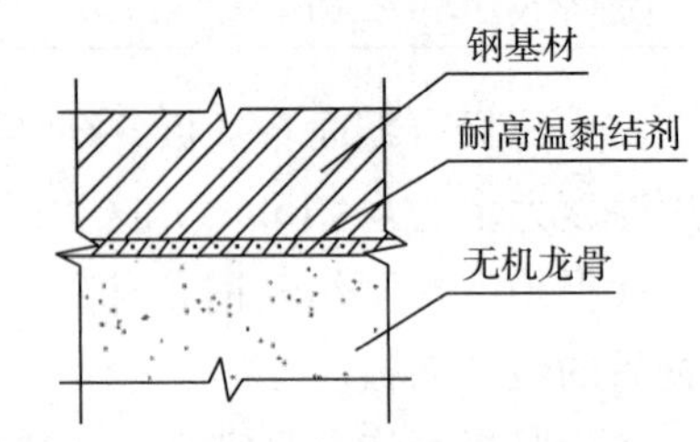

图11-1　无机龙骨与钢构件的连接

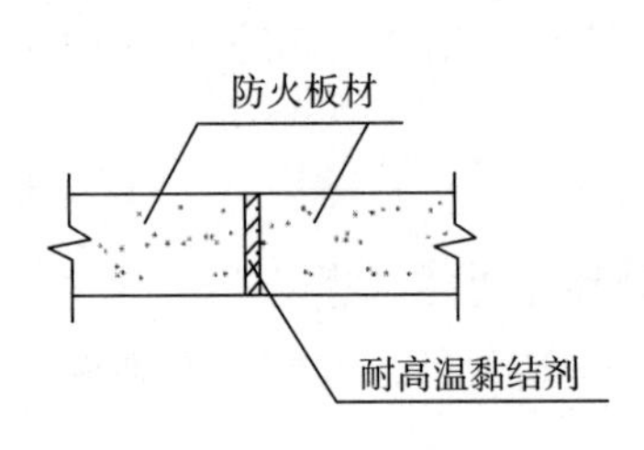

图11-2　板材对接情况

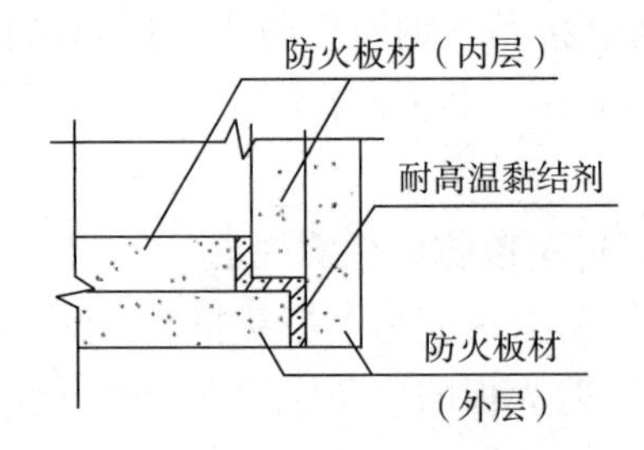

图11-3　板材邻接情况

2）嵌缝剂。嵌缝剂用于填嵌板材与板材（图11-4）、板材与墙体或楼板之间的缝隙（图11-5)。当缝隙小于2mm时，无须嵌缝；缝隙大于2mm则需用耐高温黏结剂嵌缝。采用连接件相连的邻接板材无须嵌缝。

板材连接时，当板材厚度大于20mm时应采用连接件或连接件配合耐高温黏结剂连接。当板材厚度小于等于20mm时，采用耐高温黏结剂连接。

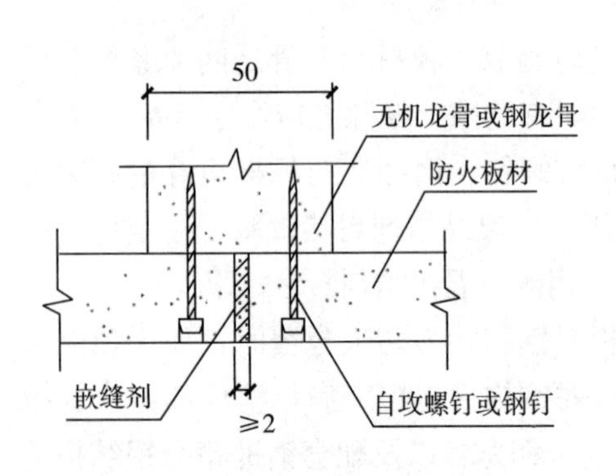

图11-4　对接板材缝隙的填嵌

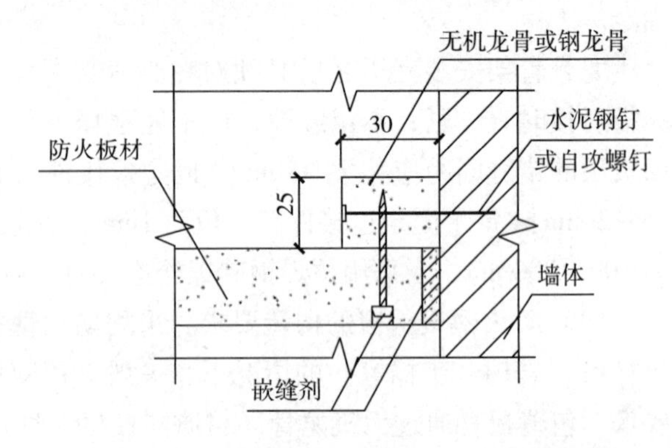

图11-5　板材与墙体或楼板之间缝隙的填嵌

（6）板材包覆施工技术要求：

1）防火板材或无机龙骨与构件粘贴面应做防锈去污处理，非粘贴面均应涂刷防锈漆。

2）当采用岩棉、矿棉等软质板材包覆时，为了提高其美观性以及增强其表面防撞强度，宜采用薄金属板或其他不燃性板材对适当的部位进行包裹。复合包覆参照图 11-6。

3）板材的防火包覆施工必须在钢结构安装及涂料工程验收合格及所有管线敷设完成后施工，严禁事后安装，破坏包覆板材。当管线贯通板材时，管线与龙骨以及管线与板材相交处的缝隙必须用耐高温黏结剂嵌缝。

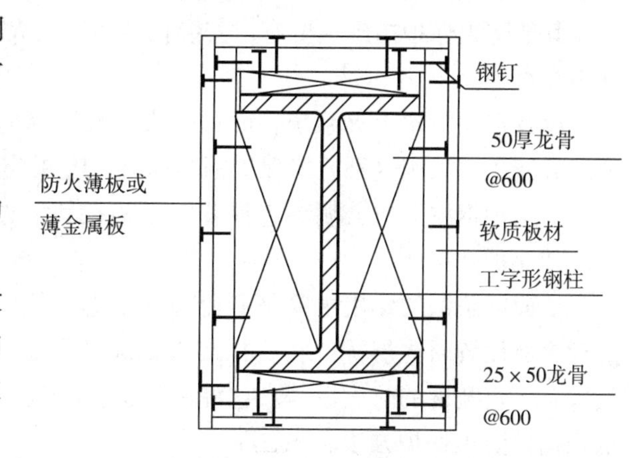

图 11-6　软质板材与防火薄板（薄金属板）复合包覆构造

4）当构件上设有加劲肋时，一般考虑将构件进行整体包覆，不再对加劲肋单独包覆；个别结构有特殊要求的，参照具体单项工程设计。

5）水电管线应在墙上敷设，柱上仅允许预敷设金属电线管盒，严禁事后安装致使包覆板材破损而降低防护性能。开关盒、接线盒底部及周边与钢构件相交处需用垫板及耐高温无机黏结剂隔离封堵；管线与龙骨相交处缝隙必须用耐高温黏结剂嵌缝。

4. 包覆柔性毡状隔热材料

柔性毡状隔热材料（简称柔性防火毡）主要有硅酸铝纤维毡、岩棉毡、玻璃棉毡等各种矿物棉毡。使用时，可采用钢丝网将防火毡直接固定于钢材表面。这种方法隔热性好、施工简便、造价低，适用于室内不易受机械伤害和免受水湿的部位。

硅酸铝纤维毡的热传导系数很小，密度小，化学稳定性及热稳定性好，又具有较好的柔韧性，在工程中应用较多。

钢结构采用包覆柔性毡状隔热材料保护时，不应用于易受潮或受水的钢结构；在自重作用下，毡状材料不应发生压缩不均的现象。

5. 外包混凝土、砂浆或砌筑砌体

该方法优点是强度高、耐冲击、耐久性好，缺点是要占用的空间较大。另外，施工也较麻烦，特别在钢梁、斜撑上，施工十分困难。

钢结构采用外包混凝土、金属网抹砂浆或砌筑砌体保护时，应符合下列规定：

（1）当采用外包混凝土时，混凝土的强度等级不宜低于 C20；外包混凝土宜配构造钢筋。

（2）当采用外包金属网抹砂浆时，砂浆的强度等级不宜低于 M5；金属丝网的网格不宜大于 20mm，金属丝直径不宜小于 0. 6mm；砂浆最小厚度不宜小于 25mm。

（3）当采用砌筑砌体时，砌块的强度等级不宜低于 MU10。

6. 复合防火保护

常见的复合防火保护做法有：在钢构件表面涂敷非膨胀防火涂料或采用柔性防火毡包覆，再用纤维增强无机板材、石膏板等做饰面板。这种方法具有良好的隔热性、完整性和装饰性，适用于耐火性能要求高，并有较高装饰要求的钢柱、钢梁。

7. 其他防火保护措施

其他防火保护措施主要有：安装自动喷水灭火系统（水冷却法）、单面屏蔽法和在钢柱中充水等。

设置自动喷水灭火系统，既可灭火，又可降低火场温度、冷却钢构件，提高钢结构的耐火能力。采用这种方式保护钢结构时，喷头应采用直立型喷头，喷头间距宜为2.2m左右；保护钢屋架时，喷头宜沿着钢屋架在其上方布置，确保钢屋架各杆件均能受到水的冷却保护。

单面屏蔽法的作用主要是避免杆件附近火焰的直接辐射的影响。其做法是在钢构件的迎火面设置阻火屏障，将构件与火焰隔开。如：钢梁下面吊装防火平顶，钢外柱内侧设置有一定宽度的防火板等。这种在特殊部位设置防火屏障措施有时不失为一种较经济的钢构件防火保护方法。

11.1.3 高温下构件力学参数与升温计算

1. 钢材

（1）高温下钢材的物理参数，按表11-6确定。

表11-6 高温下钢材的物理参数

参数	符号	数值	单位
热膨胀系数	α_s	1.4×10^{-5}	W/（m·℃）
热传导系数	λ_s	45	W/（m·℃）
比热容	c_s	600	J/（kg·℃）
密度	ρ	7850	kg/m^3

（2）高温下钢材的强度设计计算。

1）高温下结构钢的强度设计值应按下列公式计算。

$$f_T = \eta_{sT} f \tag{11-7}$$

$$\eta_{sT} = \begin{cases} 1.0 & (20℃ \leqslant T_s \leqslant 300℃) \\ 1.24\times10^{-8}T_s^3 - 2.096\times10^{-5}T_s^2 + \\ 9.228\times10^{-10}T_s - 0.2168 & (300℃ < T_s < 800℃) \\ 0.5 - T_s/2000 & (800℃ \leqslant T_s \leqslant 1000℃) \end{cases} \tag{11-8}$$

式中 T_s——钢材的温度（℃）；

f_T——高温下钢材的强度设计值（N/mm^2）；

f——常温下钢材的强度设计值（N/mm^2），应按现行国家标准《钢结构设计标准》GB 50017的规定取值；

η_{sT}——高温下钢材的屈服强度折减系数。

2）高温下耐火钢的强度可按式（11-7）确定。其中，屈服强度折减系数 η_{sT}应按下式计算。

$$\eta_{sT} = \begin{cases} \dfrac{6(T_s - 768)}{5(T_s - 918)} & (20℃ \leqslant T_s < 700℃) \\ \dfrac{1000 - T_s}{8(T_s - 600)} & (700℃ \leqslant T_s \leqslant 1000℃) \end{cases} \tag{11-9}$$

（3）高温下钢材的弹性模量计算

1）高温下结构钢的弹性模量应按下列公式计算。

$$E_{sT} = \chi_{sT} E_s \tag{11-10}$$

$$\chi_{sT} = \begin{cases} \dfrac{7T_s - 4780}{6T_s - 4760} & (20℃ \leqslant T_s < 600℃) \\ \dfrac{1000 - T_s}{6T_s - 2800} & (600℃ \leqslant T_s \leqslant 1000℃) \end{cases} \tag{11-11}$$

式中 E_{sT}——高温下钢材的弹性模量（N/mm^2）；

E_s——常温下钢材的弹性模量（N/mm^2），应按照现行国家标准《钢结构设计标准》GB 50017 的规定取值；

χ_{sT}——高温下钢材的弹性模量折减系数。

2）高温下耐火钢的弹性模量可按式（11-10）确定。其中，弹性模量折减系数χ_{sT}应按下式计算。

$$\chi_{sT} = \begin{cases} 1 - \dfrac{T_s - 20}{2520} & (20℃ \leqslant T_s < 650℃) \\ 0.75 - \dfrac{7(T_s - 650)}{2500} & (650℃ \leqslant T_s < 900℃) \\ 0.5 - 0.0005T_s & (900℃ \leqslant T_s \leqslant 1000℃) \end{cases} \tag{11-12}$$

2. 混凝土

（1）高温下普通混凝土的热工参数应按下列规定确定：

1）热膨胀系数 α_c应为 1.8×10^{-5}m/（m·℃），密度 ρ_c应为 $2300kg/m^3$。

2）热传导系数 λ_c应按下式计算：

$$\lambda_c = 1.68 - 0.19\frac{T_c}{100} + 0.0082\left(\frac{T_c}{100}\right)^2 \tag{11-13}$$

3）比热容 c_c应按下式计算：

$$c_c = 890 + 56.2\frac{T_c}{100} - 3.4\left(\frac{T_c}{100}\right)^2 \tag{11-14}$$

式中 T_c——混凝土的温度（℃）；

λ_c——混凝土的热传导系数［W/（m·℃）］；

c_c——混凝土的比热容［J/（kg·℃）］。

（2）高温下普通混凝土的轴心抗压强度、弹性模量应分别按下列公式计算确定。

$$f_{cT} = \eta_{cT} f_c \tag{11-15}$$

$$E_{cT} = \chi_{cT} E_c \tag{11-16}$$

式中 f_{cT}——温度为 T_c 时普通混凝土的轴心抗压强度设计值（N/mm^2）；

f_c——常温下普通混凝土的轴心抗压强度设计值（N/mm^2），应按现行国家标准《混凝土结构设计规范》GB 50010 取值；

E_{cT}——高温下普通混凝土的弹性模量（N/mm^2）；

E_c——常温下普通混凝土的弹性模量（N/mm^2），应按现行国家标准《混凝土结构设计规范》GB 50010 取值；

η_{cT}——高温下普通混凝土的轴心抗压强度折减系数；对于强度等级低于或等于 C60 的混凝土，应按表 11-7 取值；其他温度下的值，可采用线性插值方法确定；

χ_{cT}——高温下普通混凝土的弹性模量折减系数；对于强度等级低于或等于 C60 的混凝土，应按表 11-7 取值；其他温度下的值，可采用线性插值方法确定。

表 11-7　高温下普通混凝土的轴心抗压强度折减系数 η_{cT} 及弹性模量折减系数 χ_{cT}

T_c/℃	20	100	200	300	400	500	600	700	800	900	1000	1100	1200
η_{cT}	1.00	1.00	0.95	0.85	0.75	0.60	0.45	0.30	0.15	0.08	0.04	0.01	0
χ_{cT}	1.000	0.625	0.432	0.304	0.188	0.100	0.045	0.030	0.015	0.008	0.004	0.001	0

（3）高温下轻骨料混凝土的热工性能应符合下列规定确定：

1）热膨胀系数 α_c 应为 0.8×10^{-5} m/（m·℃），密度 ρ_c 应在 1600 ~ 2300kg/m^3 间取值。

2）热传导系数 λ_c 应按下式计算：

$$\begin{cases} \lambda_c = 1.0 - \dfrac{T_c}{1600} & (20℃ \leqslant T_c < 800℃) \\ \lambda_c = 0.5 & (800℃ \leqslant T_c < 1200℃) \end{cases} \tag{11-17}$$

3）比热容 c_c 应为 840J/（kg·℃）。

（4）高温下轻骨料混凝土的轴心抗压强度和弹性模量可按式（11-15）和式（11-16）计算。当轻骨料混凝土的强度等级低于或等于 C60 时，高温下轻骨料混凝土的轴心抗压强度折减系数 η_{cT}、弹性模量折减系数 χ_{cT} 可按表 11-8 确定；其他温度下的值，可采用线性插值方法确定。

（5）高温下其他类型混凝土的热工性能与力学性能，应通过试验确定。

表 11-8　高温下轻骨料混凝土的轴心抗压强度折减系数 η_{cT} 及弹性模量折减系数 χ_{cT}

T_c/℃	20	100	200	300	400	500	600	700	800	900	1000	1100	1200
η_{cT}	1.00	1.00	1.00	1.00	0.88	0.76	0.64	0.52	0.40	0.28	0.16	0.04	0
χ_{cT}	1.000	0.625	0.432	0.304	0.188	0.100	0.045	0.030	0.015	0.008	0.004	0.001	0

3. 防火保护材料

（1）非膨胀型防火涂料的等效热传导系数，可根据标准耐火试验得到的钢试件实测升温曲线和试件的保护层厚度按下式计算：

$$\lambda_i = \frac{d_i}{\dfrac{5\times10^{-5}}{\left(\dfrac{T_s - T_{s0}}{t_0}+0.2\right)^2 - 0.044}\cdot\dfrac{F_i}{V}} \tag{11-18}$$

式中 λ_i——等效热传导系数［W/（m·℃）］；

d_i——防火保护层的厚度（m）；

F_i/V——有防火保护钢试件的截面形状系数（m^{-1}），应按以下“5. 火灾下有防火保护钢构件的温度”计算；

T_{s0}——开始时钢试件的温度，可取20℃；

T_s——钢试件的平均温度（℃），取540℃；

t_0——钢试件的平均温度达到540℃的时间（s）。

（2）膨胀型防火涂料保护层的等效热阻，可根据标准耐火试验得到的钢构件实测升温曲线按下式计算：

$$R_i = \frac{5\times10^{-5}}{\left(\dfrac{T_s - T_{s0}}{t_0}+0.2\right)^2 - 0.044}\cdot\frac{F_i}{V} \tag{11-19}$$

式中 R_i——防火保护层的等效热阻（对应于该防火保护层厚度）（m^2·℃/W）。

（3）膨胀型防火涂料应给出最大使用厚度、最小使用厚度的等效热阻以及防火涂料使用厚度按最大使用厚度与最小使用厚度之差的1/4递增的等效热阻，其他厚度下的等效热阻可采用线性插值方法确定。

（4）其他防火保护材料的等效热阻或等效热传导系数，应通过试验确定。

4. 火灾下无防火保护钢构件的温度

火灾下无防火保护钢构件的温度可按下列公式计算。

$$\Delta T_s = \alpha\cdot\frac{1}{\rho_s c_s}\cdot\frac{F}{V}\cdot(T_g - T_s)\Delta t \tag{11-20}$$

$$\alpha = \alpha_c + \alpha_r \tag{11-21}$$

$$\alpha_r = \varepsilon_r\sigma\frac{(T_g+273)^4-(T_s+273)^4}{T_g - T_s} \tag{11-22}$$

式中 t——火灾持续时间（s）；

Δt——时间步长（s），取值不宜大于5s；

ΔT_s——钢构件在时间（t，$t+\Delta t$）内的温升（℃）；

T_s、T_g——t时刻钢构件的内部温度和热烟气的平均温度（℃）；

ρ_s、c_s——钢材的密度（kg/m^3）和比热［J/（kg·℃）］；

F/V——无防火保护钢构件的截面形状系数（m^{-1}）；

F——单位长度钢构件的受火表面积（m^2）；

V——单位长度钢构件的体积（m^3）；

α——综合热传递系数［W/（m^2·℃）］；

α_c——热对流传热系数［W/（m^2·℃）］，可取25W/（m^2·℃）；

α_r——热辐射传热系数［W/（m^2·℃）］；

ε_r——综合辐射率，可按表11-9取值；

σ——斯蒂芬－波尔兹曼常数，为5.67×10^{-8}W/（m^2·$℃^4$）。

表11-9　综合辐射率 ε_r

钢构件形式			综合辐射率 ε_r
四面受火的钢柱			0.7
钢梁	上翼缘埋于混凝土楼板内，仅下翼缘、腹板受火		0.5
	混凝土楼板放置在上翼缘	上翼缘的宽度与梁高之比大于或等于0.5	0.5
		上翼缘的宽度与梁高之比小于0.5	0.7
箱梁、格构梁			0.7

在标准火灾下，无防火保护钢构件的温度，见表11-10。

表11-10　标准火灾下无防火保护钢构件的温度　　（单位:℃）

时间/min	空气温度/℃	无防火保护钢构件的截面形状系数 F/V/（m^{-1}）									
		10	20	30	40	50	100	150	200	250	300
0	20	20	20	20	20	20	20	20	20	20	20
5	576	32	44	56	67	78	133	183	229	271	309
10	678	54	86	118	148	178	311	416	496	552	590
15	739	81	138	193	246	295	491	609	669	697	711
20	781	112	197	277	350	416	638	724	752	763	767
25	815	146	261	365	456	533	737	786	798	802	805
30	842	182	327	453	556	636	799	824	830	833	834
35	865	221	396	538	646	721	838	852	856	858	859
40	885	261	464	618	723	787	866	874	877	879	880
45	902	302	531	690	785	835	888	893	896	897	898
50	918	345	595	752	834	871	906	911	913	914	915
55	932	388	655	805	871	898	922	926	928	929	929
60	945	432	711	848	900	919	936	940	941	942	943
65	957	475	762	883	923	936	949	952	954	954	955
70	968	518	807	911	941	951	961	964	965	966	966
75	979	561	846	933	956	963	972	974	976	976	977
80	988	603	880	952	969	975	982	984	986	986	987
85	997	643	908	968	981	985	992	994	995	995	996
90	1006	683	933	981	991	995	1001	1003	1004	1004	1004

注：1. 当 $F/V<10m^{-1}$ 时，构件温度应按截面温度非均匀分布计算。

2. 当 $F/V>300m^{-1}$ 时，可认为构件温度等于空气温度。

5. 火灾下有防火保护钢构件的温度

火灾下有防火保护钢构件的温度可按下式计算：

$$\Delta T_s = \alpha \cdot \frac{1}{\rho_s c_s} \cdot \frac{F_i}{V} \cdot (T_s - T_s)\Delta t \tag{11-23}$$

（1）当防火保护层为非轻质防火保护层，即 $2\rho_i c_i d_i F_i > \rho_s c_s V$ 时：

$$\alpha = \frac{1}{1 + \frac{\rho_i c_i d_i F_i}{2\rho_s c_s V}} \cdot \frac{\lambda_i}{d_i} \tag{11-24}$$

（2）当防火保护层为轻质防火保护层，即 $2\rho_i c_i d_i F_i \leqslant \rho_s c_s V$ 时：对于膨胀型防火涂料防火保护层：

$$\alpha = 1/R_i \tag{11-25}$$

对于非膨胀型防火涂料、防火板等防火保护层：

$$\alpha = \lambda_i/d_i \tag{11-26}$$

式中 c_i——防火保护材料的比热容［J/（kg·℃）］；

ρ_i——防火保护材料的密度（kg/m^3）；

R_i——防火保护层的等效热阻（$m^2 \cdot ℃/W$）；

λ_i——防火保护材料的等效热传导系数［W/（m·℃）］；

d_i——防火保护层的厚度（m）；

F_i/V——有防火保护钢构件的截面形状系数（m^{-1}）；

F_i——有防火保护钢构件单位长度的受火表面积（m^2）；对于外边缘型防火保护，取单位长度钢构件的防火保护材料内表面积；对于非外边缘型防火保护，取沿单位长度钢构件所测得的可能的矩形包装的最小内表面积；

V——单位长度钢构件的体积（m^3）。

11.1.4 钢结构耐火验算与防火保护设计——承载力法

1. 基本步骤

采用承载力法进行钢结构耐火验算与防火保护设计时，可按下列步骤进行：

（1）确定防火保护方法，设定钢构件的防火保护层厚度（可设定为无防火保护）。

（2）按11.1.3中“4. 火灾下无防火保护钢构件的温度”和“5. 火灾下有防火保护钢构件的温度”中相关公式计算构件在设计耐火极限 t_m 时间内的最高温度 T_m。

（3）按11.1.3中“1. 钢材”中相关公式确定高温下钢材的力学参数。

（4）按式（11-2）和式（11-3）计算构件的最不利荷载（作用）效应组合设计值。

（5）按以下2~8中相关公式验算构件的耐火承载力。

（6）当设定的防火保护层厚度过小或过大时，调整防火保护层厚度，重复上述（1）~（5）步骤。

2. 火灾下轴心受拉钢构件或轴心受压钢构件的强度验算

火灾下轴心受拉钢构件或轴心受压钢构件的强度应按下式验算：

$$N/A_n \leqslant f_T \tag{11-27}$$

式中　N——火灾下钢构件的轴拉（压）力设计值；

A_n——净截面面积；

f_T——高温下钢材的强度设计值，按 11.1.3 中“1. 钢材”中相关公式确定。

3. 火灾下轴心受压钢构件的稳定性验算

火灾下轴心受压钢构件的稳定性应按下列公式验算：

$$N/(\varphi_T A) \leqslant f_T \tag{11-28}$$

$$\varphi_T = \alpha_c \varphi \tag{11-29}$$

式中　N——火灾下钢构件的轴向压力设计值；

A——毛截面面积；

φ_T——高温下轴心受压钢构件的稳定系数；

φ——常温下轴心受压钢构件的稳定系数，应按现行国家标准《钢结构设计标准》GB 50017 确定；

α_c——高温下轴心受压钢构件的稳定验算参数，应根据构件长细比和构件温度按表 11-11确定。

表 11-11　高温下轴心受压钢构件的稳定验算参数 α_c

构件材料		结构钢构件						耐火钢构件					
λ/ε_k		≤10	50	100	150	200	250	≤10	50	100	150	200	250
温度/℃	≤50	1.000	1.000	1.000	1.000	1.000	1.000	1.000	1.000	1.000	1.000	1.000	1.000
	100	0.998	0.995	0.988	0.983	0.982	0.981	0.999	0.997	0.993	0.989	0.989	0.988
	150	0.997	0.991	0.979	0.970	0.968	0.968	0.998	0.995	0.989	0.984	0.983	0.983
	200	0.995	0.986	0.968	0.955	0.952	0.951	0.998	0.994	0.987	0.980	0.979	0.979
	250	0.993	0.980	0.955	0.937	0.933	0.932	0.998	0.994	0.986	0.979	0.978	0.977
	300	0.990	0.973	0.939	0.915	0.910	0.909	0.998	0.994	0.987	0.980	0.979	0.979
	350	0.989	0.970	0.933	0.906	0.902	0.900	0.998	0.996	0.990	0.986	0.985	0.985
	400	0.991	0.977	0.947	0.926	0.922	0.920	1.000	0.999	0.998	0.997	0.996	0.996
	450	0.996	0.990	0.977	0.967	0.965	0.965	1.000	1.001	1.008	1.012	1.014	1.015
	500	1.001	1.002	1.013	1.019	1.023	1.024	1.001	1.004	1.023	1.035	1.041	1.045
	550	1.002	1.007	1.046	1.063	1.075	1.081	1.002	1.008	1.054	1.073	1.087	1.094
	600	1.002	1.007	1.050	1.069	1.082	1.088	1.004	1.014	1.105	1.136	1.164	1.179
	650	0.996	0.989	0.976	0.965	0.963	0.962	1.006	1.023	1.188	1.250	1.309	1.341
	700	0.995	0.986	0.969	0.955	0.952	0.952	1.008	1.030	1.245	1.350	1.444	1.497
	750	1.000	1.001	1.005	1.008	1.009	1.009	1.011	1.044	1.345	1.589	1.793	1.921
	800	1.000	1.000	1.000	1.000	1.000	1.000	1.012	1.050	1.378	1.722	1.970	2.149

注：1. 表中 λ 为构件的长细比，$\varepsilon_k = \sqrt{235/f_y}$，$f_y$为常温下钢材的屈服强度标准值。

2. 温度小于或等于 50℃时，α_c可取 1.0；温度大于 50℃时，表中未规定温度时的 α_c应按线性插值方法确定。

4. 火灾下单轴受弯钢构件的强度验算

火灾下单轴受弯钢构件的强度应按下式验算：

$$M/(\gamma W_n) \leqslant f_T \tag{11-30}$$

式中 M——火灾下构件的最不利截面处的弯矩设计值；

W_n——钢构件最不利截面的净截面模量；

f_T——高温下钢材的强度设计值；

γ——截面塑性发展系数。

5. 火灾下单轴受弯钢构件的稳定性验算

火灾下单轴受弯钢构件的稳定性应按下列公式验算：

$$\frac{M}{\varphi_{bT} W} \leqslant f_T \tag{11-31}$$

$$\varphi_{bT} = \begin{cases} \alpha_b \varphi_b & (\alpha_b \varphi_b \leqslant 0.6) \\ 1.07 - \dfrac{0.282}{\alpha_b \varphi_b} \leqslant 1.0 & (\alpha_b \varphi_b > 0.6) \end{cases} \tag{11-32}$$

式中 M——火灾下构件的最大弯矩设计值；

W——按受压最大纤维确定的构件毛截面模量；

φ_{bT}——高温下受弯钢构件的稳定系数；

φ_b——常温下受弯钢构件的稳定系数，应按现行国家标准《钢结构设计标准》GB 50017 的规定确定；当 φ_b >0.6 时，φ_b不做修正；

α_b——高温下受弯钢构件的稳定验算参数，应按表 11-12 确定。

表 11-12　高温下受弯钢构件的稳定验算参数 α_b

材料	温度/℃							
	20	100	150	200	250	300	350	400
结构钢构件	1.000	0.980	0.966	0.949	0.929	0.905	0.896	0.917
耐火钢构件	1.000	0.988	0.982	0.978	0.977	0.978	0.984	0.996
材料	温度/℃							
	450	500	550	600	650	700	750	800
结构钢构件	0.962	1.027	1.094	1.101	0.961	0.950	1.011	1.000
耐火钢构件	1.017	1.052	1.111	1.214	1.419	1.630	2.256	2.640

6. 火灾下拉弯或压弯钢构件的强度验算

火灾下拉弯或压弯钢构件的强度应按下式验算：

$$\frac{N}{A_n} \pm \frac{M_x}{\gamma_x W_{nx}} \pm \frac{M_y}{\gamma_y W_{ny}} \leqslant f_T \tag{11-33}$$

式中 N——火灾下钢构件的轴拉（压）力设计值；

A_n——净截面面积；

M_x、M_y——火灾下最不利截面处对应于强轴 x 轴和弱轴 y 轴的弯矩设计值；

W_{nx}、W_{ny}——绕 x 轴和 y 轴的净截面模量；

γ_x、γ_y——绕强轴和弱轴弯曲的截面塑性发展系数。

7. 火灾下压弯钢构件绕强轴和弱轴弯曲时的稳定性验算

火灾下压弯钢构件绕强轴 x 轴弯曲和绕弱轴 y 轴弯曲时的稳定性应分别按下列公式

验算：

$$\frac{N}{\varphi_{xT}A}+\frac{\beta_{mx}M_x}{\gamma_x W_x(1-0.8N/N'_{ExT})}+\eta\frac{\beta_{ty}M_y}{\varphi_{byT}W_y}\leqslant f_T \tag{11-34}$$

$$N'_{ExT}=\pi^2E_{sT}A/(1.1\lambda_x^2) \tag{11-35}$$

$$\frac{N}{\varphi_{yT}A}+\eta\frac{\beta_{tx}M_x}{\phi_{bxT}W_x}+\frac{\beta_{my}M_y}{\gamma_y W_y(1-0.8N/N'_{EyT})}\leqslant f_T \tag{11-36}$$

$$N'_{EyT}=\pi^2E_{sT}A/(1.1\lambda_y^2) \tag{11-37}$$

式中　N——火灾下钢构件的轴向压力设计值；

M_x、M_y——火灾下所计算钢构件段范围内对强轴和弱轴的最大弯矩设计值；

A——毛截面面积；

W_x、W_y——对强轴和弱轴按其最大受压纤维确定的毛截面模量；

N'_{ExT}、N'_{EyT}——高温下绕强轴和弱轴弯曲的参数；

λ_x、λ_y——对强轴和弱轴的长细比；

φ_{xT}、φ_{yT}——高温下轴心受压钢构件对应于强轴和弱轴失稳的稳定系数，应按式（11-29）计算；

φ_{bxT}、φ_{byT}——高温下均匀弯曲受弯钢构件对应于强轴和弱轴失稳的稳定系数，应按式（11-32）计算；

η——截面影响系数，对于闭口截面，取0.7；对于其他截面，取1.0；

β_{mx}、β_{my}——弯矩作用平面内的等效弯矩系数，应按现行国家标准《钢结构设计标准》GB 50017 第8.2.1条确定；

β_{tx}、β_{ty}——弯矩作用平面外的等效弯矩系数，应按现行国家标准《钢结构设计标准》GB 50017 第8.2.1条确定。

8. 火灾下钢框架梁、柱的承载力

火灾下钢框架梁、柱的承载力计算，见表11-13。

表11-13　火灾下钢框架梁、柱的承载力计算

项次	项目	计算公式	备注
1	钢框架梁的承载力	火灾下受楼板侧向约束的钢框架梁的承载力可按下式验算： $M\leqslant f_T W_p$　(11-38)	不考虑温度内力
2	钢框架柱的承载力	火灾下钢框架柱的承载力可按下式验算： $N/(\varphi_T A)\leqslant 0.7f_T$　(11-39)	

注：式中　M——火灾下钢框架梁上荷载产生的最大弯矩设计值；

W_p——钢框架梁截面的塑性截面模量；

N——火灾下钢框架柱所受的轴压力设计值；

A——钢框架柱的毛截面面积；

φ_T——高温下轴心受压钢构件的稳定系数，应按式（11-29）计算，其中钢框架柱计算长度应按柱子长度确定。

11.1.5 钢结构耐火验算与防火保护设计——临界温度法

1. 基本步骤

（1）按式（11-2）和式（11-3）计算构件的最不利荷载（作用）效应组合设计值。

（2）根据构件和荷载类型，按下述 2 ~7 中相关公式计算构件的临界温度 T_d。

（3）按上述 11.1.3 中“4. 火灾下无防火保护钢构件的温度”中相关公式计算无防火保护构件在设计耐火极限 t_m时间内的最高温度 T_m；当 $T_d > T_m$时，构件耐火能力满足要求，可不进行防火保护；当 $T_d \leqslant T_m$时，按步骤（4）、（5）确定构件所需的防火保护。

（4）确定防火保护方法，计算构件的截面形状系数。

（5）按下述“8. 防火保护层的设计厚度”中相关公式确定防火保护层的厚度。

2. 轴心受拉钢构件的临界温度 T_d 计算

轴心受拉钢构件的临界温度 T_d应根据截面强度荷载比 R 按表 11-14 确定，R 应按下式计算：

$$R = N/(A_n f) \tag{11-40}$$

式中 N——火灾下钢构件的轴拉力设计值；

A_n——钢构件的净截面面积；

f——常温下钢材的强度设计值。

表 11-14 按截面强度荷载比 R 确定的钢构件的临界温度 T_d （单位:℃）

截面强度荷载比 R	0.30	0.35	0.40	0.45	0.50	0.55	0.60	0.65	0.70	0.75	0.80	0.85	0.90
结构钢构件	663	641	621	601	581	562	542	523	502	481	459	435	407
耐火钢构件	718	706	694	679	661	641	618	590	557	517	466	401	313

3. 轴心受压钢构件的临界温度 T_d 计算

轴心受压钢构件的临界温度 T_d，应取临界温度 T'_d、T''_d中的较小者。

临界温度 T'_d根据截面强度荷载比 R 按表 11-14 确定，R 应按式（11-41）计算；临界温度 T''_d应根据构件稳定荷载比 R'和构件长细比 λ 按表 11-15 确定，R'应按下列公式计算：

$$R = N/(A_n f) \tag{11-41}$$

$$R' = N/(\varphi A f) \tag{11-42}$$

式中 N——火灾下钢构件的轴压力设计值；

A——钢构件的毛截面面积；

φ——常温下轴心受压钢构件的稳定系数。

表 11-15　根据构件稳定荷载比 R' 确定的轴心受压钢构件的临界温度 T''_d

（单位：℃）

构件材料		结构钢构件					耐火钢构件				
λ/ε_k		≤50	100	150	200	≥250	≤50	100	150	200	≥250
R'	0.30	661	660	658	658	658	721	743	761	776	786
	0.35	640	640	640	640	640	709	727	743	758	767
	0.40	621	623	624	625	625	697	715	727	740	750
	0.45	602	608	610	611	611	682	704	713	724	732
	0.50	582	590	594	596	597	666	692	702	710	717
	0.55	563	571	575	577	578	646	678	690	699	703
	0.60	544	553	556	559	560	623	661	675	686	691
	0.65	524	531	534	537	539	596	638	655	669	676
	0.70	503	507	510	512	513	562	600	623	644	655
	0.75	480	481	480	481	482	521	548	567	586	596
	0.80	456	450	443	442	441	468	481	492	498	504
	0.85	428	412	394	390	388	399	397	395	393	393
	0.90	393	362	327	318	315	302	288	272	270	268

注：表中 λ 为构件的长细比，$\varepsilon_k=\sqrt{235/f_y}$，$f_y$ 为常温下钢材的屈服强度标准值。

4. 单轴受弯钢构件的临界温度 T_d 计算

单轴受弯钢构件的临界温度 T_d 应取下列临界温度 T'_d、T''_d 中的较小者：

（1）临界温度 T'_d 应根据截面强度荷载比按表 11-14 确定，应按下式计算：

$$R = M/(\gamma W_n f) \tag{11-43}$$

式中　M——火灾下钢构件最不利截面处的弯矩设计值；

W_n——钢构件最不利截面的净截面模量；

γ——截面塑性发展系数。

（2）临界温度 T''_d 应根据构件稳定荷载比 R' 和常温下受弯构件的稳定系数 φ_b 按表 11-16 确定 T''_d，R' 应按下式计算：

$$R' = M/(\varphi_b W f) \tag{11-44}$$

式中　M——火灾下钢构件的最大弯矩设计值；

W——钢构件的毛截面模量；

φ_b——常温下受弯钢构件的稳定系数，应根据现行国家标准《钢结构设计标准》GB 50017 的规定计算。

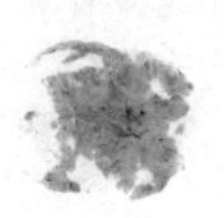

表 11-16　根据构件稳定荷载比 R' 确定的受弯钢构件的临界温度 T''_d

（单位：℃）

构件材料		结构钢构件						耐火钢构件					
φ_b		≤0.5	0.6	0.7	0.8	0.9	1.0	≤0.5	0.6	0.7	0.8	0.9	1.0
R'	0.30	657	657	661	662	663	664	764	750	740	732	726	718
	0.35	640	640	641	642	642	642	748	734	724	717	712	706
	0.40	626	625	624	623	623	621	733	720	712	706	701	694
	0.45	612	610	608	606	604	601	721	709	701	694	688	679
	0.50	599	594	591	588	585	582	709	698	688	680	672	661
	0.55	581	576	572	569	566	562	699	685	673	663	653	641
	0.60	563	557	553	549	547	543	688	670	655	642	631	618
	0.65	542	536	532	528	526	523	673	650	631	615	603	590
	0.70	515	511	508	506	505	503	655	621	594	580	569	557
	0.75	482	482	483	483	482	482	625	572	547	535	526	517
	0.80	439	439	452	456	458	459	525	496	483	476	471	466
	0.85	384	384	417	426	431	434	393	393	397	399	400	400
	0.90	302	302	371	389	399	405	267	267	290	299	306	311

5. 拉弯钢构件的临界温度 T_d 计算

拉弯钢构件的临界温度 T_d，应根据截面强度荷载比 R 按表 11-14 确定，R 应按下式计算：

$$R = \frac{1}{f}\left[\frac{N}{A_n} \pm \frac{M_x}{\gamma_x W_{nx}} \pm \frac{M_y}{\gamma_y W_{ny}}\right] \tag{11-45}$$

式中　N——火灾下钢构件的轴拉力设计值；

M_x、M_y——火灾下钢构件最不利截面处对应于强轴和弱轴的弯矩设计值；

A_n——钢构件最不利截面的净截面面积；

W_{nx}、W_{ny}——对强轴和弱轴的净截面模量；

γ_x、γ_y——绕强轴和绕弱轴弯曲的截面塑性发展系数。

6. 压弯钢构件的临界温度 T_d 计算

压弯钢构件的临界温度 T_d 应取下列临界温度 T'_d、T''_{dx}、T''_{dy} 中的最小者：

（1）临界温度 T'_d 应根据截面强度荷载比 R 按表 11-14 确定，R 应按式（11-45）计算，但此时，式中的 N 为火灾下钢构件的轴压力设计值。

（2）临界温度 T''_{dx} 应根据绕强轴 x 轴弯曲的构件稳定荷载比 R'_x 和长细比 λ_x 分别按表 11-17 和表 11-18 确定，R'_x 应按下列公式计算：

$$R'_x = \frac{1}{f}\left[\frac{N}{\varphi_x A} + \frac{\beta_{mx} M_x}{\gamma_x W_x (1 - 0.8N/N'_{Ex})} + \eta \frac{\beta_{ty} M_y}{\varphi_{by} W_y}\right] \tag{11-46}$$

$$N'_{Ex} = \pi^2 E_s A/(1.1\lambda_x^2) \tag{11-47}$$

式中　M_x、M_y——火灾下所计算构件段范围内对强轴和弱轴的最大弯矩设计值；

W_x、W_y——对强轴和弱轴的毛截面模量；

N'_{Ex}——绕强轴弯曲的参数；

E_s——常温下钢材的弹性模量；

λ_x——对强轴的长细比；

φ_x——常温下轴心受压构件对强轴失稳的稳定系数；

φ_{by}——常温下均匀弯曲受弯构件对弱轴失稳的稳定系数，应按现行国家标准《钢结构设计标准》GB 50017 的规定计算；

γ_x——绕强轴弯曲的截面塑性发展系数；

η——截面影响系数，对于闭口截面，$\eta=0.7$；对于其他截面，$\eta=1.0$；

β_{mx}——弯矩作用平面内的等效弯矩系数，应按现行国家标准《钢结构设计标准》GB 50017 第 8.2.1 条确定；

β_{ty}——弯矩作用平面外的等效弯矩系数，应按现行国家标准《钢结构设计标准》GB 50017 第 8.2.1 条确定。

（3）临界温度 T''_{dy}应根据绕强轴 y 轴弯曲的构件稳定荷载比 R'_y和长细比 λ_y分别按表 11-17 和表 11-18 确定，R'_y应按下列公式计算。

$$R'_y = \frac{1}{f}\left[\frac{N}{\varphi_y A} + \eta\frac{\beta_{tx}M_x}{\varphi_{bx}W_x} + \frac{\beta_{my}M_y}{\gamma_y W_y(1-0.8N/N'_{Ey})}\right] \tag{11-48}$$

$$N'_{Ey} = \pi^2 E_s A/(1.1\lambda_y^2) \tag{11-49}$$

式中 N'_{Ey}——绕强轴弯曲的参数；

λ_y——钢构件对弱轴的长细比；

φ_y——常温下轴心受压构件对弱轴失稳的稳定系数；

φ_{bx}——常温下均匀弯曲受弯构件对强轴失稳的稳定系数，应按现行国家标准《钢结构设计标准》GB 50017 的规定计算；

γ_y——绕弱轴弯曲的截面塑性发展系数。

表 11-17 压弯结构钢构件按稳定荷载比 R'_x（或 R'_y）确定的临界温度 T''_{dx}（或 T''_{dy}）（单位:℃）

R'_x（或 R'_y）		0.30	0.35	0.40	0.45	0.50	0.55	0.60
λ_x/ε_k 或 λ_y/ε_k	≤50	657	636	616	597	577	558	538
	100	648	628	610	592	573	553	533
	150	645	625	608	591	572	552	532
	≥200	643	624	607	590	571	552	531
R'_x（或 R'_y）		0.65	0.70	0.75	0.80	0.85	0.90	—
λ_x/ε_k 或 λ_y/ε_k	≤50	519	498	477	454	431	408	—
	100	513	491	468	443	416	390	—
	150	510	487	462	434	404	374	—
	≥200	509	486	459	430	400	370	—

表 11-18　压弯耐火钢构件按稳定荷载比 R'_x（或 R'_y）确定的临界温度 T''_{dx}（或 T''_{dy}）　（单位：℃）

R'_x（或 R'_y）		0.30	0.35	0.40	0.45	0.50	0.55	0.60
λ_x/ε_k 或 λ_y/ε_k	≤50	717	705	692	677	660	640	616
	100	722	708	696	682	666	647	622
	150	728	714	701	688	673	655	630
	≥200	731	716	703	690	676	658	635
R'_x（或 R'_y）		0.65	0.70	0.75	0.80	0.85	0.90	—
λ_x/ε_k 或 λ_y/ε_k	≤50	587	553	511	459	403	347	—
	100	590	552	504	442	375	308	—
	150	598	555	502	434	360	286	—
	≥200	601	557	501	430	353	276	—

7. 钢框架梁、柱的临界温度计算

（1）受楼板侧向约束的钢框架梁的临界温度 T_d 可根据截面强度荷载比 R 按表 11-14 确定，R 应按下式计算：

$$R = M/(W_p f) \tag{11-50}$$

式中　M——钢框架梁上荷载产生的最大弯矩设计值，不考虑温度内力；

W_p——钢框架梁截面的塑性截面模量。

（2）钢框架柱的临界温度 T_d 可根据稳定荷载比 R' 按表 11-15 确定，R' 应按下式计算：

$$R' = N/(0.7\varphi A f) \tag{11-51}$$

式中　N——火灾时钢框架柱所受的轴压力设计值；

A——钢框架柱的毛截面面积；

φ——常温下轴心受压构件的稳定系数。

8. 防火保护层的设计厚度

钢构件采用非轻质防火保护层时，防火保护层的设计厚度应按上述 11.1.3 中“5. 火灾下有防火保护钢构件的温度”经计算确定。

钢构件采用轻质防火保护层时，防火保护层的设计厚度可根据钢构件的临界温度按下列规定确定：

（1）对于膨胀型防火涂料，防火保护层的设计厚度宜根据防火保护材料的等效热阻经计算确定。等效热阻可根据临界温度按式（11-19）计算。

（2）对于非膨胀型防火涂料、防火板，防火保护层的设计厚度宜根据防火保护材料的等效热传导系数按下式计算确定。

$$d_i = R_i \lambda_i \tag{11-52}$$

式中　R_i——防火保护层的等效热阻（$m^2 \cdot ℃/W$）；

d_i——防火保护层的设计厚度（m）；

λ_i——防火保护材料的等效热传导系数［W/（m·℃）］。

11.1.6 钢管混凝土构件抗火耐火时间及保护层厚度

（1）没有保护层时，钢管混凝土构件的耐火时间可按表 11-19 取值。

（2）钢管混凝土柱应在每个楼层设置直径为 20mm 的排气孔。排气孔宜在柱与楼板相交位置的上、下方 100mm 处各布置 1 个，并应沿柱身反对称布置。当楼层高度大于 6m 时，应增设排气孔，且排气孔沿柱高度方向间距不宜大于 6m。

表 11-19　不同荷载比下钢管混凝土构件的耐火时间 t　　（单位：min）

等效外径/mm	荷载比为 0.3				荷载比为 0.4				荷载比为 0.5			
	空心率				空心率				空心率			
	0.00	0.25	0.50	0.75	0.00	0.25	0.50	0.75	0.00	0.25	0.50	0.75
200	33	32	30	30	26	26	25	25	22	21	21	20
400	50	41	35	31	35	31	27	25	27	24	22	21
600	96	59	42	33	50	38	31	26	33	28	24	21
800	219	100	53	35	86	51	36	28	44	34	27	22
1000	>240	187	71	39	168	76	42	29	63	41	30	23
1200	>240	>240	104	43	>240	126	52	31	102	53	34	25
1400	>240	>240	159	48	>240	216	67	34	183	74	39	26
1600	>240	>240	>240	54	>240	>240	92	36	>240	111	45	27
1800	>240	>240	>240	62	>240	>240	130	39	>240	171	54	29
2000	>240	>240	>240	74	>240	>240	186	43	>240	>240	67	30

等效外径/mm	荷载比为 0.6				荷载比为 0.7				荷载比为 0.8			
	空心率				空心率				空心率			
	0.00	0.25	0.50	0.75	0.00	0.25	0.50	0.75	0.00	0.25	0.50	0.75
200	18	17	17	17	14	14	14	14	11	11	11	11
400	21	19	18	17	16	15	15	14	12	12	11	11
600	25	22	20	18	19	17	16	14	14	13	12	11
800	29	25	21	18	21	19	17	15	15	14	13	11
1000	35	28	23	19	24	20	18	15	16	15	13	12
1200	43	32	25	20	26	22	19	16	18	16	14	12
1400	57	37	27	20	30	24	20	16	19	17	15	12
1600	88	45	29	21	35	27	21	17	21	18	15	13
1800	166	55	32	22	44	29	22	17	23	19	16	13
2000	>240	70	36	23	61	33	24	18	26	20	17	13

注：1. 荷载比为构件设计值与构件承载力设计值之比。

2. 空心率为 0 时，是实心钢管混凝土构件。

3. 等效外径对于圆形截面取钢管外径；对于多边形截面，按面积相等等效成圆形截面。

11.2 隔热

11.2.1 高温作用的影响

高温工作环境下的温度作用是一种持续作用，与火灾这类短期高温作用有所不同。在这种持续高温下的结构钢的力学性能与火灾高温下结构钢的力学性能也不完全相同，主要体现在蠕变和松弛上。

1. 高温作用对结构的影响

处于高温工作环境中的钢结构，应考虑高温作用对结构的影响。高温工作环境的设计状况为持久状况，高温作用为可变荷载，设计时应按承载力极限状态和正常使用极限状态设计。

2. 高温下钢结构的承载力和变形验算

钢结构的温度超过100℃时，进行钢结构的承载力和变形验算时，应该考虑长期高温作用对钢材和钢结构连接性能的影响。

对于长时间高温环境下的钢结构，分析高温对其影响时，钢材的强度和弹性模量可按下列方法确定：

（1）当钢结构的温度不大于100℃时，钢材的设计强度和弹性模量与常温下相同。

（2）当钢结构的温度超过100℃时，高温下钢材的强度设计值与常温下强度设计值的比值η_T、高温下的弹性模量与常温下弹性模量的比值χ_T可按表11-20确定，表中T_s为温度。钢材的热膨胀系数可采用$\alpha_s = 1.2 \times 10^{-6}$m/（m·℃）。

当高温环境下的钢结构温度超过100℃时，对于依靠预应力工作的构件或连接应专门评估蠕变或松弛对其承载能力或正常使用性能的影响。

表11-20 高温、常温环境下钢材的强度设计值比值与弹性模量比值

T_s/℃	η_T	χ_T	T_s/℃	η_T	χ_T
100	1.000	1.000	360	0.703	0.872
120	0.942	0.986	380	0.676	0.851
140	0.928	0.980	400	0.647	0.826
160	0.913	0.974	410	0.632	0.812
180	0.897	0.968	420	0.616	0.797
200	0.880	0.961	440	0.584	0.763
210	0.871	0.957	460	0.551	0.722
220	0.862	0.953	480	0.516	0.673
240	0.842	0.945	500	0.480	0.617
260	0.822	0.937	510	0.461	0.585
280	0.801	0.927	520	0.441	0.551
300	0.778	0.916	540	0.401	0.475
310	0.766	0.910	560	0.359	0.388
320	0.754	0.904	580	0.315	0.288
340	0.729	0.889	600	0.269	0.173

11.2.2 防护措施

对于处于高温环境下的钢结构，当承载力或变形不能满足要求时，可通过采取措施降低构件内的应力水平、提高构件材料在高温下的强度、提高构件的截面刚度或降低构件在高温环境下的温度来使其满足要求。对于处于长时间高温环境工作的钢结构，不应采用膨胀型防火涂料作为隔热保护措施。

钢结构的隔热保护措施在相应的工作环境下应具有耐久性，并与钢结构的防腐、防火保护措施相容。

高温环境下的钢结构温度超过100℃时，应进行结构温度作用验算，并应根据不同情况采取防护措施。

1. 钢结构处于特定工作状态时应该采取的防护措施

当钢结构可能受到炽热熔化金属的侵害时，应采用砌块或耐热固体材料做成的隔热层加以保护。

当钢结构可能受到短时间的火焰直接作用时，应采用加耐热隔热涂层、热辐射屏蔽等隔热防护措施。

2. 高温环境下钢结构的承载力不满足要求时应采取的措施

当高温环境下钢结构的承载力不满足要求时，应采取增大构件截面、采用耐火钢或采用加耐热隔热涂层、热辐射屏蔽、水套隔热降温措施等隔热降温措施。

处于高温环境的钢构件，一般可分为两类，一类为本身处于热环境的钢构件，另一类为受热辐射影响的钢构件。对于本身处于热环境的钢构件，当钢构件散热不佳即吸收热量大于散发热量时，除非采用降温措施，否则钢构件温度最终将等于环境温度，所以必须满足高温环境下的承载力设计要求，如高温下烟道的设计。对于受热辐射影响的钢构件，一般采用有效的隔热降温措施，如加耐热隔热层、热辐射屏蔽或水套等。当采取隔热降温措施后钢结构温度仍然超过100℃时，仍然需要进行高温环境下的承载力验算，不够时还可采取增大构件截面、采用耐火钢提高承载力或增加隔热降温措施等；当然也可不采用隔热降温措施，直接采取增大构件截面、采用耐火钢等措施。因此有多种设计途径均能满足要求，应根据工程实际情况综合考虑采取合适的措施。

3. 高强度螺栓连接的隔热要求

当高强度螺栓连接长期受热达150℃以上时，应采用加耐热隔热涂层、热辐射屏蔽等隔热防护措施。

由于超过150℃时，高强度螺栓承载力设计缺乏依据，因此采取隔热防护措施后高强度螺栓温度不应超过150℃。

11.3 防腐蚀设计

建筑钢结构工程由于所处腐蚀环境类型不同，造成的腐蚀速率有很大的差别，适用的防腐蚀方法也各不相同。钢结构腐蚀是一个电化学过程，腐蚀速度与环境腐蚀条件、钢材质量、钢结构构造等有关，其所处的环境中水气含量和电解质含量越高，腐蚀速度越快。

11.3.1 一般规定

1. 防腐蚀设计的规定

（1）在钢结构设计文件中应注明防腐蚀方案，如采用涂（镀）层方案，须注明所要求的钢材除锈等级和所要用的涂料（或镀层）及涂（镀）层厚度，并注明使用单位在使用过程中对钢结构防腐蚀进行定期检查和维修的要求，建议制订防腐蚀维护计划。

（2）钢结构应遵循安全可靠、经济合理的原则，按下列要求进行防腐蚀设计：

1）钢结构防腐蚀设计应根据建筑物的重要性、环境腐蚀条件、施工和维修条件等要求合理确定防腐蚀设计年限。

2）防腐蚀设计应考虑环保节能的要求。

3）钢结构除必须采取防腐蚀措施外，尚应尽量避免加速腐蚀的不良设计。

4）防腐蚀设计中应考虑钢结构全寿命期内的检查、维护和大修。

（3）钢结构防腐蚀设计应综合考虑环境中介质的腐蚀性、环境条件、施工和维修条件等因素，因地制宜，从下列方案中综合选择防腐蚀方案或其组合：

1）防腐蚀涂料。

2）各种工艺形成的锌、铝等金属保护层。

3）阴极保护措施。

4）耐候钢。

（4）对危及人身安全和维修困难的部位，以及重要的承重结构和构件应加强防护。对处于严重腐蚀的使用环境且仅靠涂装难以有效保护的主要承重钢结构构件，宜采用耐候钢或外包混凝土。

当某些次要构件的设计使用年限与主体结构的设计使用年限不相同时，次要构件应便于更换。

2. 大气环境对建筑钢结构长期作用下的腐蚀性等级

大气环境中所含的腐蚀性物质的成分、浓度、相对湿度是影响钢结构腐蚀的关键因素。按影响钢结构腐蚀的主要气体成分及其含量，环境气体被分为 A、B、C、D 四种类型。大气相对湿度（RH）类型分为干燥型（$RH<60\%$）、普通型（$RH=60\% \sim 75\%$）、潮湿型（$RH>75\%$）。根据碳钢在不同大气环境下暴露第一年的腐蚀速率（mm/a），将腐蚀环境类型分为六大类。大气环境对建筑钢结构长期作用下的腐蚀性等级可按表 11-21 进行确定。

进行建筑钢结构防腐蚀设计时，可按建筑钢结构所处位置的大气环境和年平均环境相对湿度确定大气环境腐蚀性等级。当大气环境不易划分时，大气环境腐蚀性等级应由设计进行确定。

当钢结构可能与液态腐蚀性物质或固态腐蚀性物质接触时，应采取隔离措施。

表 11-21　大气环境对建筑钢结构长期作用下的腐蚀性等级

腐蚀类型		腐蚀速率/(mm/a)	腐蚀环境		
腐蚀性等级	名称		大气环境气体类型	年平均环境相对湿度(%)	大气环境
Ⅰ	无腐蚀	<0.001	A	<60	乡村大气
Ⅱ	弱腐蚀	0.001~0.025	A	60~75	乡村大气
			B	<60	城市大气
Ⅲ	轻腐蚀	0.025~0.05	A	>75	乡村大气
			B	60~75	城市大气
			C	<60	工业大气
Ⅳ	中腐蚀	0.05~0.2	B	>75	城市大气
			C	60~75	工业大气
			D	<60	海洋大气
Ⅴ	较强腐蚀	0.2~1.0	C	>75	工业大气
			D	60~75	海洋大气
Ⅵ	强腐蚀	1.0~5.0	D	>75	海洋大气

注：1. 在特殊场合与额外腐蚀负荷作用下，应将腐蚀类型提高等级。

2. 处于潮湿状态或不可避免结露的部位，环境相对湿度应取大于75%。

3. 大气环境气体类型可根据表 11-22 进行划分。

表 11-22　大气环境气体类型

大气环境气体类型	腐蚀性物质名称	腐蚀性物质含量/(kg/m^3)
A	二氧化碳	$<2\times10^{-3}$
	二氧化硫	$<5\times10^{-7}$
	氟化氢	$<5\times10^{-8}$
	硫化氢	$<1\times10^{-8}$
	氮的氧化物	$<1\times10^{-7}$
	氯	$<1\times10^{-7}$
	氯化氢	$<5\times10^{-8}$
B	二氧化碳	$>2\times10^{-3}$
	二氧化硫	$5\times10^{-7}\sim1\times10^{-5}$
	氟化氢	$5\times10^{-8}\sim5\times10^{-6}$
	硫化氢	$1\times10^{-8}\sim5\times10^{-6}$
	氮的氧化物	$1\times10^{-7}\sim5\times10^{-6}$
	氯	$1\times10^{-7}\sim1\times1^{-6}$
	氯化氢	$5\times10^{-8}\sim5\times10^{-6}$
C	二氧化硫	$1\times10^{-5}\sim2\times10^{-4}$
	氟化氢	$5\times10^{-6}\sim1\times10^{-5}$

（续）

大气环境气体类型	腐蚀性物质名称	腐蚀性物质含量/（kg/m^3）
C	硫化氢	$5\times10^{-6}\sim1\times10^{-4}$
	氮的氧化物	$5\times10^{-6}\sim2.5\times10^{-5}$
	氯	$1\times10^{-6}\sim5\times10^{-6}$
	氯化氢	$5\times10^{-6}\sim1\times10^{-5}$
D	二氧化硫	$2\times10^{-4}\sim1\times10^{-3}$
	氟化氢	$1\times10^{-5}\sim1\times10^{-4}$
	硫化氢	$>1\times10^{-4}$
	氮的氧化物	$2.5\times10^{-5}\sim1\times10^{-4}$
	氯	$5\times10^{-6}\sim1\times10^{-5}$
	氯化氢	$1\times10^{-5}\sim1\times10^{-4}$

注：当大气中同时含有多种腐蚀性气体时，腐蚀级别应取最高的一种或几种为基准。

3. 腐蚀环境中钢构件截面与材质

（1）腐蚀性等级为Ⅳ、Ⅴ或Ⅵ级时，桁架、柱、主梁等重要受力构件不应采用格构式构件和冷弯薄壁型钢。

钢结构构件和杆件形式，对结构或杆件的腐蚀速率有重大影响。按照材料集中原则的观点，截面的周长与面积之比愈小，则抗腐蚀性能愈高。薄壁型钢壁较薄，稍有腐蚀对承载力影响较大；格构式结构杆件的截面较小，加上缀条、缀板较多，表面积大，不利于钢结构防腐蚀。

（2）钢结构杆件应采用实腹式或闭口截面，闭口截面端部应进行封闭；封闭截面进行热镀浸锌时，应采取开孔防爆措施。腐蚀性等级为Ⅳ、Ⅴ或Ⅵ级时，钢结构杆件截面不应采用由双角钢组成的T形截面和由双槽钢组成的工形截面。

闭口截面杆件端部封闭是防腐蚀要求。闭口截面的杆件采用热镀浸锌工艺防护时，杆件端部不应封闭，应采取开孔防爆措施，以保证安全。若端部封闭后再进行热浸镀锌处理，则可能会因高温引起爆炸。

（3）钢结构杆件采用钢板组合时，截面的最小厚度不应小于6mm；采用闭口截面杆件时，截面的最小厚度不应小于4mm；采用角钢时，截面的最小厚度不应小于5mm。

为保证钢构件的耐久性，应有一定的截面厚度要求。太薄的杆件一旦腐蚀便很快丧失承载力。

（4）当腐蚀性等级为Ⅵ级时，重要构件宜选用耐候钢。

耐候钢即耐大气腐蚀钢，是在钢中加入少量合金元素，如铜、铬、镍等，使其在工业大气中形成致密的氧化层，即金属基体的保护层，以提高钢材的耐候性能，同时保持钢材具有良好的焊接性能。在大气环境下，耐候钢表面也需要采用涂料防腐。耐候钢表面的钝化层增强了与涂料附着力。另外，耐候钢的锈层结构致密，不易脱落，腐蚀速率减缓。故涂装后的耐候钢与普通钢材相比，有优越的耐蚀性，适宜在室外环境使用。

4. 钢结构结构防腐蚀设计规定

（1）当采用型钢组合的杆件时，型钢间的空隙宽度宜满足防护层施工、检查和维修的要求。

（2）不同金属材料接触会加速腐蚀时，应在接触部位采用隔离措施。

不同金属材料接触时会发生电化学反应，腐蚀严重，要采取防止电化学腐蚀的隔离措施。如采用硅橡胶垫做隔离层并加密封措施。

（3）设计使用年限大于或等于25年的建筑物，对不易维修的结构应加强防护。

（4）避免出现难于检查、清理和涂漆之处，以及能积留湿气和大量灰尘的死角或凹槽；闭口截面构件应沿全长和端部焊接封闭。

（5）柱脚在地面以下的部分应采用强度等级较低的混凝土包裹（保护层厚度不应小于50mm），包裹的混凝土高出室外地面不应小于150mm，室内地面不宜小于50mm，并宜采取措施防止水分残留；当柱脚底面在地面以上时，柱脚底面高出室外地面不应小于100mm，室内地面不宜小于50mm。

钢柱柱脚均应置于混凝土基础上，不允许采用钢柱插入地下再包裹混凝土的做法。钢柱与地上、地下形成阴阳极，雨季环境湿度高或积水时，电化学腐蚀严重。

5. 构件连接的防腐蚀规定

（1）门式刚架构件宜采用热轧H型钢；当采用T型钢或钢板组合时，应采用双面连续焊缝。

门式刚架造型简捷，受力合理。在腐蚀条件下推荐采用热轧H型钢，因其整体轧制，表面平整，无焊缝，可达到较好的耐腐蚀性能。采用双面连续焊缝，使焊缝的正反面均被堵死，密封性能好。

（2）网架结构宜采用管形截面、球型节点。腐蚀性等级为Ⅳ、Ⅴ或Ⅵ级时，应采用焊接连接的空心球节点。当采用螺栓球节点时，杆件与螺栓球的接缝应采用密封材料填嵌严密，多余螺栓孔应封堵。

钢管截面和球型节点是各类网架中杆件外表面积小、防腐蚀性能好且便于施工的空间结构形式，也是工业建筑中广泛应用的形式。

焊接连接的空心球节点虽然比较笨重，施工难度大，但其防腐蚀性能好，承载力高，连接相对灵活。在大气环境腐蚀性等级为Ⅳ、Ⅴ或Ⅵ级时不推荐螺栓球节点，因钢管与球节点螺栓连接时，接缝处难以保持严密。

网架作为大跨度结构构件，防腐蚀非常重要，螺栓球接缝处理和多余螺栓孔封堵都是防止腐蚀性气体进入的重要措施。

（3）桁架、柱、主梁等重要钢构件和闭口截面杆件的焊缝，应采用连续焊缝。角焊缝的焊脚尺寸不应小于8mm；当杆件厚度小于8mm时，焊脚尺寸不应小于杆件厚度。加劲肋应切角，切角的尺寸应满足排水、施工维修要求。

焊接连接的防腐蚀性能优于螺栓连接和铆接，但焊缝的缺陷会使涂层难以覆盖，且焊缝表面常夹有焊渣又不平整，容易吸附腐蚀性介质，同时焊缝处一般均有残余应力存在，所以，焊缝常常先于主体材料腐蚀。焊缝是传力和保证结构整体性的关键部位，对其焊脚尺寸应有最小要求。断续焊缝容易产生缝隙腐蚀，若闭口截面的连接焊缝采用断续焊缝，腐蚀介质和水汽容易从焊缝空隙中渗入内部。所以对重要构件和闭口截面杆件的焊缝应采用连续焊缝。

加劲肋切角的目的是排水，避免积水和积灰加重腐蚀，也便于涂装。焊缝不得把切角堵死。国际标准《色漆和清漆 防护漆体系对钢结构的腐蚀防护》ISO 12944 中提出加劲肋切角半径不应小于50mm。

（4）焊条、螺栓、垫圈、节点板等连接构件的耐腐蚀性能，不应低于主材材料；螺栓直径不应小于12mm。垫圈不应采用弹簧垫圈。螺栓、螺母和垫圈应采用镀锌等方法防护，安装后再采用与主体结构相同的防腐蚀方案。

（5）高强度螺栓构件连接处接触面的除锈等级，不应低于 $Sa2\frac{1}{2}$，并宜涂无机富锌涂料；连接处的缝隙，应嵌刮耐腐蚀密封膏。

6. 轻型钢结构屋面、墙面围护结构的防腐蚀设计

（1）金属屋面可选用彩涂钢板；在无氯化氢气体及碱性粉尘作用的环境中可采用镀铝锌板或铝合金板。有侵蚀性粉尘作用的环境中，压型钢板屋面的坡度不宜小于10%。

（2）腐蚀环境中屋面压型钢板的厚度不应小于0.6mm并宜选用咬边构造的板型；其连接宜采用紧固件不外露的隐藏式连接。

当为中等腐蚀环境时，墙面压型钢板的连接亦应采用隐藏式连接。

（3）门、窗包角板应采用长尺板以减少接缝，过水处的接缝应连接紧密并以防水密封胶嵌缝；中等腐蚀环境中板缝搭接处的外露切边宜以冷镀锌涂覆防护。

（4）屋面排水宜避免内落水构造和防止因排水不畅而引起的渗漏；屋面非溢水天沟宜采用薄钢板制作，其容量应经计算确定，其壁厚按受力构件计算确定并不宜小于4mm，同时应按室外构件并不低于中等腐蚀环境的要求进行防腐蚀涂装；必要时，可采用不锈钢天沟。

7. 单面腐蚀裕量

对设计使用年限不小于25年、环境腐蚀性等级大于Ⅳ级且使用期间不能重新涂装的钢结构部位，其结构设计应留有适当的腐蚀裕量。钢结构的单面腐蚀裕量可按下式计算：

$$\Delta\delta = K[(1-P)t_l + (t-t_l)] \tag{11-53}$$

式中 $\Delta\delta$——钢结构单面腐蚀裕量（mm）；

K——钢结构单面平均腐蚀速率（mm/年），碳钢单面平均腐蚀速率可按表11-21取值，也可现场实测确定；

P——保护效率（%），在防腐蚀保护层的设计使用年限内，保护效率可按表11-23取值；

t_l——防腐蚀保护层的设计使用年限（年）；

t——钢结构的设计使用年限（年）。

表11-23 保护效率取值（%）

环境	腐蚀性等级					
	Ⅰ	Ⅱ	Ⅲ	Ⅳ	Ⅴ	Ⅵ
室外	95	90	85	80	70	60
室内	95	95	90	85	80	70

使用中不能重新涂装的钢结构部位是指对于防腐蚀维护不易实施的钢结构及其部位。如在构造上不能避免难于检查、清刷和油漆之处，以及能积留湿气和大量灰尘的死角、凹槽或有特殊要求的部位，可以在结构设计时留有适当的腐蚀裕量。由于封闭结构内氧气不能得到有效补充，腐蚀过程不可能连续进行，因此无须考虑防腐蚀措施。

11.3.2 表面处理

表面处理质量是涂层过早破坏的主要影响因素，对金属热喷涂层和其他防腐蚀覆盖层与基体的结合力，表面处理质量也有极重要的作用。

防腐蚀设计文件应提出表面处理的质量要求，并应对表面除锈等级和表面粗糙度做出明确规定。

1. 除锈处理前的表面处理

钢结构在涂装之前应进行表面处理。钢结构在除锈处理前，应清除焊渣、毛刺和飞溅等附着物，对边角进行钝化处理，并应清除基体表面可见的油脂和其他污物。

2. 钢材基层的除锈等级

钢结构表面初始锈蚀等级和除锈质量等级，应按现行国家标准《涂覆涂料前钢材表面处理　表面清洁度的目视评定　第1部分：未涂覆过的钢材表面和全面清除原有涂层后的钢材表面的锈蚀等级和处理等级》GB/T 8923.1 从严要求。构件所用钢材的表面初始锈蚀等级不得低于C级；对薄壁（厚度 $t \leqslant 6$mm）构件或主要承重构件不应低于B级；同时钢材表面的最低除锈质量等级应符合表11-24的规定。

表11-24　钢结构钢材基层的除锈等级

涂料品种	最低除锈等级
富锌底涂料、乙烯磷化底涂料	Sa2 $\frac{1}{2}$
环氧或乙烯基脂玻璃磷片底涂料	Sa2
氟碳、聚硅氧烷、聚氨酯、环氧、醇酸、丙烯酸环氧、丙烯酸聚氨酯等底涂料	Sa2 或 St3
喷铝及其合金	Sa3
喷锌及其合金	Sa2 $\frac{1}{2}$
热浸镀锌	Pi

注：新建工程重要构件的除锈等级不应低于 Sa2 $\frac{1}{2}$。

3. 除锈后的表面粗糙度

除锈后的表面粗糙度，根据现行国家标准《钢结构工程施工规范》GB 50755 的规定，可根据不同底涂层和除锈等级按表11-25进行选择，并应按现行国家标准《涂覆涂料前钢材表面处理　喷射清理后的钢材表面粗糙度特性　第2部分：磨料喷射清理后钢材表面粗糙度等级的测定方法　比较样块法》GB/T 13288.2 的有关规定执行。

表 11-25　钢构件的表面粗糙度

钢材底涂层	除锈等级	表面粗糙度/μm
热喷锌（铝）	Sa3	60～100
无机富锌	Sa2 $\frac{1}{2}$ ～Sa3	50～80
环氧富锌	Sa2 $\frac{1}{2}$	30～72
不便喷砂的部位	Sa3	

涂层与基体金属的结合力主要依靠涂料极性基团与金属表面极性分子之间的相互吸引，粗糙度的增加，可显著加大金属的表面积，从而提高了涂膜的附着力。但粗糙度过大也会带来不利的影响，当涂料厚度不足时，轮廓峰顶处常会成为早期腐蚀的起点。

4. 除锈处理前的表面净化处理

钢构件在除锈处理前应进行表面净化处理，表面脱脂净化方法可按表 11-26 选用。当采用溶剂做清洗剂时，应采取通风、防火、呼吸保护和防止皮肤直接接触溶剂等防护措施。

表 11-26　钢构件表面脱脂净化方法

表面脱脂净化方法	适用范围	注意事项
采用汽油、过氯乙烯、丙酮等溶剂清洗	清除油脂、可溶污物、可溶涂层	若需保留旧涂层，应使用对该涂层无损的溶剂。溶剂及抹布应经常更换
采用氢氧化钠、碳酸钠等碱性清洗剂清洗	除掉可皂化涂层、油脂和污物	清洗后应充分冲洗，并做钝化和干燥处理
采用 OP 乳化剂等乳化清洗	清除油脂及其他可溶污物	清洗后应用水冲洗干净，并做干燥处理

5. 工作环境要求

喷射清理后的钢结构除锈工作环境应满足空气相对湿度低于 85%，施工时钢结构表面温度应高于露点 3℃以上。露点可按表 11-27 进行换算。

表 11-27　露点换算表

大气环境相对湿度	环境温度/℃									
(%)	-5	0	5	10	15	20	25	30	35	40
95	-6.5	-1.3	3.5	8.2	13.3	18.3	23.2	28.0	33.0	38.2
90	-6.9	-1.7	3.1	7.8	12.9	17.9	22.7	27.5	32.5	37.7
85	-7.2	-2.0	2.6	7.3	12.5	17.4	22.1	27.0	32.0	37.1
80	-7.7	-2.8	1.9	6.5	11.5	16.5	21.0	25.9	31.0	36.2
75	-8.4	-3.6	0.9	5.6	10.4	15.4	19.9	24.7	29.6	35.0
70	-9.2	-4.5	-0.2	4.59	9.1	14.2	18.5	23.3	28.1	33.5
65	-10.0	-5.4	-1.0	3.3	8.0	13.0	17.4	22.0	26.8	32.0
60	-10.8	-6.0	-2.1	2.3	6.7	11.9	16.2	20.6	25.3	30.5
55	-11.5	-7.4	-3.2	1.0	5.6	10.4	14.8	19.1	23.0	28.0

（续）

大气环境相对湿度（%）	环境温度/℃									
	-5	0	5	10	15	20	25	30	35	40
50	-12.8	-8.4	-4.4	-0.3	4.1	8.6	13.3	17.5	22.2	27.1
45	-14.3	-9.6	-5.7	-1.5	2.6	7.0	11.7	16.0	20.2	25.2
40	-15.9	-10.3	-7.3	-3.1	0.9	5.4	9.5	14.0	18.2	23.0
35	-17.5	-12.1	-8.6	-4.7	-0.8	3.4	7.4	12.0	16.1	20.6
30	-19.9	-14.3	-10.2	-6.9	-2.9	1.3	5.2	9.2	13.7	18.0

注：中间值可按直线插入法取值。

11.3.3 涂层保护

1. 涂层设计原则

（1）应按照涂层配套进行设计。

（2）应满足腐蚀环境、工况条件和防腐蚀年限要求。

（3）应综合考虑底涂层与基材的适应性，涂料各层之间的相容性和适应性，涂料品种与施工方法的适应性。

2. 钢结构防腐蚀涂料的配套方案

GB 50017—2017 第 18.2.6 条规定：钢结构防腐蚀涂料的配套方案，可根据环境腐蚀条件、防腐蚀设计年限、施工和维修条件等要求设计。修补和焊缝部位的底漆应能适应表面处理的条件。

涂料作为防腐蚀方案，通常由几种涂料产品组成配套方案。底漆通常具有化学防腐蚀或者电化学防腐蚀的功能，中间漆通常具有隔离水气的功能，面漆通常具有保光保色等耐候性能，因此需要结合工程实际，根据环境腐蚀条件、防腐蚀设计年限、施工和维修条件等要求进行配套设计。面漆、中间漆和底漆应相容匹配，当配套方案未经工程实践，应进行相容性试验。

涂层涂料宜选用有可靠工程实践应用经验的，经证明耐蚀性适用于腐蚀性物质成分的产品，并应采用环保型产品。当选用新产品时应进行技术和经济论证。防腐蚀涂装同一配套中的底漆、中间漆和面漆应有良好的相容性，且宜选用同一厂家的产品。建筑钢结构常用防腐蚀保护层配套可按表 11-28 选用。

3. 防腐蚀面涂料的选择

用于室外环境时，可选用氯化橡胶、脂肪族聚氨酯、聚氯乙烯萤丹、氯磺化聚乙烯、高氯化聚乙烯、丙烯酸聚氨酯、丙烯酸环氧等涂料。

聚氨酯涂料是聚氨基甲酸酯树脂涂料的简称。聚氨酯涂料的耐候性与型号有关，脂肪族的耐候性好，而芳香族的耐候性差。聚氯乙烯萤丹涂料含有萤丹颜料成分，对被涂覆的基层表面起到较好的屏蔽和隔离介质作用，而且对金属基层具有磷化、钝化作用。该涂料对盐酸及中等浓度的硫酸、硝酸、醋酸、碱和大多数的盐类等介质，具有较好的耐腐蚀性能。

对涂层的耐磨、耐久和抗渗性能有较高要求时，宜选用树脂玻璃鳞片涂料。

表 11-28　常用防腐蚀保护层配套

除锈等级	涂层构造									涂层总厚度/μm	使用年限/年		
	底层			中间层			面层						
	涂料名称	遍数	厚度/μm	涂料名称	遍数	厚度/μm	涂料名称	遍数	厚度/μm		较强腐蚀、强腐蚀	中腐蚀	轻腐蚀、弱腐蚀
Sa2 或 St3	醇酸底涂料	2	60	—	—	—	醇酸面涂料	2	60	120	—	—	2 ~ 5
								3	100	160	—	2 ~ 5	5 ~ 10
	与面层同品种的底涂料	2	60	—	—	—	氯化橡胶、高氯化聚乙烯、氯磺化聚乙烯等面涂料	2	60	120	—	—	2 ~ 5
		2	60					3	100	160	—	2 ~ 5	5 ~ 10
		3	100					3	100	200	2 ~ 5	5 ~ 10	10 ~ 15
	环氧铁红底涂料	2	60	环氧云铁中间涂料	1	70		2	70	200	2 ~ 5	5 ~ 10	10 ~ 15
		2	60		1	80		3	100	240	5 ~ 10	10 ~ 11	> 15
		2	60		1	70	环氧、聚氨酯、丙烯酸环氧、丙烯酸聚氨酯等面涂料	2	70	200	2 ~ 5	5 ~ 10	10 ~ 15
		2	60		1	80		3	100	240	5 ~ 10	10 ~ 11	> 15
Sa2 $\frac{1}{2}$		2	60		2	120		3	100	280	10 ~ 15	> 15	> 15
		2	60		1	70	环氧、聚氨酯、丙烯酸环氧、丙烯酸聚氨酯等厚膜型面涂料	2	150	280	10 ~ 15	> 15	> 15
		2	60	—	—	—	环氧、聚氨酯等玻璃鳞片面涂料	3	260	320	> 15	> 15	> 15
							乙烯基酯玻璃鳞片面涂料	2					

（续）

除锈等级	涂层构造									涂层总厚度/μm	使用年限/年		
	底层			中间层			面层				较强腐蚀、强腐蚀	中腐蚀	轻腐蚀、弱腐蚀
	涂料名称	遍数	厚度/μm	涂料名称	遍数	厚度/μm	涂料名称	遍数	厚度/μm				
Sa2 或 St3	聚氯乙烯萤丹底涂料	3	100	—	—	—	聚氯乙烯萤丹面涂料	2	60	160	5～10	10～11	>15
$Sa2\frac{1}{2}$		3	100					3	100	200	10～11	>15	>15
		2	80				聚氯乙烯含氟萤丹面涂料	2	60	140	5～10	5～10	>15
		3	110					2	60	170	10～11	>15	>15
		3	100					3	100	200	>15	>15	>15
$Sa2\frac{1}{2}$	富锌底涂料	见表注	70	环氧云铁中间涂料	1	60	环氧、聚氨酯、丙烯酸环氧、丙烯酸聚氨酯等面涂料	2	70	200	5～10	5～10	>15
			70		1	70		3	100	240	10～11	>15	>15
			70		2	110		3	100	280	>15	>15	>15
			70		1	60	环氧、聚氨酯、丙烯酸环氧、丙烯酸聚氨酯等厚膜型面涂料	2	150	280	>15	>15	>15
Sa3（用于铝层）、$Sa2\frac{1}{2}$（用于锌层）	喷涂锌、铝及其合金的金属覆盖层120μm，其上再涂环氧密封底涂料20μm			环氧云铁中间涂料	1	40	环氧、聚氨酯、丙烯酸环氧、丙烯酸聚氨酯等面涂料	2	60	240	10～15	>15	>15
								3	100	280	>15	>15	>15
							环氧、聚氨酯、丙烯酸环氧、丙烯酸聚氨酯等厚膜型面涂料	1	100	280	>15	>15	>15

注：1. 涂层厚度系指干膜的厚度。

2. 富锌底涂料的遍数与品种有关，当采用正硅酸乙酯富锌底涂料、硅酸锂富锌底涂料、硅酸钾富锌底涂料时，宜为1遍；当采用环氧富锌底涂料、聚氨酯富锌底涂料、硅酸钠富锌底涂料和冷涂锌底涂料时，宜为2遍。

4. 防腐蚀底涂料的选择

锌、铝和含锌、铝金属层的钢材，其表面应采用环氧底涂料封闭；底涂料的颜料应采用锌黄类。锌黄的化学成分是铬酸锌，由它配制而成的锌黄底涂料适用于钢铁表面。

在有机富锌或无机富锌底涂料上，宜采用环氧云铁或环氧铁红的涂料。

5. 冷弯薄壁型钢结构的防腐蚀措施

（1）金属保护层（表面合金化镀锌、镀铝锌等）。

（2）防腐涂料：

1）无侵蚀性或弱侵蚀性条件下，可采用油性漆、酚醛漆或醇酸漆。

2）中等侵蚀性条件下，宜采用环氧漆、环氧酯漆、过氯乙烯漆、氯化橡胶漆等。

3）防腐涂料的底漆和面漆应相互配套。

（3）复合保护：

1）用镀锌钢板制作的构件，涂装前应进行除油、磷化、钝化处理（或除油后涂磷化底漆）。

2）表面合金化镀锌钢板、镀锌钢板（如压型钢板、瓦楞铁等）的表面不宜涂红丹防锈漆，宜涂 H06-2 锌黄环氧酯底漆或其他专用涂料进行防护。

6. 防腐蚀保护层最小厚度及附着力

用于钢结构的防腐蚀保护层一般分为三大类：第一类是喷、镀金属层上加防腐蚀涂料的复合面层；第二类是含富锌底漆的涂层；第三类是不含金属层，也不含富锌底漆的涂层。

钢结构涂层的厚度，应根据构件的防护层使用年限及其腐蚀性等级确定。钢结构的防腐蚀保护层最小厚度应符合表 11-29 的规定。涂层与钢铁基层的附着力不宜低于 5MPa。

表 11-29　钢结构防腐蚀保护层最小厚度

防腐蚀保护层设计使用年限 t_l/年	钢结构防腐蚀保护层最小厚度/μm				
	腐蚀性等级Ⅱ级	腐蚀性等级Ⅲ级	腐蚀性等级Ⅳ级	腐蚀性等级Ⅴ级	腐蚀性等级Ⅵ级
$2 \leq t_l < 5$	120	140	160	180	200
$5 \leq t_l < 10$	160	180	200	220	240
$10 \leq t_l \leq 15$	200	220	240	260	280

注：1. 防腐蚀保护层厚度包括涂料层的厚度或金属层与涂料层复合的厚度。

2. 室外工程的涂层厚度宜增加 20 ~ 40μm。

11.3.4　金属热喷涂

金属热喷涂是利用各种热源，将欲喷涂的固体涂层材料加热至熔化或软化，借助高速气流的雾化效果使其形成微细熔滴，喷射沉积到经过处理的基体表面形成金属涂层的技术。金属热喷涂主要有喷锌和喷铝两种，其作为钢结构的底层，有着很好的耐蚀性能。金属热喷涂广泛用于新建、重建或维护保养时对于金属部分的修补。在大气环境中喷铝层和喷锌层是最长效保护系统的首要选择。喷铝层是大气环境中钢结构使用较多的一种选择，比喷锌层的耐蚀性能还要强。喷铝层与钢铁的结合力强，工艺灵活，可以现场施工，适用于重要的不易维修的钢铁桥梁。在很多环境下，金属热喷涂层的寿命可以达到15年以上。但是其处理速度较慢，施工标准又高，使得最初的费用相对较高，但它的长期使用寿命表明是经济有效的。和所有涂层一样，金属热喷涂系统的性能是由高质量的施工，包括表面处理、使用的材料、施工设备以及施工技术等来保证的。

（1）在腐蚀性等级为Ⅳ、Ⅴ或Ⅵ级腐蚀环境类型中的钢结构防腐蚀宜采用金属热喷涂。

（2）金属热喷涂用的封闭剂应具有较低的黏度，并应与金属涂层具有良好的相容性。金属热喷涂用的涂装层涂料应与封闭层有相容性，并应有良好的耐蚀性。金属热喷涂用的封闭剂、封闭涂料和涂装层涂料可按表11-30进行选用。

表11-30　常用封闭剂、封闭涂料和涂装层涂料

类型	种类	成膜物质	主颜料	主要性能
封闭剂	磷化底漆	聚乙烯醇缩丁醛	四盐基铬酸锌	能形成或磷化-钝化膜，可提高封闭层、封闭涂料的相容性及防腐性能
	双组分环氧漆	环氧	铬酸锌、磷酸锌或云母氧化铁	能形成磷化-钝化膜，可提高封闭层、封闭涂料的相容性及防腐性能，与环氧类封闭涂料或涂层涂料配套
	双组分聚氨酯	聚氨基甲酸酯	锌铬黄或磷酸锌	能形成磷化-钝化膜，可提高封闭层、封闭涂料的相容性及防腐性能，与聚氨酯类封闭或涂层涂料配套
封闭涂料或涂装层涂料	双组分环氧或环氧沥青	环氧沥青	—	耐潮、耐化学药品性能优良，但耐候性差
	双组分聚氨酯漆	聚氨基甲酸酯	—	综合性能优良，耐潮湿、耐化学药品性能好，有些品种具有良好的耐候性，可用于受阳光直射的大气区域

（3）大气环境下金属热喷涂系统最小局部厚度可按表11-31选用。热喷涂金属材料宜选用铝、铝镁合金或锌铝合金。

表11-31　大气环境下金属热喷涂系统最小局部厚度

防腐蚀保护层设计使用年限t_l/年	金属热喷涂系统	最小局部厚度/μm		
		腐蚀等级Ⅳ级	腐蚀等级Ⅴ级	腐蚀等级Ⅵ级
$5 \leqslant t_l < 10$	喷锌+封闭	120+30	150+30	200+60
	喷铝+封闭	120+30	120+30	150+60
	喷锌+封闭+涂装	120+30+100	150+30+100	200+30+100
	喷铝+封闭+涂装	120+30+100	120+30+100	150+30+100
$10 \leqslant t_l \leqslant 15$	喷铝+封闭	120+60	150+60	250+60
	喷Ac铝+封闭	120+60	150+60	200+60
	喷铝+封闭+涂装	120+30+100	150+30+100	250+30+100
	喷Ac铝+封闭+涂装	120+30+100	150+30+100	200+30+100

注：腐蚀严重和维护困难的部位应增加金属涂层的厚度。

表格索引

参考文献

［1］中冶京诚工程技术有限公司．钢结构设计标准：GB 50017—2017［S］．北京：中国建筑工业出版社，2018.

［2］中南建筑设计院．冷弯薄壁型钢结构技术规范：GB 50018—2002［S］．北京：中国计划出版社，2003.

［3］中国建筑科学研究院．建筑结构荷载规范：GB 50009—2012［S］．北京：中国建筑工业出版社，2012.

［4］中国建筑科学研究院．混凝土结构设计规范：GB 50010—2010［S］．北京：中国建筑工业出版社，2010.

［5］中国建筑科学研究院．建筑抗震设计规范：2016 年版：GB 50011—2010［S］．北京：中国建筑工业出版社，2010.

［6］公安部天津消防研究所，公安部四川消防研究所．建筑设计防火规范：2018 年版：GB 50016—2014［S］．北京：中国计划出版社．2018.

［7］中国建筑标准设计研究院有限公司．门式刚架轻型房屋钢结构技术规范：GB 51022—2015［S］．北京：中国建筑工业出版社，2016.

［8］中冶建筑研究总院有限公司，中国二冶集团有限公司．钢结构焊接规范：GB 50661—2011［S］．北京：中国建筑工业出版社，2012.

［9］中冶建筑研究总院有限公司．压型金属板工程应用技术规范：GB 50896—2013［S］．北京：中国计划出版社．2013.

［10］哈尔滨工业大学，中国建筑科学研究院．钢管混凝土结构技术规范：GB 50936—2014［S］．北京：中国建筑工业出版社，2014.

［11］同济大学，中国钢结构协会钢结构防火与防腐分会．建筑钢结构防火技术规范：GB 51249—2017［S］．北京：中国计划出版社．2018.

［12］中国建筑标准设计研究院有限公司．装配式钢结构建筑技术标准：GB/T 51232—2016［S］．北京：中国建筑工业出版社，2017.

［13］中冶建筑研究总院有限公司．钢结构高强度螺栓连接技术规程：JGJ 82—2011［S］．北京：中国建筑工业出版社，2011.

［14］中国建筑标准设计研究院有限公司．高层民用建筑钢结构设计规程：JGJ 99—2015［S］．北京：中国建筑工业出版社，2015.

［15］中国建筑科学研究院．组合结构设计规范：JGJ 138—2016［S］．北京：中国建筑工业出版社，2016.

［16］中国建筑科学研究院．轻型钢结构住宅技术规程：JGJ 209—2010［S］．北京：中国建筑工业出版社，2010.

［17］中国建筑标准设计研究院．底层冷弯薄壁型房屋建筑技术规程：JGJ 227—2011［S］．北京：中国建筑工业出版社，2011.

［18］河南省第一建筑工程集团有限责任公司，林州建总建筑工程有限公司．建筑钢结构防腐蚀技术规程：JGJ/T 251—2011［S］．北京：中国建筑工业出版社，2011.

[19] 哈尔滨工业大学，中建四局第六建筑工程有限公司．钢板剪力墙技术规程：JGJ/T 380—2015 [S]. 北京：中国建筑工业出版社，2015.

[20] 中国建筑标准设计研究院有限公司，西安建筑科技大学．《门式刚架轻型房屋钢结构技术规范》图示：15G108-6 [S]. 北京：中国计划出版社．2015.

[21] 中建钢构有限公司．钢结构连接施工图示：焊接连接：15G909-1 [S]. 北京：中国计划出版社．2015.

[22] 中国建筑标准设计研究院有限公司，西安建筑科技大学．《高层民用建筑钢结构技术规程》图示：16G108-7 [S]. 北京：中国计划出版社．2016.

[23] 中国建筑标准设计研究院有限公司．多、高层民用建筑钢结构节点构造详图：16G519 [S]. 北京：中国计划出版社．2016.

[24]《新钢结构设计手册》编委会．新钢结构设计手册 [M]. 北京：中国计划出版社．2018.

[25]《钢多高层结构设计手册》编委会．钢多高层结构设计手册 [M]. 北京：中国计划出版社．2018.

[26] 中国建筑设计院有限公司．结构设计统一技术措施：2018 [M]. 北京：中国建筑工业出版社，2018.

[27] 住房和城乡建设部工程质量安全监管司，中国建筑标准设计研究院．全国民用建筑工程设计技术措施：2009　结构（结构体系）[M]. 北京：中国计划出版社．2009.

[28] 建设部工程质量安全监督与行业发展司，中国建筑标准设计研究院．全国民用建筑工程设计技术措施：2007　节能专篇　结构 [M]. 北京：中国计划出版社，2007.

[29] 建设部工程质量安全监督与行业发展司，中国建筑标准设计研究所．全国民用建筑工程设计技术措施：2003　结构 [M]. 北京：中国计划出版社，2003.